中国矿业大学“十四五”规划重点教材

中国矿业大学“卓越采矿工程师”系列教材

能源与动力工程测试技术

第三版

中国矿业大学能源与动力工程系　组织编写

主　编　韩东太

副主编　晁　阳　何光艳　王焕光

　　　　王　珂　杜雪平　王国红

中国矿业大学出版社

·徐州·

内容提要

本书为中国矿业大学"十四五"规划重点教材,"卓越采矿工程师"系列教材。在"双碳"目标大背景下,教材瞄准学科前沿和重要理论与实践问题,系统地阐述了能源动力工程领域热工参数的测试原理、测试仪器及测试方法,重点介绍了温度、压力、流量等主要热工参数的测量方法。全书共分8章,第1章介绍热工测量及误差分析基础知识,第2、3、4章介绍温度、压力、流量测量,第5、6章介绍液位测量和气体成分测量,第7章介绍其他参数测量,第8章介绍相关生产实践案例。

本书可作为高等院校能源动力工程、新能源科学技术、储能等本科专业教材,也可作为能源动力行业工程技术人员的参考用书。

图书在版编目(CIP)数据

能源与动力工程测试技术 / 韩东太主编. —3版. —徐州 : 中国矿业大学出版社, 2024.5

ISBN 978-7-5646-6269-1

Ⅰ. ①能… Ⅱ. ①韩… Ⅲ. ①能源—测试技术—高等学校—教材②动力工程—测试技术—高等学校—教材 Ⅳ. ①TK

中国国家版本馆CIP数据核字(2024)第108633号

书　　名 能源与动力工程测试技术
主　　编 韩东太
责任编辑 褚建萍
出版发行 中国矿业大学出版社有限责任公司
(江苏省徐州市解放南路　邮编221008)
营销热线 (0516)83885370　83884103
出版服务 (0516)83995789　83884920
网　　址 http://www.cumtp.com　**E-mail**:cumtpvip@cumtp.com
印　　刷 江苏淮阴新华印务有限公司
开　　本 787 mm×1092 mm　1/16　**印张** 22.5　**字数** 441千字
版次印次 2024年5月第3版　2024年5月第1次印刷
定　　价 45.00元

第三版前言

“十四五”规划是“双碳”目标提出后的第一个五年规划。实现“双碳”目标，能源动力行业既是排头兵，也是主力军。《能源与动力工程测试技术》作为中国矿业大学“十四五”规划重点教材、“卓越采矿工程师”系列教材，应当具备高阶性、创新性、挑战度，以满足碳中和时代更高、更新的要求；同时为了更好地服务线上线下混合式教学，我们对教材进行了第2次修订。本次教材修订对编写团队做出了调整，团队成员全部具有高级职称，其中一名为校外本领域的高级工程师。在教材修订过程中，力求遵循本科专业工程认证的人才培养要求，结合中国国情，突出重点和难点，使教材具有“思想性”“实践性”“创新性”“探究性”四个特点。主要修订内容如下：

(1) 第1章化繁为简，删去一些不常用的理论知识，对例题做了较大修改。

(2) 第2章增加了“高温流体测量案例”和“航空发动机叶片温度测量技术”两节内容。

(3) 第3章增加了差动式电容压力传感器的原理和公式推导内容，将“罗斯蒙特3051型压力变送器”单独作为一节阐述。

(4) 第4章对涡轮流量计、涡街流量计、靶式流量计等速度式流量计和腰轮流量计内容重新编写；增加了科里奥利质量流量计。

(5) 第5章对内容架构做了重新调整，增加了电阻式液位计、磁翻板水位计、电容式液位计、光纤液位计。

(6) 第6章增加了气相色谱分析仪、氧化锆氧量分析仪应用案例，对红外气体分析仪部分内容进行了重新修订。

(7) 第7章新增了转速测量应用案例。

(8) 第8章增加了“能源与动力工程测试技术在新能源领域中的应用”一节内容。

(9) 建成新形态教材，读者通过扫描二维码即可上线浏览学习教材网页，包括练习题、动画视频、课件、参考文献等资源，内容保持动态更新。

本书由中国矿业大学韩东太教授担任主编并负责全书统稿。中国矿业大学何光艳副教授负责编写第1章、第3章，中国矿业大学王焕光副教授负责编写第2章，中国矿业大学晁阳高级实验师负责编写第4章、第5章，中国矿业大学王珂副教授负责编写第6章，中国矿业大学杜雪平副教授负责编写第7章，中国矿业大学韩东太教授负责编写第8章，徐州华润电力有限公司王国红高工负责编写各章实践案例。

编　者

2024年2月

第二版前言

《能源与动力工程测试技术》作为中国矿业大学“卓越采矿工程师”系列教材之一于2016年6月第一次出版。本书自出版以来,已连续4次作为中国矿业大学能源与动力工程本科专业“动力工程测试技术及仪器”课程配套教材使用,同时在中国矿业大学徐海学院、中国矿业大学银川学院等高校也得到推广使用。本书由于内容以火力发电为背景,针对性强,也被华润集团、徐矿集团等能源动力企业作为职工培训教材使用。

经过3年的实践,读者普遍反映该书贴近实际,重视实践,对提高学生动手能力和激发学生创新思维具有明显指导作用。本书还涉猎相关行业领域的前沿知识,开阔了读者视野,具有前瞻性。本书在编写体例方面体现出很多创新点,如专门独立设立案例章节,在正文内容中随机无缝接入思考题等,有助于启发式、研讨式学习。实际效果表明,本书无论作为本科生教材还是技术参考书都非常适合。

但是也不可否认,由于当时编者的局限性,本书在使用过程中也发现了一些亟须解决的问题,而且随着时间的推移,本书部分内容已落后于科学技术的发展进步。因此,我们顺应形势,紧扣“新工科”发展的时代背景,力争站在能源与动力工程专业教材建设的最前沿,及时地组织了本书的再版工作。再版教材精简了理论推导过程,引入现场经验数据、经验公式及经验方法,加强与实践结合;删除了实际应用中已淘汰或过时的内容,增加了最新仪器仪表、最新测量技术知识,使内容更具新颖性和时代感;优化了教材中思考性和拓展性的习题内容;修正了第一版教材一些疏漏之处,使内容更紧凑,论述更严谨。

中国矿业大学电气与动力工程学院王焕光老师、申双林老师,中国矿业大学徐海学院张辉老师、丁艳老师,在再版过程中提出了很多具体的修改意见和合理化建议,在此一并致以诚挚的谢意。

编　者

2019年8月

第一版前言

本书为中国矿业大学“卓越采矿工程师”系列教材之一。“卓越工程师教育培养计划”是人才培养的一项创新举措，也是一个系统工程，其核心目标是提升学生的工程实践能力、创新能力和国际竞争力。卓越工程师的培养目标和培养计划，对配套教材提出了新的要求。本书在内容设置上以工程测量基本知识为基础，系统阐述了能源动力工程领域主要热工参数的测量原理、测量方法、常用检测仪表的结构和使用方法、热工测量系统的设计与维护以及能源与动力工程测量技术前沿知识。本书的特色主要体现在以下几点：

(1) 在正文内容中插入若干思考题，有助于启发式、研讨式学习。

(2) 在每章的最后一节介绍与本章相关的一种先进仪器或者国内外研究综述等拓展知识。

(3) 第 8 章为生产实践案例，将理论知识应用于工程实践，引导读者结合工程实际和社会需求去思考、探讨书本内容。

(4) 课后习题层次化设计，满足不同读者的差异化需求，加深对工程知识的理解，培养实践创新能力。本书习题分 A、B、C、D 四大类，其中 A 类题属于基本训练题，题中含有丰富的热工基础知识，用于帮助掌握基本概念和基本规律；B 类题属于理论分析题，用于提高科学思维能力和自我评价能力；C 类题属于综合性应用题，用于提高理论结合实际的能力；D 类题为知识拓展题。习题编号由序号和习题类型组成，如 1A。

本书由中国矿业大学韩东太担任主编并负责全书统稿。各章编写分工如下：第 1 章、第 3 章由中国矿业大学何光艳编写，第 2 章、第 4 章由中国矿业大学晁阳编写，第 5 章、第 6 章由江苏徐矿综合利用发电有限公司王欣编写，第 7 章由中国矿业大学韩东太编写，第 8 章和每章的实践内容由徐州华润电力有限公司王国红编写，课后习题和其他部分由大屯煤电(集团)有限责任公司张存宏编写。

中国矿业大学郭楚文教授审阅了书稿，并提出了宝贵的意见和建议，使作者受益匪浅。本书在编写过程中得到了中国矿业大学教务部王琪和郭朝霞的帮助和指导，在此一并致以诚挚的谢意。

由于编者水平有限，书中难免有不足和错误之处，恳请读者批评指正。

编 者

2016.3

目　录

1 热工测量及误差分析基础知识

本章提要	测量系统基本组成，仪器仪表性能参数，误差分类及处理基本知识。
重点与难点	误差的各种表示方法，直接测量、间接测量随机误差和系统误差的计算方法。

“测量技术”是研究测量原理、测量方法和测量工具的一门科学。人类在从事科学研究、工程技术以及其他一切生产活动时，为了取得各种事物之间的定量关系，就必须进行测量。测量是人们认识事物本质所不可缺少的手段。通过测量，可以了解生产过程是否符合工艺规程规定，是否达到了预期的质量、安全和技术经济指标，测量是监视生产过程的重要手段。

不同的科技和生产领域，有不同的测量项目和测量特点。测量技术的内容很多，热工测量技术只是其中的一种。热工测量技术包括热工参数的测量方法和实现测量的仪表。热工测量原则上是指在热工过程中对各种热工参数，如温度、压力、流量、液位等的测量(热力发电厂中，有时也把成分分析、位移、转速、振幅、频率等参数列入其中)。用来测量热工参数的仪表称为热工测量仪表。

在火力发电厂中，热工参数的准确测量，可以及时地反映热力设备以及热力系统的运行工况，为运行人员提供操作的依据，并且为热工自动控制准确、及时地提供所需的信号。热工测量是控制系统的重要组成部分，是控制系统的感知环节，它的输出信号是自动调节、程序控制、热工信号和联锁保护的依据。热工测量同时也提供事故分析、经济核算和运行改进等技术管理工作所需要的原始资料。因此，热工测量是保证热力设备安全、经济运行以及实现自动控制的必要手段。测量工作的水平直接关系到控制质量的提高、劳动条件的改善、设备寿命的延长和劳动生产率的提高。

现代测量技术的基础是信息的拾取、传输和处理，涉及多种学科领域。这些领域的新成就往往推动了新的测量方法诞生和测量系统、测量设备的改进，使测量技术从中吸取营养而得以迅速发展。目前，热工测量技术的发展趋势体现在以下几个方面：

(1) 测量原理和方法的突破

进入21世纪以来，网络、在线、智能、集成等高科技化已成为现代测量技术最主要的特征和发展趋势。研究人员在研究各种物理化学效应的应用技术以及信号处理技术的基础上拓展新的测量原理，研制新的传感器。例如，三维激光测速仪、激光相位多普勒技术、超声波流场测试仪、宽量程红外测温仪、热像仪、高速摄影技术等。光纤、激光、超声波、微波、红外、纳米、超导、微电子和仿生技术等一大批高新技术成果的广泛应用，加上跨学科的综合设计，使测量技术突破了传统的光、机、电构架，尤其适合于对一些特殊参数的测量，比如超低温、高温、高压、高速以及恶劣条件下的参数测量。

材料科学的进步，使得在采用新材料、新工艺的基础上开发新型传感器也有了突破。通过改变材料的组成、结构、添加物或采用各种工艺技术，利用材料形态变化如薄膜化、微小化、纤维化、气孔化、复合化、无孔化等，提高材料对电、磁、光、热、声、力、吸附、分离、输送载流子、化学、生物等的敏感功能，研发出了一批新型敏感元件，拓宽了应用面。

(2) 测量仪表的全方位发展

新型的仪器仪表与元器件将朝着小(微)型化、智能化、网络化、计算机化、电子化、数字化、综合自动化、光机电一体化、集成化、成套化的方向发展，其中占主导地位、起核心作用的是小(微)型化、智能化和网络化。

小(微)型化以微电子机械系统技术为基础，将测量信号的拾取、变换和处理合为一体，构成智能化仪表。其中敏感元件是测量系统的基本部件，测量技术的发展在很大程度上依赖敏感元件的发展。现代细微加工技术可使被加工的半导体材料尺寸达到光的波长量级，并可以大量生产，从而可制造出超小型、高稳定性、价格便宜的敏感元件。例如，美国达拉斯(DALLAS)公司推出的数字温度传感器DS18D20，可测温度范围－55～150 ℃，测温误差为0.5 ℃，封装和形状与普通小功率三极管十分相似。

随着信息技术、微电子技术和微机械技术的发展，测量仪表内部多含有微处理器或单片机，构成智能型仪器。它除具有常规的信号采集、放大、滤波、线性化处理、数据存储、与其他仪器的连接、与人的交互等功能外，还具有数字信号处理、复杂运算和逻辑判断的能力，能根据被测参数的变化自动选择量程，可实现自动校正、自动补偿、自寻故障以及远距离传输数据、遥测遥控等功能，可以做一些需要人类的智慧才能完成的工作。

网络化方面，目前主要是指采用多种现场总线或以太网，这要按各行业的需求选择其中的一种或多种，近些年最流行的有FF、Profibus、CAN、LonWorks、AS-I、Interbus、TCP/IP等。

此外，随着微型化、智能化以及网络化程度提高，在信息获取基础上，多种功能进一步集成甚至融合,成为发展的必然趋势。多传感器数据融合的定义概括为:把分布在不同位置的多个同类或不同类传感器所提供的局部数据资源加以综合,采用计算机技术对其进行分析,消除多传感器信息之间可能存在的冗余和矛盾,加以互补,降低其不确定性,获得对被测对象的一致性解释与描述,从而提高系统决策、规划、反应的快速性和正确性,使系统获得更充分的信息。

(3) 测量系统性能指标的全面提升

测量系统仍将朝着高准确、高速度、高灵敏、高稳定、高可靠、高环保和长寿命的"六高一长"的方向发展。已经在超高温、超低温、混相流量测量、微差压(几十帕)测量、超高压测量等以前需要尽早攻克的测量难题领域有所突破。

以温度为例,为满足某些科研试验的要求,已经研制出测温下限接近绝对零度(-273.15 ℃)且测温量程达到 15 K(约-258 ℃)的高准确度超低温测量仪表。在某些需连续测量液态金属温度或长时间连续测量 2 500~3 000 ℃的高温介质温度的生产过程中,已生产出测温上限超过 2 800 ℃的热电偶,但测温范围一旦超过 2 500 ℃,热电偶极易氧化从而导致准确度下降。目前,各国科研人员正致力研究具有抗氧化性的高温特殊材料热电偶,以提高其使用寿命与可靠性。

1.1 测量的概念和测量方法

1.1.1 测量的定义

测量就是以确定量值为目的的一组操作,或者说,测量就是利用测量工具,通过试验的方法将被测量与同性质的标准量(即测量单位)进行比较,以确定出被测量是标准量多少倍的过程。所得到的倍数就是被测量的值,即

$$L = \frac{x}{b} \tag{1-1}$$

式中 x——被测量;

b——标准量(测量单位);

L——所得到的被测量的值,即得到的测量结果。

从式(1-1)中可知,被测量的值与所选用的测量单位有关。在国际单位制诞生前,各国、各地区的测量单位各不相同,同类被测量比较时,必须进行单位换算,很不方便,且有些测量单位科学性和严密性较差。随着科学技术的发展和国际科技、经济交往的加强,人们迫切要求制定统一的测量单位。1960 年,第十一届国际计量大会通过了国际单位制,代号为 SI,它对长度、质量、时间、电流、热

力学温度、物质的量和发光强度等七种严格定义的基本单位做了统一规定。其他的物理量单位，可以由这七种基本单位一一导出。实践证明，国际单位制具有科学、合理、精确、实用等优点，给生产建设和科技发展带来了很大方便。1984年2月27日发布的《国务院关于在我国统一实行法定计量单位的命令》(国发〔1984〕28号)规定我国的计量单位一律采用《中华人民共和国法定计量单位》。法定计量单位是以国际单位制为基础，结合我国实际情况增加了一些非国际单位制单位构成的。我国的法定计量单位包括：① 国际单位制的基本单位；② 国际单位制的辅助单位(平面角和立体角)；③ 国际单位制中具有专门名称的导出单位；④ 国家选定的非国际单位制单位；⑤ 由以上单位构成的组合形式的单位；⑥ 由词头和以上单位构成的十进倍数和分数单位。

【思考题】 测试和测量的区别是什么？

1.1.2 测量方法

测量是一种试验工作，为了及时获得准确、可靠的测量数据，必须根据行业的要求及被测对象的特点，选择合理的测量方法。

一个完整的测量包含六个要素，它们分别是：测量对象与被测量、测量环境、测量方法、测量单位、测量资源(包括测量仪器与辅助设施，测量人员等)、数据处理和测量结果。

在试验中，往往必须知道某个物理量在某一时刻的数值大小，因而必须对它进行检测，我们称需要检测的物理量为被测量参数或被测量。如在热能与动力工程的测量中，经常涉及的被测量参数有温度、压力、流量、转速、位移、扭矩、振幅、频率等。按照被测量参数随时间变化关系可将其分为静态参数和动态参数。被测量参数在整个测量过程中的数值大小不随时间变化的量称为静态参数。例如，环境大气压力、压缩机及内燃机稳定工况下的转速等，严格地讲，这些参数的数值并非绝对恒定不变，只是随时间变化非常缓慢而已，在进行测量的时间间隔内其数值大小变化甚微。

随时间不断改变自身量值的被测量称为动态参数。例如，非稳定工况或过渡过程的压缩机或内燃机的转速、机械设备的振动加速度、燃烧爆炸过程的压力波、加热及冷却过程的温度等，均属于动态参数。这些参数随时间变化的函数可以是周期函数、随机函数等。

所谓测量过程，就是将被测物理参数信号转换成可供识别记录的物理量，并与相应的测量单位进行比较的过程。这种转换有机械量向机械量转换、机械量向电量转换、电量向电量转换等多种形式。例如，弹簧管式压力表把压力变化转换成弹簧管变形的位移、热电偶利用其热电效应把温度转换成电势信号等。

根据获得测量结果的程序(方式)不同,测量可分为以下几种:

(1) 直接测量。直接测量是指将被测量直接与所选用的标准量进行比较,或者用预先标定好的测量仪表进行测量,从而直接得出被测量数值的方法。如用直尺测量物体长度、用玻璃管水位计测量水位、用水银温度计测量介质温度等都属于直接测量法。

(2) 间接测量。间接测量是指通过直接测量与被测量有确定函数关系的其他各个变量,然后将所得的数值代入已知的函数关系式进行计算,从而求得被测量值的方法。例如,用平衡容器测量汽包水位、通过公式 $P=UI$ 测量电功率等。

该测量方法过程复杂、费时,一般只应用在以下三种情况:

① 直接测量不方便;

② 间接测量比直接测量的结果更为准确;

③ 不能进行直接测量。

(3) 组合测量。组合测量是指在测量两个或两个以上相关的未知量时,通过改变测量条件使各个未知量以不同的组合形式出现,在直接或间接测量出几组具有一定函数关系的量值基础上,通过解联立方程组来求取被测量的方法。例如,用铂电阻温度计测量介质温度,在一定温度范围内(0～850 ℃)铂电阻与温度的关系为

$$R_t = R_0(1 + At + Bt^2) \tag{1-2}$$

式中　R_0——铂电阻在 0 ℃时的电阻值;

R_t——铂电阻在 t ℃时的电阻值;

A,B——温度系数(常数)。

为了求出温度系数 A、B,可以分别直接测出 0 ℃、t_1 ℃、t_2 ℃三个不同温度值及相应温度下的电阻值 R_0、R_{t1}、R_{t2},然后通过解联立方程组(1-3)来求得 A、B 的数值。

$$\begin{cases} R_{t1} = R_0(1 + At_1 + Bt_1^2) \\ R_{t2} = R_0(1 + At_2 + Bt_2^2) \end{cases} \tag{1-3}$$

组合测量法在实验室和其他一些特殊场合的测量中使用较多。例如,建立测压管的方向特性、总压特性和速度特性曲线的经验关系式等。

注意:间接测量法的直接测量量和被测量之间具有确定的函数关系,通过直接测量量即可唯一确定被测量;而组合测量法的被测量和直接测量量或间接测量量之间不是单一的函数关系,需要求解根据测量结果所建立的方程组来获得被测量。

根据检测仪表工作原理不同,测量可分为以下几种:

(1) 偏位测量法(偏差法或直读法)。被测量作用于仪表比较装置,使比较

装置的某种参数按已知关系随被测量发生变化，平衡时，仪表输出信号变化量的大小可模拟被测量的量值。由于这种变化关系已在仪表上直接刻度，故直接可由仪表刻度尺上读出测量结果(被测量值)，因此习惯上称之为直读法。例如，用玻璃管水银温度计测量温度时，可直接由水银柱高度读出温度值。

(2) 零值法(平衡法)。将被测量与一个已知标准量进行比较，当二者达到平衡时，仪表平衡指示器指零，这时已知量就是被测量值。例如，用天平测量物体的质量，用电位差计测量电势都是采用了零值法。

(3) 微差法。当被测量尚未完全与已知标准量相平衡时，读取它们之间的差值，由已知量和差值可求出被测量值。用不平衡电桥测量电阻就是用微差法测量的例子。

三种方法中，零值法和微差法对减小测量系统的误差很有利，能够提高测量准确度，因此被广泛应用。

根据仪表是否与被测对象接触，测量可分为以下两种：

(1) 接触测量法。指仪表的一部分与被测对象相接触，受到被测对象的作用才能得出测量结果的测量方法。例如，用玻璃管水银温度计测温度时，温度计的温包应该置于被测介质之中，以感受温度的高低。

(2) 非接触测量法。指仪表的任何部分都不必与被测对象直接接触就能得到测量结果的测量方法。例如，用光学高温计测温，是通过被测对象所产生的热辐射对仪表的作用实现测温的，因此仪表不必与被测对象直接接触。

1.2　热工测量仪表的组成与分类

1.2.1　仪表的组成

热力发电厂中的热工参数多数不能直接测量，一般要借助一些物质的物理、化学性质的关联性把测量参数转变为其他便于测量的相关量，以间接得出被测参数的数值。因此，各种测量仪表尽管工作原理、结构形式等有所不同，但从其各部分结构的功能和作用上看，总不外乎由三部分组成，即感受部件、传输变换部件及显示部件，如图 1-1 所示。

图 1-1　测量仪表组成方框图

（1）感受部件

感受部件也称敏感元件、一次仪表或传感器，它是测量仪表的感受部分，直接与被测对象相联系（但不一定直接接触）。它的作用是感受被测参数的大小和变化，并且必须随着被测参数变化产生一个相应的、便于测量和传递的信号输出到传输变换部件，以完成对被测对象的信息提取。通常要求感受部件转换为一种易于直接传递、记录或指示的物理量，比如在转速表中把旋转轴转速转变为电脉冲的光电式传感器，把温度变化转化为水银柱高度变化的温度计等。

仪表能否快速、准确地反映被测参数的大小和变化，很大程度上取决于感受部件。对感受部件的具体要求是：

① 输出信号必须随被测参数变化而变化。

② 输出信号只对被测参数的变化敏感。对非被测量的变化，感受部件应不受影响或受影响极小。

如果其他参数的变化会影响感受部件的输出，那么测量中这些参数的变化就是测量误差的来源。在这种情况下，一般要附加补偿装置或创造条件使这些参数的变化不影响或很少影响测量结果。

③ 输出信号与被测参数的变化之间呈稳定的单值函数关系，最好呈线性关系，并有较高的灵敏度，即有较小的被测量变化时，输出信号就有较显著的变化。

④ 具超然性，即测量过程中不干扰或尽量少干扰被测介质的状态。

感受部件要完全满足上述条件一般比较困难，因而通常在仪表内部采取一些措施加以弥补。例如，设置中间放大环节以弥补感受部件灵敏度的不足，设置补偿环节以克服非被测量的影响以及采用线性化环节克服非线性的影响等。

（2）传输变换部件

传输变换部件也称中间件，它的任务是按照显示部件的要求将感受部件输出的信号进行处理并传送到显示部件，有的只担负传输任务（如信号管道、电缆、光纤等）；有的可以放大感受部件发出的信号，以满足远距离传输以及驱动指示、记录装置的需要（如放大器）；还有的在感受部件输出信号不适合于显示，不便于远距离传送，或者因某些特定要求需要变为某种统一的信号时，可以根据要求将感受部件的输出信号变换为相应的其他输出量，如电流、电压等，再送到显示部件，这种传输变换部件往往构成独立完整的器件，通称为变送器。对传输变换部件，不仅要求它的性能稳定、准确度高，而且应使信息损失最小。例如，在单元组合仪表中，将各种感受部件的输出信号转换成具有统一数值范围的气、电信号，这样，一种形式的显示部件可以用来显示不同的被测参数。

（3）显示部件

显示部件也称为二次仪表，其作用是接收传输变换部件送来的信号，并将其转换为测量人员可以辨识的信号。

根据显示方式不同,仪表一般可分为模拟显示仪表、数字显示仪表和屏幕显示仪表。模拟显示仪表通过指针、液面、光标、色带或图形图像等形式,反映被测量的连续变化;数字显示仪表则用数字量显示出被测量值的大小;屏幕显示仪表通过液晶屏或CRT显示屏以图形、数字等多种形式显示被测量的大小。

有些测量仪表根据不同的需要,还具有记录、累计、报警及调节等功能,有些还可以巡回检测多个不同的参数。

根据显示部件的功能不同,仪表又可分为指示仪表、记录仪表、积算式仪表(积算器)、信号式仪表和调节仪表。指示仪表用来指示被测参数瞬时值;记录仪表用来记录被测参数随时间的变化;积算式仪表用来显示被测参数对时间的积分结果(例如,在测量流量时,如果要测出某个时间间隔内流过的流量,就要采用流量式积算器);信号式仪表用来反映被测参数是否超过允许限值,当被测参数达到或超过所规定限值时,仪表自动发出声、光信号,引起操作人员注意;调节仪表附加有自动调节功能,可以根据被测参数与规定值的偏差情况,发出对被测对象进行调节的信号,经过调节作用,使被测参数保持在预定的数值。

应该指出,上述测量仪表组成及各组成部分的功能描述并不是唯一的,尤其是感受部件和传输变换部件的名称和定义目前还未统一,即使是同一元件,在不同场合下也可能使用不同的名称。因此,关键在于弄清它们在测量仪表中的作用,而不必拘泥于名称本身。

【思考题】 热工测量中“热工”的准确含义是什么?

1.2.2 仪表的分类

根据仪表的用途、原理及结构等不同,热工仪表可分为多种类型。

(1) 按被测参数不同,可分为温度、压力、流量、物位、成分分析及机械量(位移、转速、振幅、频率等)测量仪表。

(2) 按仪表的用途不同,可分为标准用、实验室用及工程用仪表。

(3) 按显示特点和功能不同,可分为指示式、记录式、积算式、数字式及屏幕式仪表。

(4) 按工作原理不同,可分为机械式、电气式、电子式、化学式、气动式和液动式仪表。

(5) 按安装地点不同,可分为就地安装式及盘用仪表。

(6) 按使用方式不同,可分为固定式和便携式仪表。

在热工生产现场,大多采用结构牢固、能适应较为恶劣环境的工程用仪表,标准仪表则常用于实验室校验以及标准参考。

1.3 测量误差及其分类

1.3.1 测量误差及其表示方法

在测量技术中，首要关心的是测得准不准。故对测量误差的研究是必要的。

测量工作是一种试验工作，是一个变换、放大、比较、显示、读数等环节的综合过程，所以在进行测量工作时，测量原理的局限和简化、仪表本身不完善、测量系统本身存在制造安装误差、测量人员操作不当、测量时环境因素的影响和外界干扰的存在以及受人类自身认识水平的局限等种种原因，都会使得测量结果与被测量的真实值（真值）之间出现不符的现象，即存在测量误差。

测量误差一般有以下三种表示方法。

(1) 绝对误差

某一时刻某一物理量客观存在的量值称为真值，用 x_0 表示。通过测量仪表对该物理量检测得到的结果称为测量值，用 x 表示。

绝对误差是指仪表的测量值与被测量的真值之间的差值，即

$$\delta = x - x_0 \tag{1-4}$$

式中 δ——绝对误差；

x——测量值；

x_0——被测量的真值。

绝对误差是一个具有确定的大小、符号及单位的量，其单位与测量值相同。绝对误差适用于同一量级的同种量的测量结果的误差比较和单次测量结果的误差计算。绝对误差不能确切反映测量的准确度。

严格地讲，客观存在的物质时刻都在变化之中，而且测量误差的存在是不可避免的，任何测量值都只能近似反映被测量的真值，实际上真值 x_0 是难以测量到的，也就是说 x_0 也只能是理论上的真值。

既然在实际的热工测量中得不到绝对准确的真值，那么，在实际应用中我们一般采用约定真值或相对真值。约定真值是对于给定不确定度所赋予的（或约定采用的）特定量的值。约定真值的确定方法通常有如下几种：

① 由计量基准、标准复现而赋予该特定量的值；

② 采用权威组织推荐的值；

③ 用多次测量结果的算术平均值来确定约定真值。

相对真值则是指把相对高一级仪表（标准表）测量得到的值近似看作真值。比如对一般测量，如果等级高一级仪表的误差不大于低一级仪表误差的 1/3，对

精密测量，高一级仪表的误差不大于低一级仪表误差的1/10，就可认为高一级仪表所测结果是低一级仪表所测结果的相对真值。例如，国家各级计量站所提供的标准质量在某种程度上就可作为真值看待。

(2) 相对误差

相对误差是仪表的绝对误差与被测量的真值之比，用百分数表示，即

$$\varphi = \frac{x - x_0}{x_0} \times 100\% \tag{1-5}$$

绝对误差有正、负值，有量纲，而相对误差有正、负值但无量纲。对于大小不同的测量值，相对误差比绝对误差更能反映测量的相对准确程度，相对误差越小，测量的准确性越高。

当被测量的大小不同时，允许的测量绝对误差是不同的。而当要求相对误差相同时，被测量的量值越小，其允许的测量绝对误差也越小。例如，用高温计测量一加热炉温度，高温计指示值为1 355 ℃，炉子的真实温度为1 360 ℃，则绝对误差为−5 ℃，相对误差为$-\frac{5}{1\,360} \times 100\% = -0.37\%$。如果在测量100 ℃的水时，某温度计也只有−5 ℃的绝对误差，但其相对误差则为−5%，显然后者相对误差比前者大得多，说明后者的测量准确度要低得多。

【思考题】 相对误差和绝对误差的用途有何区别？能否用来判断仪表的质量好坏？

(3) 折合误差(引用误差)

绝对误差和相对误差的表示形式都不能用于判断测量仪表的质量。因为，两只仪表如果绝对误差相同，但仪表的量程不同，显然量程范围大的那只仪表准确度更高些；而用某一已知准确度等级的测量仪表测量一个靠近测量范围下限的小量，计算得到的相对误差通常比测量接近上限(如2/3量程处)得到的相对误差大得多。所以，判断仪表的质量时一般不采用绝对误差和相对误差的表示形式，而采用折合误差。折合误差也称为引用误差，是指在仪表全量程范围内所有指示值的最大绝对误差与该仪表的量程范围之间的百分比，即

$$\gamma = \pm \frac{|\delta_{max}|}{A_{max} - A_{min}} \times 100\% \tag{1-6}$$

式中 δ_{max}——仪表量程范围内指示值的最大绝对误差；

$A_{max} - A_{min}$——仪表的量程。

例如，一量程范围为0～10 MPa的压力表，在其标尺各点处指示值的最大绝对误差为0.1 MPa，则仪表折合误差为$\pm\frac{0.1}{10} \times 100\% = \pm 1.00\%$。

无论如何，误差的存在对测量工作来说都是不利的。为了减小测量误差，得

到更准确的测量结果，有必要对测量误差产生的原因及变化规律进行分析。

1.3.2　测量误差的分类

如前所述，在测量中测量误差的存在是不可避免的。人们只能将误差控制在一定的限度之内而不能完全消除。研究误差的目的就是尽可能地减小误差，正确地处理误差，以提高测量结果的准确性。

根据误差的性质不同，可以把误差分为系统误差、随机误差和疏失误差，测量结果误差不同，则对应的误差处理方法也不同。

（1）系统误差

在相同测量条件下多次重复测量同一被测量时，如果每次的测量值误差的绝对值和符号保持不变或者按某种确定规律变化，则这种误差被称为系统误差。前者称为恒值系统误差，后者称为变值系统误差。在变值系统误差中，又按误差变化规律的不同分为线性系统误差、周期性系统误差和按复杂规律变化的系统误差。

系统误差产生的原因通常是仪表的测量方法或测量系统本身不够完善，或者仪表使用不得当以及测量时外界环境条件的变化等。例如，仪表的零位变化或者量程未调整好，仪表未在规定的温度下使用，仪表的安装不符合要求等。

像仪表的零位变化或者量程未调整好，会引起一个固定的系统误差，其大小和方向都是不变的。这种系统误差可以通过校验仪表求得与该误差数值相等、符号相反的校正值，加到测量结果上来加以消除。经过这样校正以后，测量结果就不再含有系统误差。

另一类是变动的系统误差，例如，当仪表在实际使用时的环境温度与校验时不同，并且在变化时，就会在测定值上引入一变动的系统误差。这类误差可通过试验或理论计算，找出误差与造成误差的原因之间的确定关系式，并通过计算或在仪表上附加补偿线路加以校正。

还有一些系统误差，由于尚未被充分认识，因此只能估计其误差范围和方向（即正、负号），然后通过代数相加平均估计误差值来对测量结果进行校正。上述平均估计误差在数值上等于误差范围上、下限的代数平均值。可以认为校正后的测量结果的系统误差为误差范围的一半。

系统误差具有一定的规律性，一旦掌握了系统误差产生的原因，可以通过采用正确的使用方法，在仪表规定的条件下使用仪表，对测量仪表或测量系统进行完善，或对测量结果进行修正等措施来设法消除系统误差，从而提高测量的准确性。

可见，假定测量系统或测量条件不变，即使增加重复测量的次数也不能减少系统误差。一般来说,系统误差的大小表明了测量结果偏离真值的程度,即"正确度"的大小。系统误差越小,测量的正确度越高。

(2) 随机误差

在设法消除了系统误差之后,在相同条件下(同一观测者,同一台测量器具,相同的环境条件等),对同一量值进行多次反复测量(亦称等精度测量)时,也会出现绝对值和符号不可预知的变化而造成的误差,这种误差称为随机误差,也称为偶然误差。

【思考题】 "等精度"的准确含义是什么?

随机误差大多数是由测量过程中大量彼此独立的微小因素(诸如温度波动、噪声干扰、电磁场微变、电源电压的随机起伏和地面振动等)对测量的影响而造成的,这些因素往往是测量时还不知道的,或者因其变化过分微小而难以控制的。所以,随机误差的大小和方向均随机不定、不可预见和不可修正,在测量中我们既无法掌握,也无法调节和消除。例如,测量某个物体长度的皮尺,人们无法控制温度、大气湿度对其标尺伸缩的影响;测量汽包水位,人们无法控制同一水位下其内部的气泡含率、气压和环境温度变化的影响。

随机误差表面上看好像无任何规律。对单个测定值来说,随机误差的大小和方向都是不确定的,具有随机性。然而,仔细研究却可以发现,随着重复测量次数的增加,随机误差的出现还是有规律可循的,是遵循某种统计规律的。根据统计学原理,随机误差的分布服从统计规律(如正态分布或 t 分布等),即绝对值越小的误差出现的机会越多,正负误差出现的机会基本相同。因而可以用统计法则对含随机误差的测量结果进行处理,对随机误差的总体大小及分布做出估计,并采取适当措施减小随机误差对测量结果的影响。

随机误差的大小表明了一个测量系统的测量"精密度"。如果在一组等精度测量中,绝对值小的随机误差出现率越高,也就是说随机误差越小,则表明该测量系统的测量"精密度"越高,即多次测量值的一致性越好。

【思考题】 实践当中随机误差和系统误差能严格区分吗?

(3) 疏失误差

疏失误差又称为粗大误差、过失误差或疏忽误差,是测量人员在测量过程中疏忽大意,或者仪表受到偶然干扰、误动作甚至发生突然故障等原因,使测量仪表的某些读数显得毫无价值,其测量值也明显地歪曲了应有的结果,致使部分测量失效的误差。

疏失误差一般数值较大且无任何规律可言,严重影响测量结果的真实性,所以含有疏失误差的测量值也被称为坏值。例如,电子仪表的线路因受到偶然强电磁场干扰,而造成了虚假指示;传压脉冲水(或气)管路因积聚气(或水)未被排除干净而造成了延迟指示，这些都属于坏值读数。为避免测量结果出现疏失误差，要求操作人员在测量过程中应有高度的责任感并掌握熟练的操作技能。

坏值对测量是没有意义的，应该从测量结果中剔除。但应注意，不应当轻易地舍弃被怀疑的试验数据。鉴别和剔除坏值也要遵循一定的准则。

某些疏失误差，其原因或结果非常明显，测量者直接可将其剔除。但某些疏失误差不很明显，尚需用统计理论对其处理、判断后加以剔除。

需要注意的是，系统误差和随机误差既有区别又有联系，二者之间并无绝对的界限，在一定条件下可以相互转化。虽然它们的定义是科学严谨，不能混淆的，但在测量实践中，由于误差划分的人为性和条件性，它们并不是一成不变的，在一定条件下可以相互转化。

对某一具体误差，在某一条件下为系统误差，而在另一条件下又可变为随机误差，反之亦然。因此一个具体误差究竟属于哪一类，应根据所考察的实际问题和具体条件，经分析和试验后确定。

比如某厂家按一定要求生产制造压力表，某一批次生产出来的压力表具有随机的制造误差，即为随机误差；但对其中的某一块具体的压力表来讲，其刻度误差又是确定的，可认为是系统误差。当使用一块这样的压力表测量某流体的压力时，如果该压力表已被单独检定，其制造误差已知，那么由测量仪表引入的误差就是已知的系统误差；而如果该压力表未被单独检定，其制造误差未知，那么由压力表引入的误差就是未知的系统误差。但如果采用很多块这样的压力表测此流体压力，由于每块压力表的制造误差大小不同，正负各异，因此这些测量误差具有随机性。

综上所述，一个好的测量系统，应该尽量减小测量的系统误差和随机误差，并避免疏失误差的出现。这就要求不断完善测量仪表的工作原理，不断提高测量工作人员的技术素质。

1.3.3 测量准确度、正确度和精密度

测量准确度(accuracy)表示测量结果与被测量真值之间的一致程度，在我国工程领域中俗称精度，是反映测量质量好坏的重要标志之一。就误差分析而言，准确度反映了测量结果中系统误差和随机误差的综合影响程度，误差大，则准确度低，误差小，则准确度高。测量系统科学合理、测量人员操作水平高、测量数据处理正确等都可以提高测量结果的准确度。

当只考虑系统误差的影响程度时，称为正确度(correctness)；只考虑随机误差的影响程度时，称为精密度(precision)。

准确度、正确度和精密度三者之间既有区别，又有联系。对于一个具体的测

量，正确度高的未必精密，精密度高的也未必正确，但准确度高的，则正确度和精密度都高。

以图 1-2 为例，用射击打靶来描述说明准确度、正确度和精密度三者之间的关系。图 1-2(a)中，弹着点全部分散地落在靶的外环上，相当于系统误差和随机误差都大，即准确度低。图 1-2(b)中，弹着点集中，但偏向一方，命中率不高，相当于系统误差大而随机误差小，即精密度高，正确度低。图 1-2(c)中，弹着点全部在靶内环上，但比较分散，相当于系统误差小而随机误差大，即精密度低，正确确度高。图 1-2(d)中，弹着点集中于靶心，相当于系统误差与随机误差均小，精密度和正确度都高，即准确度高。

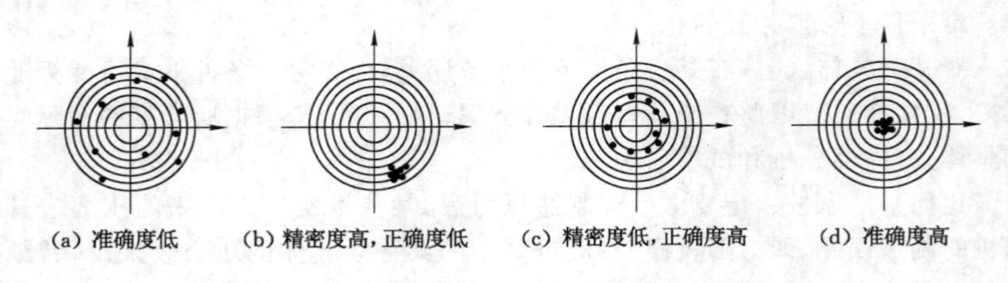

图 1-2　测量准确度、正确度和精密度示意图

1.4　仪表的质量指标及仪表的校验

1.4.1　仪表的质量指标

仪表的质量指标是评估仪表质量优劣的标准，它与仪表的设计和制造质量有关，是正确选择和使用仪表、校验和判断仪表合格与否的重要依据。评定仪表性能好坏的质量指标可以从其静态特性、动态特性和可靠性等方面来划分。热工测量中多数的测量可近似看成静态测量，因此以下重点介绍仪表的静态性能指标。

简单来说，被测参量的变化大致可分为两种情况：一种是被测参量基本不变或变化很缓慢的情况，即所谓的“准静态量”，此时可用测量仪表的一系列静态参数(静态特性)来对被测参量的测量结果进行表示、分析和处理；另一种则是被测参量变化很快的情况，它要求测量仪表的响应更为迅速，此时应采用测量仪表的一系列动态参数(动态特性)来对这类被测参量的测量结果进行表示、分析和处理。

一般情况下，测量仪表的静态特性和动态特性是相互关联的，仪表的静态特性也会影响到动态条件下的测量。但为了叙述方便和使问题简化，便于分析讨论，通常把静态特性和动态特性分开讨论，把造成动态误差的非线性因素作为静态特性处理，而在列运动方程时，忽略非线性因素，简化为线性微分方程。这样可使许多复杂的非线性工程测量问题大大简化。虽然因此会增加一定的误差，但是绝大多数情况下此项误差与测量结果中含有的其他误差相比是可以忽略的。

描述测量仪表在静态测量条件下测量品质优劣的静态性能指标很多，常用的主要指标有准确度、正确度、精密度、量程和灵敏度等。分析时，应根据各测量仪表的特点和对测量的要求而有所侧重。

(1) 仪表的准确度(精确度)等级及允许误差

正确度是指对同一被测量进行多次测量，所得测定值偏离被测量真值的程度。正确度反映了系统误差的大小和影响，系统误差越小，正确度越高。精密度指对同一被测量进行多次测量，所得测定值重复一致的程度。精密度反映了随机误差的大小和影响，随机误差越小，精密度越高。

准确度是正确度和精密度的总称。

因此，仪表的准确度是综合表示测量结果与被测真值之间的接近(或一致)程度。对同一被测量进行多次测量，则测量值偏离被测量真值的程度称为准确度，也称精确度。

准确度一般用于表示测量是否符合某个误差等级的要求，或仪表按某个技术规范要求是否合格。准确度是一个定性的概念，它并不指误差的大小，不能够表示为±5 mV、<5 mV或5 mV等形式。

国家根据各类仪表的设计制造质量不同，对每种仪表都规定了正常使用时允许其具有的最大误差(以折合误差表示)，即允许误差。允许误差是一种极限误差，在仪表的整个量程范围内，各示值点的误差都不能超过允许误差，否则该仪表为不合格仪表。

测量仪表的准确度由国家按离散化系列加以规定，并且直接与允许误差相对应。允许误差去掉百分号后取绝对值，就是该仪表的准确度等级，又称精确度等级。仪表准确度等级由生产厂商根据其最大允许误差的大小并以选大不选小的原则就近套用上述准确度等级得到。

按照国际法制计量组织(OIML)建议书No. 34的推荐，仪表的准确度等级采用以下数字，1×10^n、1.5×10^n、1.6×10^n、2×10^n、2.5×10^n、3×10^n、4×10^n、5×10^n、6×10^n，其中n=1、0、−1、−2、−3等。上述数列中禁止在一个系列中同时选用1.5×10^n和1.6×10^n，3×10^n也只有证明必要和合理时才采用。

我国目前规定的准确度等级有0.005，0.01，0.02，0.04，0.05，0.1，0.2，

0.4,0.5,1.0,1.5,2.5,4.0,5.0 等级别。仪表准确度等级一般都标注在仪表标尺或者标牌上,如◇0.5或⓪.5就表示该仪表的准确度等级为 0.5 级,其允许误差为±0.5%。数字越小,仪表的准确度等级越高,仪表的准确度越高。

由此可见,仪表的允许误差=±准确度等级%。

由于仪表都有一定的准确度等级,因此其刻度盘的分格值不应小于仪表的允许误差的绝对值,否则没有意义。

仪表的准确度等级是在标准测量条件下确定的,这些条件包括环境温湿度、电源电压、电磁兼容性条件以及安装方式等。如果不符合某些条件则会产生附加误差,比如在高温环境下测量,会对测量仪表产生影响而导致产生温度附加误差。

【例 1-1】 对某工业锅炉进行热效率试验,使用 0~10 MPa 压力表来测量 6 MPa 左右的主蒸汽压力,要求相对测量误差不超过±0.5%,试选择仪表的准确度等级。

解 仪表的允许绝对误差=6×(±0.5%)=±0.03 MPa。

仪表的允许折合误差$=\frac{\pm 0.03}{10-0}\times 100\%=\pm 0.3\%$。

所以该仪表的准确度等级应选为 0.2 级。

该级压力表在规定条件下使用,有$\frac{|\delta_{max}|}{A_{max}-A_{min}}\times 100\%\leqslant 0.2\%$。

【思考题】 在实际测量中,选择精度最高的仪表是否就是最佳选择?

【例 1-2】 现对量程为 250 ℃的 2.0 级的温度计 A 和温度计 B 进行检定,发现:(1) 温度计 A 在 167 ℃处的示值误差绝对值最大,且为 4.1 ℃;(2) 温度计 B 在 210 ℃和 133 ℃处的仪表示值分别为 214.5 ℃和 138.5 ℃。这两个温度计是否合格?

解 $\gamma_{Amax}=\pm\frac{|\delta_{max}|}{A_{max}-A_{min}}\times 100\%=\pm\frac{4.1}{250}\times 100\%=1.64\%<2.0\%$

$\gamma_{Bmax}=\pm\frac{|\delta_{max}|}{A_{max}-A_{min}}\times 100\%=\pm\frac{138.5-133}{250}\times 100\%=2.2\%>2.0\%$

所以,温度计 A 合格,温度计 B 不合格。

【例 1-3】 某待测的电压为 100 V,现有 1 级 0~200 V 和 1.5 级 0~120 V 两个电压表,用哪一个电压表测量较好?

解 用 1 级 0~200 V 电压表测量 100 V 时的最大绝对误差为 2 V,用 1.5 级 0~120 V 电压表测量 100 V 时的最大绝对误差为 1.8 V,所以用 1.5 级的电压表测量更好。

(2) 仪表的基本误差和附加误差

在规定的正常工作条件下(一般就是标准条件),通过检定(校验),仪表在全量程范围内各示值点的误差中,绝对值最大者叫作该仪表的基本误差。如,某仪表在全量程上各示值点的误差分别为 0.1、0.15、－0.2、－0.1,则该仪表的基本误差为－0.2。

按绝对误差的表示形式,仪表的基本误差可表示为

$$\delta_j = \pm | x - x_0 |_{max} = \pm | \delta_{max} | \tag{1-7}$$

式中 x——测量值;

x_0——标准表的示值。

按折合误差的表示形式,仪表的基本误差可表示为

$$\gamma_j = \frac{\delta_j}{A_{max} - A_{min}} \times 100\% \tag{1-8}$$

显然,仪表的基本误差应不大于允许误差,否则为不合格,仪表应降级使用。当所有性能指标都合格时,称仪表合格。但只要有一个性能指标不合格,则该仪表不合格。

测量仪表在规定的使用条件下可能产生的最大误差范围称为仪表的最大允许误差,简称允许误差或容许误差,它是衡量测量仪表质量最重要的指标。其表示方法既可以用绝对误差形式,也可以用各种相对误差形式,或者将两者结合起来表示。如将允许误差记为 γ_0,则仪表合格就必须满足 $\gamma_{max} \leqslant \gamma_0$。

若仪表未在规定的正常工作条件下工作,或由外界条件变动(如环境温度的变化、电源电压波动、外部干扰等)而引起额外误差,则此误差称为附加误差,如温度附加误差、压力附加误差。若影响量的偏离在极限条件之内,则附加误差有时可以估算。制造厂家有时也给出极限条件时的附加误差大小。

对于实验室用仪表,往往将其标尺上各点的实际误差测出,然后在使用时对该仪表的读数引入一个校正数。

校正数＝标准值－读数

对于工业用仪表,由于附加误差的来源很多,作出校正曲线或表格是没有意义的。因为它的准确度等级也较低,所以一般只规定一个允许误差,同时规定定期校验的时间间隔。只要合理选择测点,正确安装和使用仪表,不断定期校验和调整仪表,使得仪表标尺上各点的读数误差都在仪表的允许误差范围内,就不必修正读数。

【思考题】 基本误差与允许误差、附加误差之间的联系与区别是什么?

【例 1-4】 有两支工业水银温度计,其刻度范围和精度分别为

A 表	0～600 ℃	1.5 级
B 表	－50～400 ℃	2.0 级

哪个温度计精度等级高、允许误差小？要求测温误差不超过±7 ℃时，应选用哪个温度计？

解 A 表 1.5 级小于 B 表 2.0 级，A 表精度等级高，A 表允许误差±1.5%，且测量范围大。B 表允许误差±2.0%，且测量范围小。从仪表性能指标来选，通常选 A 表优于 B 表。另一方面，为了监控温度不超过±7 ℃，应计算允许误差绝对值：

$$\Delta_{PA}=\pm(1.5\%\times600\ ℃)=\pm9\ ℃$$

$$\Delta_{PB}=\pm2.0\%\times[400-(-50)]=\pm9\ ℃$$

可见，两个都不能满足误差要求，应改选其他符合要求的温度计。

本例说明，正确选择仪表的量程范围、精度等级应视具体要求而定，不能一概而论。

(3) 变差

在规定的使用条件下，使用同一仪表进行正行程（从量程下限增至上限的测量过程）和反行程（从量程上限减至下限的测量过程）测量时，在相同示值点上，正反行程测量值之差的绝对值称为此刻度点的变差（图 1-3）。在全量程范围内，仪表各刻度点的变差中的最大者称为仪表的变差（也称滞后误差或回差）。

$$\delta_b=|x_{正}-x_{反}|_{max} \tag{1-9}$$

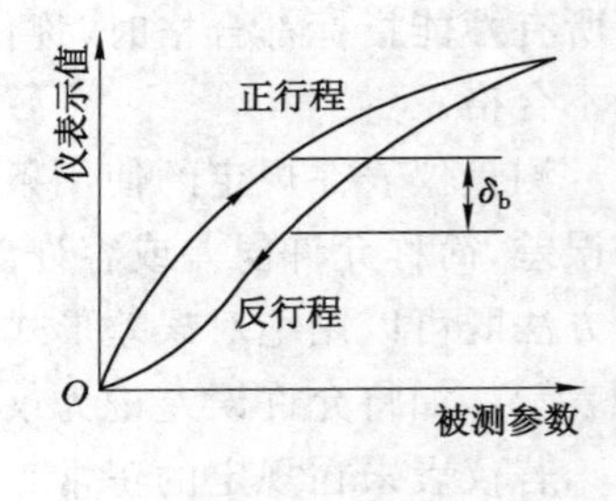

图 1-3 变差

变差一般是由仪表或仪表元件吸收能量所引起的，例如机械部件的摩擦、传动机构的间隙、磁性元件的磁滞损耗和弹性元件的弹性滞后。一般通过具体实测才能确定。

如用折合误差的表示形式，仪表的变差可表示为

$$\gamma_b=\frac{\delta_b}{A_{max}-A_{min}}\times100\%=\frac{|x_{正}-x_{反}|_{max}}{A_{max}-A_{min}}\times100\% \tag{1-10}$$

变差是反映仪表精密程度的一个指标，仪表的变差应小于或等于仪表的允许误差，否则该仪表视为不合格。

【思考题】 一个仪表有几个变差？

(4) 重复性

在同一工作条件下，按同一方向对同一被测量进行多次重复测量时，所得的多个测量值的一致程度称为重复性。重复性大小是以全量程上，对应于同一输入值输出的最大值和最小值的差中的最大值与量程范围之比来表示的。

全测量范围内，正、反行程各输入值所对应的输出值的最大偏差分别为 Δ_{m1}

和 Δ_{m2}，二者中大的记为 ΔR_{max}，则仪表的重复性用 $|\Delta R_{max}|$ 与仪表量程 $A_{max}-A_{min}$ 之比来表示，记为 δ_R

$$\delta_R = \frac{|\Delta R_{max}|}{A_{max} - A_{min}} \tag{1-11}$$

重复性是测量仪表最基本的技术指标，是其他各项指标的前提和保证。

相同的测量条件也称为重复性条件，主要包括：① 相同的测量程序；② 相同的操作人员；③ 相同的测量仪表；④ 相同的使用条件；⑤ 相同的地点；⑥ 在短时间内重复测量。

（5）灵敏度和不灵敏区

灵敏度是指仪表感受被测参数变化的灵敏程度，或者说是测量仪表对被测量变化的反应能力，是在稳态下，当输入信号变化很小时，仪表输出信号的变化增量 ΔL 与对应输入信号的变化增量 Δx 的比值（即变化率），即

$$S = \frac{\Delta L}{\Delta x} \tag{1-12}$$

对于指示仪表，灵敏度就是指单位输入信号所引起指针的偏转角度或位移量。

仪表能响应的输入信号的最小变化则被称为仪表的分辨力，也称灵敏度限，它与仪表的灵敏度是不同的。

具有线性输出-输入特性的仪表，其灵敏度为常数；而具有非线性关系的输出-输入特性的仪表，其灵敏度是变数，其值即为曲线的斜率（导数）。

测量仪表的静态灵敏度可以通过静态校准求得。理想的测量仪表其静态灵敏度是一个常量。静态灵敏度的量纲是仪表输出量量纲与输入量量纲之比。仪表输出量量纲一般指实际物理输出量的量纲，而不是刻度量纲。

举例来说，水银温度计的输入量是温度，输出量是水银柱高度，其灵敏度量纲是 mm/℃。如果某水银温度计温度每升高 1 ℃，水银柱升高 2 mm，则它的灵敏度 $S=2$ mm/℃。

对于线性测量仪表，$L=a+bx$，特性曲线是一条直线，其灵敏度为

$$S = \frac{\mathrm{d}L}{\mathrm{d}x} = b = \tan\theta \tag{1-13}$$

式中 θ——线性静态特性直线的斜角。

对于非线性测量仪表，特性曲线为一条曲线，其灵敏度由静态特性曲线上各点的斜率来确定，如图 1-4 所示。此时，不同的输入量对应的灵敏度不同。

由于灵敏度对测量品质影响很大，所以，一般测量仪表或系统都会给出这一参数。原则上说，测量仪表的灵敏度应尽可能高，这意味着它能检测到被测量极微小的变化，即被测量稍有变化，测量仪表就有较大的输出，并显示出来。但是，

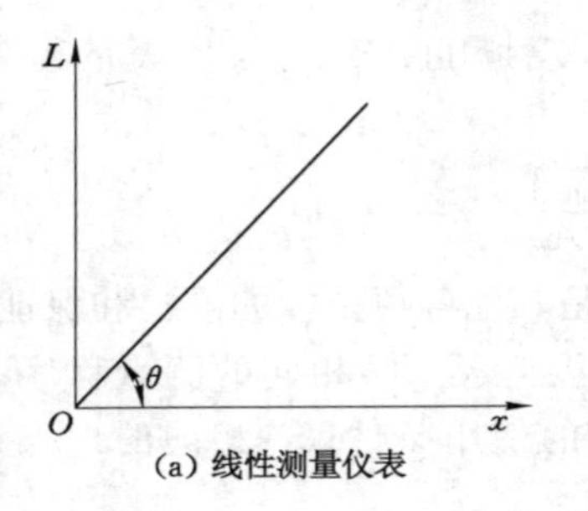

(a) 线性测量仪表

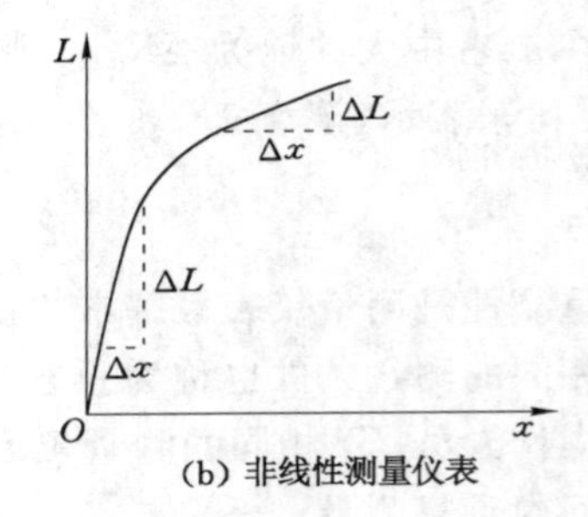

(b) 非线性测量仪表

图 1-4　灵敏度示意图

在要求高灵敏度的同时，应特别注意与被测信号无关的外界噪声的侵入。为达到既能检测微小的被测参量变化，又能控制噪声使之尽量最低，要求测量仪表的信噪比越大越好。一般来讲，灵敏度越高，测量范围越小，稳定性也越差。

【思考题】 线性仪表和非线性仪表的灵敏度有何区别？灵敏度与分辨率有什么关系？

与灵敏度类似的性能指标还有以下几种，使用时应注意区分它们之间的不同。

① 分辨力与分辨率

测量仪表的分辨力是指能引起测量仪表输出发生变化的输入量的最小变化量，用于表示仪表能够检测出被测量最小变化量的能力，又称灵敏度限。例如，线绕电位器的电刷在同一匝导线上滑动时，其输出电阻值不会发生变化，因此能引起线绕电位器输出电阻值发生变化的最小位移为电位器所用的导线直径，导线直径越小，其分辨力就越高。

而为了表征仪表读数的精密性，通常采用分辨率。分辨率指能检测出的最小被测量的变化量相对满量程的百分数，它是一个相对数值，如：0.1%，0.02%；而分辨力是绝对数值，如：0.1 g，5 ms，0.01 mm。

许多测量仪表在全量程范围内各测量点的分辨力并不相同。为统一表示，常用全量程中能引起输出变化的各点最小输入量中的最大值 Δx_{max} 与仪表量程 $(A_{max}-A_{min})$ 之比来表示系统的分辨力 k，即

$$k=\Delta x_{max}/(A_{max}-A_{min}) \tag{1-14}$$

一般规定指针式仪表的分辨力为最小刻度分格值的一半；数字式仪表的分辨力就是当输出最小有效位变化 1 时其示值的变化，常称为步进量。在数字测量仪表中，分辨力比灵敏度更为常用。例如，某模拟仪表刻度范围为 −50～150 ℃，总共有 160 格分度，则每格对应温度变化值 $\frac{150-(-50)}{160}=1.25$ ℃/格，

其分辨力为0.625 ℃，分辨率为0.312 5%；而某数字式测温仪表为四位LED显示器（带一位小数点），则末位数字变动“1”所对应分辨力为0.1 ℃。

一般分辨力数值应不大于仪表允许误差的一半。

② 不灵敏区

不能引起仪表输出变化的输入信号的最大变化范围，即缓慢地向增大或减小方向改变输入信号时，仪表输出信号不发生变化的最大输入变化幅度，称为不灵敏区。

为了确定仪表的不灵敏区，可在仪表的某一点上逐渐增加或减小输入信号，分别记下使显示机构开始动作的增、减两个方向的输入值，它们的差值即为仪表在该点的不灵敏区。如某温度计稳定在535 ℃，当被测温度上升到535.3 ℃时，指针开始正向移动；当被测温度下降到534.8 ℃时，指针开始负向移动，则该温度计在535 ℃示值点的不灵敏区为535.3－534.8＝0.5 ℃。

当特性曲线区间很小时，可以认为仪表（系统）的变差、灵敏度和不灵敏区存在下列关系

$$\text{仪表变差}=\text{灵敏度}\times\text{不灵敏区} \tag{1-15}$$

分辨率和不灵敏区从不同的角度描述了仪表的灵敏性。一般来说，仪表的灵敏度越高，其分辨率也越高，读数时也越准确。测量仪表的灵敏度可以用增大放大系统的放大倍数的方法来提高。但必须指出，单纯加大灵敏度并不改变仪表的基本性能，即仪表准确度并没有提高，相反有时还会出现振荡现象，造成输出不稳定。这时可能出现灵敏度很高，但准确度却下降的现象。为了防止准确度的下降，常规定仪表标尺上的分格值不能小于仪表允许误差的绝对值；仪表分辨力（灵敏度限）的数值应不大于仪表允许误差绝对值的一半。

（6）非线性误差（线性度）

理想测量系统的输入-输出关系应该是线性的，但实际测量系统由于各种因素的影响往往并非如此。

当测量系统中某一环节的输入与输出存在非线性关系时，往往造成测量系统被测量与输出信号之间的非线性特性。仪表输出-输入实际特性曲线与某一直线（理想特性曲线）之间最大偏差量Δ''_{max}（或其相对量$\frac{\Delta''_{max}}{A_{max}-A_{min}}\times100\%$）称为仪表的非线性误差，也称线性度。非线性误差大小与直线的取法有关，此直线以切线形式或以割线形式都可，如图1-5所示。

非线性误差越小，线性度越高；反之亦然。非线性误差不应超过该仪表所规定的允许误差。

测量仪表的实际特性曲线可以通过静态校准来求得。而理想特性曲线的确

定，目前尚无统一的标准，一般可采用下述办法确定：

① 根据一定的要求，规定一条理论直线。例如，一条通过零点和满量程的输出线或者一条通过两个指定端点的直线。

② 通过静态校准求得的零平均值点和满量程输出平均值点作一条直线。

③ 根据静态校准取得的数据，利用最小二乘法，求出一条最佳拟合直线。

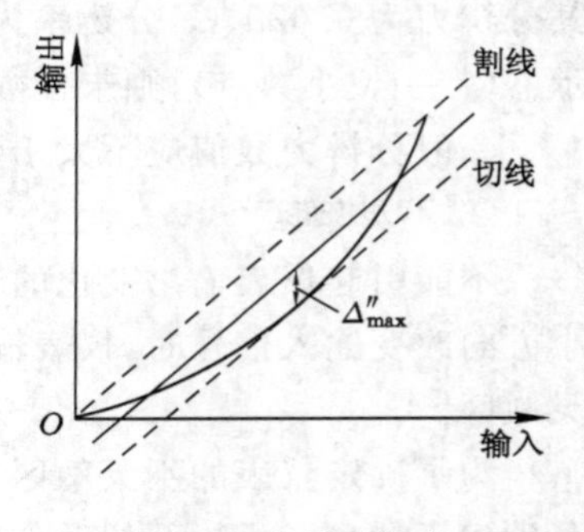

图 1-5 非线性误差

可见，对应于不同的理想特性曲线，同一测量仪表会得到不同的线性度。严格来说，说明测量仪表的线性度时，应同时指明理想特性曲线的确定方法。目前，比较常用的是第三种方法，以这种拟合直线作为理想特性曲线定义的线性度，称为独立线性度。

克服非线性误差的措施是：在指针或模拟仪表上绘制非线性(不均匀)刻度；在数字式仪表系统中采用线性化器。通常用于控制调节的信号都希望是线性的(无非线性误差)，因为线性控制系统容易设计和实现。

任何测量仪表都有一定的线性范围，在线性范围内，输入、输出呈比例关系，线性范围越宽，表明测量仪表的有效量程越大。测量仪表在线性范围内工作是保证测量准确度的基本条件。在某些情况下，也可以在近似线性的区间内工作。必要时，可进行非线性补偿，目前的自动测量仪表通常都已具备非线性补偿功能。

(7) 漂移

在工作环境及工作条件不变的前提下，保持一定的输入信号，经过规定的一段时间后，仪表输出的变化称为漂移。它是以整个仪表全量程上各点输出的最大变化量与量程之比的百分数来表示的。

漂移是表示仪表稳定性的一个重要指标，它通常是由电子元件的老化、弹性元件的失效、节流元件的磨损及热电偶和热电阻元件的污染变质等所造成的。

(8) 稳定性

稳定性是指在规定的工作条件下，测量仪表能够保持恒定，其性能在规定时间内不发生变化的能力，即测量仪表保持其计量特性随时间恒定的能力。稳定性可定量表示为测量特性变化某个规定的量所经过的时间，或测量特性经过规定的时间所发生的变化等。

影响稳定性的因素主要是时间、环境、干扰和测量仪表的器件状况。因此，选用测量仪表时应考虑其抗干扰能力和稳定性，特别是在复杂环境下工作时，更应考虑各种干扰，如磁辐射和电网干扰等的影响。

(9) 复现性

测量仪表的复现性是指在变化条件下(即不同的测量原理、不同的测量方法、不同的操作人员、不同的测量仪表、不同的使用条件及不同的时间、不同的地点等)，对同一个被测量进行多次测量所得测量结果之间的一致程度，一般用测量结果的分散性来定量表示。

(10) 可靠性

可靠性是指测量仪表在规定的条件下和规定的时间内能保持正常工作的特性，用于衡量测量仪表能够正常工作并发挥其功能的程度。表征可靠性尺度的有可靠度、平均寿命、有效度、故障率、重要度、修复率、维修度和平均维修时间等。

比如可靠度是指测量系统或零部件在规定的时间内，能正常行使功能的概率。假如，有 100 台同样的仪表，工作 1 000 h 后约有 99 台仍能正常工作，则可以说这批仪表工作 1 000 h 后的可靠度是 99%。

而有效度表示测量仪表或零部件在规定的使用条件下使用时，在任意时刻正常工作的概率，是将可靠度与维修度综合起来的一个可靠性评价指标。其中，维修度是指可修的系统或零部件等在规定的条件下和规定的时间内完成维修的概率。高的有效度在要求平均无故障工作时间尽可能长的同时，又要求平均故障修复时间尽可能短，以此来综合评价仪表的可靠性，其数学表达式为

$$\text{有效度}=\frac{\text{平均无故障工作时间}}{\text{平均无故障工作时间}+\text{平均故障修复时间}} \tag{1-16}$$

【例 1-5】 某指示压力表，量程范围为 0～6 MPa，标尺总弧度为 270°，1.5 级精确度，在正常工作条件下用标准表校验，结果如表 1-1 所示。① 求仪表的允许误差；② 求仪表的基本误差；③ 求仪表的变差；④ 求仪表的灵敏度；⑤ 试确定是否合格。

表 1-1　压力表校验记录

标准压力 p/MPa		0	1.0	2.0	3.0	4.0	5.0	6.0
被校压力 p/MPa	上行程	0.00	0.98	2.15	3.20	4.32	5.06	6.10
	下行程	0.05	1.02	2.00	3.05	4.30	4.85	5.90

解　① 由仪表精确度 1.5 级可得

仪表允许折合误差＝±1.5%。

仪表允许绝对误差＝±1.5%×(6.0－0)＝±0.09 MPa。

② 为求基本误差 δ_j，在 14 个校验点中挑出最大绝对误差值，加上正负号。

$$\delta_{max}=4.32-4.0=0.32\ \text{MPa};\delta_j=\pm 0.32\ \text{MPa}>\pm 0.09\ \text{MPa}$$

折合误差形式的基本误差由式(1-8)计算得

$$\gamma_j=\pm\frac{0.32}{6.0-0}\times 100\%=\pm 5.3\%>\pm 1.5\%$$

折合形式、绝对形式的基本误差均已超过允许误差。

③ 仪表变差应在 7 组上下行程读数差中选最大者，即

$$\delta_b=5.06-4.85=0.21\ \text{MPa}>\pm 0.09\ \text{MPa}$$

或者有 $\gamma_b=\frac{0.21}{6.0-0}\times 100\%=3.5\%>\pm 1.5\%$，皆已超差。

④ 因仪表输出量为指针偏转角 270°，最大输入量为 6.0 MPa，故该表灵敏度取比值 270°/6.0 MPa=45°/MPa。

⑤ 该表因超差不合格。

1.4.2 仪表的校验

在工业生产中，为了确保测量结果的真实性和可靠性，对使用了一定时间之后以及检修过的仪表都应进行校验，以确定仪表是否合格。仪表校验的步骤一般包括外观检查、内部机件性能检查、绝缘性能检查及示值校验等。示值校验一般是判断仪表的基本误差、变差等是否合格。示值校验方法通常有两种。

(1) 示值比较法

用标准仪表与被校仪表同时测量同一参数，以确定被校仪表各刻度点的误差。校验点一般选取被校表上的整数刻度点，包括零点及满刻度点不得少于五点(校验精密仪表时校验点不得少于七点)，校验点应基本均匀分布于被校仪表的整个量程范围。各校验点的误差不超过该仪表准确度等级规定的允许误差则认为合格。校验仪表时所用的标准仪表，其允许误差应不大于被校表允许误差的三分之一(绝对误差值)，量程应等于或略大于被校仪表的量程。

(2) 标准状态法

利用某些物质的标准状态来校验仪表。例如，利用一些物质(如水、各种纯金属)的状态转变点温度来校验温度计，利用空气中含氧量一定的特性来校验工程用氧量计等。

1.5　测量误差的处理

1.5.1　随机误差的处理

(1) 当重复测量的次数足够多时

通过对大量的等精度测量的结果进行观察和分析后可知，随机误差具有如下性质：

对称性——在一定测量条件下的有限次测量结果，其绝对值相等的正误差与负误差出现的次数大致相等。

有界性——随机误差总是有界限的，不可能出现无限大的随机误差；在一定测量条件下的有限次测量结果中，随机误差的绝对值不会超过某一界限，绝对值非常大的误差基本不出现。

单峰性——绝对值小的随机误差出现的次数多于绝对值大的误差出现的次数。

抵偿性——由随机误差的对称性知，在有限次测量中，绝对值相同的正负误差出现的次数大致相同。因此，取这些误差的算术平均值时，绝对值相同的正负误差产生相互抵消现象，即随机误差具有相互抵消的统计规律，当测量次数足够多时，全部随机误差的代数和为零。

因此，当重复测量的次数足够多时，随机误差的分布规律服从概率统计理论中的正态分布规律。所以，我们可以根据这种分布规律，从一系列重复测量值中求出被测量值的最可信值作为测量的最终结果，并给出该结果以一定概率存在的范围，此范围称作置信区间，被测量的随机误差出现在该置信区间的概率称为置信概率。严格地说，一个测量结果，必须同时附有相应的置信区间和置信概率的说明，否则该测量结果就是无意义的。

随机误差概率密度的正态分布曲线如图 1-6 所示，曲线的横坐标为误差 $\delta=x-x_0$，也就是测定值与真值之差，纵坐标为随机误差的概率密度 $f(\delta)$，其数值等于图 1-6 中阴影部分的面积。且从图中可以看出，绝对值小的误差出现的概率大，绝对值大的误差出现的概率小，无穷大的正、负误差出现的概率为零。

实际上，在一定的测量条件下随机误差的绝对值是不超过一定限值的，并且由于 $-\infty<\delta<+\infty$ 为必然事件，所以 $\int_{+\infty}^{-\infty} f(\delta)\mathrm{d}\delta = 1$，即概率密度曲线下的总面积为 1，误差在 $-\infty$ 到 $+\infty$ 间出现的概率为 1。

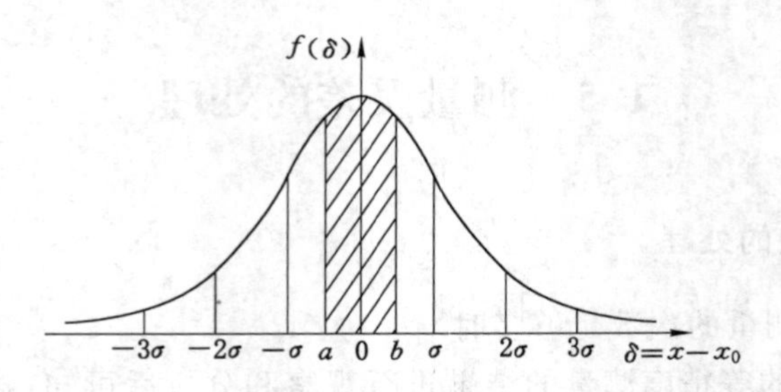

图 1-6　正态分布曲线

概率密度 $f(\delta)$与误差 δ 之间的关系为

$$f(\delta)=\frac{1}{\sigma\sqrt{2\pi}}e^{-\frac{\delta^2}{2\sigma^2}} \tag{1-17}$$

$$\sigma=\sqrt{\frac{\sum_{i=1}^{N}(x_i-x_0)^2}{N}} \tag{1-18}$$

式中　δ——测量值的误差，$\delta=x-x_0$；

x——测量值；

x_0——被测量的真值；

σ——标准误差(标准偏差、均方根误差)；

N——测量次数。

【思考题】　标准误差可以直接求出吗？

除了仪表校验情况(此时把标准仪表指示值作为真值)外，在实际测量工作中被测量的真值通常是不知道的。对于多次测量 $N\to\infty$，算术平均值是被测量真值 x_0 的最佳逼近。因在式(1-17)中，概率密度 $f(\delta)$是关于误差 $\delta=x-x_0$ 的偶函数，在误差($x-x_0$)正、负区间内具有对称性，绝对值相等的正误差和负误差出现的概率相等，当测量次数 $N\to\infty$时，误差总和趋向于 0，即随机误差具有相互抵偿的统计规律，即

$$\lim_{N\to\infty}\frac{\sum_{i=1}^{N}(x_i-x_0)}{N}=\lim_{N\to\infty}\frac{\sum_{i=1}^{N}x_i}{N}-x_0=0$$

所以

$$x_0=\lim_{N\to\infty}\frac{\sum_{i=1}^{N}x_i}{N} \tag{1-19}$$

通常，在直接测量中，当重复测量次数足够多(一般在 60 次以上)时，测定值的算术平均值为被测量的最可信值(最优概值)，即最接近真值的值。x_0 可由 x

的期望值(均值)$\bar{x}$ 来代替。

$$\bar{x}=\frac{1}{N}(x_1+x_2+\cdots+x_n)=\frac{1}{N}\sum_{i=1}^{N}x_i=x_0 \tag{1-20}$$

【思考题】 测量平均值代替真值与测量的次数有关系吗?

实际上,理论标准误差 σ 难以求得,因为标准值 x_0 无法求,测量次数 N 也不可能无限多。为此,利用理论估计的无偏性推导,可用估计标准误差 σ_{N-1} 来替代 σ。此时,标准误差的估计值可利用残差,由贝塞尔公式求出,即

$$S=\sigma_{N-1}=\sqrt{\frac{\sum_{i=1}^{N}(x_i-\bar{x})^2}{N-1}}=\sqrt{\frac{\sum_{i=1}^{N}v_i^2}{N-1}} \tag{1-21}$$

式中　v_i——测量值 x_i 的残差(剩余误差);

S——理论标准误差 σ 的估计值,即 $S=\sigma_{N-1}$。

残差具有两个重要性质:

① 残差的代数和为零,据此可以检查 $\bar{x}$ 的计算是否正确;

② 残差的平方和最小。

根据随机误差的正态分布性质,通过一定的概率运算可估算随机误差 δ 的数值范围,或者求取误差出现于某个区间内的概率。由于随机误差具有对称性,常用对称区间$[-a,a]$表示。

由图 1-6 可见,$f(\delta)\mathrm{d}\delta$ 即为测量误差落在 δ_i 与 $\delta_i+\Delta\delta$ 之间的概率。如误差 $\delta=x-x_0$,并给出误差区间$[a,b]$,则随机误差 δ 出现在区间$[a,b]$上的概率为

$$P\{a\leqslant\delta\leqslant b\}=\int_a^b f(\delta)\mathrm{d}\delta \tag{1-22}$$

为了方便地表示随机误差的大小,将随机误差发生的范围称为置信区间,置信区间的上、下限称为置信限,置信区间常用标准误差 σ 的倍数表示,即 $\pm z\sigma$ 或 $[-z\sigma,z\sigma]$,其中 z 为置信系数或置信因数。把概率 $P\{-a\leqslant\delta\leqslant a\}$ 称为在 $\pm a$ $(a=z\sigma)$ 置信区间上的置信概率或置信水平;把 $1-P=\alpha$ 称为显著性水平,表示随机误差落在置信区间以外的概率。置信区间和置信概率合起来称为置信度,即可信赖的程度。通常用置信区间和置信概率共同说明测量结果的可靠性。而置信区间越宽,置信概率越大。比如标称值为 10 Ω 的标准电阻器的校验证书上给出该电阻在 23 ℃时的电阻值为 R_s(23 ℃)=(10.000 74±0.000 13)Ω,置信概率 $P=99\%$。

随机误差 δ 出现在 $\pm za$ 区间的概率可通过概率积分来计算:

$$P(|\delta|\leqslant a)=P(|\delta|\leqslant z\cdot\sigma)=\frac{2}{\sqrt{2\pi}}\int_0^z \mathrm{e}^{-\frac{z^2}{2}}\mathrm{d}z=\phi(z) \tag{1-23}$$

此函数 $\phi(z)$ 称为误差函数。$\phi(z)$ 与 z 的关系见表 1-2。

表 1-2 误差函数表 $\left[\phi(z)=\frac{2}{\sqrt{2\pi}}\int_0^z e^{-\frac{z^2}{2}}dz\right]$

z	0	0.1	0.2	0.3	0.4
0	0.000 00	0.079 66	0.158 52	0.235 82	0.310 84
1	0.682 69	0.728 67	0.769 86	0.806 40	0.838 49
2	0.954 50	0.964 27	0.972 19	0.978 55	0.983 60
3	0.997 30	0.998 065	0.998 626	0.999 033	0.999 326
z	0.5	0.6	0.7	0.8	0.9
0	0.382 93	0.451 49	0.516 07	0.576 29	0.631 88
1	0.866 39	0.890 40	0.910 87	0.928 14	0.942 57
2	0.987 58	0.990 68	0.993 07	0.994 89	0.996 27
3	0.999 535	0.999 682	0.999 784	0.999 855	0.999 904

对于 $z=1$，$\phi(1)=0.682\ 7$，即 $P(|\delta|\leqslant\sigma)=68.27\%$，$\alpha=0.317\ 3$。

对于 $z=2$，$\phi(2)=0.954\ 5$，即 $P(|\delta|\leqslant 2\sigma)=95.45\%$，$\alpha=0.045\ 5$。

对于 $z=3$，$\phi(3)=0.997\ 3$，即 $P(|\delta|\leqslant 3\sigma)=99.73\%$，$\alpha=0.002\ 7$。

可见，测量中出现大于 $\pm 3\sigma$ 的随机误差的概率（即显著性水平）仅有 $0.27\%=\frac{1}{370}$，即大约每 370 次测量中才可能有一次测量误差超过三倍标准误差之值。概率如此之小，可近似认为是不可能发生的事件，即在进行测量时，其随机误差的最大值不会超过 $\pm 3\sigma$。因此，测量技术中通常把 $\pm 3\sigma$ 作为极限误差或最大误差，并把 $\pm 3\sigma$ 称为随机不确定度，简称不确定度，与它相应的置信概率为 0.997，超过此极限误差的情况是小概率事件，可以忽略不计。

由此可知，标准误差 σ 实际上反映了一组测定值的随机误差的大小。关于这一点，我们还可以从图 1-7 中看出，当 $\delta=0$，即测定值等于真值时，概率密度达到极大值 $1/(\sigma\sqrt{2\pi})$，说明一组测定值的标准误差 σ 越小，测定值接近于真值的概率越大。如图 1-7 所示，在不同随机因素作用下，各标准误差 σ 值不同，因而分布曲线也就不同。σ 值越小，概率密度分布曲线越尖锐，测定值的集中程度越好，其测定值的精密度（一致性）越高。

通常以 h 作为精密度指数：

$$h=\frac{1}{\sigma\sqrt{2\pi}}$$

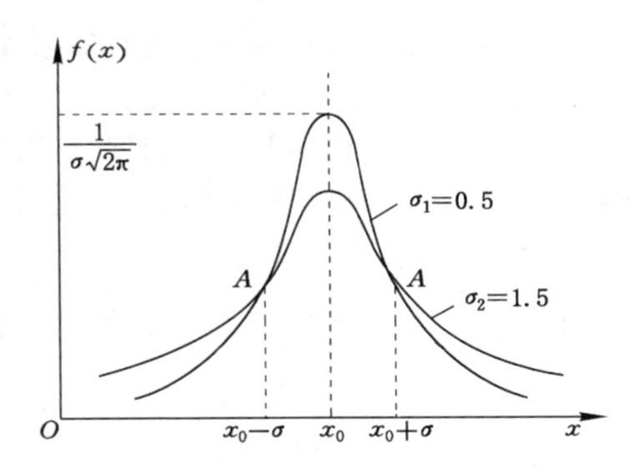

图 1-7 不同 σ 的概率密度分布曲线

因此正态分布的概率密度函数也可写成

$$f(\delta)=\frac{h}{\sqrt{\pi}}e^{-h^2\delta^2} \tag{1-24}$$

在处理随机误差时，将测量列 $x_1, x_2, \cdots, x_n$（n 个不含坏值的测量值）表达成统计结果，常应用到下述表达式

$$\hat{x}_0=\bar{x}\pm zS(P) \tag{1-25}$$

式中 $\hat{x}_0$——测量列的统计结果，即测量值的真值估计值；

$\bar{x}$——估计真值的数学期望值，也是所有可能测量值的平均值；

z——置信系数；

S——估计标准误差；

zS——置信限，而称区间$(-zS, zS)$为置信区间；

P——误差落在置信区间内的概率，称置信概率。

而在对测量仪表进行校验时，被测量的真值可用标准表的测量值来代替。

如上所述，在认为不存在系统误差的情况下，对于一测量系统，可以通过多次重复测量来求出它的标准误差的估计值 S，从而估计出这一测量系统的精密度。以后用这个测量系统作等精度测量时，如仅作一次测量，就可估计这一次测定值(x_1)的极限误差为$\pm 3S$，也就是说该测定值与真值之间不超过$\pm 3S$偏差的概率为 99.73%，即该值为 $x_1\pm 3S(99.73\%)$。

故其测定结果应表示为

$$\hat{x}_0=x_1\pm\begin{matrix}S(68.27\%)\\2S(95.45\%)\\3S(99.73\%)\end{matrix} \tag{1-26}$$

由于是单次测量，其估计标准误差 S 应取自测量仪表固有标准误差，其值之三倍(允许绝对误差)由测量仪表精度和量程预先计算来确定。

【例 1-6】 某主蒸汽温度测量系统,其精确度为 0.5 级,测量范围为 0～600 ℃,测得读数 $x_1=450$ ℃,只计随机误差,试求其测定结果。

解 由测量系统精确度等级知,该测量系统的允许绝对误差为

$$\Delta_P=\pm 0.5\%\times(600-0)=\pm 3\ ℃$$

令测量服从正态分布 $S=\frac{1}{3}\Delta_P=\pm 1$ ℃,则被测温度真值为

$$\hat{x}_0=450\pm\begin{matrix}1\ ℃(68.27\%)\\2\ ℃(95.45\%)\\3\ ℃(99.73\%)\end{matrix}$$

也就是说,读数温度为 450 ℃,实际主蒸汽温度在 449～451 ℃范围内的概率为 68.27%;在 448～452 ℃范围内的概率为 95.45%;在 447～453 ℃范围内的概率为 99.73%。

设某仪表(或测量系统)对同一被测量进行了 N 次重复测量,得读数为 x_1,x_2,…,x_N;其数学期望值应取其算术平均值 $\bar{x}$。

根据随机误差的正态分布规律可知,当重复测量的次数 N 趋于无穷大时,算术平均值就等于真值,但由于 N 不可能无穷大,因此算术平均值与真值之间还会存在误差。根据误差理论可以推得,算术平均值的标准误差(均方根误差)为

$$\sigma_{\bar{x}}=\frac{S}{\sqrt{N}}=\sqrt{\frac{\sum_{i=1}^{N}(x_i-\bar{x})^2}{N(N-1)}} \tag{1-27}$$

算术平均值的极限误差为 $\pm 3\sigma_{\bar{x}}(=3S/\sqrt{N})$。

这时测量真值可写成 $\bar{x}\pm 3\sigma_{\bar{x}}(99.73\%)$,其中置信区间 $\pm 3\sigma_{\bar{x}}$ 为测量结果的随机不确定度,99.73%为置信概率。在多次重复测量中,随着测量次数的增加,算术平均值渐趋真值,随机误差逐渐减小。

于是,被测量真值的估计值为

$$x_0=\bar{x}\pm\begin{matrix}\sigma_{\bar{x}}(68.27\%)\\2\sigma_{\bar{x}}(95.45\%)\\3\sigma_{\bar{x}}(99.73\%)\end{matrix} \tag{1-28}$$

【例 1-7】 对稳态工况下的恒定差压进行了 10 次测量,测量结果符合正态分布规律,得到如下一组测量值(单位为 Pa):

3 452	3 475	3 483	3 455	3 467
3 472	3 461	3 470	3 459	3 462

求该恒定差压测量结果。

解 (1) 计算测量值的数学期望值，即 $\bar{x}$

$$\bar{x}=\frac{1}{N}\sum_{i=1}^{N}x_i=\frac{1}{10}\sum_{1}^{10}x_i=3\ 465.6\ \text{Pa}$$

(2) 计算估计标准误差 S

$$S=\sqrt{\frac{\sum_{i=1}^{N}(x_i-\bar{x})^2}{N-1}}=\sqrt{\frac{\sum_{1}^{10}(x_i-3\ 465.6)^2}{10-1}}=9.6\ \text{Pa}$$

(3) 计算 $\bar{x}$ 的标准误差 $\sigma_{\bar{x}}$

$$\sigma_{\bar{x}}=\frac{S}{\sqrt{N}}=\frac{9.6}{\sqrt{10}}=3.0\ \text{Pa}$$

(4) 表达测量结果

$$x_0=\bar{x}\pm\begin{matrix}\sigma_{\bar{x}}(68.27\%)\\2\sigma_{\bar{x}}(95.45\%)\\3\sigma_{\bar{x}}(99.73\%)\end{matrix}=3\ 465.6\pm\begin{matrix}3.0\ \text{Pa}(68.27\%)\\6.0\ \text{Pa}(95.45\%)\\9.0\ \text{Pa}(99.73\%)\end{matrix}$$

本题标准误差为 $\sigma_{\bar{x}}=\frac{\sigma_{N-1}}{\sqrt{N}}$，其值与测量次数 N 有关，N 值越大，则标准误差 $\sigma_{\bar{x}}$ 越小，测量精度也越高。故条件许可情况下尽量取多次测量。

总之，处理含有随机误差的读数，其结果应由数学期望、置信区间和置信概率所组成的公式(1-25)来表达。

(2) 当重复测量的次数较少时

正态分布是大量随机事件的分布规律，也就是说，只有当重复测量的次数足够多时，测量结果才会服从正态分布。而在实际测量中，测量次数越多，越难保证测量条件的恒定，所以重复的次数不可能太多，一般在 20～30 次及以下，使算术平均值与真值相差较大，测量系统的标准误差与估计标准差 S 之间有较大差别。

若测量次数较少，造成数据离散度大，此时试验数据将不服从正态分布而是服从 t 分布(又称 Student 分布)，这时测量值的置信区间(随机不确定度)和置信概率可由 t 分布求得。

对于一次测定值 x_1，其测量结果为

$$x_1\pm tS(P)$$

对于有限次数的多次重复测量，其测量结果为

$$\bar{x}\pm t\frac{S}{\sqrt{N}}(P) \tag{1-29}$$

式中 $\bar{x}$——全部测量值的算术平均值；

S——标准误差的估计值；

N——重复测量的次数；

t——t 分布系数。

系数 t 取决于所要求的置信概率 P（90%、95%或 99%）和标准误差估计值 S 的自由度 m，$m=N-1$（这是由于计算平均值时已去除一个自由度）。系数 t、置信概率 P 及自由度 m 之间的关系见表 1-3。

表 1-3　t 分布

自由度 m	t 值			自由度 m	t 值		
	$P=90\%$	$P=95\%$	$P=99\%$		$P=90\%$	$P=95\%$	$P=99\%$
1	6.314	12.706	63.657	18	1.734	2.101	2.878
2	2.920	4.303	9.925	19	1.729	2.093	2.868
3	2.353	3.182	5.841	20	1.725	2.086	2.845
4	2.132	2.770	4.604	21	1.721	2.080	2.831
5	2.015	2.571	4.032	22	1.717	2.074	2.819
6	1.943	2.447	3.707	23	1.714	2.069	2.807
7	1.895	2.365	3.499	24	1.711	2.064	2.797
8	1.860	2.306	3.355	25	1.708	2.060	2.787
9	1.833	2.262	3.250	26	1.706	2.056	2.779
10	1.812	2.228	3.169	27	1.703	2.052	2.771
11	1.796	2.201	3.106	28	1.701	2.048	2.763
12	1.782	2.179	3.055	29	1.699	2.045	2.756
13	1.771	2.160	3.012	30	1.697	2.042	2.750
14	1.761	2.145	2.977	40	1.684	2.021	2.704
15	1.753	2.131	2.947	60	1.671	2.000	2.660
16	1.746	2.120	2.921	120	1.658	1.980	2.617
17	1.740	2.110	2.898	∞	1.645	1.960	2.576

从表 1-3 中的数值可以看出当 N 逐渐增大时，t 分布趋近于正态分布。

【例 1-8】　对某已知电阻进行了 10 次测量，得到的测量结果分别为 20.30，19.96，20.17，19.36，19.87，20.26，20.75，20.35，20.12，20.49（不存在疏失误差），要求测量结果的置信概率为 99%，求该电阻的真实阻值及不确定度。

解　$N=10$。

测量结果的算术平均值为 $\bar{x}=\frac{\sum_{i=1}^{n}x_i}{N}=20.16(\Omega)$。

标准误差的估计值为

$$S=\sqrt{\frac{\sum_{i=1}^{N}(x_i-\bar{x})^2}{N-1}}=\sqrt{\frac{\sum_{i=1}^{10}(x_i-20.16)^2}{10-1}}=\sqrt{\frac{1.2885}{10-1}}=0.38(\Omega)$$

自由度 $m=10-1=9$，置信概率 $P=99\%$，从表 1-3 中可以查出 $t=3.250$，故算术平均值的置信区间(随机不确定度)为

$$\pm t\frac{S}{\sqrt{N}}=\pm 0.39(\Omega)\quad (99\%)$$

所以该电阻的真实阻值应取

$$R=\bar{x}\pm t\frac{S}{\sqrt{N}}=20.16\pm 0.39(\Omega)\quad (99\%)$$

1.5.2 疏失误差的处理

在一系列测量数据中，由于存在疏失误差，可能会包含个别的坏值，这些坏值会严重影响测量结果的可靠性和真实性，所以应当加以剔除，但在剔除之前应鉴别其是不是坏值。鉴别的原则，就是设置一定的置信概率，看这个可疑值的误差是否在相应的置信区间内，如果不在，则判其为坏值，并加以剔除。

鉴别坏值的标准很多，下面介绍几种工业测量中常用的鉴别标准。

(1) 莱伊特准则(3σ 判据)

前已述及，在多次重复测量中，误差的绝对值大于 3σ 的测量值出现的概率(显著性水平)只有 0.27%，因此，可以把 3σ 作为检验的临界值。当某次测量值 x_i 的残差 v_i 的绝对值大于三倍该组数据的标准误差 σ 时，即认为该测量值 x_i 存在疏失误差，为坏值，v_i 为疏失误差，将其剔除后再重新计算剩余测量值的算术平均值 $\bar{x}$ 和标准误差 σ，然后再用上述表达式对剩余的测量值进行检验，直到没有坏值为止(实际测量中，可用标准误差的估计值 S 来代替标准误差 σ 进行判别)。

莱伊特准则的表达式如下：

$$|v_i|=|x_i-\bar{x}|>3\sigma \tag{1-30}$$

其中，$\bar{x}=\frac{\sum_{i=1}^{N}x_i}{N}$；$\sigma\approx S=\sqrt{\frac{1}{N-1}\sum_{i=1}^{N}(x_i-\bar{x})^2}$。

此判据简单方便，所以常被测量工作者使用。但应注意的是，此判据是建立

在重复测量次数为无穷多次的基础上的。当测量次数有限,特别是当 N 值较少时,此准则并不十分可靠,即有些被判为坏值的测量值其实并非坏值,使得剔除后的测量结果有虚假的较高准确度。此时对数据的评价取舍改用格拉布斯准则较为合适。

【思考题】 如果例 1-7 未提到测量结果符合正态分布规律,解题步骤是否正确?正确的解题思路是什么?

(2) 格拉布斯准则

假设对某一个不变量进行 N 次重复测量,得到一组为 $x_1, x_2, \cdots, x_N$ 的测量值,且服从正态分布。设 x_i 为其中某可疑数据(通常选取测量值中最小值和最大值),可用下式计算格拉布斯准则数 T:

$$T = \frac{|x_i - \bar{x}|}{S} \tag{1-31}$$

式中 $\bar{x}$——算术平均值;

S——标准误差估计值。

然后根据重复测量次数 N(子样容量)和所选的显著性水平 $\alpha = 1 - P$(错误概率),从表 1-4 中查得格拉布斯准则的临界值 $T_g(N, \alpha)$,如果 $T > T_g(N, \alpha)$,则认为此可疑数据为坏值,应予剔除。每次只能剔除一个测量值。剔除后用剩余的 $N-1$ 个测量数据重新计算 $\bar{x}$ 和 S,再用上述公式检查其他可疑数据,直至没有坏值为止。

表 1-4 格拉布斯准则的临界值 $T_g(N, \alpha)$

N	$T_g(N,\alpha)$		N	$T_g(N,\alpha)$		N	$T_g(N,\alpha)$	
	$\alpha=0.05$	$\alpha=0.01$		$\alpha=0.05$	$\alpha=0.01$		$\alpha=0.05$	$\alpha=0.01$
3	1.153	1.155	13	2.331	2.607	23	2.624	2.963
4	1.463	1.492	14	2.371	2.659	24	2.644	2.987
5	1.672	1.749	15	2.409	2.705	25	2.663	3.009
6	1.822	1.944	16	2.443	2.747	30	2.745	3.103
7	1.938	2.097	17	2.475	2.785	35	2.811	3.178
8	2.032	2.221	18	2.504	2.821	40	2.866	3.240
9	2.110	2.323	19	2.532	2.854	45	2.914	3.292
10	2.176	2.410	20	2.557	2.884	50	2.956	3.336
11	2.234	2.485	21	2.580	2.912	80	3.14	3.31
12	2.285	2.550	22	2.603	2.939	100	3.17	3.59

使用该准则时，显著性水平不宜选得过高，即置信概率不宜选得过低，否则可能把不是坏值的数据当作坏值剔除。常用的显著性水平有0.05、0.025和0.01三种。若T_i和T_j都大于$T_g(N,\alpha)$，则应先剔除其中大者，这时子样容量只有$(N-1)$，重新计算$\bar{x}$和S再进行判断，直至余下的测量值中未再发现坏值。

【思考题】 使用该准则时，置信概率选择是否重要？

【例1-9】 某热物性测定系统中，测试试材上下表面温度均用铜-康铜热电偶测量，其下表面温度用数据采集系统在1 s内采集了下列15个温度样值(℃)：22.38、22.45、22.34、22.40、22.36、22.55、22.39、22.46、22.37、22.30、22.53、22.40、22.43、22.50、22.45；其上表面温度在相同时间段内采集了下列15个温度样值(℃)：20.40、20.00、20.39、20.43、20.42、20.43、20.40、20.43、20.42、20.59、20.41、20.42、20.43、20.40、20.43。试分别判断它们是否存在坏值，如存在将其剔除。

解 对下表面温度$N=15$，按其值大小排列，$x_{10}=22.30$(最小值)，$x_6=22.55$(最大值)，则

$$\bar{x}=\frac{1}{15}\sum_{i=1}^{15}x_i=22.421\quad S=0.070\,3$$

$$T_{10}=\frac{|22.30-22.421|}{0.070\,3}=1.721$$

$$T_6=\frac{|22.55-22.421|}{0.070\,3}=1.835$$

设取$\alpha=0.05$，由表1-4得$T_g(15,0.05)=2.409$，由于T_6、T_{10}均小于$T_g(15,0.05)$，故测量值中不含坏值，无须剔除。

对上表面温度$N=15$，按其值大小排列，$x_2=20.00$(最小值)，$x_{10}=20.59$(最大值)，则

$$\bar{x}=\frac{1}{15}\sum_{i=1}^{15}x_i=20.400\quad S=0.120\,1$$

$$T_2=\frac{|20.00-20.400|}{0.120\,1}=3.330$$

$$T_{10}=\frac{|20.59-20.400|}{0.120\,1}=1.582$$

设取$\alpha=0.05$，由表1-4得$T_g(15,0.05)=2.409$，由于$T_2>T_g(15,0.05)$，故测量值$x_2=20.00$为坏值，剔除之。

$N=14$，$x_2=20.39$，$x_9=20.59$，则

$$\bar{x}=\frac{1}{14}\sum_{i=1}^{14}x_i=20.429\quad S=0.047$$

$$T_2 = \frac{|20.39 - 20.429|}{0.047} = 0.829\ 8$$

$$T_9 = \frac{|20.59 - 20.429|}{0.047} = 3.425\ 5$$

仍取 $\alpha=0.05$，由表 1-4 得 $T_g(14,0.05)=2.371$，由于 $T_9>T_g(14,0.05)$，故测量值 $x_9=20.59$ 为坏值，剔除之。

$N=13$，$x_2=20.39$，$x_{13}=20.43$（数据中有 5 个数值为 20.43 ℃，取一个做代表），则

$$\bar{x} = \frac{1}{13}\sum_{i=1}^{13} x_i = 20.416 \quad S = 0.013\ 4$$

$$T_2 = \frac{|20.39 - 20.416|}{0.013\ 4} = 1.940$$

$$T_{13} = \frac{|20.43 - 20.416|}{0.013\ 4} = 1.044\ 8$$

仍取 $\alpha=0.05$，由表 1-4 得 $T_g(13,0.05)=2.331$，由于 $T_2<T_g(13,0.05)$，$T_{13}<T_g(13,0.05)$，故可知余下的测量值中已不含坏值。

(3) t 分布准则

当重复测量的次数较少时（$N<20$），用 t 分布准则较为合适。

设得到一组共 N 个数据，将被怀疑的数据先剔除，而后按余下的（$N-1$）个测量值来计算算术平均值和标准误差的估计值：

$$\bar{x} = \frac{\sum_{i=1}^{N-1} x_i}{N-1} \tag{1-32}$$

$$S = \sqrt{\frac{\sum_{i-1}^{N-1}(x_i - \bar{x})^2}{N-2}} \tag{1-33}$$

按要求的置信概率 P（或显著性水平 α）和剩余测量数据的自由度 $v=N-2$ 查表 1-5，确定 t 分布的临界值 $T_t(N,P)$，若被剔除的读数确实含有疏失误差，它的统计量 T 就满足下式关系：

$$T = \frac{|x_i - \bar{x}|}{S} \geqslant T_t(N,P) \tag{1-34}$$

式中　x_i——被剔除的读数；

$\bar{x}$——按余下的（$N-1$）个读数计算的算术平均值；

S——按余下的（$N-1$）个读数计算的标准误差的估计值。

表 1-5 t 分布准则的临界值 $T_t(N,P)$

v	$T_t(N,P)$			v	$T_t(N,P)$		
	P=0.999	P=0.99	P=0.95		P=0.999	P=0.99	P=0.95
2	77.696	77.694	15.561	17	4.131	3.006	2.181
3	36.486	11.460	4.969	18	4.074	2.997	2.168
4	14.468	6.530	3.558	19	4.024	2.953	2.156
5	9.432	5.043	3.041	20	3.979	2.932	2.145
6	7.409	4.355	2.777	21	3.941	2.912	2.135
7	6.370	3.963	2.616	22	3.905	2.895	2.127
8	5.733	3.711	2.508	23	3.874	2.880	2.119
9	5.314	3.536	2.431	24	3.845	2.865	2.112
10	5.014	3.409	2.372	25	3.819	2.852	2.105
11	4.791	3.310	2.327	26	3.796	2.840	2.099
12	4.618	3.233	2.291	27	3.775	2.830	2.094
13	4.481	3.170	2.261	28	3.755	2.820	2.088
14	4.369	3.118	2.236	29	3.737	2.810	2.083
15	4.276	3.075	2.215	30	3.719	2.802	2.079
16	4.198	3.038	2.197	40	3.602	2.742	2.048

满足式(1-34)则表明将该读数剔除是正确的;反之,若不满足式(1-34),则表明该测量值不含疏失误差,应该重新将它收入数据组中,并重新计算误差。

【例 1-10】 根据 t 分布准则,针对例 1-9 中采集到的测试试材下表面温度数据(℃):22.38、22.45、22.34、22.40、22.36、22.55、22.39、22.46、22.37、22.30、22.53、22.40、22.43、22.50、22.45,试判别其中是否有疏失误差。

解 以上 15 个测量数据中,最大数值为 22.55,我们先假定它是坏值,将它剔除,计算剩余 14 个数据的算术平均值和标准误差的估计值得:

$$\bar{x}=\frac{\sum_{i=1}^{N-1}x_i}{N-1}=\frac{\sum_{i=1}^{15-1}x_i}{15-1}=22.411$$

$$S=\sqrt{\frac{\sum_{i=1}^{N-1}(x_i-\bar{x})^2}{N-2}}=\sqrt{\frac{\sum_{i=1}^{15-1}(x_i-22.411)^2}{15-2}}=0.062\ 7$$

置信概率取为 $P=0.95$,且剩余数据的自由度 $v=15-2=13$,查表 1-5 得 $T_t(N,P)=2.261$。

而 $$T=\frac{|x_i-\bar{x}|}{S}=\frac{|22.55-22.411|}{0.0627}=2.217$$

显然 $T<T_t(N,P)$,所以 22.55 这个测量值为正常测量值,不应该剔除。

由此方法,可以得出数据中最小数值 22.30 也不是坏值,所以上述 15 个测量数据中不含疏失误差,均为有效数据。

1.5.3 系统误差处理

恒值的系统误差,只影响测量结果的正确度,不影响测量结果的精密度;变值的系统误差,不仅影响结果的准确度,同时也影响测量的精密度。

当测量系统和测量条件不变时,增加重复测量次数并不能减少系统误差。有规律的随机误差可以按一定的统计规律来处理,而无规律的系统误差却没有通用的处理方法可循。

消除系统误差的方法有:示值修正法、参数校正法和信号补偿法。在试验条件下,还可用数理统计法。

(1) 示值修正法

对于有一定规律的系统误差,可以通过对读数的修正而得到测量真值(标准值),即

$$\text{测量真值}=\text{测量读数}+\text{修正值} \tag{1-35}$$

修正值是在测量之前用标准器对本测量仪表(或系统)进行比较而得到的,即

$$\text{修正值}=\text{标准器读数}-\text{仪表读数} \tag{1-36}$$

比较两式可知,修正值与绝对误差数值相等,符号相反。

【例 1-11】 已知某压力表因为量程调整不佳而造成指示误差,已知读数为 2 MPa 和 6 MPa 时,其修正值分别为 −0.1 MPa 和 +0.4 MPa,试求该压力表读数为 4.5 MPa 时被测压力实际值。

解 设该压力仪表的修正值服从线性分布,于是可按线性规律求取 4.5 MPa 时的修正值

$$\Delta=-0.1+\frac{0.4-(-0.1)}{6-2}\times(4.5-2)=0.21(\text{MPa})$$

于是 4.5 MPa 读数的真值为

$$x_0=x+\Delta=4.5+0.21=4.71(\text{MPa})$$

有些无一定规律的系统误差,当已知其刻度范围内修正值的上、下限(Δ_{max}、Δ_{min}),而没有必要进一步去追求其精确性时,系统误差可按平均修正值 θ 和不确定度 e 来修正:

$$\theta = (\Delta_{max} + \Delta_{min})/2 \tag{1-37}$$

$$e = \pm (\Delta_{max} - \Delta_{min})/2 \tag{1-38}$$

不确定度即为系统误差。

【例 1-12】 某大气压力表经检定得到最大修正值Δ_{max}为 0.06 MPa，最小修正值Δ_{min}为-0.02 MPa。现测得大气压力读数为 0.995 MPa，试求大气压真值。

解 由式(1-35)及式(1-37)、式(1-38)可得大气压力真值表达式

$$x_0 = x + \theta \pm e = 0.995 + \frac{0.06 - 0.02}{2} \pm \frac{0.06 + 0.02}{2}$$
$$= (0.997 \pm 0.04)\text{MPa}$$

(2) 参数校正法

设被测信号是 x，干扰信号是 z，则传感器的输出信号 $y=f(x,z)$。为使仪表能经常地用于额定工况，设计中通常取仪表(系统)的显示量 D_0 满足下式

$$D_0 = F(y, z_0) \tag{1-39}$$

式中 z_0——额定工况下干扰量(视作常量参数)；

D_0——额定工况下显示量(刻度值)。

在实际运行工况下，干扰信号为 $z(\neq z_0)$，故显示量 D_0 就产生误差 $\Delta D = F(y,z_0) - F(y,z)$。为此，采用参数校正法。取下式为校正后的显示量 D

$$D = D_0 k \tag{1-40}$$

$$k = F(y,z)/F(y,z_0) \tag{1-41}$$

式中 k——读值的校正系数。

显然，参数校正法可使偏离额定工况下的读数 D_0 得到应有的运行校正，相较于示值修正法，更适合在线运行修正。换言之，式(1-41)比式(1-36)的应用更适宜于运行仪表。

(3) 信号补偿法

设被测信号是 x，干扰信号是 z，则传感器的输出信号 $y=f(x,z)$是 x，z 的函数。为使测量仪表的显示量 D 仅与被测信号 x 有关，要求测量仪表在接收传感器信号 y 时，还会接收干扰信号 z，则显示量为

$$D = F(y,z) = x \tag{1-42}$$

测量仪表凡能满足上式 $F(y,z)$功能的，即称为信号补偿法。简言之，将传感器输出信号 y 与干扰信号 z 一起运算，使显示量 D 仅与被测参数 x 有关，这就是信号补偿。例如：测取管内液体流量的传感器(节流件)输出信号即是差压 Δp，$\Delta p = \dfrac{Kq^2}{\rho}$(其中，$q$ 为流量；ρ 为流体密度；K 为系数)。为使流量仪表显示量不与流体密度 ρ 有关，则要求它接收差压 Δp 信号外，还应接收密度 ρ 信号，并按

下式运算

$$D=\sqrt{\frac{\rho\Delta p}{K}} \tag{1-43}$$

其结果是显示量 $D=q$，达到了密度干扰信号的补偿。

可以说，信号补偿法包含了参数校正法，是能自动进行参数校正的方法。不过，二者区别在于前者将显示量进行修正，后者在显示量中将干扰信号进行了补偿。

1.6 误差的传递与合成

在测量中，许多情况下是通过间接测量来获得结果的，即直接测量各个量 $x_1,x_2,\cdots,x_N$，然后通过函数关系 $y=f(x_1,x_2,\cdots,x_N)$ 求得间接量 y。在这种情况下，各直接测量值的误差会传递到间接测量值 y，这就是误差的传递。另一种情况（不一定是多元函数）是在已知各单项误差分量的情况下，需要计算出总的误差界限或某个误差特征值，这称为误差的合成。

1.6.1 误差的传递

设间接被测量 y 与各直接被测量 $x_1,x_2,\cdots,x_N$ 之间的函数关系为

$$y=f(x_1,x_2,\cdots,x_N) \tag{1-44}$$

令各直接量 x_i 之间相互独立，则可有下列全微分

$$\mathrm{d}y=\frac{\partial f}{\partial x_1}\mathrm{d}x_1+\frac{\partial f}{\partial x_2}\mathrm{d}x_2+\cdots+\frac{\partial f}{\partial x_N}\mathrm{d}x_N \tag{1-45}$$

于是，系统误差或随机误差的传递求法如下。

（1）系统误差的传递

令各直接量的系统误差分别为 $\Delta x_1,\Delta x_2,\cdots,\Delta x_N$，一般情况下 $\Delta x_i=\mathrm{d}x_i$，于是间接测量值 y 的系统误差为

$$\Delta y=\frac{\partial f}{\partial x_1}\Delta x_1+\frac{\partial f}{\partial x_2}\Delta x_2+\cdots+\frac{\partial f}{\partial x_n}\Delta x_n \tag{1-46}$$

式(1-46)即是系统误差的传递公式。式中 $\frac{\partial f}{\partial x_i}$ 为各误差的传递系数，因为式(1-45)已知，各误差传递系数也是确定值，故式(1-46)可求得。

（2）随机误差的传递

令各直接测量值的随机误差的标准误差分别为 $\sigma_1,\sigma_2,\cdots,\sigma_N$，显然间接测量值 y 的误差也必将是随机误差，并用 σ_y 表示，考虑到各直接测量值相互独立，按标准误差合成定律计算则有

$$\sigma_y = \sqrt{\left(\frac{\partial f}{\partial x_1}\right)^2 \sigma_1^2 + \left(\frac{\partial f}{\partial x_2}\right)^2 \sigma_2^2 + \cdots + \left(\frac{\partial f}{\partial x_N}\right)^2 \sigma_N^2} \tag{1-47}$$

上式称为随机误差的传递公式。由于各传递系数$\frac{\partial f}{\partial x_i}$已知，则 σ_y 可由各 σ_i 而求得。导出式(1-47)要求各直接被测量 $x_1, x_2, \cdots, x_N$ 必须是相互独立的，如不满足此条件，则一定要把其中相关的量分解为独立的基本量，或者用试验方法测定相关量之间的相关系数，并在上式右端附加 $2\left(\frac{\partial f}{\partial x_i}\right)\left(\frac{\partial f}{\partial x_j}\right)\rho_{ij}\sigma_i\sigma_j$ 项，其中 x_i、x_j 为相关的两直接测量值，ρ_{ij} 为它们之间的相关系数。

1.6.2　误差的合成

当测量系统由各个环节组成时，其系统的误差分别由各环节的误差综合而成。此外，不同性质的误差也可相互合成。

(1) 随机误差的合成

令各单项误差均为正态分布的随机误差，标准误差分别为 $\sigma_1, \sigma_2, \cdots, \sigma_N$，且相互独立，那么合成后总误差也将为正态分布的随机误差，其计算式为

$$\sigma = \sqrt{\sigma_1^2 + \sigma_2^2 + \cdots + \sigma_N^2} \tag{1-48}$$

(2) 系统误差的合成

令各环节的系统误差为 $\Delta_1, \Delta_2, \cdots, \Delta_N$，且相互独立。

① 对于确定性误差 $\Delta_1, \Delta_2, \cdots, \Delta_N$，则系统的合成误差可用代数和法

$$\Delta = \Delta_1 + \Delta_2 + \cdots + \Delta_N = \sum_{i=1}^{N} \Delta_i \tag{1-49}$$

② 某些环节的系统误差符号不确定时(例如波动性)，则系统合成误差可用绝对值法，即

$$\Delta = |\Delta_1| + |\Delta_2| + \cdots + |\Delta_N| = \sum_{i=1}^{N} |\Delta_i| \tag{1-50}$$

③ 对于多元函数(间接测量中)，系统误差按方和根法，即

$$\Delta = \sqrt{\Delta_1^2 + \Delta_2^2 + \cdots + \Delta_N^2} \tag{1-51}$$

(3) 随机误差和系统误差的合成

如各单项中既有随机误差又有未定系统误差，一般建议用广义方和根法合成，即

$$\Delta = K\sqrt{\left(\frac{\Delta_{\mathrm{m}}}{K_1}\right)^2 + \left(\frac{\sigma_{\mathrm{m}}}{K_2}\right)^2} \tag{1-52}$$

式中　Δ——总误差；

Δ_m——单项未定系统误差合成后的总极限误差；

σ_m——随机误差合成后的总极限误差(3σ)；

K_1,K_2,K——总未定系统误差、总随机误差和总误差的置信系数。

小 结

本章概括介绍了测试系统的基本组成,包括测量的基本概念、测量的三要素、热工测量的主要参数;仪器仪表的主要性能参数,包括仪表的质量指标和校验方法;阐述了测量误差的概念、分类及处理方法,包括误差的表示方法、误差的分类、随机误差等三种误差的处理方法、误差的传递与合成方法。

习 题

1A. 测量仪表主要由哪几部分组成？各部分的作用是什么？

2B. 测量误差有几种表示方法？各代表什么意义？

3A. 测量误差的种类有哪些？它们是如何产生的？如何对这些误差进行处理？

4A. 何谓仪表的允许误差、准确度等级、基本误差和变差？

5B. 评价仪表质量优劣的标准有哪些？怎样才算是合格的仪表？

6A. 用热电偶温度计对某火电厂的过热蒸汽温度进行测量,得到如下测量数据:543.7 ℃、545.1 ℃、543.9 ℃、544.6 ℃、545.5 ℃、545.3 ℃,设过热蒸汽温度稳定,测量误差服从 t 分布准则,试求置信概率为 95%时的实际温度。

7A. 用莱伊特准则判别 6A 题的测量数据中有无坏值。

8C. 举例分析说明在实际测量当中遇到的各种测量误差及对策。

9D. 用量程为 0～10 A 的直流电流表和量程为 0～250 V 的直流电压表测量直流电动机的输入电流和电压,示值分别为 9 A 和 220 V,两表的精度皆为 0.5 级。试问电动机输入功率可能出现的最大误差为多少(提示:用系统误差的传递公式)。

测量仪器实物

2 温度测量

本章提要　热电偶、热电阻温度测量的基本原理、测量方法、连接线路及显示仪表，光谱辐射高温计、全辐射高温计、比色高温计、红外测温仪等非接触式温度测量的原理及使用方法。

重点与难点　热电偶冷端补偿，热电阻测温电路，亮度温度、辐射温度、比色温度与真实温度的换算关系，高温高速气体温度测量原理。

2.1 概　　述

温度是一个重要的物理量。它是国际单位制(SI)中 7 个基本物理量之一，也是工业生产中主要的工艺参数。

温度测量对于保障企业生产的安全和经济性有着十分重要的意义。例如，电站锅炉过热器的温度非常接近过热器钢管的极限耐热温度，如果温度控制不好，会烧坏过热器；在机组启、停过程中，需要严格控制汽轮机汽缸和锅炉汽包壁的温度，如果温度变化太快，汽缸和汽包会由于热应力过大而损坏；又如蒸汽温度、给水温度、锅炉排烟温度等过高或过低都会使生产效率降低，导致多消耗燃料，而这些都离不开对温度的测量。

2.1.1 温度与温标

(1) 温度

物体的冷热程度常用“温度”这个物理量来表示。从能量角度来看，温度是描述系统不同自由度间能量分布状况的物理量，从热平衡的观点来看，温度是描述热平衡系统冷热程度的物理量，它标志着系统内部分子无规则运动的剧烈程度，温度高的物体，分子平均动能大；温度低的物体，分子平均动能小。

温度的高低也可由人的器官感觉出来，但这很不可靠，也不准确。例如，我们在环境温度为 5 ℃的室内坐久了会觉得很冷，但是，一个长时间工作在冰天雪地的人突然进入此屋内，则会感到很暖和。因此，用人的感觉来判断或测量温度是不科学的。

假定有两个热力学系统，原来各处在一定的平衡态，这两个系统互相接触时，它们之间将发生热交换，同时两个系统都发生变化，但经过一段时间后，两个系统的状态便不再变化，说明两个系统又达到新的平衡态。这种平衡态是两个系统在有热交换的条件下达到的，称为热平衡。

取 3 个热力学系统 A,B,C。将 B 和 C 相互隔绝开，但使它们同时与 A 接触，经过一段时间后，A 与 B 以及 A 与 C 都达到了热平衡。这时如果再将 B 与 C 接触，则发现 B 和 C 的状态都不再发生变化，说明 B 与 C 也达到热平衡。由此可以得出结论：如果两个热力学系统都分别与第三个热力学系统处于热平衡，则它们彼此间也必定处于热平衡。该结论通常称为热力学第零定律。

由热力学第零定律得知，处于同一热平衡状态的所有物体都具有某一共同的宏观性质，表征这个宏观性质的物理量就是温度。温度这个物理量仅取决于热平衡时物体内部的热运动状态。

一切互为热平衡的物体都具有相同温度，这是用温度计测量温度的基本原理。人们利用这一原理，用已知物质的物理性质和温度之间的关系，设计出各种温度测量仪表，如利用物质热胀冷缩制成玻璃温度计，利用物质的电阻值随温度变化制成电阻温度计，利用物质的热电效应制成热电偶温度计，利用热辐射原理制成辐射式温度计等。

【思考题】 系统热平衡的充分必要条件是什么？用人体的冷热感觉能判断温度高低吗?

(2) 温标

为了保证温度量值的统一和准确，需建立一个用来衡量温度的标准尺度，简称为温标。温度的高低用数字来说明，而温标就是温度的数值表示方法。

各种温度计的数值都是由温标决定的。即温度计必须先进行分度，或称标定。就像测量长度的尺子，预先要在尺子上刻线后，才能用来测量长度。由于温度这个量比较特殊，只能借助于某个物理量来间接表示，因此温度的尺子不像长度的尺子那样明显，它是利用一些物质的“相平衡温度”作为固定点刻在“标尺”上的，而固定点中间的温度值则利用一种函数关系来描述，称为内插函数。通常把温度计、固定点和内插方程叫作温标的三要素，或称为三个基本条件。

① 经验温标

借助于某一种物质的物理特性与温度变化的关系，用试验方法或经验公式所确定的温标，称为经验温标。

1712 年德国物理学家华仑海特(Gabriel Daniel Fahrenheit)以水银为测温介质，以水银的体积随温度的变化为依据，制成玻璃水银温度计。规定以人的体温为 96 度，以当时人们可获得的最低温度，即氯化氨和冰的混合物的平衡温度为 0 度。这两个固定点中间等分为 96 份，每一份为 1 度记作 F。这种标定温度的方法称为华氏温标。

1742 年瑞典天文学家摄尔西斯（Andreas Celsius）把水的冰点定为 0 度，把水的沸点定为 100 度，用这两个固定点来分度玻璃水银温度计，将两个固定点之间的距离等分为 100 份，每一份为 1 度记作℃。这种标定温度的方法称为摄氏温标。

还有一些类似的经验温标，如兰氏、列氏等，都有各自相应的规定。

由上述可知，经验温标的缺点在于它的局限性和随意性。例如，若选用水银温度计作为温标规定的温度计，那么别的物质（例如酒精）就不能用，而且使用温度范围也不能超过上下限（如 0 ℃，100 ℃），超过就不能标定温度。

【思考题】 摄氏温度和华氏温度的换算关系是什么？

② 热力学温标

由于经验温标具有局限性和随意性两个缺点，不能适用于任意地区或任何场合，因而是不科学的。只有利用普遍规律确定的温标，才是最科学的。物理学家威廉·汤姆生（William Thomson）提出，在可逆条件下，工作于两个热源之间的卡诺热机与两个热源之间交换热量之比等于两个热源热力学温度数值之比，即

$$\frac{Q_1}{Q_2}=\frac{T_1}{T_2} \quad 或 \quad T_1=\frac{Q_1}{Q_2}\times T_2 \tag{2-1}$$

式中 Q_1——卡诺热机从高温热源吸收的热量，J；

Q_2——卡诺热机向低温热源放出的热量，J；

T_1——高温热源的温度，K；

T_2——低温热源的温度，K。

由式（2-1）可以看出，温度 T 是热量 Q 的函数，而与工质无关。1848 年汤姆生利用卡诺定理及其推论，建立了一个与工质无关的温标，即热力学温标，热力学温标所确定的温度数值称为热力学温度（单位为 K）。

假设待测热源的热力学温度为 T，一个标准热源的热力学温度已知为 273.16 K（水的三相点），利用卡诺热机测温，令 $T_s=273.16$ K，则由式（2-1）有：

$$\frac{T}{T_s}=\frac{Q}{Q_s} \quad 或 \quad T=\frac{Q}{Q_s}\times T_s \tag{2-2}$$

式中 Q_s——卡诺热机向标准热源放出的热量。

如果能用卡诺热机测出比值 Q/Q_s，则可由式（2-2）求得待测热源的热力学温度。式（2-2）称为热力学温标的内插方程。实际上卡诺热机是不存在的，所

以只好从与卡诺定理等效的理想气体状态方程入手，即根据玻意耳-马略特定律复现热力学温标：

$$pV=mRT \tag{2-3}$$

式中 p——气体的压强，Pa；

V——气体的体积，m^3；

m——气体的质量，kg；

R——气体常数，kJ/(kg·K)；

T——气体的热力学温度，K。

由式(2-3)可知，当气体的体积恒定（定容）时，一定质量的气体，其温度与压强成正比，当选定水三相点的压强 p_s 为参考点时，则

$$\frac{T}{T_s}=\frac{p}{p_s} \quad 或 \quad T=\frac{p}{p_s}\times T_s \tag{2-4}$$

当用定容气体温度计测出压力比 p/p_s 时，即可求得相应的热力学温度 T。式(2-4)称为理想气体的温标方程。由式(2-4)可知，只要确定一个基准点（水的三相点）温度，则整个温标就确定了。

由于实际气体与理想气体有些差异，所以当用气体温度计测量温度时，总要进行一些修正（如真实气体非理想性修正、容积膨胀效应修正和气体分子被器壁吸附修正等）。由此可见，气体温标的建立是相当繁杂的，而且使用很不方便。

③ 国际温标

为了实用方便，国际上经协商，决定建立一种既使用方便，又具有一定科学技术水平的温标，这就是国际温标的由来。

国际温标通常具备以下条件：

a. 尽可能接近热力学温度。

b. 复现精度高，各国均能以很高的准确度复现同样的温标，确保温度量值的统一。

c. 用于复现温标的标准温度计，使用方便，性能稳定。

第一个国际温标是 1927 年第七届国际计量大会决定采用的温标，称为“1927 年国际温标”，记为 ITS-27。此后大约每隔 20 年进行一次重大修改，相继有 1948 年国际温标（ITS-48）、1968 年国际实用温标（IPTS-68）和 1990 年国际温标（ITS-90）。

国际温标进行重大修改的原因主要是温标的基本内容（即所谓温标“三要素”）发生变化，即温度计（或称内插仪器）、固定点和内插公式（方程）的改变。可以说，温标发展的历史，就是“三要素”发展的历史。从 1990 年 1 月 1 日开始，各

国陆续采用 1990 年国际温标(ITS-90)。我国从 1994 年 1 月 1 日起全面实行 ITS-90 国际温标。

1990 年国际温标是通过定义固定点温度的指定值以及在这些固定点上分度的标准仪器来建立热力学温标的。各固定点之间的温度是根据内插公式来确保标准仪器的示值与国际温标的温度值相对应的。

2.1.2 温度测量方法及仪表

根据温度测量仪表的使用方式,温度测量方法通常分为接触法和非接触法两类。

(1) 接触法

由热平衡原理可知,当两物体接触后,经过足够长的时间达到热平衡,则它们的温度必然相等。如果其中之一为温度计,就可以用它对另一个物体实现温度测量,这种测温方式称为接触法。其特点是,温度计要与被测物体有良好的热接触,使两者达到热平衡。因此,测温准确度较高。用接触法测温时,感温元件要与被测物体接触,往往要破坏被测物体的热平衡状态,并受被测介质的腐蚀作用,因此,对感温元件的结构、性能要求苛刻。它容易测量 1 000 ℃以下的温度,而测量 1 800 ℃以上的温度较困难。

(2) 非接触法

利用物体的热辐射能随温度变化的原理测定物体温度,这种测温方式称为非接触法。其特点是:不与被测物体接触,也不改变被测物体的温度分布,热惯性小,测温上限很高。通常用来测定 1 000 ℃以上的移动、旋转或反应迅速的高温物体的温度。测量 1 000 ℃以下的温度误差大。

工业上常用的温度检测仪表的分类和准确度等级如表 2-1 和表 2-2 所示。

表 2-1 常用温度检测仪表的分类及优缺点

<table>
<tr><th>方式</th><th colspan="2">温度计种类</th><th>常用测温范围/℃</th><th>测温原理</th><th>优点</th><th>缺点</th></tr>
<tr><td rowspan="6">非接触式测温仪表</td><td rowspan="3">辐射式</td><td>辐射式</td><td>400～2 000</td><td rowspan="3">利用物体全辐射能随温度变化的性质</td><td rowspan="3">测温时,不破坏被测温度场</td><td rowspan="3">低温段测量不准,环境会影响测温准确度</td></tr>
<tr><td>光学式</td><td>700～3 200</td></tr>
<tr><td>比色式</td><td>900～1 700</td></tr>
<tr><td rowspan="3">红外线</td><td>热敏探测</td><td>−50～3 200</td><td rowspan="3">利用传感器转换进行测温</td><td rowspan="3">测温时,不破坏被测温度场,响应快,测温范围大,适测温度分布广</td><td rowspan="3">易受外界干扰,标定困难</td></tr>
<tr><td>光电探测</td><td>0～3 500</td></tr>
<tr><td>热电探测</td><td>200～2 000</td></tr>
</table>

表 2-1(续)

<table>
<tr><th>方式</th><th colspan="2">温度计种类</th><th>常用测温范围/℃</th><th>测温原理</th><th>优　点</th><th>缺　点</th></tr>
<tr><td rowspan="10">接触式测温仪表</td><td rowspan="2">膨胀式</td><td>玻璃液体</td><td>−50～600</td><td>利用液体体积随温度变化的性质</td><td>结构简单,使用方便,测量准确,价格低廉</td><td>测量上限和准确度受玻璃质量的限制,易碎,不能记录和远传</td></tr>
<tr><td>双金属</td><td>−80～600</td><td>利用固体热膨胀变形量随温度变化的性质</td><td>结构紧凑,牢固可靠</td><td>准确度低,量程和使用范围有限</td></tr>
<tr><td rowspan="3">压力式</td><td>液体</td><td>−30～600</td><td rowspan="3">利用定容气体或液体压力随温度变化的性质</td><td rowspan="3">耐振,坚固,防爆,价格低廉</td><td rowspan="3">准确度低,测温距离短,滞后大</td></tr>
<tr><td>气体</td><td>−20～350</td></tr>
<tr><td>蒸汽</td><td>0～250</td></tr>
<tr><td rowspan="3">热电偶</td><td>铂铑-铂</td><td>0～1 600</td><td rowspan="3">利用金属导体的热电效应</td><td rowspan="3">测温范围广,准确度高,便于远距离、多点、集中测量和自动控制</td><td rowspan="3">需冷端温度补偿,在低温段测量准确度较低</td></tr>
<tr><td>镍铬-镍铝</td><td>0～900</td></tr>
<tr><td>镍铬-考铜</td><td>0～600</td></tr>
<tr><td rowspan="3">热电阻</td><td>铂</td><td>−200～500</td><td rowspan="3">利用金属导体或半导体的热敏效应</td><td rowspan="3">测温准确度高,便于远距离、多点、集中测量和自动控制</td><td rowspan="3">不能测高温,须注意环境温度的影响</td></tr>
<tr><td>铜</td><td>−50～150</td></tr>
<tr><td>热敏</td><td>−50～300</td></tr>
</table>

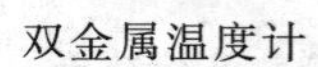
双金属温度计

压力式温度计

表 2-2　温度检测仪表的准确度等级和分度值

<table>
<tr><th>仪表名称</th><th>准确度等级</th><th>分度值/℃</th><th>仪表名称</th><th>准确度等级</th><th>分度值/℃</th></tr>
<tr><td>双金属温度计</td><td>1,1.5,2.5</td><td>0.5～20</td><td>光学高温计</td><td>1～1.5</td><td>5～20</td></tr>
<tr><td>压力式温度计</td><td>1,1.5,2.5</td><td>0.5～20</td><td>辐射温度计</td><td>1.5</td><td>5～20</td></tr>
<tr><td>玻璃液体温度计</td><td>0.5～2.5</td><td>0.1～10</td><td rowspan="2">辐射温度计</td><td rowspan="2">1～1.5</td><td rowspan="2">1～20</td></tr>
<tr><td>热电阻</td><td>0.5～3</td><td>1～10</td></tr>
<tr><td>热电偶</td><td>0.5～1</td><td>5～20</td><td>比色温度计</td><td>1～1.5</td><td>1～20</td></tr>
</table>

2.1.3 温度测量技术发展趋势

当前的温度测量仪表可以分为通用测温仪表与专用测温仪表。通用测温仪表通常具有固定型号、结构与使用规范，适用场合局限性小，并且已经进行了标准化，比如 XCZ101 热电阻测温仪表、WGG2-323 型灯丝隐灭式高温计、红外额温枪等。而专用测温仪表主要是用于特殊的场合，比如燃气轮机叶片温度测量、摩擦面温度测量、深冷低温测量、钢水温度测量、交变温度场温度测量等。当前温度测量的现状主要表现为：通用测温仪表精度不高、专用仪表互换性差、接触测温仪表热惯性大、非接触测温仪表空间分辨率不高。

当前，温度测量在精度、空间分辨率以及响应速度方面均有较大提升空间，将来发展趋势有以下几个方面。

(1) 通用测温仪表精度不断提高。当前，大量使用的通用测温仪表精度等级普遍较低，精度不超过 0.1 K，无法满足许多工程和研究领域的要求，如，半导体、精密加工、生化、制药等行业。因此需要研制专用测温仪表，这严重制约了生产与科技的进步。温度的精确测量也影响其他参数的测量，如流量、水位等，因此，不断提高精度是温度测量的必然使命。

(2) 温度场空间分辨力继续提升。在温度测量中，获取温度场是至关重要的。提高空间分辨率是获取精细温度场的必要前提。目前，不断提升测温系统的空间分辨力是温度测量的重要发展方向，涵盖了表面的二维温度分布以及空间内的三维温度场。其中，以红外测温、超声波测温为代表的热成像仪表承担着重要角色。

(3) 温度传感器热惯性不断减小。热惯性会影响传感器的响应时间。由于受制于材料的传热性能，传统测温仪表的响应速度往往较慢。比如热电偶和热电阻的时间常数均大于毫秒级，导致难以测量与记录快速变化的温度。相比之下，辐射测温等非接触测温方法的时间常数较小。为了实现快速响应，对于接触式而言，需要小型化，比如薄膜热电偶；而对于非接触测温，仍然需要不断提升测量精度。

(4) 新型传感器不断成熟。温度测量是测量领域中十分活跃的研究方向。目前，不断涌现出新的测温方法和测温传感器，一些新的应用领域也对温度测量提出了新的要求。随着这些新型传感器的不断成熟，温度测量的精度、空间分辨率以及响应速度均能得到显著提升。

2.2 热电偶温度计

热电偶温度计是以热电偶作为测温元件，用热电偶测得与温度相应的热电动势，由仪表显示出温度的一种温度计。它由热电偶、补偿（或铜）导线及测量仪表构成，广泛用来测量 −200～1 300 ℃范围内的温度。在特殊情况下，可测至 2 800 ℃的高温或 4 K 的低温。热电偶温度计应用广泛，用量较大。

2.2.1 热电偶测温原理

热电偶是热电温度计的敏感元件。它的测温原理是基于 1821 年塞贝克（Seebeck）发现的热电现象。两种不同的导体 A 和 B 连接在一起，构成一个闭合回路，当两个接点 1 与 2 的温度不同时（图 2-1），比如 $T>T_0$，在回路中就会产生热电动势，此种现象称为热电效应。该热电动势称为“塞贝克温差电动势”，简称“热电动势”，记为 E_{AB}。导体 A，B 称为热电极。接点 1 通常是焊接（电弧焊）在一起的，测量时将它置于测温场所感受被测温度，故称为测量端（也称热端）。接点 2 要求温度恒定，称为参比端（也称冷端）。

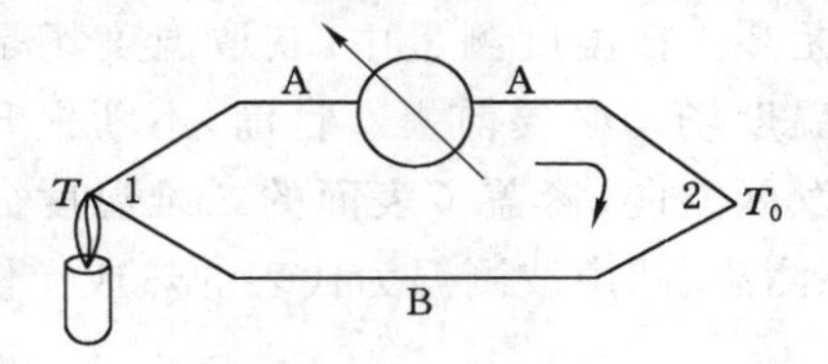

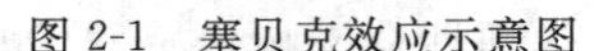
图 2-1 塞贝克效应示意图

热电偶原理

当参比端温度恒定时，热电势是测量端温度 T 的函数，因此可以用热电势的大小来表示被测温度的高低。研究表明，由两种不同性质金属的相互接触而发生的热电现象，是由汤姆生和珀尔帖两个可逆效应引起的，并伴随有焦耳热和导热两个不可逆过程。热电势由接触电势（珀尔帖电势）与温差电势（汤姆生电势）两部分组成。

【思考题】 将两种不同的金属线相互连接形成的闭合线路通直流电，其中一个连接点会变热，另一个连接点变冷吗？

（1）接触电势

接触电势

当两种不同的导体 A 和 B 相接触时，假设导体 A 的电子密度 N_A 大于导体 B 的电子密度 N_B，由于二者有不同的电子密度，故电子在两个方向上扩散的速率不同，导体 A 失去电子而带正电，导体B得到电子而带负电，故而在导体A、B的接触面上就形成了一个由导体A指向导体B的静电场，如图2-2(a)所示。它将阻止电子的进一步扩散，当扩散力和电场力达到平衡时，在导体A、B间就形成了一个固定的电势，该电势就称为接触电势，其方向由电子密度低的导体端指向电子密度高的导体端，可用下式表示

$$E_{AB}(T)=\frac{KT}{e}\ln\frac{N_{AT}}{N_{BT}} \quad 或者 \quad E_{AB}(T_0)=\frac{KT_0}{e}\ln\frac{N_{AT_0}}{N_{BT_0}} \tag{2-5}$$

式中 N_A、N_B——分别为导体A、B的自由电子密度，是温度的函数；

e——单位电荷；

K——玻耳兹曼常量，1.38×10^{-23} J/K；

T,T_0——导体两端的温度。

式(2-5)表明，接触电势的大小只与导体A、B材料的性质和接触点的温度有关，说明接触电势的大小和方向主要取决于两种材料的性质(电子密度)和接触面温度的高低。温度越高，接触电势越大；两种导体电子密度比值越大，接触电势也越大。

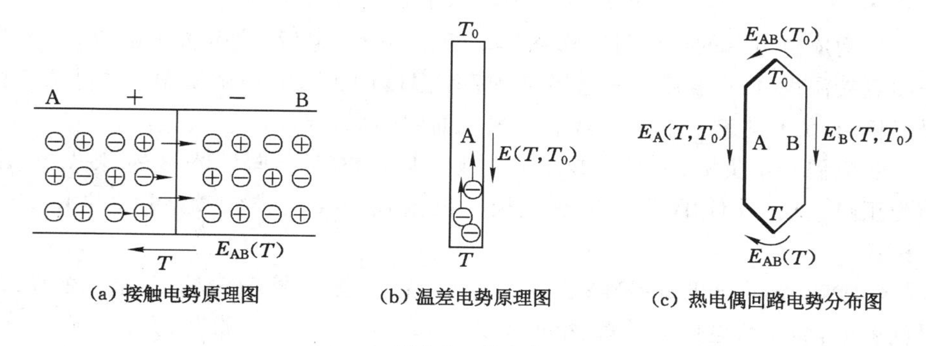

图2-2 热电势

(2) 温差电势

温差电势是由于导体两端温度不同而产生的一种电动势。导体两端温度不同，例如$T>T_0$，如图2-2(b)所示，则两端电子的能量也不同。由于高温端的电子能量比低温端的电子能量大，因而从高温端跑到低温端的电子数比从低温端跑到高温端的要多，结果，高温端因失去电子而带正电荷，低温端因得到电子而带负电荷，从而在高、低温端之间形成一个从高温端指向低温端的静电场，静电场将阻止高温端电子跑向低温端，同时加速低温端电子跑向高温端，最后达到动态平衡，即在导体两端产生一个相应的电位差。该电位差就称为温差电势，其方向由

温差电势

低温端指向高温端，可用下式表示

$$E_A(T,T_0)=\frac{K}{e}\int_{T_0}^{T}\frac{1}{N_A}\mathrm{d}(N_A T)\quad 或者\quad E_B(T,T_0)=\frac{K}{e}\int_{T_0}^{T}\frac{1}{N_B}\mathrm{d}(N_B T)\tag{2-6}$$

式(2-6)表明，温差电势的大小取决于两端温差和电子密度，而与导体的几何尺寸和温度分布无关。如果两端接点温度相同，则温差电势为零。

(3) 热电偶闭合回路的总热电势

一个由A、B两种均匀导体组成的热电偶，当接点温度分别为T、T_0时，如图2-2(c)所示，如果$T\neq T_0$，则回路中的总热电动势为温差电势和接触电势的代数和，可用下式表示：

$$E_{AB}(T,T_0)=E_{AB}(T)+E_B(T,T_0)-E_{AB}(T_0)-E_A(T,T_0)\tag{2-7}$$

将式(2-5)、式(2-6)代入式(2-7)，得

$$E_{AB}(T,T_0)=\frac{K}{e}\int_{T_0}^{T}\ln\frac{N_A}{N_B}\mathrm{d}T\tag{2-8}$$

因为N_A，N_B又是温度的单值函数，式(2-8)的积分可表达成下式：

$$E_{AB}(T,T_0)=f(T)-f(T_0)\tag{2-9}$$

当构成热电偶的导体材料和参比端温度T_0确定后，热电势$E_{AB}(T,T_0)$就是测量端温度T的函数。热电势与测量端温度的关系一般由试验方法建立，并以表格(称为热电势分度表)、经验公式或曲线的形式给出。

热电偶分正负极，如果在参比端电流是从导体A流向导体B的，则导体A称为正热电极，导体B称为负热电极。根据式(2-8)、式(2-9)可以得出以下结论：

① 热电偶的电极材料确定后，热电偶回路热电势的大小只与热电偶的两端温度有关，而与热电偶的长短、粗细无关。如果使$f(T_0)=$常数，则回路的热电势$E_{AB}(T,T_0)$就只与测量端温度T有关，而且是温度T的单值函数，这也是利用热电偶测温的原理。

② 只有两种不同性质的导体才能组成热电偶，当热电偶两端温度不同时，才会产生热电势。热电势是热电偶两端温度函数的差，并不是热电偶热端与冷端温度差的函数。

③ 接触电势比温差电势要大很多，因而热电偶热电势的大小主要由接触电势来确定。

④ 热电偶的极性由热电极材质电子数密度的大小确定，电子数密度大的热电极为正极。

2.2.2 热电偶回路的基本定律

在实际测温时，必须在热电偶测温回路内引入连接导线与显示仪表。因此，要想用热电偶准确地测量温度，不仅需要了解热电偶工作原理，还要掌握热电偶测温的基本定律，即均质导体定律、中间导体定律和中间温度定律，以及由中间导体定律引申出的两个推论。

(1) 均质导体定律

任何一种均质导体组成的闭合回路，不论导体的截面积和长度如何变化，不论导体中是否存在温度梯度，都不会产生热电势。

这条定律说明：

① 热电偶必须由两种材料不同的均质热电极组成。

② 热电势与热电极的几何尺寸(长度、截面积)无关。

③ 由一种导体组成的闭合回路中存在温差时，如果回路中产生了热电势，那么该导体一定是不均匀的。

④ 两种均质导体组成的热电偶，其热电势只决定于两个接点的温度，而与中间温度的分布无关。

利用此定律可检验热电极材料的均匀性。

(2) 中间导体定律

由几种不同材料组成的闭合回路中，若各种材料接触点的温度都相同，则此回路中的总热电势为零。

由此定律可以得到如下两条推论：

① 推论一

在热电偶回路中接入第三种材料，只要它的两接入端温度相同，则对此回路的总热电势没有影响。

【思考题】 能否证明在热电偶回路中插入第三种导体不会改变原回路的总热电势大小?

如图 2-3 所示，根据此推论，在热电偶回路中接入测温显示仪表，如图 2-4 所示，只要保证热电偶连接显示仪表的两个接点温度相同，就不会影响回路中原来的热电势。由此可见，利用热电偶测温时，完全不用担心测温显示仪表的接入对热电势的影响。

另外，利用推论一还可采用开路热电偶(即热端无须焊接在一起)来测量液态金属和金属壁面的温度，此时液态金属和金属壁面就相当于接入热电偶回路的第三种导体，如图 2-5 所示。

② 推论二

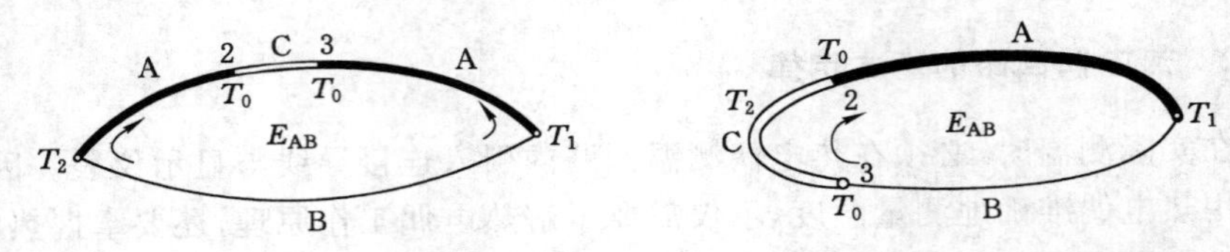

图 2-3 第三种材料接入热电偶回路

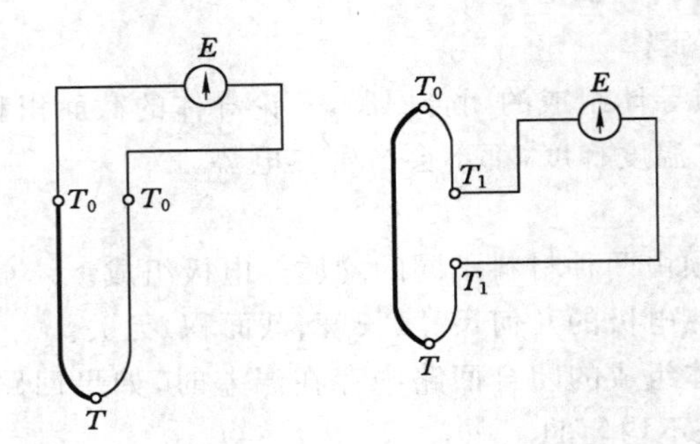

图 2-4 测温显示仪表接入热电偶回路

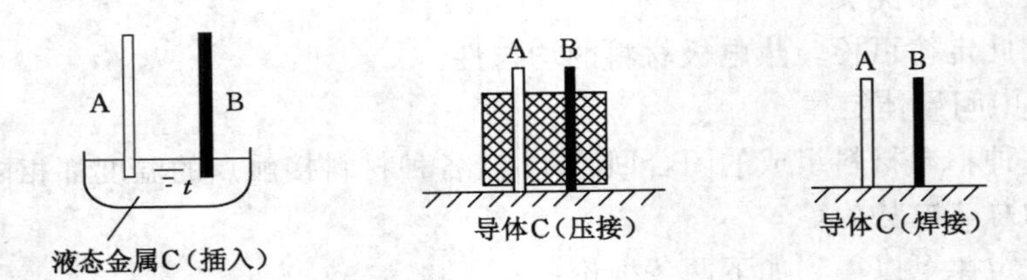

图 2-5 开路热电偶测量液态金属及金属壁面温度

当任意两种匀质导体 A、B 分别与匀质材料 C 组成热电偶(图 2-6)时，若热电势分别为 $E_{AC}(T,T_0)$和 $E_{CB}(T,T_0)$，由式(2-8)可以推导出导体 A、B 组成的热电偶的热电势 $E_{AB}(T,T_0)$为

$$E_{AB}(T,T_0)=E_{AC}(T,T_0)+E_{CB}(T,T_0) \tag{2-10}$$

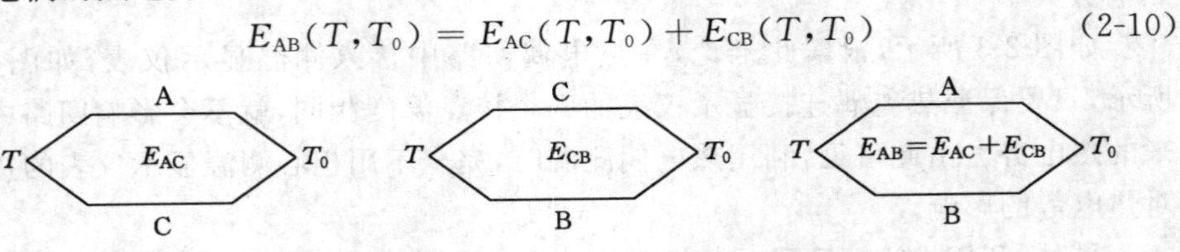

图 2-6 材料热电势的代数和

推论二方便了热电偶的选配工作。利用导体 C 作为参考电极(亦称标准电极)，常采用复现性和稳定性好的材料，如纯铂丝等制作。通过试验得到各种材

料与铂构成的热电偶的热电势，那么由各导体材料之间构成的热电偶的热电势就可以按上式计算出来了。

（3）中间温度定律

如图 2-7 所示，当一支热电偶的接点温度分别为 T_1、T_2 时，其热电势为 $E_{AB}(T_1, T_2)$；在接点温度为 T_2、T_3 时，其热电势为 $E_{AB}(T_2, T_3)$，则在接点温度为 T_1、T_3 时，可以推导出该热电偶的热电势 $E_{AB}(T_1, T_3)$ 为前二者之和，即

$$E_{AB}(T_1, T_3) = E_{AB}(T_1, T_2) + E_{AB}(T_2, T_3) \tag{2-11}$$

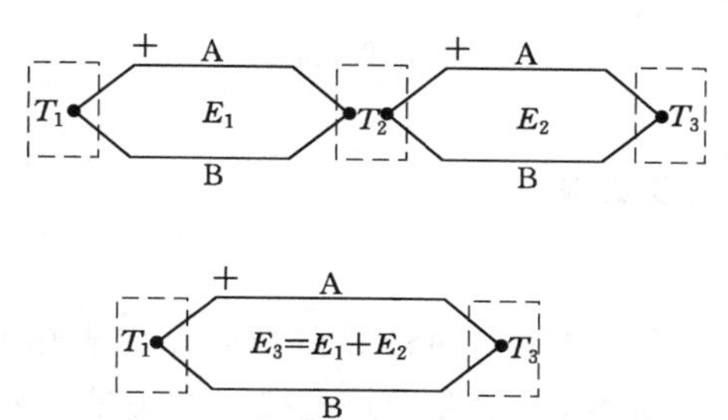

图 2-7 中间温度定律

由此定律可以得到如下结论：

① 已知热电偶在某一给定冷端温度下进行的分度，只要引入适当的修正，就可在另外的冷端温度下使用。这就为制定和使用热电偶分度表奠定了理论基础。

② 为使用补偿导线提供了理论依据。

一般把在 0～100 ℃的范围内和所配套使用的热电偶具有同样热电特性的两根廉价金属导线称为补偿导线。如图 2-8 所示，当在原来热电偶回路中分别引入与材料 A、B 有同样热电性质的材料 A′、B′，即引入补偿导线时，相当于将热电偶延长而不影响热电偶的热电势。

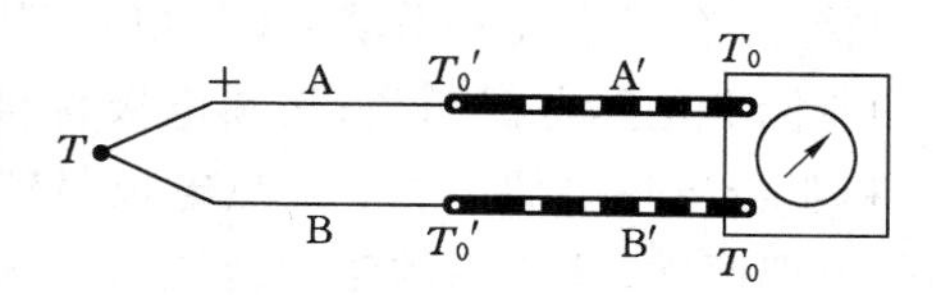

A、B—热电偶热电极；A′、B′—补偿导线；T'_0—热电偶原冷端温度；T_0—新冷端温度。

图 2-8 补偿导线在测温回路中的连接

【例 2-1】 已知铂铑 10-铂热电偶（分度号 S）的冷端温度 t_0 为 20 ℃时，测得的热电动势为 9.474 mV，求测量端温度 t。

解 由题可知 $E_s(t, 20) = 9.474$ mV。

由 S 型热电偶分度表查得 $E_s(20,0)=0.113\ \text{mV}$。

由中间温度定律得

$$E_s(t,0)=E_s(t,20)+E_s(20,0)=9.474+0.113=9.587\ (\text{mV})$$

由 $E_s(t,0)$ 查 S 型热电偶分度表，可得 $t=1\ 000\ ℃$。

势电偶习题

2.2.3 热电偶的种类及结构

(1) 热电极材料

从应用的角度看，并不是任何两种导体都可以构成热电偶。为了保证测温具有一定的准确度和可靠性，一般要求热电极材料满足下列基本要求：

① 物理性质稳定，在测温范围内，热电特性不随时间变化；

② 化学性质稳定，不易被氧化和腐蚀；

③ 组成的热电偶产生的热电势率大，热电势与被测温度呈线性或近似线性关系；

④ 电阻温度系数小，这样，热电偶的内阻随温度变化就小；

⑤ 复制性好，即同样材料制成的热电偶，它们的热电特性基本相同；

⑥ 材料来源丰富，价格便宜。

目前还没有能够满足上述全部要求的材料，因此，在选择热电极材料时，只能根据具体情况，按照不同测温条件和要求选择不同的材料。

(2) 热电偶分类

根据热电偶的不同特点，有以下几种分类：按热电势-温度关系是否标准化可分为标准化热电偶和非标准化热电偶两类；按热电极材料的性质可分为金属热电偶、半导体热电偶和非金属热电偶三类；按热电极材料的价格可分为贵金属热电偶和廉价金属热电偶两类；按使用的温度范围可分为高温热电偶和低温热电偶两类。

① 标准化热电偶

标准化热电偶是指那些工艺较成熟、定型生产、广泛应用、性能良好而稳定并已被纳入国家标准化文件的热电偶。对同一类型的热电偶规定了统一的热电极材质及化学成分、热电势与温度的关系以及允许的偏差范围，即它们具有统一的分度表。并以分度函数为主、分度表为辅的形式反映电势与温度之间的关系。

电势-温度分度函数反映了电势与温度之间的关系，需指出的是，该函数关系是在参比温度为 0 ℃时得出的。同一类型的标准化热电偶具有良好的互换性，使用方便。

在《热电偶 第 1 部分：电动势规范和允差》(GB/T 16839.1—2018)中，除原发布的 R、S、B、J、T、E、K 及 N 型热电偶外，还发布了 C 型和 A 型两种新型热电偶。我国从 1988 年 1 月 1 日起，热电偶和热电阻全部按 IEC 国际标准生产，并指定 S、B、E、K、R、J、T 七种标准化热电偶为我国统一设计型热电偶。这七种标准化热电偶的使用特性如表 2-3 所示，R、T、S、K、E、B、N 分度表详见附表 1～附表 7。

表 2-3 标准化热电偶使用特性

<table>
<tr><th rowspan="3">序号</th><th rowspan="3">分度号</th><th rowspan="3">热电偶名称</th><th rowspan="3">热电偶丝直径/mm</th><th colspan="6">等级及允许偏差</th></tr>
<tr><th colspan="2">Ⅰ</th><th colspan="2">Ⅱ</th><th colspan="2">Ⅲ</th></tr>
<tr><th>温度范围/℃</th><th>允许偏差</th><th>温度范围/℃</th><th>允许偏差</th><th>温度范围/℃</th><th>允许偏差</th></tr>
<tr><td rowspan="3">1</td><td rowspan="3">S</td><td rowspan="3">铂铑 10-铂</td><td rowspan="3">0.5～0.02</td><td>0～1 100</td><td>±1 ℃</td><td>0～600</td><td>±1.5 ℃</td><td>0～1 600</td><td>±0.5%t</td></tr>
<tr><td rowspan="2">1 100～1 600</td><td rowspan="2">±[1+(t−1 100)×0.003]℃</td><td rowspan="2">600～1 600</td><td rowspan="2">±0.25%t</td><td>≤600</td><td>±3 ℃</td></tr>
<tr><td>>600</td><td>±0.5%t</td></tr>
<tr><td rowspan="2">2</td><td rowspan="2">B</td><td rowspan="2">铂铑 20-铂铑 6</td><td rowspan="2">0.5～0.015</td><td rowspan="2">—</td><td rowspan="2">—</td><td rowspan="2">600～1 700</td><td rowspan="2">±0.25%t</td><td>600～800</td><td>±4 ℃</td></tr>
<tr><td>800～1 700</td><td>±0.5%t</td></tr>
<tr><td rowspan="2">3</td><td rowspan="2">K</td><td rowspan="2">镍铬-镍硅</td><td rowspan="2">0.3，0.5，0.8，1.0，1.2，1.6，2.0，2.5，3.2</td><td>≤400</td><td>±1.6 ℃</td><td>≤400</td><td>±3 ℃</td><td rowspan="2">−200～0</td><td rowspan="2">±1.5%t</td></tr>
<tr><td>>400</td><td>±0.4%t</td><td>>400</td><td>±0.75%t</td></tr>
<tr><td>4</td><td>J</td><td>铁-康铜</td><td>0.3，0.5，0.8，1.2，1.6，2.0，3.2</td><td>−40～750</td><td>±1.5 ℃或(±0.4%t)</td><td>−40～750</td><td>±2.5 ℃或(±0.75%t)</td><td>—</td><td>—</td></tr>
<tr><td rowspan="2">5</td><td rowspan="2">R</td><td rowspan="2">铂铑 13-铂</td><td rowspan="2">$0.5^{-0.020}$</td><td>0～1 100</td><td>±1 ℃</td><td>0～600</td><td>±1.5 ℃</td><td></td><td></td></tr>
<tr><td>1 100～1 600</td><td>±[1+(t−1 100)×0.003]℃</td><td>600～1 600</td><td>±0.25%t</td><td>—</td><td>—</td></tr>
<tr><td>6</td><td>E</td><td>镍铬-康铜</td><td>0.3，0.5，0.8，1.2，1.6，2.0，3.2</td><td>−40～800</td><td>±1.5 ℃或(±0.4%t)</td><td>−40～900</td><td>±2.5 ℃或(±0.75%t)</td><td>−200～+40</td><td>±2.5 ℃或(±1.5%t)</td></tr>
<tr><td>7</td><td>T</td><td>铜-康铜</td><td>0.2，0.3，0.5，1.0，1.6</td><td>−40～350</td><td>±0.5 ℃或(±0.4%t)</td><td>−40～350</td><td>±1.0 ℃或(±0.75%t)</td><td>−200～+40</td><td>±1 ℃或±1.5%t</td></tr>
</table>

注：① t 为被测温度；

② 允许偏差以℃值或温度的百分数表示，两者中采用计算数值的较大值。

【思考题】 为什么要做成标准化热电偶？

② 非标准化热电偶

非标准化热电偶适用于一些特定的温度测量场合，如用于测量超高温、超低温、高真空和有核辐射等被测对象。非标准化热电偶还没有统一的分度，使用时对每支热电偶都应当进行标定。非标准化热电偶使用概况见表 2-4。

表 2-4　非标准热电偶使用概况

名称	材料		测温范围/℃	允许误差/℃	特　点	用　途
	正极	负极				
高温热电偶	铂铑 3	铂	0~1 600		热电势较铂铑 10 大，其他一样	测量钴合金熔液温度(1 501 ℃)
	铂铑 13	铂铑 1	0~1 700	≤600 为±10；>600 为±0.5%t	在高温下抗污染性能和机械性能好	各种高温测量
	铂铑 20	铂铑 5	0~1 700			
	铱铑 40	铂铑 20	0~1 850		在高温下抗氧化性能和机械性能好，化学稳定性好，50 ℃以下热电势小，冷端可以不用温度补偿	
	铱铑 40	铱	300~2 200	≤1 000 为±10；>1 000 为±1.0%t	热电势与温度线性好，适用于氧化，真空，惰性气体，热电势小，价贵，寿命短	航空和空间技术及其他高温测量
	铱铑 60	铱				
	钨铼 3	钨铼 25	300~2 800	≤1 000 为±10；>1 000 为±1.0%t	上限温度高，热电势比上述材料大，线性较好，适用于真空、还原性和惰性气氛	钢水温度测量及其他高温测量
	钨铼 5	钨铼 20				
低温热电偶	镍铬	金铁 0.07%	−270~0	±1.0	在极低温下，灵敏度较高，稳定性好，热电极材料易复制，是较理想的低温热电偶	用于超导、宇航、受控热核反应等低温工程以及科研部门
	铜	金铁 0.07%	−270~−196			
非金属热电偶	碳	石墨	测温上限 2 400		热电势大，熔点高，价格低廉，但复现性和机械性能差	用于耐火材料的高温测量
	硼化锆	碳化锆	测温上限 2 400			
	二硅化钨	二硅化钨	测温上限 1 700			

注：t 为被测温度的绝对值。

(3) 热电偶的结构

为了保证热电偶可靠、稳定地工作，对它的结构要求如下：

① 组成热电偶的两个热电极的焊接必须牢固；

② 两个热电极彼此之间应有很好的绝缘，以防短路；

③ 补偿导线与热电偶自由端的连接要方便可靠；

④ 保护套管应能保证热电极与有害介质充分隔离。

按热电偶的用途不同，常制成以下几种形式。

① 普通型热电偶

普通型热电偶结构如图 2-9 所示，通常由热电极 4、绝缘套管 3、保护套管 2 和接线盒 1 等主要部分构成。

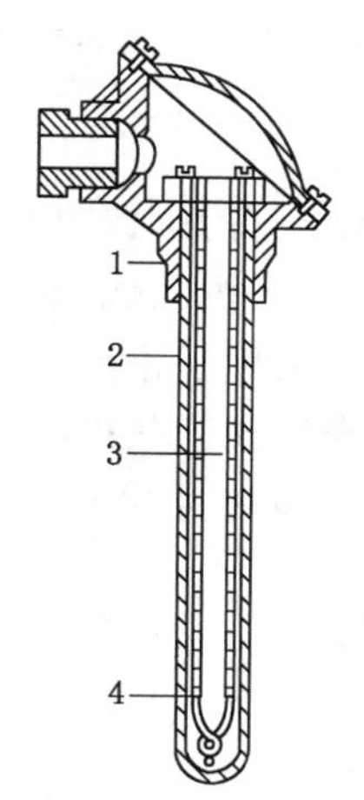

1—接线盒；2—保护套管；3—绝缘套管；4—热电极。

图 2-9 普通型热电偶

普通型热电偶主要用于工业生产中液体、气体、蒸汽等温度的测量。热电偶的两根热电极上套有绝缘瓷管，防止两极间短路，一般有单孔和双孔两种形式。两个自由端(参考端)分别固定在接线盒内的接线端子上，以便同外部的测控装置进行连接。保护套管套在热电极外面，以使热电极免受被测介质的化学腐蚀和外力的机械损伤。

② 铠装热电偶

铠装热电偶结构如图 2-10 所示，其由热电极 3、绝缘材料 2 和金属保护套管 1 三部分组合后，用整体拉伸工艺加工成一根很细的电缆式线材，其外径为 0.25～12 mm，可自由弯曲。所用热电偶长度可根据使用需要自由截取，对测量端与冷端分别加工处理后，即可形成一支完整的铠装热电偶。铠装热电偶的测量端有多种结构形式：碰

铠装热电偶

底型、不碰底型、露头型和帽型等。各种结构可以根据具体要求选用。铠装热电偶具有体积小、准确度高、动态响应快、耐振动、耐冲击、机械强度高、可挠性好、便于安装等优点，广泛应用在航空、原子能、电力、冶金和石油化工等部门。

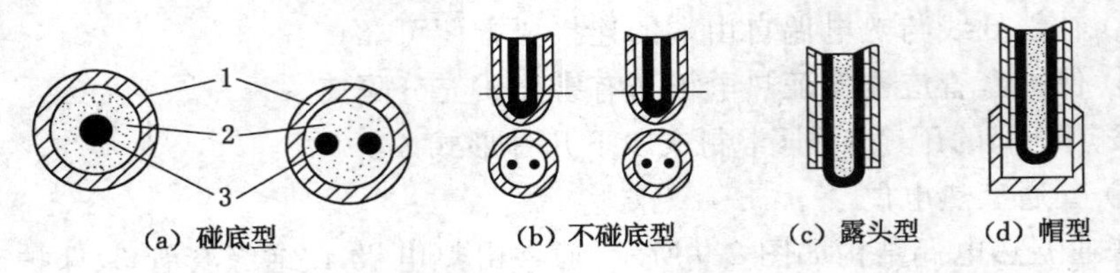

1—金属套管；2—绝缘材料；3—热电极。

图 2-10　铠装热电偶

③ 热套式热电偶

为了保证热电偶感温元件能在高温、高压及大流量条件下安全测量，并保证测量准确、反应迅速而制成的热套式热电偶，它专用于主蒸汽管道上，测量主蒸汽温度。热套式热电偶的特点是采用了锥形套管、三角锥支撑和热套保温的焊接式安装方式。这种结构形式既保证了热电偶的测温准确度和灵敏度，又提高了热电偶保护套管的机械强度和热冲击性能，其结构和安装示意如图 2-11 所示。

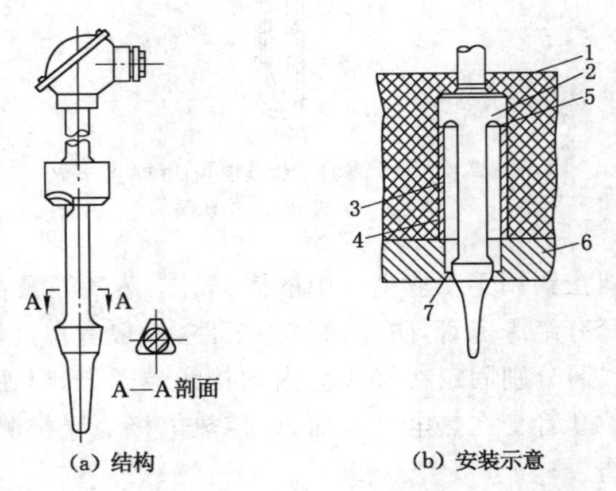

1—保温层；2—传感器；3—热套；4—安装套管；5—主蒸汽管壁；6—电焊接口；7—卡紧固定。

图 2-11　热套式热电偶的结构和安装

④ 薄膜式热电偶

薄膜式热电偶结构如图 2-12 所示，它是通过采用真空蒸镀的方法，将热电极材料 1 蒸镀到绝缘基片 3 上而形成的热电偶。

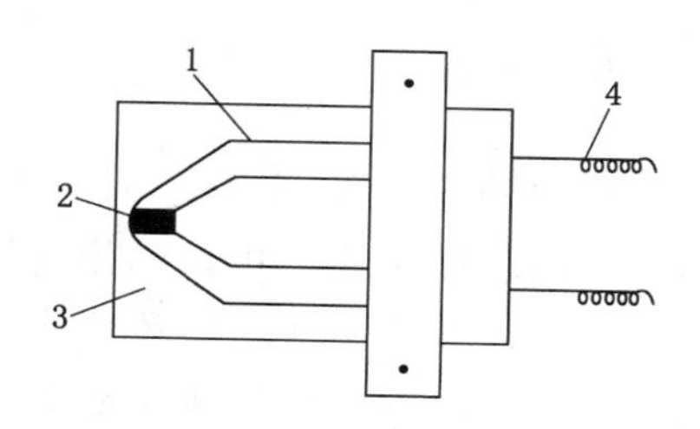

1—热电极;2—热接点;3—绝缘基片;4—引出线。

图 2-12 薄膜式热电偶结构示意图

薄膜式热电偶

因其采用蒸镀工艺,所以热电偶可以做得很薄,而且尺寸可做得很小。它的特点是热容量小,响应速度快,适合于测量微小面积上的瞬变温度。

⑤ 快速微型消耗式热电偶

快速微型消耗式热电偶结构如图 2-13 所示,这是一种专为测量钢水及熔融金属温度而设计的特殊热电偶。热电极 3 由直径 0.05~0.1 mm 的铂铑 10-铂铑 30(或钨铼 6-钨铼 20)等材料制成,安装在外径为 1 mm 的 U 形石英管 2 内,构成测温的敏感元件。其外部由绝缘良好的纸管 6、8,保护管及高温绝热水泥 9 加以保护和固定。

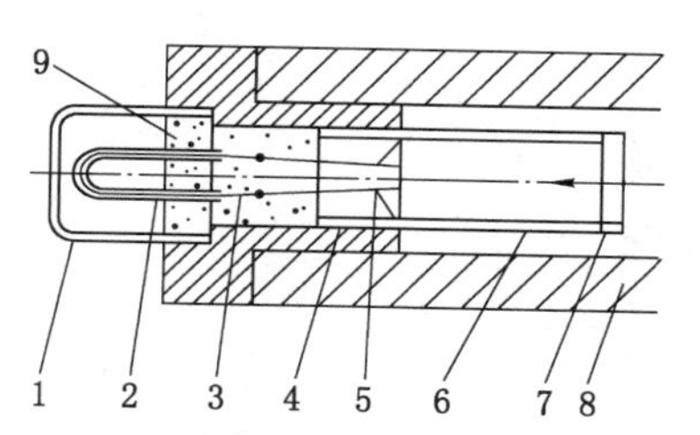

1—防渣帽;2—U 形石英管;3—热电极;4—泥头;5—补偿导线;
6—小纸管;7—支架;8—大纸管;9—高温绝热水泥。

图 2-13 快速微型消耗式热电偶结构示意图

它的使用特点是:当其插入钢水后,保护帽瞬间熔化,热电偶工作端即刻暴露于钢水中,由于石英管和热电偶热容量都很小,因此能很快反映出钢水的温度,反映时间一般为 4~6 s。在测出温度后,热电偶和石英保护管都被烧坏,因此它只能一次性使用。这种热电偶可以直接用补偿导线接到专用的快速电子电位差计上测量温度,其测量结果可靠,互换性好,准确度高。

2.2.4 热电偶测温系统

热电偶测温系统由热电偶组件、直流电测仪表及中间连接部分(热电转换器、补偿导线、参比端温度处理装置等)组成。

(1) 热电偶参比端温度恒定及补偿

由热电偶测温原理可知,只有当热电偶的参比端(冷端)温度保持不变时,热电势才是被测温度的单值函数。在实际应用中,由于热电偶的测量端(热端)与参比端(冷端)离得很近,冷端又暴露在空间,容易受到周围环境温度波动的影响,因而冷端温度难以保持恒定。为消除冷端温度变化对测量的影响,可采用下述几种形式对冷端温度进行补偿(或维持恒定)。

① 恒温法

恒温法是利用一个恒温装置,把热电偶的冷端置于其中,以保证冷端温度恒定。常用的恒温装置有冰点槽和电热式恒温箱两种。

冰点槽补偿法的原理结构如图 2-14 所示,把热电偶的两个冷端放在充满冰水混合物的容器内,使冷端温度始终保持为 0 ℃。为了防止短路和改善传热条件,两支热电极的冷端分别插在盛有变压器油的试管中。这种方法测量准确度高,但使用麻烦,只适用于实验室中。在现场,常使用电加热式恒温箱。这种恒温箱通过接点控制或其他控制方式维持箱内温度恒定(常为 50 ℃)。

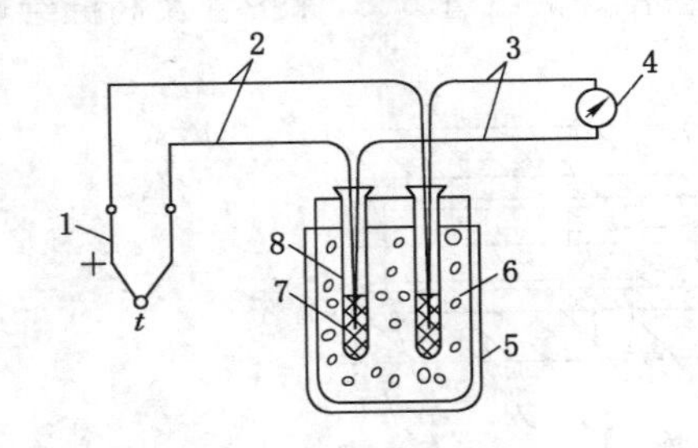

1—热电偶;2—补偿导线;3—铜导线;4—显示仪表;
5—冰点器;6—冰水混合物;7—变压器油;8—试管。

图 2-14　冰点槽补偿法

冰点槽补偿法

② 计算修正法

热电偶的冷端温度偏离 0 ℃时产生的测温误差也可以利用计算公式来修正。测温时,如果冷端温度为 t_0,实际被测温度为 t,则热电偶测量出的热电势为 $E_{AB}(t,t_0)$。根据中间温度定律可知:

$$E_{AB}(t,0)=E_{AB}(t,t_0)+E_{AB}(t_0,0) \tag{2-12}$$

式中　$E_{AB}(t,0)$——冷端温度为 0 ℃而热端温度为 t 时的热电动势;

$E_{AB}(t,t_0)$——冷端温度为 t_0 而热端温度为 t 时的热电动势;

$E_{AB}(t_0,0)$——冷端温度为 0 ℃而热端温度为 t_0 时的热电动势。

因此,可在热电偶测温的同时,用其他温度表(如玻璃管水银温度表等)测量出热电偶冷端处的温度 t_0，通过查相应热电偶分度表得到修正热电势 $E_{AB}(t_0,0)$。将 $E_{AB}(t_0,0)$ 和测量得的热电势 $E_{AB}(t,t_0)$ 相加，计算出 $E_{AB}(t,0)$，然后再查相应的热电偶分度表，就可以求得被测温度 t。

【例 2-2】 用 K 型热电偶测温，热电偶冷端温度 $t_0=35$ ℃，测得热电动势 $E_K(t,t_0)=34.604$ mV，求被测温度 t。

解 从 K 型热电偶分度表中查得 $E_K(35,0)=1.407$ mV，所以

$$E_K(t,0)=E_K(t,35)+E_K(35,0)=34.604+1.407=36.011\ (\text{mV})$$

按 36.011 mV 查 K 型热电偶分度表，得到被测温度 $t=870$ ℃。

使用计算修正法时，需要多次查表计算，在生产现场很不方便，因此这种方法只适用于实验室测温或在间断测温时对示值进行修正。

③ 显示仪表机械零点调整法

显示仪表的机械零点是指仪表在没有外接电源的情况下，即仪表输入端开路时，指针停留的刻度点，一般为仪表的刻度起始点。

若预知热电偶冷端温度为 t_0，在测温回路开路情况下，将仪表的刻度起始点调到 t_0 位置，此时相当于人为地给仪表输入热电势 $E_{AB}(t_0,0)$。接通测温回路后，虽然热电偶产生的热电势即显示仪表的输入热电势为 $E_{AB}(t,t_0)$，但由于机械零点调到 t_0 处，相当于已预加了一个电势 $E_{AB}(t_0,0)$，因此综合起来，显示仪表的输入电势相当于 $E_{AB}(t,t_0)+E_{AB}(t_0,0)=E_{AB}(t,0)$，则显示仪表的显示值正好为被测温度 t，消除了 $t_0\neq 0$ ℃引起的示值误差。

本方法简单方便，适用于冷端温度比较稳定的场所。但要注意冷端温度变化后，必须及时重新调整机械零点。在冷端温度处于经常变化的情况下，不宜采用这种方法。

④ 补偿导线法

补偿导线法

热电偶（特别是贵金属热电偶）一般都做得比较短，其冷端离被测对象很近，这就使冷端温度不但较高而且波动较大。为了减小冷端温度变化对热电势的影响，通常使用与热电偶的热电特性相近的廉价金属导线将热电偶冷端移到远离被测对象且温度比较稳定的地方（如仪表控制室内）。这种廉价金属导线就称为热电偶补偿导线。参见前面的热电偶补偿导线连接图（图 2-8），图中，A′、B′分别为测温热电偶热电极 A、B 的补偿导线。根据中间温度定律可以证明，用补偿导线把热电偶冷端移至温度 t_0 处和把热电偶本身延长到温度 t_0 处是等效的。使用补偿导线应满足如下条件：

a. 补偿导线 A′、B′ 和热电极 A、B 的两个接点温度相同，并且不高于 100 ℃；

b. 在补偿导线的适用范围 0～100 ℃内，由 A′、B′组成的热电偶和由 A、B 组成的热电偶具有相同的热电特性，即 $E_{AB}(t,0)=E_{A'B'}(t,0)$。

补偿导线分为延伸型和补偿型两种，延伸型补偿导线的材料与对应的热电偶的材料相同，补偿型补偿导线的材料与对应的热电偶的材料不同。使用补偿导线来加长热电偶，主要优点是可节约制造热电偶的贵金属材料，必须注意的是使用的补偿导线应与热电偶是配套的。

补偿导线虽然能将热电偶延长，起到移动热电偶冷端位置的作用，但本身并不能消除冷端温度变化的影响。为了进一步消除冷端温度变化对热电势的影响，通常还要在补偿导线冷端再采取其他补偿措施。

在使用热电偶补偿导线时必须注意型号相配，极性不能接错，补偿导线与热电偶连接端的温度在 0～100 ℃范围内且必须相等。常用热电偶补偿导线的型号、性能列于表 2-5 中。

表 2-5　补偿导线的型号和性能简表

热电偶分度号	补偿导线型号	补偿导线代号	等级	补偿导线			
				正极		负极	
				成分	绝缘层着色	成分	绝缘层着色
S	SC	SC-G_A SC-G_B SC-H_B	G_A G_B H_B	100Cu	红	99.4Cu+0.6Ni	绿
K	KC	KC-G_A KC-G_B	G_A G_B	100Cu	红	60Cu+40Ni	蓝
	KX	KX-G_A KX-G_B KX-H_A KX-H_B	G_A G_B H_A H_B	90Ni+10Cr	红	97Ni+3Si	黑
E	EX	EX-G_A EX-G_B EX-H_A EX-H_B	G_A G_B H_A H_B	90Ni+10Cr	红	55Cu+45Ni	棕
J	JX	JX-G_A JX-G_B JX-H_A JX-H_B	G_A G_B H_A H_B	100Fe	红	55Cu+45Ni	紫

表 2-5(续)

热电偶分度号	补偿导线型号	补偿导线代号	等级	补偿导线			
				正极		负极	
				成分	绝缘层着色	成分	绝缘层着色
T	TX	TX-G_A TX-G_B TX-H_A TX-H_B	G_A G_B H_A H_B	100Cu	红	55Cu+45Ni	白

注:C代表补偿型补偿导线;X代表延伸型补偿导线;G代表一般用补偿导线;H代表耐热用补偿导线;A代表精密级补偿导线;B代表普通级补偿导线。

⑤ 参比端温度补偿器法

虽然可用补偿导线将热电偶参比端移到温度比较稳定的地方,但却不能维持其温度不变,而采用计算修正法和冰点槽法又太麻烦。为了解决这个问题,可采用参比端温度补偿器的方法。热电偶参比端温度补偿器是利用不平衡电桥产生的电压来补偿热电偶参比端温度变化而引起的热电势变化的一种电路。补偿器的电路原理如图 2-15 所示。

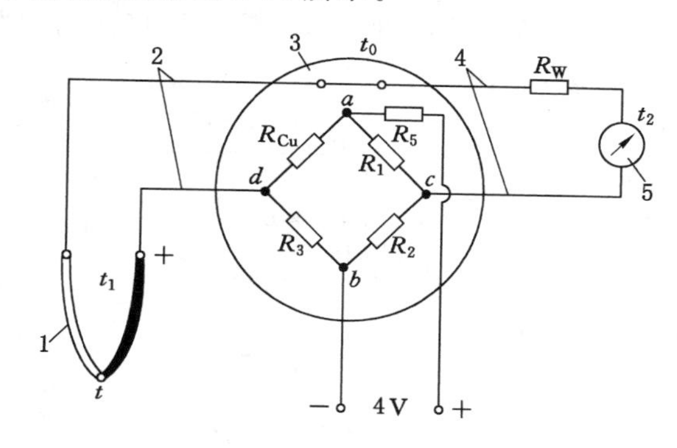

1—热电偶;2—补偿导线;3—电桥;4—普通导线;5—显示仪表。

图 2-15 参比端补偿器电路原理图

参比端补偿器

图中,桥臂电阻 $R_1=R_2=R_3=1\ \Omega$,用锰铜绕制,电阻值不随温度变化而变化,R_{Cu}用铜线绕制,阻值随温度变化而变化,当温度为 20 ℃时,$R_{Cu}=1\ \Omega$。R_5为用不同分度号的热电偶作为调整补偿器时调节供电电压所用的电阻,桥路供电电压为直流 4 V。当温度为 20 ℃时,$R_1=R_2=R_3=R_{Cu}$,电桥平衡,c、d 两端无不平衡电压输出。当参比端温度升高时,R_{Cu}和参比端处于相同的温度,R_{Cu}电阻随之增大,c、d 两端就有不平衡电压 U_{cd}输出,而热电偶的热电势 E_{AB}却随之减小，如果 U_{cd} 的增加量等于 E_{AB} 的减少量，则指示仪表指示值就不随参比端温度变化而变化，指示的就是被测介质的温度。这样就实现了热电偶冷端温度自动补偿。正确使用热电偶参比端温度补偿器应注意以下几点：

a. 热电偶参比端温度必须与参比端温度补偿器工作温度一致，否则达不到补偿效果，为此热电偶必须用补偿导线与冷端温度补偿器相连接；

b. 要注意参比端温度补偿器在测温系统中连接时的极性；

c. 参比端温度补偿器必须与相应型号的热电偶配套使用；

d. 参比端温度补偿器电桥平衡时的温度一般为 20 ℃，使用中与其配接的指示仪表的机械零点应调至 20 ℃。

参比端温度补偿器法常用于热电偶和动圈显示仪表配套的测温系统中。由于自动电子电位差计和温度变送器等温度测量仪表的测量线路中已设置了冷端补偿电路，因此，热电偶与它们配套使用时不用再考虑补偿方法，但补偿导线仍旧需要。

⑥ 辅助热电偶法

此种方法是在测温回路中以适当方式串联进一个辅助热电偶，并把辅助热电偶的热端或冷端置于恒温器中。辅助热电偶可以用热电偶材料，也可以用补偿导线构成。具体接线采用如图 2-16 所示的两种形式。这两种接法的回路总电势均等于 $E_{AB}(t,t_0)$，其中 t_0 为恒温器的温度。

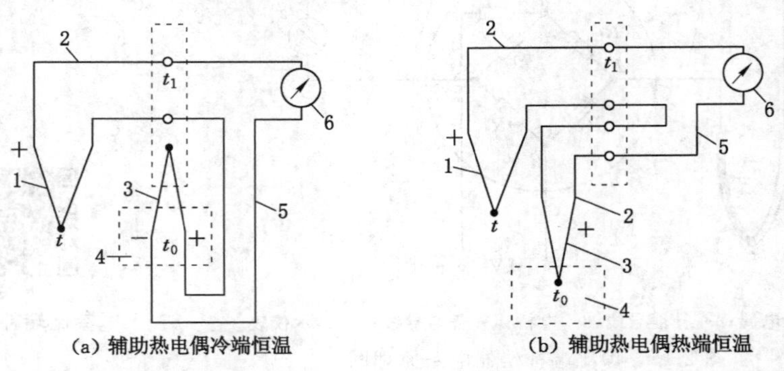

1—热电偶；2—补偿导线；3—辅助热电偶；4—恒温器；5—铜导线；6—动圈表。

图 2-16 辅助热电偶法

(2) 连接线路

连接线路主要是指热电偶与电测仪表间以及热电偶相互之间的连接方式。

① 热电偶与电测仪表间的连接

a. 一支热电偶配用一个电测仪表

根据不同的要求，其连接方式有 A,B,C,D,E 及 F 六种，参见图 2-17。图中表示了热电偶、测量仪表、热电转换器(将热电偶的热电动势转换成统一信号的装置)、补偿导线、补偿接点和参考端之间的连接关系。

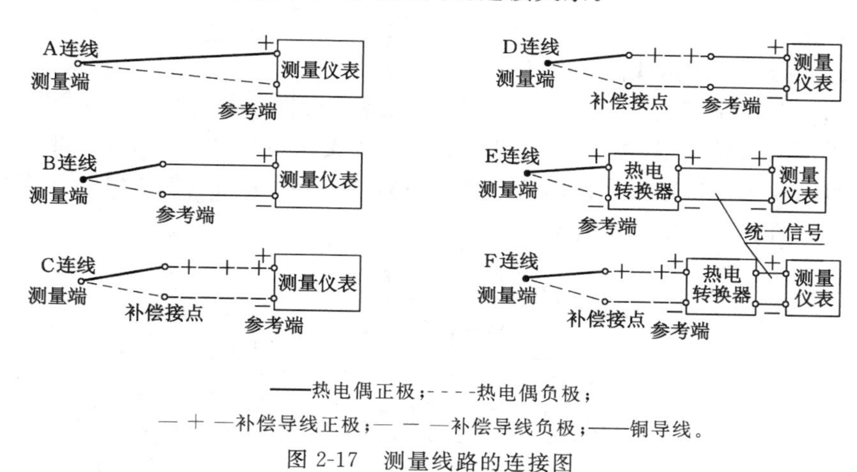

图 2-17 测量线路的连接图

b. 一支热电偶配用两个电测仪表

在实际测温时,有时需将一支热电偶产生的热电势输出到两个显示仪表上(如一个就地显示,一个在控制室显示),参见图 2-18。

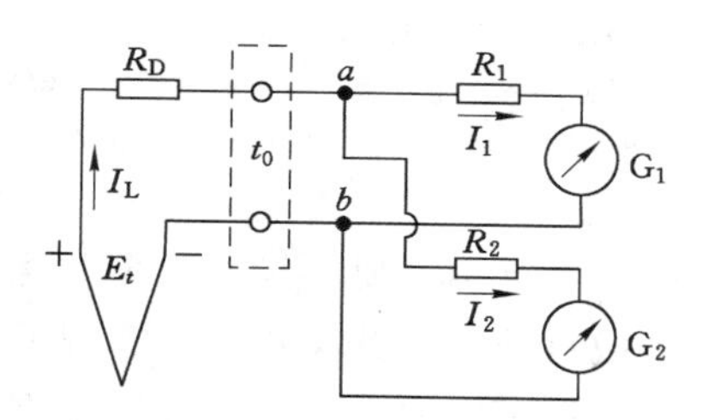

图 2-18 一支热电偶配用两个仪表

如显示仪表 G_1 和 G_2 均为电位差计,电压达到平衡时在测量回路内将无电流流过,即电流 $I_L=I_1=I_2=0$,这种情况下,G_1 和 G_2 彼此影响较小,均能正常反映热电势 E_1 及其相应温度 t 的实际值。

如 G_1 和 G_2 均为动圈仪表,输入到两块仪表的电流值将比单独输入到一块仪表的电流值要小,这会出现指示值低于实际值的现象,所以这种线路一般不宜采用。

如 G_1 为动圈仪表,G_2 为电位差计,由于在平衡时 G_2 内无电流流过,即 $I_2=0$,所以 G_2 并不影响 G_1 的指示值,但在温度发生变化,G_2 由不平衡达到平衡时,G_2 的指针由偏差位置到正常位置有跳动现象。另外,因为 $I_1 \neq 0$,进入电位差计的电势($E_{ab}=E_t-I_1R_1$)将会减少,使得 G_2 的指示值低于实际值,应设法予以校正。

c. 多支热电偶共用一台电测仪表

为了节省显示仪表或盘面,多支热电偶通过切换开关共用一台电测仪表是通常采用的测量线路,参见图 2-19。条件是各支热电偶的型号相同,测温范围均在显示仪表的量程内。采用这种接线方式时,所有主热电偶可共用一个辅助热电偶来进行参比端温度补偿。

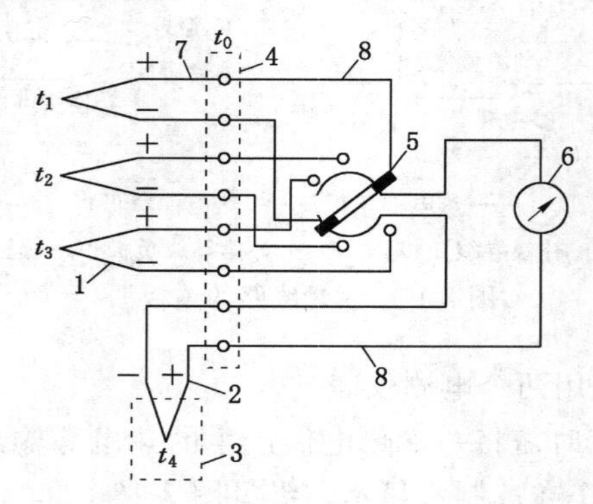

1—主热电偶;2—辅助热电偶;3—恒温箱;4—接线端子排;
5—切换开关;6—显示仪表;7—补偿导线;8—铜导线。

图 2-19 多支热电偶共用一台仪表

对于现场中那些有多个测点不需要连续测量而只需要定时检查的场合,可以把多支热电偶通过手动或自动切换开关接至一台显示仪表上,以轮流或按要求显示各测点的被测数值。这可以大大节省显示仪表的数量。

② 热电偶之间的连接

在实际测温中,常常会遇到采用多只热电偶同时测量温度的情况,此时应根据不同的要求选择准确、方便的热电偶互连接线路。

a. 串联线路

将 n 支同型号的热电偶依次按正负极相连接的线路称为串联线路,其连接方式如图 2-20 所示。

串联线路总的热电动势 E' 为

$$E'=E_1+E_2+E_3+\cdots+E_n=nE \tag{2-13}$$

式中 $E_1,E_2,\cdots,E_n$——单支热电偶的热电动势;

E——n 支热电偶的平均热电动势。

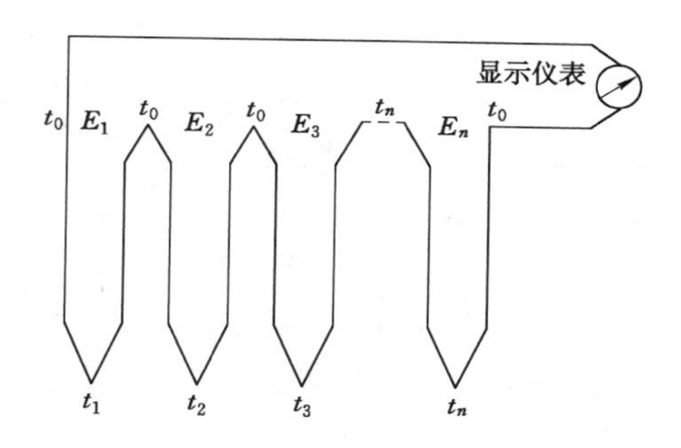

图 2-20 热电偶串联线路图

串联线路的主要优点是，测量的总热电势值大，可以提高测温灵敏度。因此，依据热电偶串联原理制成的热电堆，可感受微弱信号；或者在相同条件下，可配用灵敏度较低的显示仪表。

串联线路的主要缺点是，只要有一支热电偶断路，整个测量系统就不能工作。

b. 并联线路

将 n 支同型号热电偶的正极和负极分别连接在一起的线路称为并联线路，其线路如图 2-21 所示。

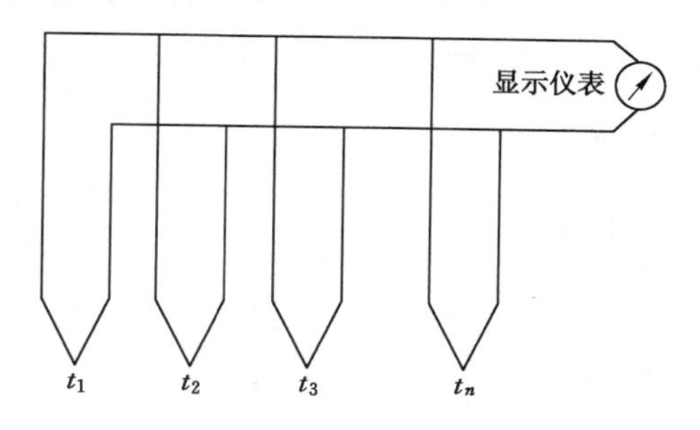

图 2-21 热电偶并联线路图

如果 n 支热电偶的电阻值均相等，则并联测量线路的总热电动势等于 n 支热电偶热电动势的平均值，即

$$E'=\frac{E_1+E_2+E_3+\cdots+E_n}{n} \tag{2-14}$$

并联线路常用来测量温度场的平均温度。同串联线路相比，并联线路的总热电动势虽小，但其相对误差仅为单支热电偶的 $1/\sqrt{n}$。在并联线路中，当某支热电偶断路时不易发现，测温系统照常工作。

c. 反接线路

将两支同型号热电偶反向连接的线路，称为反接线路(亦称反向串联线路)，其线路如图 2-22 所示。其总热电动势为

$$E' = E_1 - E_2 \tag{2-15}$$

反接线路常用来测量两处的温度差。例如，欲测量电阻炉的温度分布时，可将两支热电偶反向串联，用一支热电偶放入炉内中心位置不动，另一支沿炉管中心线移动，就可测出电炉的温度分布。

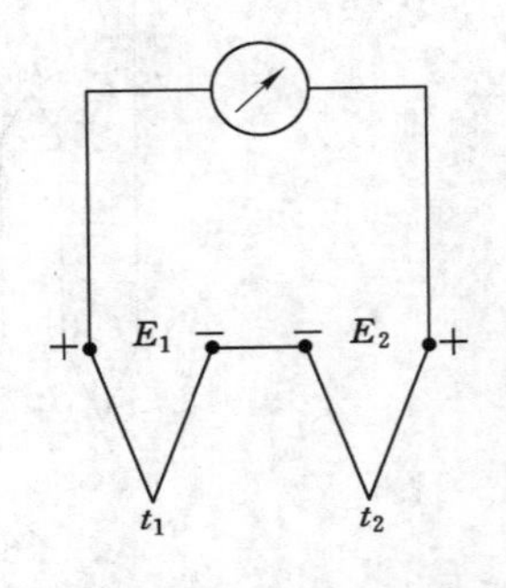

图 2-22　热电偶反接线路图

(3) 直流电测仪表

测量热电势的仪表主要有动圈式仪表、电位差计、数字温度计以及温度变送器等。用于被测温度的显示和记录。

① 动圈式仪表

动圈式仪表具有结构简单、体积小、性能可靠、成本低、使用维护方便等优点，因此在工业生产中得到广泛应用。但该类仪表测量精度较低，常用于精度要求不高的场合。当用动圈式仪表测温时，在线路中一定有电流通过，所以热电偶及连接导线的电阻将影响测量的准确度。常用动圈式温度显示仪表 XCZ-101 的测量机构工作原理及测量电路原理分别如图 2-23、图 2-24 所示。

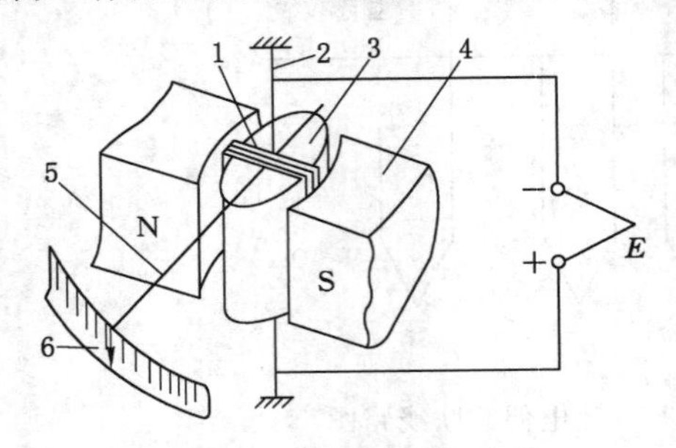

1—动圈；2—张丝；3—铁芯；4—永久磁铁；5—指针；6—刻度标尺

图 2-23　动圈式仪表测量机构工作原理

动圈式仪表

动圈式仪表是一种磁电式仪表，与磁电式电压表和电流表同属一类。如图 2-23 所示，由动圈 1、张丝 2、铁芯 3、永久磁铁 4、指针 5、刻度标尺 6 组成一个磁电测量机构。动圈 1 是由具有绝缘层的细铜线绕制成的矩形框，借张丝 2 的作用悬吊在永久磁铁 4 和圆柱形铁芯 3 之间的永久磁场中。当热电偶产生的热

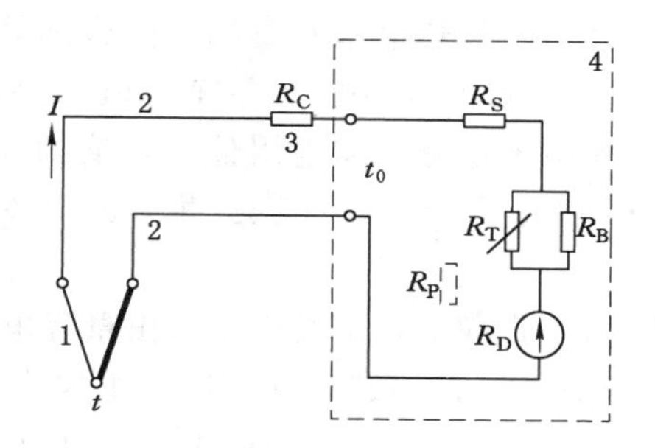

1—热电偶；2—补偿导线；3—调整电阻；4—测量机构。

图 2-24 动圈式仪表测量电路原理图

电势信号 $E_{AB}(t,t_0)$ 输入到仪表测量回路时，便有电流 I 流过动圈，根据载流线圈在磁场中受力的原理，动圈 1 在电磁力矩（$M=C_1I$）的作用下产生转动。动圈 1 的偏转使张丝 2 扭转，从而产生反抗动圈转动的反转力矩（$M_f=C_2\alpha$）。当两力矩平衡时，线圈 1 就停在某一位置上，此时动圈偏转角 α 为

$$\alpha=\frac{C_1}{C_2}I=CI=C\frac{E_{AB}(t,t_0)}{\sum R} \tag{2-16}$$

式中 C—— 仪表常数；

$\sum R$—— 测温回路中的总电阻；

$E_{AB}(t,t_0)$—— 热电偶产生的热电动势；

t—— 测量端温度；

t_0—— 冷端温度。

由式(2-16)可知，当 $\sum R$ 和 t_0 一定时，动圈 1 的偏转角 α 与被测温度 t 具有单值函数关系，当在面板相应位置刻上温度标尺 6 后，随动圈 1 摆动的指针 5 就指示出被测介质的温度值。

由式(2-16)可以看出，回路中的电流 I（也就是流过动圈的电流）不仅和热电势有关，而且与回路的总电阻 $\sum R$ 亦有关。由动圈式仪表测量电路原理图可知，如图 2-24 所示，测温回路中的电流 I 为

$$I=\frac{E_{AB}(t,t_0)}{\sum R}=\frac{E_{AB}(t,t_0)}{R_W+R_N} \tag{2-17}$$

式中，回路的总电阻 $\sum R=R_W+R_N$。

R_W 是回路的外线电阻（即仪表外部总电阻），它包括外接导线电阻、热电偶本身电阻、补偿导线电阻及外接调整电阻 R_C，由于在实际测温时，从测温现

场到显示仪表的距离有长有短，热电偶本身的电阻也随规格型号不同而不同、工作温度的变化而变化，因而 R_W 不是一个确定值，这将造成很大的测量误差。为消除此项误差，采用规定外线路电阻值为定值的办法来解决这一问题。配热电偶的动圈表，统一规定其阻值为 15 Ω，并通过调节外接调整电阻 R_C 来实现。

R_N 是动圈仪表内电阻(即仪表内部总电阻)，由量程电阻 R_S、温度补偿电阻 R_T 及其并联电阻 R_B、动圈电阻 R_D 和阻尼电阻 R_P 组成。

量程电阻 R_S 是动圈仪表内部的一个串联电阻，主要用来改变仪表量程。

动圈电阻是由铜丝绕制的，由于铜的电阻温度系数很大，它随环境温度的变化而变化，会给测量结果带来很大的附加误差。为消除此影响，在动圈电阻 R_D 回路中串联一个由热敏电阻制成的温度补偿电阻 R_T 和锰铜电阻 R_B 组成的并联电路，如图 2-25 所示。动圈电阻 R_D 具有正温度系数，其阻值随温度升高而线性增大；而热敏电阻 R_T 具有负温度系数，其阻值随温度升高而按指数规律下降，因此两者不可直接串联。引入并联电阻 R_B 后，使得 R_T 与 R_B 形成的并联电阻 R_K 与动圈电阻 R_D 的温度变化方向相反，并且在一定范围内接近于线性变化，以抵消环境温度变化造成动圈电阻 R_D 的电阻变化。选取适当的 R_T 与 R_B 的电阻值，可使环境温度在 0～50 ℃范围内变化，保持总电阻值基本不变，得到满意的补偿效果。

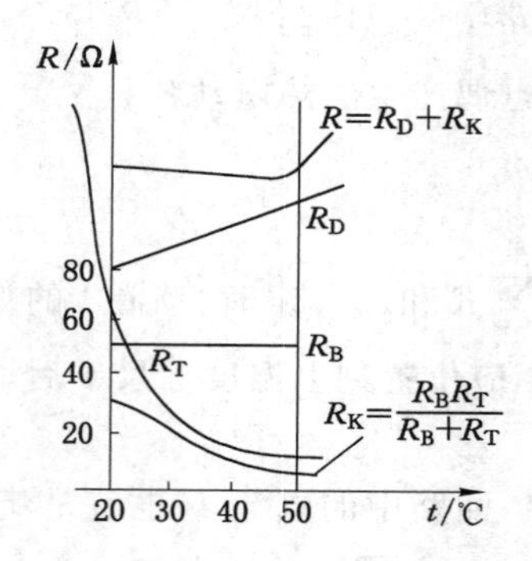

图 2-25 对环境温度进行补偿的曲线图

阻尼电阻 R_P 是动圈仪表内部的一个并联电阻，主要用来改善仪表的阻尼特性，减小动圈转动的阻尼时间。

② 电位差计

电位差计是利用电位差平衡法测量热电势的仪表。所谓电位差平衡法是指用一个已知的标准电压与被测电势相比较，平衡的时候，二者之差值为零，被测电势就等于已知的标准电压。这种测量方法亦称补偿法或零值法。

由于电位差计在测量读数时，通过热电偶及其连接导线的电流等于零，因而热电偶及其连接导线的电阻值变化不会影响测量结果，使测量准确性大为提高，因此电位差计主要用于高精度的温度测量；也可作为标准仪表，如用于标定热电偶等。在实验室和工业生产中得到广泛应用。电位差计主要有手动电位差计和电子电位差计两种形式。

a. 手动电位差计

实验室用手动电位差计采用的是直流分压线路，如图 2-26 所示。图中的直流工作电源 E_B 采用干电池或直流稳压电源。标准电源 E_N 采用标准电池。共分成三个回路：由工作电源 E_B、调整电阻 R_S、标准电阻 R_N 和测量变阻器 R_{ABC} 组成的回路称为工作电流回路，回路的电流为 I_1；由标准电源 E_N、标准电阻 R_N 和检流计 G 所组成的回路称为校准回路，其功能是校准工作电流 I_N，维持设计时所规定的电流值；由被测热电势 E_K、测量变阻器 R_{AB} 和检流计 G 组成的回路称为测量回路。

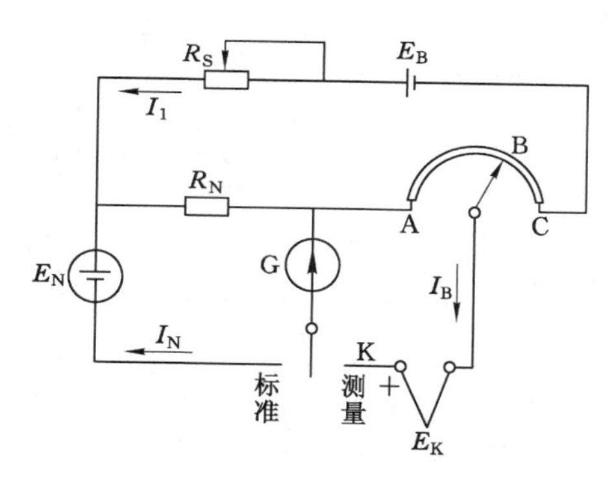

图 2-26 手动电位差计电路原理图

测量前，首先要校准工作电流 I_1。将切换开关扳向“标准”位置，调节调整电阻 R_S 的电阻值，改变 I_1 的大小，直至 $I_1R_N=E_N$ 时，检流计 G 的指针指零。因为标准电池的电势 E_N 稳定不变，锰铜丝绕制的标准电阻 R_N 的值亦不变，所以当检流计 G 指针指零时得到的 I_1 就是电位差计所要求的工作电流值 I_N，这个操作过程通常称作“工作电流标准化”。

测量时，将切换开关扳向“测量”位置，调节测量变阻器 B 点的位置，即改变电阻 R_{AB} 的电阻值，使检流计指针指零，则有 $I_1R_{AB}=E_K$，由于工作电流 I_1 是规定值，所以电阻 R_{AB} 可以代表被测热电势 E_K。也就是说，此时 B 点的位置就代表了被测电势的大小。

b. 电子电位差计

在试验和生产过程中，常需要能自动、连续显示和记录被测参数的仪表，由于手动电位差计在使用中必须手动调节测量变阻器，无法实现连续、自动测出被测电势，故而达不到上述使用要求。

电子电位差计是在手动电位差计工作原理的基础上，利用可逆电机及一套机械传动机构代替人手进行电压平衡操作，利用放大器代替检流计来检查不平衡电压，并控制可逆电机的运行，根据电压平衡原理自动进行工作的，如图 2-27 所示。

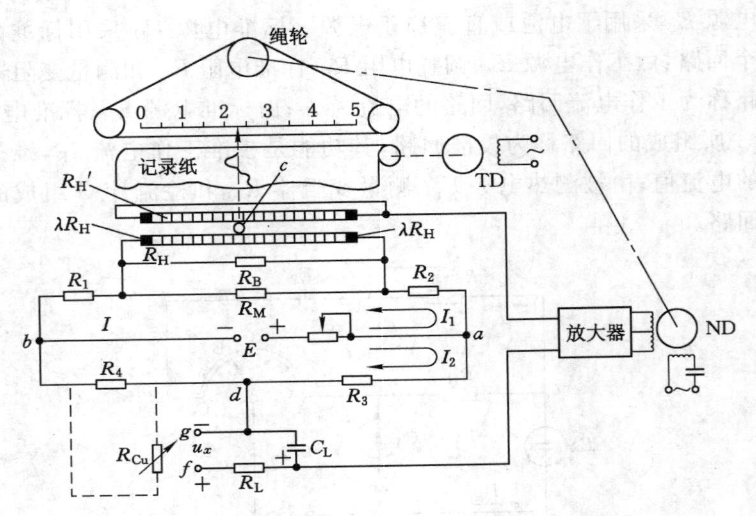

TD—同步电机；ND—可逆电机；R_H—滑线电阻；R_B—工艺电阻；

R_M—量程电阻；R_1—起始值电阻；R_2—上支路限流电阻；R_3—下支路限流电阻；

R_4—桥臂电阻(仪表配热电偶按温度分度时，R_4 换成位于输入端子处的铜电阻 R_{Cu}，以自动校正 t_0 变化)。

图 2-27　电子电位差计工作原理示意图

电子电位差计主要由测量电路(即不平衡电桥电路)、检零放大器、可逆电机、指示及记录机构和附加调节装置等组成。输入信号是热电偶产生的热电势 u_x，经过滤波器滤除外界的干扰信号后，与测量桥路输出的不平衡电压 U_{ad} 相比较，比较后的差值信号再经过电子放大器放大后，驱动可逆电机旋转，并通过一套机械机构带动滑线电阻的滑动触点 c 移动，来改变测量桥路的输出 U_{ad} 值，同时也带动指针、记录笔移动，以指示、记录该瞬时的测量值。这一过程一直进行到测量桥路输出的不平衡电压 U_{ad} 与热电偶所产生的输入热电势 E 相等为止。记录纸由专用的微型同步电机通过减速齿轮带动做匀速运动，记录笔在记录纸上画线(或打印)，记录下被测量对应于时间的变化过程曲线。

桥路中电阻 R_1 和 R_4（或 R_{Cu}）配合决定测量的下限，电阻 R_M 决定量程和测量的上限。电阻 R_1 和 R_M 阻值确定后，调整电阻 R_2 以保证桥路中的电流 I_1 为设计值；电阻 R_4 阻值确定后，调整电阻 R_3 以保证桥路中的电流 I_2 为设计值。滑线电阻由两支一样的绕线电阻并排构成，一根在桥路中，称为主滑线电阻 R_H，另一根在测差回路中，称为副滑线电阻 R_H'。这样的结构可使触点 c 和滑线间产生的热电势抵消，并对滚子式动触点提供稳定支撑。

③ 数字温度计

它是接收来自热电偶的输出信号或统一信号，并用数字显示温度的仪表，常用于普通温度测量。其特点是显示清晰，读数准确，尤其是测量速度快，分辨率高，还能将数字量信号输出至计算机，或输出直流模拟量信号与相应的调节器相匹配，构成生产过程的最佳控制系统。

数字温度计是以数字电压表为主体而构成的测量仪表，如图 2-28 所示。被测量通过测量回路测量输入，经前置放大器和线性化器转变成线性化的直流电压（或电流、频率等），再通过模-数（A/D）转换器变成数字量（一定的脉冲数），然后予以标度变换、计数、译码和显示。

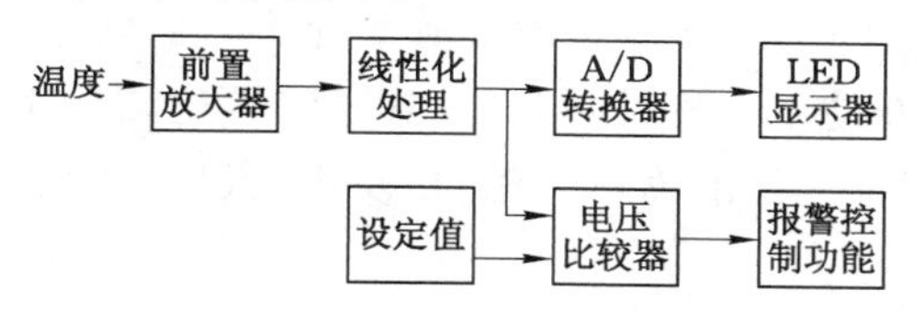

图 2-28　数字温度计原理图

线性化器的作用是将热电偶的非线性热电关系转变为线性关系。热电偶的热电势经前置放大器放大后，由线性化器作线性处理，线性化后的输出电压与被测温度成正比。

A/D 转换器的作用是将模拟量转换成数字量，它是数字温度计的核心部件。对热电偶而言，由于测量电路的输出都是电压，所以，模数转换器主要是进行电压-数字转换。通常采用双积分原理实现 A/D 转换。转换器内有译码驱动、自动调零、极性显示、溢出显示等电路。

转换后的数字信号驱动 LED 显示器，显示出被测温度数值。

④ 温度变送器

它实质上就是一种信号变换仪表。它与各种标准化热电偶（或热电阻）配套使用，将热电势（或热电阻）变换成统一的直流电压（或电流），作为其他显示仪表的输入量。常用的有 DDZ 系列温度变送器等。

温度变送器的原理结构如图 2-29 所示，由温度测量单元、量程单元、放大单元和供电单元等部分组成。由热电偶等温度传感器所检测的直流电势信号 V_i 输入至温度变送器的输入回路，信号 V_i 与桥路部分的输出信号 V_s 及反馈信号 V_f 相叠加，然后送入信号放大器进行信号放大，放大后的信号再经由功率放大器和隔离输出电路转换成标准的直流电信号输出。温度变送器所需的直流电源由配电器提供。

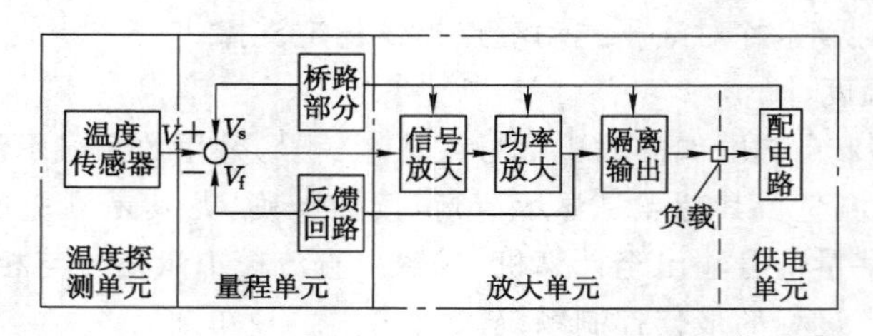

图 2-29　温度变送器原理结构图

2.2.5　热电偶的校验

热电偶在使用过程中，由于测量端受到氧化、腐蚀、污染和高温下热电偶材料的再结晶等影响，在使用一段时间后，其热电特性逐渐发生变化，并使测量误差越来越大。为了保证测量准确，热电偶在使用前以及使用一段时间后必须定期进行校验。

(1) 热电偶校验点选择

热电偶的校验一般采用定点法，即对于一支热电偶只校验几个温度点，校验点及允许误差如表 2-6 所示。在实际校验时，检定点温度要求控制在表中所列数值的±10 ℃范围内。对于廉价金属热电偶，如用在 300 ℃以下时，应增加一个 100 ℃检定点（此点在油槽中进行，标准表用标准水银温度计）。

表 2-6　常用热电偶校验点及允许误差

热电偶材料	校验温度/℃	热电偶允许偏差			
		温度/℃	偏差/℃	温度/℃	偏差/℃
铂铑-铂	600;800;1 000;1 200	0～600	±2.4	>600	占所测热电动势的±0.4%
镍铬-镍硅	400;600;800;1 000	0～400	±4	>400	占所测热电动势的±0.75%
镍铬-考铜	200;400;600	0～300	±4	>300	占所测热电动势的±1%

(2) 校验设备及仪表

热电偶校验温度在 300 ℃以上时，被校验热电偶在管式电炉中与标准热电偶进行比对；在 300 ℃以下时，被校验热电偶在油浴恒温器中与标准水银温度计进行比对（如无特别需要，300 ℃以下一般可以不校验）。热电偶校验装置如图 2-30 所示。

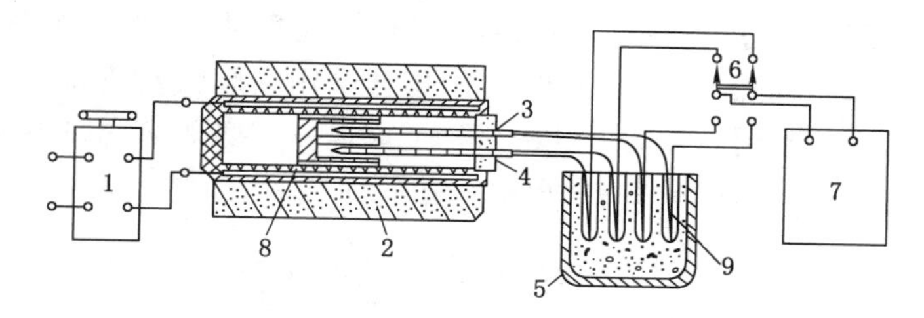

1—调压变压器；2—管式电炉；3—标准热电偶；4—校验热电偶；5—冰点槽；6—切换开关；7—直流电位差计；8—镍块；9—试管。

图 2-30 热电偶校验装置示意图

① 管式电炉：最大电流 10 A，最高工作温度 1 300 ℃，电源电压 220 V，功率 2 kW，通过自耦变压器或可调电阻改变所加电流大小，炉内温度达到所要求的数值，并能稳定到每分钟变化不超过 0.2 ℃。管子内径 50～60 mm，管子长度 600～1 000 mm，管内温度场稳定，炉内至少有长 100 mm 的恒温区，热电偶的工作端插入该区域。

② 冰点槽：一般用玻璃保温瓶，内放冰水混合物，保证冷端为 0 ℃。

③ 直流电位差计：用于测量热电偶的热电势，采用精确度不低于 0.02 级的实验室用低电势直流电位差计（如 UJ31、UJ33A 或 UJ36 等）。

④ 标准热电偶：采用二等或三等标准铂铑-铂热电偶。

⑤ 切换开关：当同时校验多支热电偶时须采用多点切换开关。

(3) 校验方法

将标准热电偶和被校热电偶的测量端用铂丝绑扎在一起，插入炉内恒温区。为避免对标准热电偶产生有害影响，要将标准热电偶套上保护套管。测量端插入炉内的深度一般要求 300 mm 以上，对于较短的热电偶其插入深度亦不应低于 150 mm。为保证被校热电偶与标准热电偶的测量端处于同一温度，将其测量端插在金属镍块中，再置于炉子的恒温区内。

热电偶放入管式炉中后，用烧炼过的石棉绳将炉口堵严，热电偶的冷端应置于冰点槽中保持在 0 ℃。用调压器调节炉温，当炉温达到校验温度点±10 ℃范围内时，调节加热电流，尽量保持炉温恒定，当炉温变化每分钟不超过 0.2 ℃时，利用直流电位差计测量热电偶的热电势。每个校验温度点，热电偶热电势的读数不应少于 4 次，求其算术平均值，计算出误差值。对于多支热电偶可利用转换开关依次读数。各校验点误差均在允许误差范围内的，热电偶合格；大于允许误差的，热电偶不合格。

2.2.6 热电偶的安装

热电偶在进行温度测量时，要求感温元件与被测对象有良好的热接触，通过热交换达到测温目的。如果安装不正确，即使采用的感温元件和显示仪表的精度等级很高，也达不到满意的测量结果。下面以一个实例来说明不同的安装方式对测量结果的影响，如图 2-31 所示。

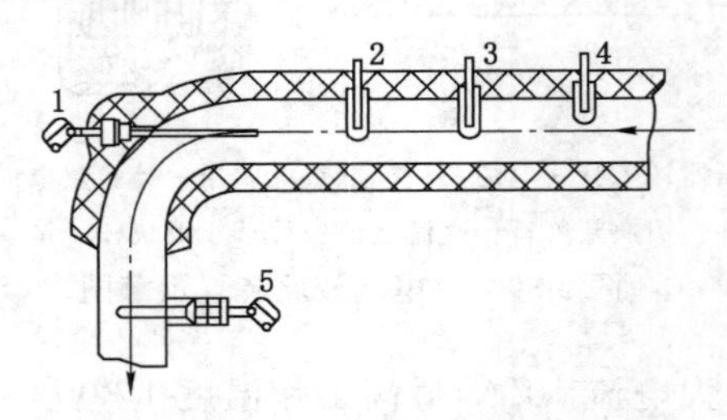

1,5—热电偶；2,3,4—水银温度计。

图 2-31 蒸汽管道不同安装方式的测量误差比较

管道中流过压力 3 MPa、温度 386 ℃的过热蒸汽，管道内径 100 mm，流速 30～35 m/s。图中热电偶 1 安装在弯头处，插入深度足够长，外露部分很短且有很厚的绝热层保温，测量结果 $t_1=386$ ℃，测量误差接近于零；热电偶 5 管道外无保温，热电偶外露部分较长且也无保温，测量结果 $t_5=341$ ℃，误差达-45 ℃。水银温度计 2：采用了薄壁套管，测量端插到了管道中心线处，测量结果 $t_2=385$ ℃，误差为-1 ℃；水银温度计 3：情况与水银温度计 2 类似，但是采用了厚壁管，测量结果 $t_3=384$ ℃，误差为-2 ℃；水银温度计 4：情况与水银温度计 2 类似，采用了薄壁套管，但插入深度较浅，没有插到管道中心，测量结果 $t_4=371$ ℃，误差为-15 ℃。

由此可见，热电偶安装不当产生的误差是很大的。在实际安装过程中，应注意有利于测温准确，安全可靠及维修方便，并且不影响设备运行和生产操作。由于被测对象不同，环境条件不同，测量要求不同，因此热电偶的安装方法与采取措施也不同。在此将安装中经常遇到的一些主要问题列举如下。

(1) 管道内流体测温热电偶的安装

为使热电偶测量端与被测介质之间有充分的热交换，应合理选择测点位置，热电偶应与被测介质形成逆流，即安装时热电偶应迎着被测介质的流向插入，至少与被测介质的流向成正交。不能在阀门、弯头及管道与设备的死角附近装设热电偶。

热电偶安装时应具有足够的插入深度，并使之处于具有代表性的热区域，即管道中心轴线上，如图 2-32(a)、(b)、(c)所示。当热电偶插入深度超过 1 m 时，应尽可能采用垂直安装方式，否则应采取防止保护套管弯曲的措施，如加装支撑架，如图 2-32(d)所示，或加装保护套管。同时，热电偶外露在管道外面的部分有传热和散热损失，会引起测量误差，为减少这种误差，应尽量减少热电偶外露部分长度并加装绝热层进行保温。

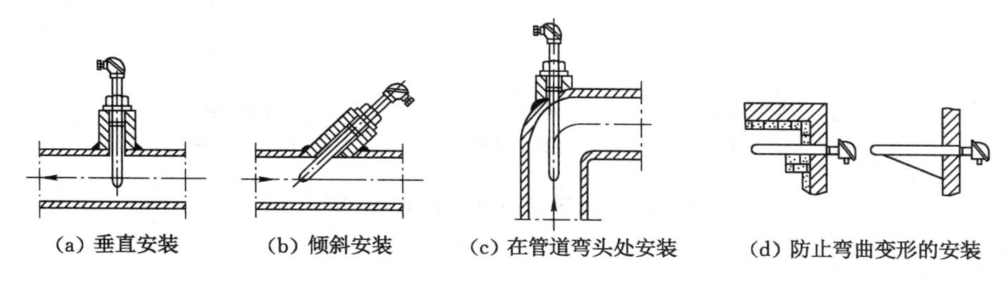

图 2-32 热电偶的安装方式

在测量高温、高压、高速流动的流体（例如主蒸汽温度测量）时，为减小保护套对流体的阻力，防止保护套在流体作用下发生断裂，可采取保护管浅插方式或采用热套式热电偶装设结构。浅插方式的热电偶保护套管，其插入管道的深度应不小于 75 mm；热套式热电偶的标准插入深度为 100 mm。

在高温测量场合，应尽量减小被测介质与管壁之间的温差，以减小热辐射误差。可在管壁表面包上绝热材料，以保护管壁温度，减小热量损失，必要时，还可在热电偶测量端与管壁之间加装防辐射罩（遮热罩），这样可使辐射换热仅在热电偶与遮热罩之间进行，此外还应设法使热电偶测量端的温度接近于遮热罩的温度，以减小辐射换热量。

在负压管道（如烟道）安装热电偶时，应保证其密封性，以免外界冷空气进入，降低测量值，并在热电偶安装后进行补充保温，以防止散热对测温结果造成影响。在含有尘粒、粉物的介质中（如煤粉管道）安装热电偶时，应加装保护屏（如煤粉管道），防止被测介质磨损热电偶保护套管。

热电偶的接线盒不可与被测介质管道的管壁相接触，应保证接线盒内的温度在 0～100 ℃范围内。接线盒的出线孔应朝下安装，以防止因密封不良，水汽灰尘与脏物等沉积造成接线端子短路。

(2) 金属壁表面测温热电偶的安装

为保证热电偶与被测物体表面有良好的接触，可依实际情况采用焊接、压接等不同安装方式。

① 焊接安装

如图 2-33 所示，有三种焊接方式：球形焊、交叉焊和平行焊。球型焊是先焊好热电偶，然后将热电偶的热电极焊到金属壁面上；交叉焊是将两根热电偶极丝交叉重叠放在金属壁面上，然后用压接或其他方法将其与金属面焊在一起；平行焊是将两根热电偶极丝分别焊在金属面上，它们中间有点距离，通过该金属构成测温热电偶。

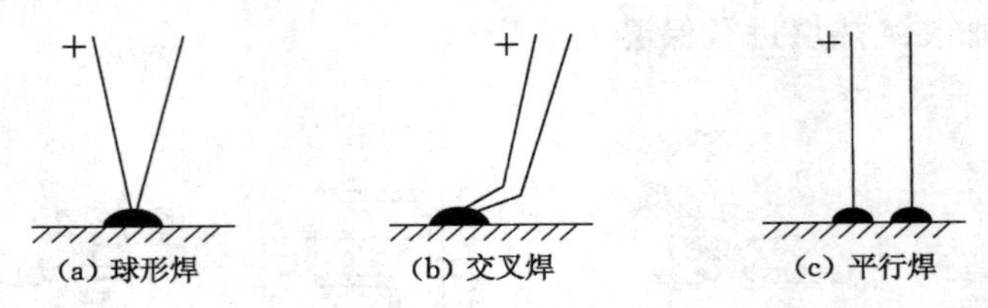

图 2-33　金属表面热电偶焊接方式

② 压接安装

有挤压和紧固两种安装方式。挤压安装是将热电偶测量端置入一个比它尺寸略大的钻孔内，然后用捶击挤压工具挤压孔的四周，使金属壁与测量端牢固接触；紧固安装是将热电偶的测量端置入一个带有螺纹扣的槽内，垫上铜片，然后用螺栓压向垫片，使测量端与金属壁牢固接触。

对于不允许钻孔或开槽的金属壁面，可在导热性良好的小金属块上钻孔或开槽，将热电偶测量端固定其中，然后再将小金属块焊接于被测物体壁面上进行测温。

(3) 外界干扰防范措施

热电偶测温系统在使用过程中，常有外界干扰源的干扰电压通过电路的漏电电阻加入测温回路，或以电场或磁场的形式与测温回路相耦合，从而产生测量误差，并常使仪表不能正常工作。测温回路对地的漏电电阻和回路另一接地点间形成分路而引起的平行干扰，是产生纵向干扰的主要原因，纵向干扰电压使热电偶测温电势被分流；测温回路受低电压大电流电器设备及导线的电磁感应所产生的垂直干扰，是引起横向干扰的主要原因，横向干扰电压会和测温电势相叠加。为提高测温回路的抗干扰能力，一般可采取下列防范措施。

① 导线屏蔽

对于非交导线，可将回路中的导线绞合，并穿入铁管中，铁管壁接地，这样可有效防范外磁场的干扰。

② 测量装置屏蔽

将回路中各个仪表或装置固定在各自的金属板座上，并使用导线将这些金属板连接起来。由于仪表或装置的对地绝缘电阻远大于金属板连接电阻，当外界干扰电流通过金属板时，它沿连接导线流通，使各个仪表或装置的外壳基本处于等电位，起到了低阻屏短路的作用。

③ 合理接地

接地点应避免由于公共地线阻抗的交链而产生各自信号的相互耦合及干扰。在仪表信号输入端直接接地或用大电容接地，虽对消除对地干扰电压有一些作用，但不能消除线间干扰电压。若将热电偶的测量端接地，如图 2-34 所示，则测量端电位几乎和地电位一致，可有效抑制对地干扰。

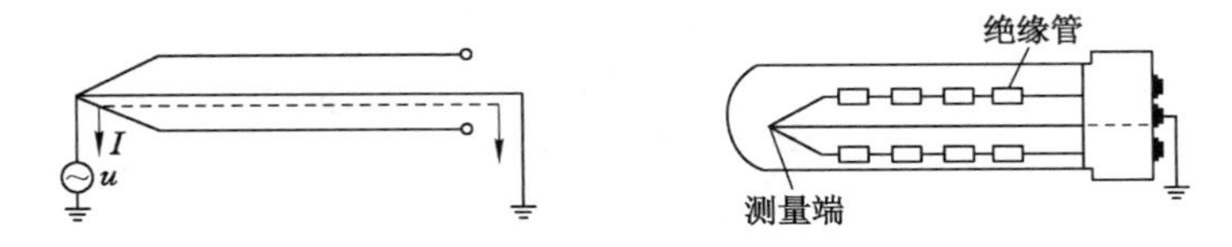

图 2-34 接地式热电偶示意图

④ 热电偶浮空

热电偶及其测量回路浮空（对地绝缘电阻），是使热电偶避开纵向干扰电压的有效方法之一。此外，采用三线式热电偶并使其接地线接地，也可减小纵向干扰电压对热电偶测量热电势的干扰。

2.3 热电阻温度计

热电偶比较适用于 600～1 300 ℃范围内的温度测量。对于低温的测量，由于热电偶在此区域输出热电势较小（如铂铑-铂热电偶在 100 ℃时的热电势仅为 0.64 mV），热电特性的线性度较差，对热电偶参考端温度补偿、仪表线路的抗干扰能力和配用仪表的质量要求较高，故而使用中多有不足之处。因此，测量时通常采用另一种测量元件——热电阻，热电阻温度计的测量范围为 －200～＋500 ℃，其输出信号大，测量准确度高，无冷端温度补偿问题，具有远传、自动记录和多点测量等优点，特别适宜于低温测量，在工业生产中得到广泛应用。

2.3.1 热电阻测温原理

从物理学中知道，导体（或半导体）的电阻值随温度的变化而变化，即有如下关系：

$$R=f(t) \tag{2-18}$$

试验证明：大多数金属在温度每升高 1 ℃时，其电阻值要增加 0.4%～

0.6%，而半导体的电阻值却随着温度的升高而减小，在 20 ℃左右时，温度每变化 1 ℃，其电阻值要减少 2%～6%。只要能测出电阻值的变化，相应地就能确定温度的变化，从而达到测温的目的。

热电阻温度计就是利用导体（或半导体）的电阻值随温度变化这一特性来进行温度测量的，即把温度变化所引起的导体电阻变化通过测量桥路转换成电压（毫伏级）信号，然后送入显示仪表指示或记录被测温度，如图 2-35 所示。

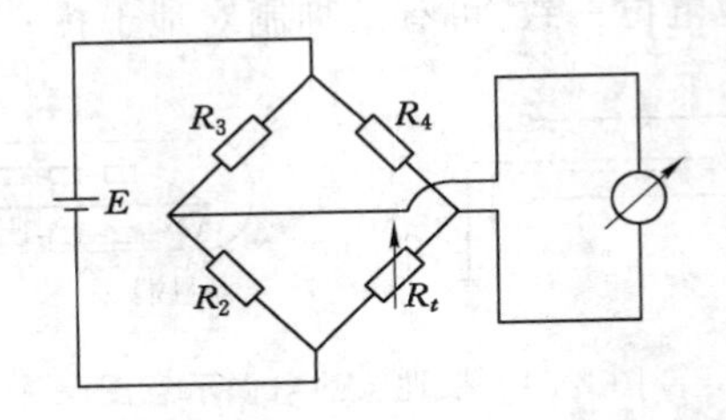

图 2-35　热电阻温度计测量原理图

综上所述，热电阻温度计和热电偶温度计的测量原理是不同的。热电偶温度计是把温度变化通过测温元件热电偶转换为热电势的变化来测量温度的，而热电阻温度计则是把温度变化通过测温元件热电阻转换为电阻值的变化来测量温度的。

2.3.2　热电阻的种类及结构

(1) 热电阻材料

热电阻测温的机理是利用导体或半导体的电阻值随温度变化而变化的特性，但不是所有导体或半导体材料都可以作为测量元件，还要从其他方面的性质予以考虑和选择。对热电阻材料的要求有：

① 理化性质稳定，测量准确度高，抗腐蚀，使用寿命长；

② 电阻温度系数大，即灵敏度要高；

③ 电阻率高，以使热电阻的体积较小，减小测温时间常数；

④ 热容量小，电阻体热惰性小，反应较灵敏；

⑤ 线性好，即电阻与温度呈线性关系或为平滑曲线；

⑥ 易于加工，价格便宜，便于降低制造成本；

⑦ 复现性好，便于成批生产和部件互换。

(2) 热电阻分类

按感温元件的材料分，热电阻可分为金属热电阻和半导体热敏电阻两类，在工业生产中大量使用的金属材料主要是铂、铜两类；按用途分，有标准热电阻和工业用热电阻两种;按结构分,有普通型热电阻、铠装热电阻及薄膜热电阻等。下面按热电阻材料分类介绍几种常用热电阻。

① 金属热电阻

最常用的金属热电阻是铂热电阻和铜热电阻两种。近年来随着低温和超低温测量技术的发展,铁、镍、锰、铟、碳等已逐渐用作热电阻材料。

金属热电阻随温度的变化通常采用电阻温度系数来描述,即当温度每变化1 ℃时,金属热电阻值的相对变化量,用 α 表示,单位是$℃^{-1}$,根据电阻温度系数的定义有:

$$\alpha=\frac{\frac{\mathrm{d}R}{R}}{\mathrm{d}t}=\frac{1}{R}\frac{\mathrm{d}R}{\mathrm{d}t} \tag{2-19}$$

金属导体的电阻一般随温度的升高而增加,这类导体的 α 为正值,称为正的电阻温度系数。而半导体材料与此相反,电阻一般随温度的升高而减少,具有负的电阻温度系数,实际上 α 表示了电阻温度计的相对灵敏度。

各种材料的 α 值并不相同,并且它的大小与导体本身的纯度有关。在通常情况下,纯度越高,α 值越大,若有微量杂质混入,其值会变小,故合金的电阻温度系数 α 值通常比纯金属的 α 值小。表 2-7 列出了几种能做热电阻的金属材料的特性。半导体热敏电阻的 α 值与材料和制造工艺有关。

表 2-7 几种热电阻材料的特性

材料名称	$\alpha_0^{100}/℃^{-1}$	电阻率 ρ /($\Omega\cdot mm^2/m$)	测温范围 /℃	电阻丝直径 /mm	特 性
铂	$(3.8\sim3.9)\times10^{-3}$	0.098 1	−200～+500	0.05～0.07	近似线性
铜	$(4.3\sim4.4)\times10^{-3}$	0.017	−50～+150	0.1	线性
铁	$(6.5\sim6.6)\times10^{-3}$	0.10	−50～+150	—	非线性
镍	$(6.3\sim6.7)\times10^{-3}$	0.12	−50～+100	0.05	近似线性

注:表中 α_0^{100} 代表 0～100 ℃之间的平均温度系数。

为表征热电阻材料的纯度及某些内在特性,我们采用电阻比 W_t 来表示,即

$$W_t=R_t/R_{t_0} \tag{2-20}$$

令 $t=100$ ℃,$t_0=0$ ℃,则有

$$W_{100}=R_{100}/R_0 \tag{2-21}$$

式中 R_{100}——温度为 100 ℃时的热电阻值,Ω;

R_0——温度为 0 ℃时的热电阻值,Ω。

W_{100}的值越大,说明热电阻材料的纯度越高。

a. 铂热电阻

铂热电阻是使用最广泛的一种热电阻，它的特点是准确度高、稳定性好、性能可靠。但在还原性介质中，特别是高温下很容易被从氧化物中还原出来的蒸气所污染而变脆，使电阻与温度间关系发生变化。为克服上述缺点，使用时热电阻芯应装在保护套管中。铂热电阻的使用温度范围是－200～850 ℃，其电阻与温度间关系如下：

在－200～0 ℃的温度范围内

$$R_t = R_0 [1 + At + Bt^2 + C(t - 100)t^3] \tag{2-22}$$

在0～850 ℃的温度范围内

$$R_t = R_0 (1 + At + Bt^2) \tag{2-23}$$

式中，R_t、R_0 是铂热电阻在温度分别为 t ℃和 0 ℃时的电阻值；$A = 3.908\ 02 \times 10^{-3}$ ℃$^{-1}$，$B = 5.802 \times 10^{-7}$ ℃$^{-2}$，$C = -4.273\ 50 \times 10^{-12}$ ℃$^{-4}$。

我国工业上使用的铂热电阻规定 $W_{100} = 1.391$，国家统一设定的分度号为Pt50($R_0 = 50\ \Omega$)、Pt100($R_0 = 100\ \Omega$)和Pt300($R_0 = 300\ \Omega$)等。

工业上使用的铂热电阻体是用很细的铂丝绕在云母、石英或陶瓷支架(也称骨架)上做成的，形状如图2-36所示，有平板形、圆柱形和螺旋形三种形式。常用的WZB型铂电阻体是由直径0.03～0.07 mm的铂丝，绕在由云母片制成的平板形支架上，如图2-37所示。云母片的边缘开有锯齿形缺口，铂丝绕在齿缝内以防短路。铂丝绕组两面盖以云母片绝缘。为改善热电阻的动态特性和增加机械强度，再在其两侧铆接用金属薄片制成的夹持件。铂丝绕组的出线端与银丝引出线相焊，并穿入瓷套管中加以绝缘和保护。

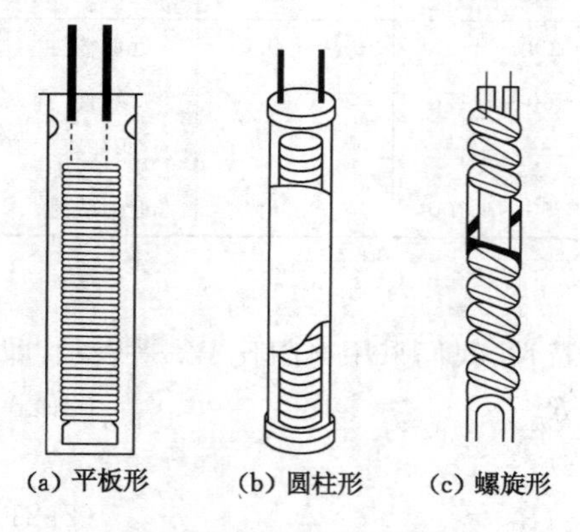

图 2-36　热电阻支架外形

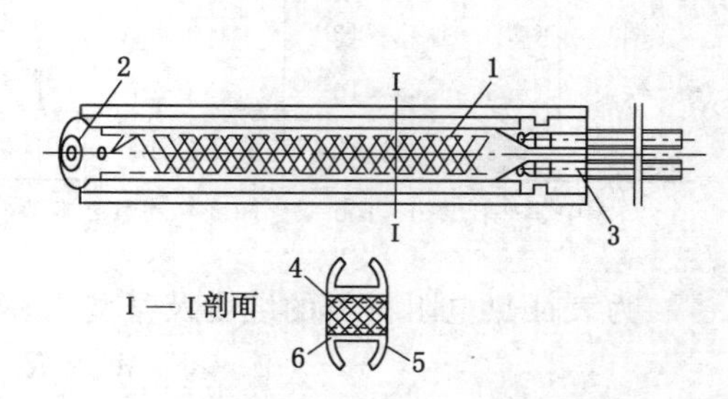

1—铂丝；2—铆钉；3—银丝引出线；
4—绝缘片；5—支持件；6—骨架。

图 2-37　铂电阻体外形

b. 铜热电阻

铜热电阻的优点是价格便宜，电阻温度系数 α 大，容易加工成高纯度的绝缘细铜丝，互换性好，电阻与温度的关系几乎是线性的。

铜热电阻的缺点是电阻率小，要制造一定电阻值的热电阻时，其铜丝的直径会很细，这将影响其机械强度，而且铜丝的长度会很长，这样制成的热电阻体积较大，热惯性也较大。另外铜易氧化，因此通常只在较低温度和干燥及无腐蚀性的环境下使用。在 −50～150 ℃温度范围内，其电阻与温度关系如下：

$$R_t=R_0(1+At+Bt^2+Ct^3) \tag{2-24}$$

式中，R_t、R_0 是铜电阻在温度分别为 t ℃和 0 ℃时的电阻值；$A=4.288\ 99\times10^{-3}$ ℃$^{-1}$，$B=-2.133\times10^{-7}$ ℃$^{-2}$，$C=1.233\times10^{-9}$ ℃$^{-3}$。

若在 0～100 ℃温度范围内，其电阻与温度关系亦可采用下式：

$$R_t=R_0(1+\alpha_0 t) \tag{2-25}$$

式中，α_0 是铜热电阻在 0 ℃时的电阻温度系数，$\alpha_0=4.25\times10^{-3}$ ℃$^{-1}$。

我国工业上使用的铜热电阻规定 $W_{100}=1.425$，国家统一设定的分度号为 Cu50($R_0=50\ \Omega$)和 Cu100($R_0=100\ \Omega$)等。

铜热电阻体是一个铜丝绕组(包括锰铜补偿部分)，它将直径为 0.1 mm 的高强度漆包铜线，采用双线无感绕线法，在圆柱形塑料支架上绕制而成，如图 2-38 所示。

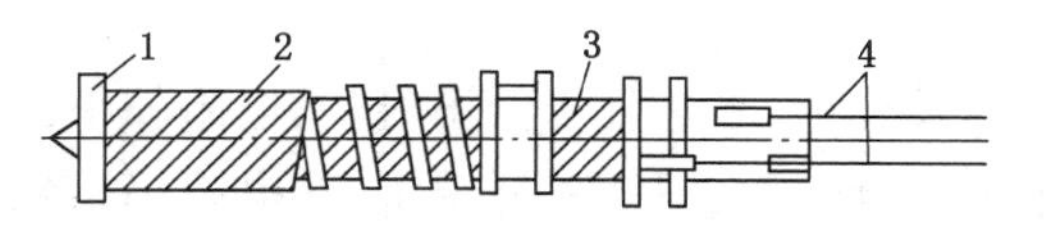

1—线圈骨架；2—铜电阻丝；3—补偿绕组；4—铜引出线。

图 2-38 铜热电阻体

为防止铜热电阻体上所绕铜丝松散，加强机械固紧以及提高铜热电阻体导热性能，整个铜热电阻体先经过酚醛树脂(或环氧树脂)的浸渍处理，然后再进行烘干(同时也起老化作用)处理，烘干温度为 120 ℃，保持 24 h，然后冷却至常温，将铜丝绕组的出线端子与镀银铜丝制成的引出线焊牢，并穿入绝缘套管中加以绝缘和保护，或直接用绝缘导线与其焊接。

c. 镍热电阻

镍热电阻的电阻温度系数 α 较大，约为铂热电阻的 1.5 倍，但其制作工艺较复杂，比铂热电阻的精度低。主要用于较低温度区域的测量，其使用温度范围为 −50～300 ℃，但是温度在 200 ℃左右时，电阻温度系数 α 有特异点，故多用于 150 ℃以下。其电阻与温度关系如下：

$$R_t = 100 + 0.5485t + 0.665 \times 10^{-3} t^2 + 2.805 \times 10^{-9} t^4 \quad (2\text{-}26)$$

式中，R_t 是镍热电阻在温度为 t ℃时的电阻值。

对镍热电阻而言，我们很难获得电阻温度系数 α 相同的镍丝，尽管高纯度镍丝的电阻比 W_{100} 能达到 1.66 左右，但实用化的镍丝电阻比却仅为 1.618 或者更低。而且不同厂家生产的镍热电阻无互换性。为解决互换性问题，可采用如图 2-39 所示的合成电阻的方法，即将镍热电阻丝与电阻温度系数 α 极小的锰铜丝并联在一起，使得调整后的总电阻温度系数 α 达到规定值，使镍热电阻具有互换性。

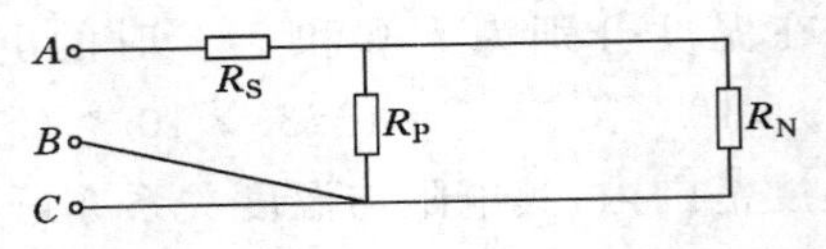

R_N—镍热电阻；R_S、R_P—锰铜补偿电阻。

图 2-39　镍热电阻

d. 低温用热电阻

通常金属一旦处于低温，其电阻值将变得很小。在常温附近广泛使用的铂热电阻，如果进入 70 K 以下的温度区域，其灵敏度会急剧下降，到 20 K 时其灵敏度只有室温的 1/200，如再进一步降温到 13 K 以下，则其电阻小到几乎无法测量。

对于某些纯金属及合金，当它处于低温时，其电阻较小。但将具有磁矩的原子添加到贵金属中形成合金后，即使在低温下，其电阻仍然较大。我们可有效地利用此种性质制作低温热电阻。目前已开发出下面两种低温热电阻：

ⅰ. 铑铁热电阻

它是由含铁量为 0.07%（摩尔分数）的铑铁（Rh-Fe）合金制成的热电阻。该二元合金具有正的电阻温度系数，从室温到低温，其电阻值的变化是单调的。在 30 K 以下时其电阻温度系数 α 仍然很大，所以，铑铁热电阻适用于 30 K 以下直到 1 K 的低温测量。我国目前已能生产标准及工业用铑铁热电阻，并在生产与科研中得到应用。

ⅱ. 铂钴热电阻

它是由含钴量为 0.5%（摩尔分数）的铂钴（Pt-Co）合金制成的热电阻。其灵敏度较大，在 20 K 附近为 0.13 Ω/K，在 4 K 附近为 0.15 Ω/K，作为实用温度计是足够的。随着低温工程和深冷技术的发展，铂钴热电阻的应用将会更加广泛。

② 半导体热敏电阻

热敏电阻是一种电阻值与温度呈指数变化关系的半导体热敏元件，自其成为工业用温度传感器后，大量应用于家电及汽车行业。目前已深入到各种领域，发展极为迅速，在各种温度计中，它仅次于热电偶、热电阻，占第三位，销售量极大。它的测温范围一般为－40～350 ℃，在许多场合下，已取代传统的温度传感器。

构成半导体热敏电阻的材料，主要是由两种以上的过渡族金属 Mn、Co、Ni、Fe 等复合氧化物形成的烧结体，根据其组成的不同，可以具有不同的常温电阻及温度特性。典型的热敏电阻的温度特性如图 2-40 所示，按其温度特性可分为如下三类：

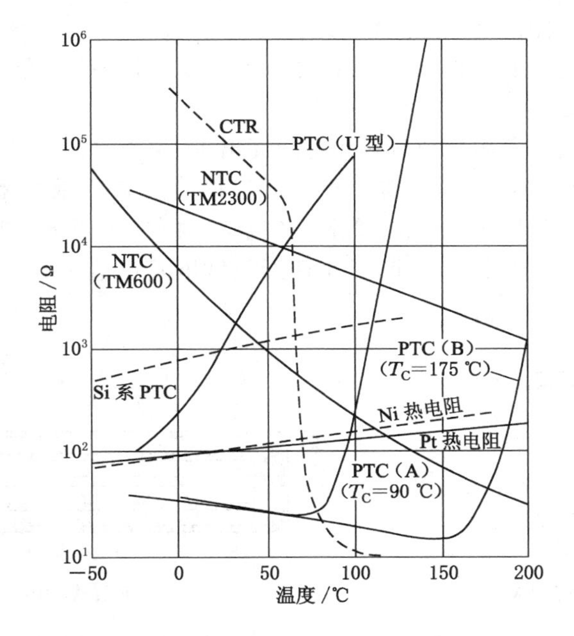

NTC—负温度系数热敏电阻；PTC—正温度系数热敏电阻；CTR—临界温度热敏电阻。

图 2-40 热敏电阻的温度特性

a. 负温度系数热敏电阻（NTC）。通常将负温度系数热敏电阻称为热敏电阻。其电阻随温度的升高而降低，具有负的电阻温度系数，故称为负温度系数热敏电阻。它的电阻温度特性呈指数变化的非线性关系，表示如下：

$$R_t = R_{t_0} \exp B\left(\frac{1}{t} - \frac{1}{t_0}\right) \tag{2-27}$$

式中 R_t、R_{t_0}——热敏电阻在温度分别为 t ℃和 t_0 ℃时的电阻值；

B——热敏指数，描述热敏材料物理特性的常数，通常 B 值越大，电阻值也越大，灵敏度越高。

b. 正温度系数热敏电阻(PTC)。它的特点与 NTC 相反，电阻随温度的升高而增加，并且在达到某一温度时，阻值会突然变得很大，具有正的电阻温度系数，故称为正温度系数热敏电阻。它的电阻与温度的关系可近似地表示如下：

$$R_t = R_{t_0} \exp B_P (t - t_0) \tag{2-28}$$

式中 R_t、R_{t_0}——热敏电阻在温度分别为 t ℃和 t_0℃时的电阻值；

B_P——正温度系数热敏电阻的热敏指数。

c. 临界温度热敏电阻(CTR)。它的特点是在某一温度下，电阻值急剧降低，故称为临界温度热敏电阻。

半导体热敏电阻具有以下优点：

a. 灵敏度高。它的电阻温度系数 α 较金属大 10～100 倍，因此，可采用精度较低的显示仪表与之配合使用。

b. 电阻值高。其电阻值较铂热电阻高出 1～4 个数量级。

c. 结构简单，体积小，热惯性小。可根据需要将热敏电阻制成各种结构形状，如圆片形、薄膜形、杆形、管形、平板形、珠形、扁圆形、垫圈形、杆形等，如图 2-41、图 2-42 所示。目前，最小珠形热敏电阻可达 ϕ0.2 mm，常用来测量“点”温。

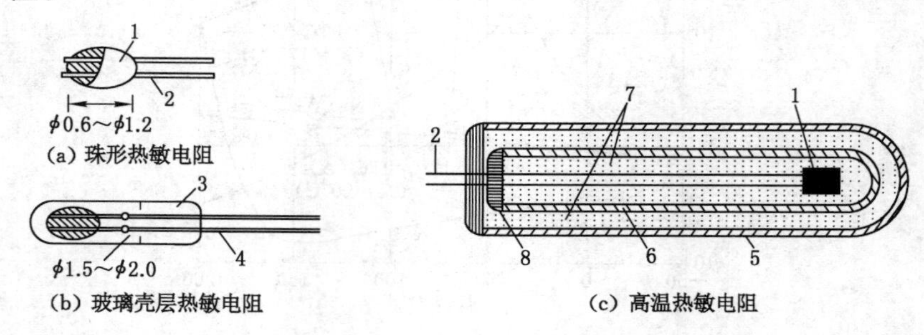

1—感温元件(金属氧化物烧结体)；2—引线(铂丝)；3—玻璃壳层；4—杜美丝；
5—耐热钢管；6—氧化铝保护管；7—耐热氧化铝粉末；8—玻璃黏结密封。

图 2-41　热敏电阻的结构

d. 响应时间短。

e. 功耗小，不需要参考端补偿，适用于远距离的测量与控制。

f. 资源丰富，价格低廉，化学稳定性好，元件表面采用玻璃或陶瓷等材料封装，可用于环境较恶劣的场合。

热敏电阻的主要缺点是其电阻值与温度呈非线性关系。元件的稳定性及互换性较差。除高温热敏电阻外，不能用于 350 ℃上的高温测量。

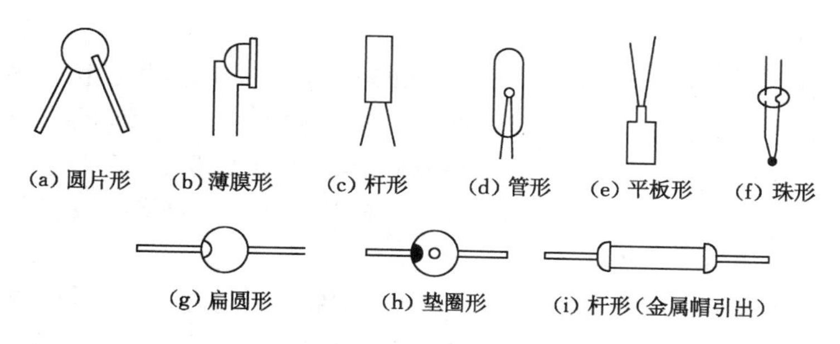

图 2-42 热敏电阻的结构形式

【思考题】 半导体热电阻温度特性是否是线性关系?其突出特点是什么?

(3) 热电阻的结构

① 标准铂热电阻

金属热电阻

标准铂热电阻温度计是ITS-90规定的13.803 3～1 234.93 K间的内插标准仪器,也是实用测温技术中准确度最高的温度计。

标准铂热电阻温度计的结构有杆式与套管式两种,其结构如图2-43所示。杆式上限温度高,分为可用于－183～630 ℃温度区间的中温铂热电阻温度计、用于0～1 064 ℃温度区间的高温铂热电阻温度计两种。套管式可用于－260～100 ℃温度区间,称为低温铂电阻温度计。它们的R_0值均为25 Ω左右。

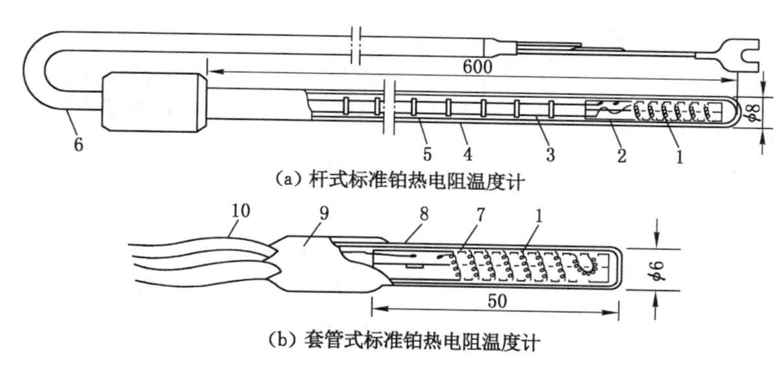

1—铂电阻丝;2—骨架;3—内引线(Au);4—保护管;5—防热对流隔板;
6—连接导线;7—云母骨架;8—铂套;9—铅玻璃;10—铂导线。

图 2-43 标准铂热电阻温度计的结构

图2-43(a)是用于90 K以上的杆式标准铂热电阻温度计,有4条金制的内引线3,感温铂电阻丝1密封在充满干燥空气的石英保护套管4内,为防止管内空气对流,在其内加了防热对流隔板5。但该温度计在90 K以下的低温区域

中，由于室温对其热传导影响较大，故容易产生误差。

在 90 K 以下的低温区域，一般采用如图 2-43(b)所示的小型、可全部浸入同温区域的套管式标准铂热电阻温度计。感温铂电阻丝 1 缠绕在云母骨架 7 上，密封在铂制保护套管 4 内。为提高热交换性，铂制保护套管内封装氦气。4 条内引线通过铅玻璃 9 引出。使用时，外部连接导线应缠绕在被测物体上，以减少因导线引起的导热损失。

标准铂热电阻温度计的电阻与温度关系，除与其纯度有关外，还受到结构、丝材的机械变形、加工后的热处理工艺以及气体氛围的影响。因此，所用铂丝必须是无内应力，并经严格清洗和充分退火的纯铂丝。在骨架上绕制时，应采用无感应绕制法，尽可能减少铂热电阻绕线的电感值。此外，制造中还应采用无应力结构，即当铂丝受热膨胀或冷却收缩时皆不会受到骨架的约束，铂丝无应力产生，因为铂丝中若存在应力，将造成其电阻增加，电阻温度系数 α 降低。因此，不仅在制造中要注意使铂丝处于无应力状态，而且在使用中仍然要注意尽量避免在铂丝中产生应力。例如，冲击、振动、突然加速或减速都可能在铂丝中产生应力。

② 普通型热电阻

普通型热电阻结构如图 2-44 所示，通常由感温电阻体 12、绝缘套管 10、保护套管 9、内引线 11 和接线盒等主要部分构成。

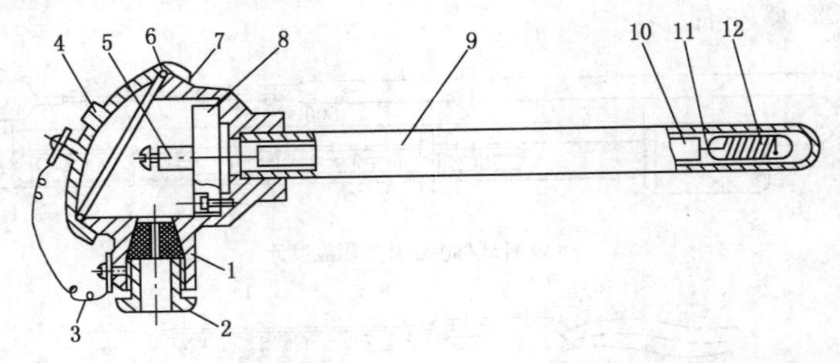

1—出线孔密封圈；2—出线孔螺母；3—链条；4—盖；5—接线柱；6—盖的密封圈；7—接线盒；8—接线座；9—保护套管；10—绝缘套管；11—内引线；12—感温电阻体。

图 2-44 普通型热电阻的基本结构

普通型热电阻的感温元件是电阻体，是将热电阻丝绕制在特定形状的骨架上做成的。其中骨架是用来缠绕、支撑及固定热电阻丝的支架，其质量的好坏直接影响热电阻的技术性能。对于骨架材料，要求其电绝缘性能好；比热小、热导率大；物理化学性能稳定，不会产生污染热电阻丝的有害物质；膨胀系数与热电阻丝相近；具有足够的机械强度和良好的加工性能。常用的骨架材料有云母、玻璃、石英、陶瓷、塑料等。

内引线的作用是将感温元件电阻体与外部测控装置相连接，为测量热电阻所必需。因其本身有一定的电阻，并随温度的变化而改变，将会引起测量误差，因此，要求引线材料电阻温度系数小，电阻率小，热导率低，纯度高，不产生热电动势，化学性质稳定。常用的引线材料有铂、金、银、铜丝等。对工业铂热电阻而言，一般中低温测量用热电阻采用银丝作引线，高温测量用热电阻采用镍丝，这样既可降低成本，又能提高感温元件的引线强度。对于铜或镍热电阻，其内引线一般都用铜或镍丝。为减少引线电阻的影响，内引线的直径往往比电阻丝的直径大很多。

【思考题】 内引线是不是测温仪表连接导线？

热电阻的引线形式有二线制、三线制和四线制三种，如图 2-45 所示。

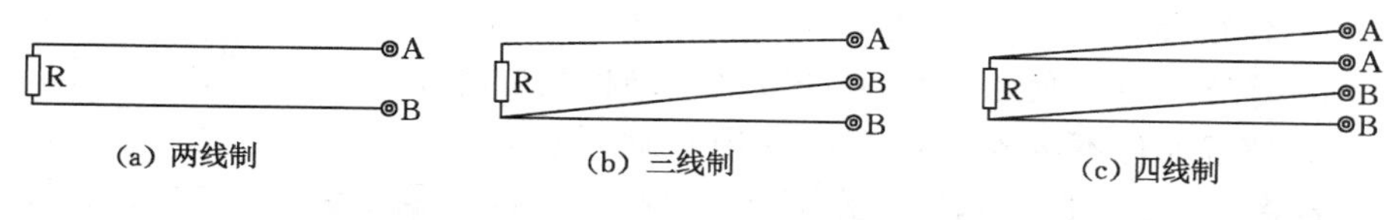

◎—接线端子；R—感温元件；A、B—接线端子的标号。

图 2-45 感温元件的引线形式

a. 两线制

在热电阻感温元件的两端各连一根导线的引线形式称为两线制，如图 2-45(a)所示。采用这种形式的热电阻配线简单，计装费用低，但会带进引线电阻的附加误差。因此不适用于 A 级热电阻，使用时引线及导线都不宜过长。

b. 三线制

在热电阻感温元件的一端连接两根引线，另一端连接一根引线，这种引线形式称为三线制，如图 2-45(b)所示。它可以消除内引线电阻的影响，测量精度高于两线制，应用最广，而且在下述场合必须采用三线制：测温范围窄，导线长，架设铜导线途中温度易发生变化；对两线制热电阻的导线电阻无法进行修正。

c. 四线制

在热电阻感温元件的两端各连两根导线的引线形式称为四线制，如图 2-45(c)所示。这种引线方式不仅可以消除内引线电阻的影响，而且还能在连接导线阻值相同的情况下消除该电阻的影响。一般高精度测量时，通常采用四线制。

③ 铠装热电阻

将热电阻感温元件装入内置有内引线，并用压制、密实的氧化镁进行绝缘的金属套管内，焊接好感温元件与内引线，再将装感温元件那端的金属套管端头填充、焊封，制成坚实整体的热电阻，称为铠装热电阻。其结构如图 2-46 所示。

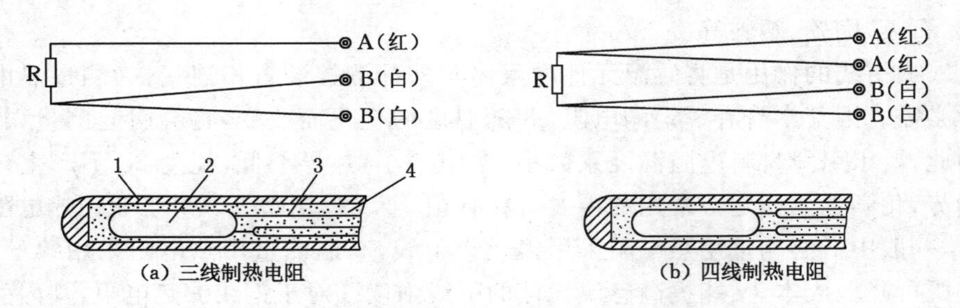

1—不锈钢管;2—感温元件;3—内引线;4—氧化镁绝缘材料。

图 2-46　铠装热电阻结构

铠装热电阻主要应用于要求反应速度快、微型化和有抗振要求的特殊场合。同普通型热电阻相比具有以下优点:

a. 外径尺寸小,套管内为实体,响应速度快。

b. 抗振,可挠,使用方便,适于安装在结构复杂的部位。

c. 感温元件不接触有害介质,使用寿命长。

若将铠装热电阻顶端安上弹簧,压入保护管内,可形成带保护管的铠装热电阻,这种结构的热电阻导热性好,便于检验维护,校验时不必担心损坏感温元件。

铠装热电阻的外径尺寸一般为 $\phi2\sim\phi8$ mm,个别的可制成 $\phi1$ mm。使用温度范围为 $-200\sim600$ ℃。引线形式为三线制和四线制。

④ 薄膜铂热电阻

近年来,国际上推出一种新的铂热电阻生产工艺,即用膜工艺改变原有的线绕工艺,制备薄膜铂热电阻。它是利用真空镀膜法,将纯铂直接蒸镀成亚微米或微米厚的铂膜依附在绝缘的基板上制成的。它的测温范围是 $-50\sim600$ ℃。国产元件的精度可达到德国标准(DIN)中的 B 级。由于薄膜铂热电阻的热容量小,热导率大,而基板又是很好的绝热材料,因此能够准确地测出所附表面的真实温度。薄膜铂热电阻的特点如下:

a. 可制成高阻值元件(如 1 000 Ω),适合配用显示仪表,使用方便,稳定可靠。

b. 灵敏度高,响应快。

c. 外形尺寸小,约为 5 mm×2 mm×1.3 mm,便于安装在狭小的场所。

d. 可大批量自动化生产,成本低,为同类绕线电阻价格的 1/3～1/2。

e. 抗固体颗粒正面冲刷能力低。

薄膜铂热电阻的制备方法有真空沉积及阴极溅射法等。主要工艺流程:基板研磨抛光→清洗→铂蒸镀或真空沉积在氧化铝基板上→激光自动刻阻→截取单支元件→超声热压焊接引线→涂玻璃釉→通电检测与筛选。

薄膜铂热电阻的生产工艺成熟，产量高，适用于表面、狭小区域、快速测温及需要高阻值元件的场合。近年来薄膜铂电阻制作工艺又有所改进。把铂研制成粉浆，采用感光平版印刷技术，将铂附着在陶瓷基片上形成铂膜，膜厚在 2 μm 以内，加上引线、保护釉后经激光刻阻制作而成。这种薄膜铂电阻具有良好的长期稳定性。

⑤ 厚膜铂热电阻

厚膜铂热电阻是 20 世纪 70 年代发展起来的温度传感器，它采用厚膜印刷制作工艺取代了传统的线绕电阻体制作工艺，即用高纯铂粉与玻璃粉混合，加有机载体调成糊状浆料，用丝网印刷在刚玉基片上，再绕结安装引线，调整电阻值，最后涂玻璃釉作为电绝缘保护层。厚膜铂电阻与线绕铂电阻的应用范围基本相同。但在表面温度测量和在恶劣机械振动环境下应用，要明显优于线绕式热电阻。用作表面温度传感器测量物体表面温度时，直接将厚膜铂热电阻贴在被测物体表面即可；用作容器温度传感器测量容器温度时，可采用圆柱形厚膜铂热电阻，其特点是强度高，抗腐蚀能力强；用作插入式温度传感器，既可测量管道及密封容器内介质的温度，也可测量高强度、高流速的流体温度。

2.3.3 热电阻测温系统

用于测量热电阻值的仪器种类繁多，它们的准确度、测量速度、连接线路也各不相同。实际使用中可依据测量对象的要求，选择适合的测量仪器与线路。对于精密测量，测量仪器常选用电桥或电位差计，热电阻连接多为四线制；对于工程测温，测量仪器多采用自动平衡电桥、数字仪表或不平衡电桥，热电阻连接常为三线制，当对测量精度要求不高时，也可采用二线制。

(1) 手动电位差计测量法

采用手动电位差计测量热电阻的方法，亦称为电位法，多用于实验室或精密测量。对于二线制热电阻，可在其一端或两端引线上并接另外的引线，将其变成三线制或四线制热电阻，再按相应线制的测量方法对其进行测量。现将三线制和四线制热电阻的测量连接方法分述如下：

① 三线制热电阻

采用电位差计测量三线制热电阻，由于使用时不能包括内引线电阻，因此在测量热电阻时，必须采用两次测量法，以消除内引线电阻的影响，其测量线路如图 2-47 所示。

实际测量时，首先，按图 2-47(a)所示的测量线路 1 来测量被检热电阻值 R_1。调好电位差计 4 的工作电流，先将油浸式双刀多点转换开关 3 接向标准电阻 R_N，测得 R_N 上的电压降 U_N，再将转换开关接向被检热电阻 R_t，测得 R_t 上的

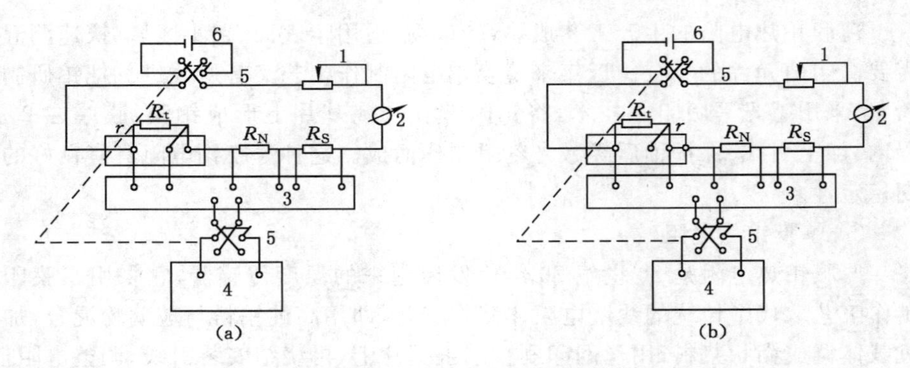

1—滑线电阻；2—毫安表；3—油浸式双刀多点转换开关；

4—电位差计；5—电流反向开关；6—直流电源；

R_N—标准电阻；R_S—标准电阻温度计电阻；R_t—被检热电阻；r—内引线电阻。

图 2-47　电位差计测量三线制热电阻线路示意图

电压降 U_{t1}，则有：

$$I=\frac{U_N}{R_N}=\frac{U_{t1}}{R_1} \tag{2-29}$$

由式(2-29)得

$$R_1=\frac{U_{t1}}{U_N}R_N \tag{2-30}$$

由测量线路可以看出

$$R_1=R_t+r \tag{2-31}$$

其次，按图 2-47(b)所示的测量线路 2 来测量被检热电阻值 R_2。调好电位差计的工作电流，先将转换开关接向标准电阻 R_N，测得 R_N 上的电压降 U_N，再将转换开关接向被检热电阻 R_t，测得 R_t 上的电压降 U_{t2}，同理可得：

$$R_2=\frac{U_{t2}}{U_N}R_N \tag{2-32}$$

$$R_2=R_t+2r \tag{2-33}$$

将式(2-31)乘以 2 减去式(2-33)，经整理得

$$R_t=2R_1-R_2 \tag{2-34}$$

综上所述，采用这种测量方法可以消除内引线电阻的影响。但由于测量过程中需要经过多次平衡才能得到测量结果，因此不能用于温度变化快的场合，不能自动记录，对电流的稳定度要求较高。

② 四线制热电阻

采用电位差计测量四线制热电阻可直接消除引线电阻的影响，这是因为电位差计采用的是补偿法测量，其测量线路如图 2-48 所示。

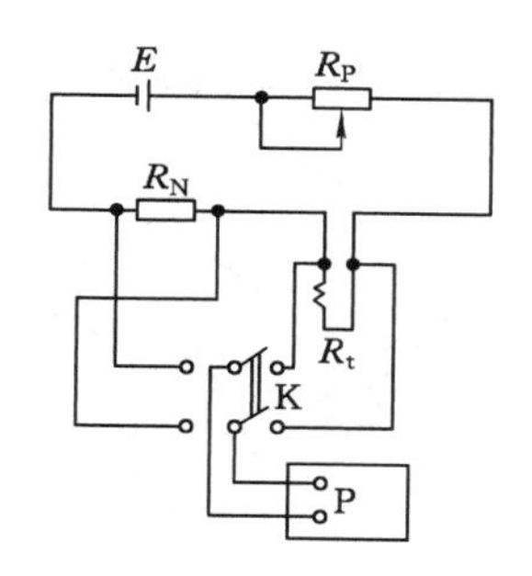

R_N—标准电阻；R_t—被检热电阻。

图 2-48　电位差计测量四线制热电阻线路示意图

实际测量时，调好电位差计的工作电流，先将转换开关 K 接向标准电阻 R_N，测得 R_N 上的电压降 U_N，再将转换开关 K 接向被检热电阻 R_t，测得 R_t 上的电压降 U_t，则有：

$$I=\frac{U_N}{R_N}=\frac{U_t}{R_t} \tag{2-35}$$

由式(2-35)得：

$$R_t=\frac{U_t}{U_N}R_N \tag{2-36}$$

(2) 手动电桥测量法

采用手动电桥测量热电阻的方法，亦称为电阻法，多用于实验室或精密测量。现将不同线制热电阻的测量连接方法分述如下：

① 二线制热电阻

采用手动电桥测量二线制热电阻的基本测量线路如图 2-49 所示。可变电阻 R_1、锰铜桥臂电阻 R_2、R_3 以及热电阻 R_t 和连接导线电阻 R_L 分别构成电桥的四个桥臂，其中 $R_2=R_3$。检流计 G 用于检测流过电桥臂间的电流。

实际测量时，调节可变电阻 R_1，当检流计 G 中无电流通过时，电桥达到平衡，依据电桥平衡原理，有：

$$R_1R_3=R_2(R_t+R_L) \tag{2-37}$$

因为

$$R_2=R_3$$

所以

$$R_t+R_L=R_1 \tag{2-38}$$

当 $R_t \gg R_L$ 或 R_L 足够小时，由式(2-38)可得

$$R_t \approx R_1 \tag{2-39}$$

因此，可直接在电桥刻度盘上读出电阻 R_1 的数值，以此来确定热电阻 R_t 的值。但是，这个测量结果是建立在 $R_t \gg R_L$ 或 R_L 足够小，从而能忽略连接导线

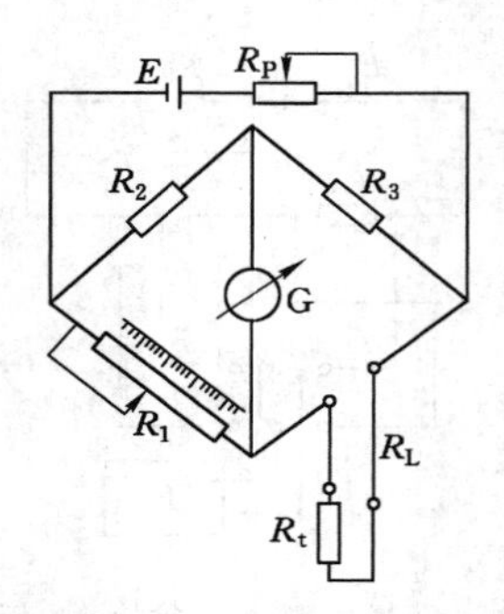

R_1—可变电阻；R_t—热电阻；R_L—连接导线电阻；

R_2、R_3—锰铜桥臂电阻；R_P—滑线电阻；G—检流计；E—电池。

图 2-49　二线制热电阻的基本测量线路

电阻 R_L 这一前提下的，当连接导线电阻 R_L 不能被忽略，且随环境温度变化而变化时，必然会给测量结果造成一定的误差。

为消除连接导线电阻 R_L 的影响，可采用三路线电阻相同的外接铜导线与二线制热电阻相连接所构成的测量线路，如图 2-50 所示。

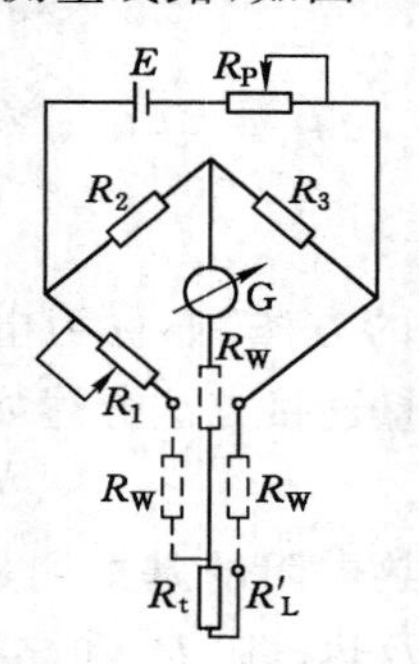

R_1—可变电阻；R_t—热电阻；R'_L—内引线电阻；

R_2、R_3—锰铜桥臂电阻；R_P—滑线电阻；R_W—外连接导线电阻；G—检流计；E—电池。

图 2-50　消除外导线电阻影响的测量线路

调节可变电阻 R_1，当检流计 G 中无电流通过时，电桥达到平衡，则：

$$(R_1+R_W)R_3=R_2(R_t+R'_L+R_W) \tag{2-40}$$

因为

$$R_2=R_3$$

所以

$$R_t+R'_L=R_1 \tag{2-41}$$

综上所述，对两线制热电阻采用三根导线连接的电桥测量线路，当连接导线电阻相等时，可消除外连接导线的影响，但仍无法消除内引线电阻 R'_L 的影响。

② 三线制热电阻

具有三根内引线的热电阻称为三线制热电阻，其测量线路如图 2-51 所示。其中，R_A、R_B 为热电阻的内引线电阻。

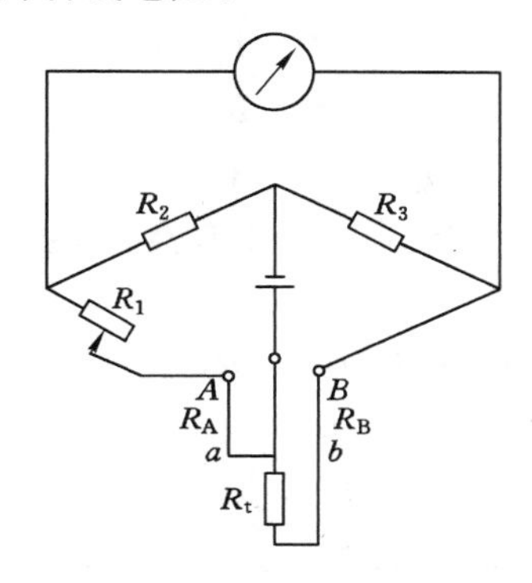

图 2-51 三线制热电阻的基本测量线路

当电桥平衡时，有：

$$(R_1+R_A)R_3=R_2(R_t+R_B) \tag{2-42}$$

因为

$$R_2=R_3$$

所以

$$R_t+R_B=R_1+R_A \tag{2-43}$$

一般情况下热电阻的内引线电阻相等，即 $R_A=R_B$，所以

$$R_t=R_1 \tag{2-44}$$

综上所述，三线制热电阻一般情况下能够消除内引线及连接导线电阻的影响。

③ 四线制热电阻

在测量精度要求很高的场合，通常采用具有四根内引线的四线制热电阻，其测量线路如图 2-52 所示。

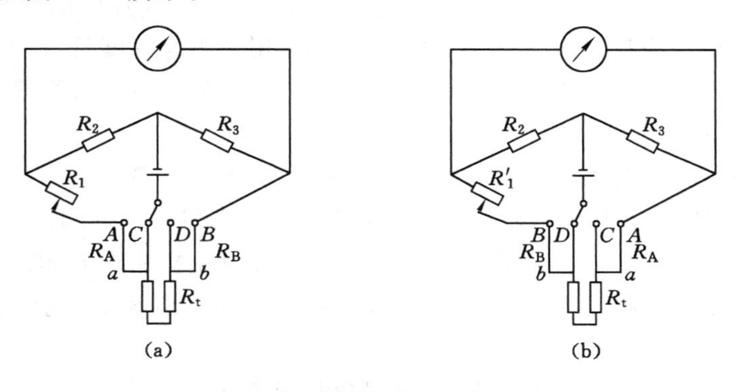

图 2-52 四线制热电阻的基本测量线路

首先，将开关合在 C 点位置，如图 2-52(a)所示。R_A、R_B 为热电阻的内引线电阻。当电桥达到平衡时：

$$(R_1+R_A)R_3=R_2(R_t+R_B) \tag{2-45}$$

因为

$$R_2=R_3$$

所以

$$R_t+R_B=R_1+R_A \tag{2-46}$$

然后，将开关合在 D 点位置，将 R_2 接 B 点，R_3 接 A 点，如图 2-52(b)所示。当电桥达到平衡时：

$$(R'_1+R_B)R_3=R_2(R_t+R_A) \tag{2-47}$$

因为

$$R_2=R_3$$

所以

$$R_t+R_A=R'_1+R_B \tag{2-48}$$

将式(2-46)、式(2-48)联立，解得

$$R_t=\frac{R_1+R'_1}{2} \tag{2-49}$$

由式(2-49)可以看出，四线制热电阻完全消除了内引线及连接导线电阻所引起的误差，而且，当开关在 C、D 点间互换时，改变了线路中的电流方向，可消除测量过程中产生的寄生电动势。但这种测量方法比较麻烦，一般适用于测量精度要求较高的试验场合。

【思考题】 图 2-52 除了开关改变位置之外，其他导线连接是否改变？

(3) 动圈式仪表测量

与热电阻配用的动圈式仪表常采用 XCZ-102 动圈温度指示仪，主要由将电阻变化值转换成毫伏信号的测量桥路和动圈测量机构两部分组成，如图 2-53 所示。

XCZ-102 动圈温度指示仪的仪表测量机构实际上是一个带动圈的磁电式毫伏计，其工作原理与 XCZ-101 动圈温度指示仪相同，可参见前面相关部分。由于它要求输入的是毫伏信号，因此当配用热电阻来测量温度时，首先需要通过测量桥路将随温度变化的电阻值转换成毫伏信号，然后送至动圈测量机构，以指示出被测温度值。

测量桥路采用的是不平衡电桥，(桥臂电阻 R_0＋测温热电阻 R_t＋外线电阻 R_1)、(桥臂电阻 R_2＋外线电阻 R_1)、(R_3)和(R_4)组成测量电桥的四个桥臂。为消除电源电压波动对指示的影响，采用稳压电源为测量桥路供电，电压为直流电压 4 V。测量热电阻通常采用三线制接法，以减小环境温度变化引起外接导线电阻变化而造成的测量误差。

当被测温度为仪表测量下限时，测量电桥处于平衡状态，$U_{ab}=0$，没有电流流过动圈，温度指针指在起始点位置，此时测温热电阻 R_t 为最小值；当被测温度

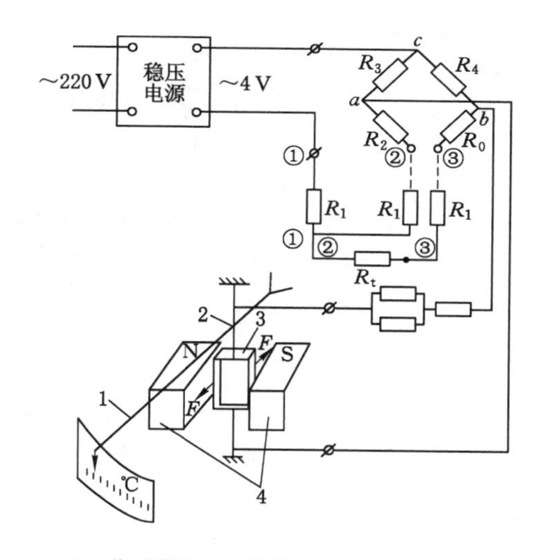

1—指示指针；2—张丝；3—动圈；4—磁钢。

图 2-53　XCZ-102 动圈式温度指示仪表的测量原理

变化时，测温热电阻 R_t 亦发生变化，测量电桥失去平衡，$U_{ab} \neq 0$，此时有电流流过动圈，在磁场作用下，动圈产生转动，与此同时，张丝产生反抗力矩，当两力矩平衡时，动圈指针所停位置即指示相应的测量温度。

桥臂电阻 R_2、R_3 和 R_4 均为锰铜丝固定电阻。R_0 是锰铜丝可变电阻，用于调节仪表起始点。R_1 为外线路电阻，是线路电阻和线路调整电阻之和，统一规定每路线路电阻 R_1 均为 5 Ω，由锰铜丝绕制的线路调整电阻负责调节实现。

(4) 自动平衡电桥测量

由于与热电阻配用的动圈式仪表不能自动记录被测温度参数，因此工业生产中一些重要的温度测量，凡配用热电阻测温元件的，往往采用自动平衡电桥，它不仅可自动记录被测温度参数，还可带有自动调节功能。自动平衡电桥的外形、电子放大器和记录系统均与自动电子电位差计相同，只是测量线路有所不同。自动平衡电桥工作原理图如图 2-54 所示。

测量电桥既可以用交流电源也可以用直流电源供电，交流电桥采用 6.3 V 交流电源供电，直流电桥采用 1 V 直流电源供电。图 2-54 所示测量线路为交流平衡电桥，交流供电电压为 6.3 V，取自放大器的电源变压器。测温热电阻采用三线制接线方式。测温热电阻 R_t＋线路电阻 R_e＋起始电阻 R_6＋微调起始电阻 r_6＋量程电阻 R_5＋微调量程电阻 r_5＋滑线电阻 R_P 与工艺电阻 R_B 并联后的左半部分组成平衡电桥上支路的一个桥臂。上支路的另一桥臂由电阻 $R_5+r_5+R_P$ 与 R_B 并联后的右半部分＋限流电阻 R_4 组成。下支路两个桥臂分别是 R_e＋

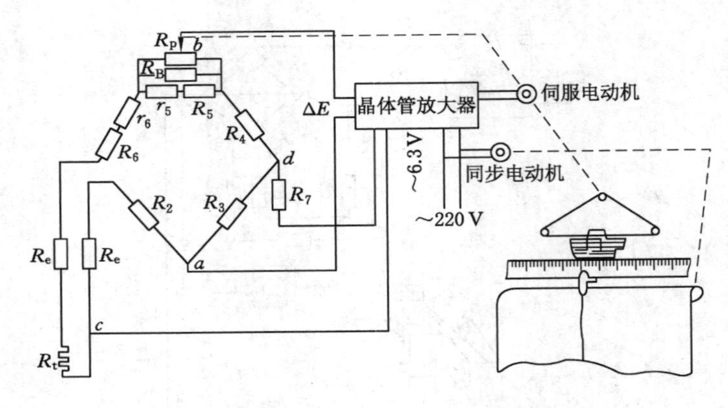

图 2-54　自动平衡电桥原理图

R_2 和 R_3。其中线路电阻 R_e 统一规定为 15 Ω。

当测温热电阻 R_t 的电阻值随被测温度变化时，测量桥路输出不平衡电压信号至电子放大器，经放大后，可根据信号相位的正负驱动伺服电动机正向或反向转动，带动滑动电阻 R_P 的滑点 b 移动，改变了上支路两个桥臂的比值，直到电桥重新平衡为止。与此同时伺服电动机带动指针和记录笔，指示和记录被测温度值。

起始电阻 R_6 和微调起始电阻 r_6 分别用于粗调和微调仪表的起始点。量程电阻 R_5 和微调量程电阻 r_5 分别用于粗调和微调仪表的量程。限流电阻 R_4 用于限定流过上支路的电流。限流电阻 R_7 用于限定流过测温热电阻 R_t 的电流。

测温方法比较

2.3.4　热电阻的校验

热电阻在投入使用前和使用后要定期进行检定，以便检查和确定热电阻的准确度。热电阻的校验方法有比较法和定点法两种。

(1) 比较法

采用比较法校验热电阻时，可将被校验热电阻与标准热电阻(或标准水银温度计)一起插入恒温槽中，在需要或规定的几个稳定温度下，分别测量被检定热电阻和标准温度计的数值并进行比较，求出按温度差表示的误差值，再按照标准规定判定热电阻是否合格。

① 校验设备

比较法采用的校验设备主要有冰点槽、恒温水槽和恒温油槽等，可根据所需校验温度范围选取恒温器。其校验测量线路如图 2-55 所示。

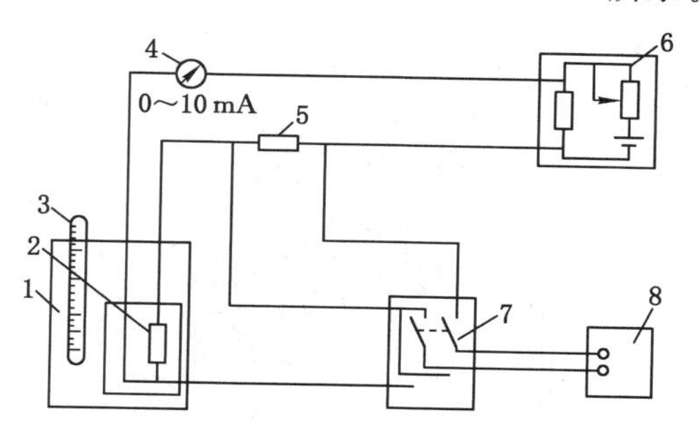

1—加热恒温器；2—被校验热电阻；3—标准温度计；4—毫安表；
5—标准电阻；6—分压器；7—双刀双掷切换开关；8—电位差计。

图 2-55 比较法校验热电阻的测量线路

采用手动电位差计测量，当恒定电流（小于 6 mA）流过被校验热电阻和标准电阻时，分别产生的电压降为 U_t 和 U_N，然后用下式计算出热电阻值 R_t：

$$R_t=\frac{U_t}{U_N}R_N \tag{2-50}$$

式中，R_N 为已知的标准电阻阻值。

② 校验方法

a. 将所用设备连接成如图 2-55 所示的测量线路。

b. 将被校验热电阻 2 放入恒温器 1 内，使温度达到校验点温度并保持恒温，然后调节分压器 6 使毫安表指示约为 4 mA（不超过 6 mA）。

c. 将切换开关 7 扳向标准电阻 5，测量电位差计示值 U_N，然后将切换开关扳向被测校验电阻，测量电位差计示值 U_t，按式（2-50）计算出 R_t。在同一校验点反复测量多次，取其平均值与分度表比较，如果误差在允许范围内，则认为该校验点的 R_t 值合格。

d. 取被测温度范围内 10%、50%和 90%的温度点为校验点，重复上述校验步骤 b、c，若各校验点 R_t 值均合格，则被校验热电阻可判定为合格。

（2）定点法

采用定点法校验热电阻相对简单方便，只需要测定热电阻在 0 ℃和 100 ℃两点的电阻值 R_0 和 R_{100}，并将 R_0 和 R_{100}/R_0 的数值与标准值进行比较，按照标准规定就可判定热电阻的质量，确定热电阻是否合格。

① 校验设备

定点法采用的校验设备主要有冰点槽和水沸点槽两种。

a. 冰点槽

冰点槽的制作结构如图 2-56 所示。

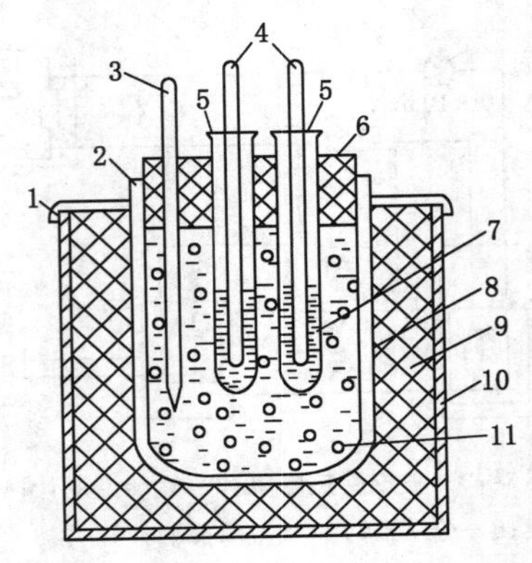

1—盖子;2—保温瓶;3—玻璃温度计;4—温度传感器;5—软木塞;6—保温材料;
7—变压器油;8—金属支架;9—保温材料;10—外壳;11—冰水混合物。

图 2-56　冰点槽

冰点槽的保温瓶 2 中放入蒸馏水(或去离子水)及用其所制的冰,纯冰应刨成雪花状,并与纯水充分混合形成冰水混合物 11。

用一支直径合适的玻璃管插入冰水混合物,然后按住玻璃管顶部提起,若能形成温度计插孔,且取出的玻璃管中的冰柱能直立在平面上,说明冰水混合物已成为浓度合适的可塑状混合物。

在插孔中插入合适的玻璃试管,试管长 200～300 mm,插入深度应不少于 200 mm,与容器底部及四壁应保持 20 mm 以上的距离,试管内装入变压器油 7。被校验热电阻应插入试管内的变压器油中,并用软木塞 5 塞住。

b. 水沸点槽

水沸点槽的结构如图 2-57 所示。

水沸腾后,蒸汽穿过筛孔板 7 在套筒 3 内往上流动,到容器顶部后拐弯在套筒外向下流动,经连通管 6 通向大气。这样可使套筒温度与蒸汽温度一致,将温度计的辐射热损失减小到可以忽略的程度。凝结水流回水槽。被校验热电阻从盖板 2 上的通孔插入沸点槽中。测定热电阻阻值时,应同时测量大气压,并由微压计 10 读出套筒内压力,以修正饱和水蒸气的温度值。

② 校验方法

将被校验热电阻放入冰点槽中测得 0 ℃时的电阻值 R_0,再在水沸点槽中测得 100 ℃时的电阻值 R_{100}。热电阻测量方法均采用本节前面介绍过的手动电位

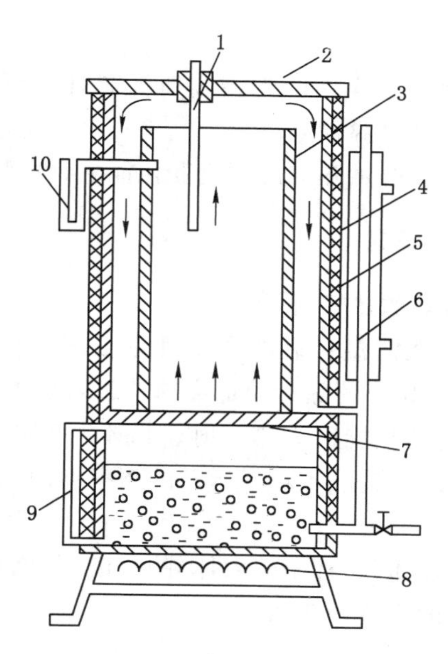

1—温度计套管；2—盖板；3—套筒；4—筒体；5—保温层；
6—连通管；7—筛孔板；8—电加热器；9—水位表；10—微压计。

图 2-57 水沸点槽

差计测量电阻的方法。为得到精确数据，可多测几次求其平均值。然后计算 R_{100}/R_0 的值，并和 R_0 一起与允许误差进行比较，判定热电阻是否合格。

关于热电阻的安装请参照 2.2.6 节中所讲述的热电偶的安装。

2.4 非接触式温度计

任何物体的温度，当其高于热力学温度零度时就有能量释出，其中以热能方式向外发射的那一部分称为热辐射。非接触式温度计就是利用测定物体辐射能的方法来测定温度的。常用的仪表主要有两类：一类是光学辐射式高温计，包括光学高温计、光电高温计、全辐射高温计、比色高温计等；另一类是红外辐射仪，包括全红外辐射仪、单红外辐射仪、比色仪等。

非接触式测量方法的特点是感温元件不与被测介质接触，不会破坏被测对象的温度场，也不受被测介质的腐蚀等影响。由于感温元件不必与被测介质接触以达到热平衡，故感温元件温度可以大大低于被测介质的温度，从理论上讲，这种测温方法的测温上限不受感温元件材料的限制。另外，它的动态特性好，可用于测量非稳态热力过程的温度值，如测量运动物体的温度、变化着的温度和二维温度分布等。

本节主要介绍目前广泛应用的光谱辐射高温计、全辐射高温计、比色高温计、红外光电温度计、红外测温仪等。

【思考题】 凭借物体被加热时的颜色变化能估计出物体表面的温度吗？

2.4.1 热辐射测温基本原理

(1) 黑体(全辐射体)的热辐射

热辐射理论是辐射式测温仪表的主要理论依据。只要是热力学温度不为0 K的物体，其内部带电粒子的热运动都会向外放射出不同波长的电磁波，这种以电磁波形式向外辐射的热能称为热辐射。物体温度越高，带电粒子的运动越剧烈，向外发出的辐射能就越强。粒子运动的频率不同，放射出的电磁波波长也不同。

根据普朗克定律，黑体(又称全辐射体)的光谱(单色)辐射力(又称光谱辐射出射度)与波长和温度的变化规律为：

$$E_{b\lambda}=\frac{c_1\lambda^{-5}}{e^{c_2/(\lambda T)}-1} \tag{2-51}$$

式中 λ——波长，m；

c_1——第一辐射常量，$3.741\,9\times10^{-16}$ W·m^2；

c_2——第二辐射常量，$1.438\,8\times10^{-2}$ m·K；

T——黑体热力学温度，K。

普朗克公式理论上适用于任何温度范围，但在实际使用中计算极不方便，因此在温度 T 低于 3 000 K 时，可用维恩公式代替普朗克公式，即：

$$E_{b\lambda}=\frac{c_1\lambda^{-5}}{e^{c_2/(\lambda T)}} \tag{2-52}$$

维恩公式比普朗克公式计算方便，而且误差不超过1%。

黑体的光谱辐射力与波长和温度的关系如图 2-58 所示。从图中可知，当温度增高时，光谱辐射力随之增长，曲线的峰值随温度升高向波长较短方向移动。

由维恩位移定律可知，光谱辐射力峰值处的 λ_m 和温度 T 之间的关系为：

$$\lambda_m T=2\,898\ \mu\text{m}\cdot\text{K} \tag{2-53}$$

普朗克公式给出的是黑体的光谱辐射力与温度的变化关系，要得到波长 λ 在 0～∞之间全部光谱辐射力的总和，可通过积分求取，即：

$$E_b=\int_0^\infty E_{b\lambda}\mathrm{d}\lambda=\int_0^\infty \frac{c_1\lambda^{-5}}{e^{c_2/(\lambda T)}-1}\mathrm{d}\lambda=\sigma T^4 \tag{2-54}$$

式中 σ——黑体辐射常数，5.67×10^{-8} W/(m^2·K^4)。

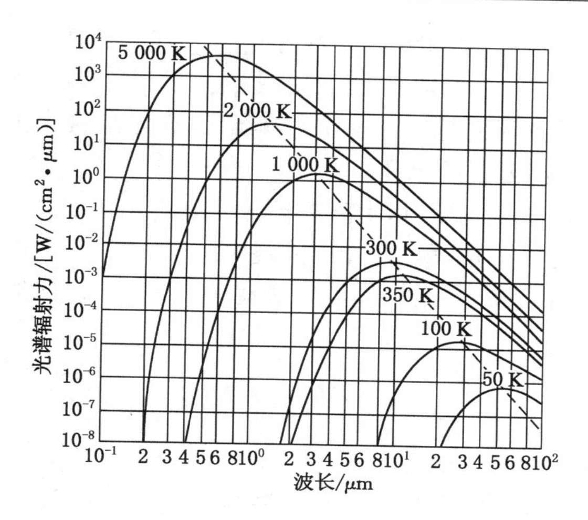

图 2-58 黑体的光谱辐射力与波长和温度的关系

式(2-54)称为斯忒藩-玻耳兹曼定律，也称为黑体辐射定律。它指出黑体总的辐射力与热力学温度的四次方成正比。

(2) 实际物体(非黑体、非全辐射体)的热辐射

由物体辐射的相关原理可知，实际物体的光谱辐射力与温度和波长的关系为：

$$E_\lambda = \varepsilon_\lambda E_{b\lambda} \tag{2-55}$$

式中 E_λ——实际物体在波长 λ 下的光谱辐射力；

ε_λ——实际物体在波长 λ 下的光谱发射率(也称单色黑度)。

把式(2-52)代入式(2-55)，得

$$E_\lambda = \varepsilon_\lambda \frac{c_1 \lambda^{-5}}{e^{c_2/(\lambda T)}} \tag{2-56}$$

同理可得，实际物体全部光谱辐射出射度的总和为

$$E = \varepsilon E_b = \varepsilon \sigma T^4 \tag{2-57}$$

式中 ε——实际物体的发射率。

实际物体的光谱发射率 ε_λ 和发射率 ε 的值在 0～1 之间，均不为常数，其实际值的大小与物体的材料性质、表面状态以及温度有关，ε_λ 还随波长 λ 的变化而变化，即使在波长和温度相同的条件下，同一种材质制成的具有不同表面状态的物体，其光谱发射率也可能不同。各种物体的 ε_λ 和 ε 值一般需通过试验来测定。

2.4.2 光谱(单色)辐射高温计

由普朗克定律可知，物体在某一波长下的光谱辐射力是温度的单值函数，而

且光谱辐射力的增长速度比温度升高速度快得多。例如，物体表面温度升高10倍，则它的辐射亮度将增加10^4倍。根据这一原理制成的高温计称为光谱辐射高温计。光谱辐射高温计主要有光学高温计、光电高温计和硅辐射温度计等。

(1) 光谱辐射高温计的原理

当物体温度高于700 ℃时，由于热辐射而表现出一定的亮度，温度越高，物体越亮。由维恩公式可知，物体的光谱辐射亮度与温度、波长有关，只要我们选取一定的波长λ(通常选$\lambda=0.66\ \mu m$)，则辐射亮度L_λ就只是温度T的单值函数了，即：

$$L_\lambda = CE_\lambda = C\frac{\varepsilon_\lambda c_1 \lambda^{-5}}{e^{c_2/(\lambda T)}} \tag{2-58}$$

式中　C——比例常数。

由于E_λ与温度有关，所以受热物体的亮度也就可以反映物体温度的高低。但因各物体的发射率ε_λ不同，所以即使它们的亮度相同，实际温度也并不相同。因此，按某物体温度刻度的光谱辐射高温计不能用来测量发射率不同的其他物体的温度。为了解决上述问题，仪表将按黑体的温度进行刻度，所得到的温度示值称为被测物体的“亮度温度”。

亮度温度的定义是：在同一波长λ时，若实际热辐射体在温度T时的光谱辐射亮度L_λ，与黑体在温度T_L时的光谱辐射亮度$L_{b\lambda}$相等，则称此时黑体的温度T_L为实际热辐射体在波长λ时的亮度温度。这样，按黑体温度进行刻度的光谱辐射高温计，就可以用来测量发射率不同的其他物体的温度了。

黑体的亮度为：

$$L_{b\lambda} = CE_{b\lambda} = C\frac{c_1 \lambda^{-5}}{e^{c_2/(\lambda T_L)}} \tag{2-59}$$

当实际热辐射体的亮度与全辐射体的亮度相等时，即：$L_\lambda = L_{b\lambda}$，由式(2-58)、式(2-59)联立，得：

$$C\frac{\varepsilon_\lambda c_1 \lambda^{-5}}{e^{c_2/(\lambda T)}} = C\frac{c_1 \lambda^{-5}}{e^{c_2/(\lambda T)_L}} \tag{2-60}$$

对式(2-60)两边取对数，经整理后得：

$$\frac{1}{T_L} - \frac{1}{T} = \frac{\lambda}{c_2}\ln\frac{1}{\varepsilon_\lambda} \tag{2-61}$$

综上所述，当物体的光谱发射率ε_λ已知时，用高温计测得亮度温度T_L后，就可按式(2-61)计算出物体的真实温度T。而且ε_λ越小，亮度温度与真实温度间的差异就越大。因为$0<\varepsilon_\lambda<1$，所以测得的亮度温度总是低于真实温度。

(2) 光学高温计

光学高温计采用单一波长进行亮度比较，也称光谱辐射温度计，主要有三种形式:灯丝隐灭式光学高温计、恒定亮度式光学高温计和光电亮度式光学高温计。

通过人眼观察,对热辐射体和高温计灯泡在某一波长(一般为 0.66 μm)附近一定光谱范围的辐射亮度进行亮度平衡,改变灯泡的亮度,使其在背景中隐灭或消失从而实现温度测量的高温计称隐丝式光学高温计,简称光学高温计。光学高温计是发展最早、应用最广的非接触式温度计。它的结构简单,使用方便,灵敏度高,测温范围广(700～3 200 ℃),在一般情况下可满足工业测温的准确度要求,常用来测量 1 600 ℃以上高温炉窑的温度。缺点是主观误差大,不能实现自动测量。

光学高温计

国产 WGG2-202 型隐丝式光学高温计的结构原理如图 2-59 所示。它是望远镜与测量仪表连在一起的整体型光学高温计,主要由光学系统和电测系统两部分构成。

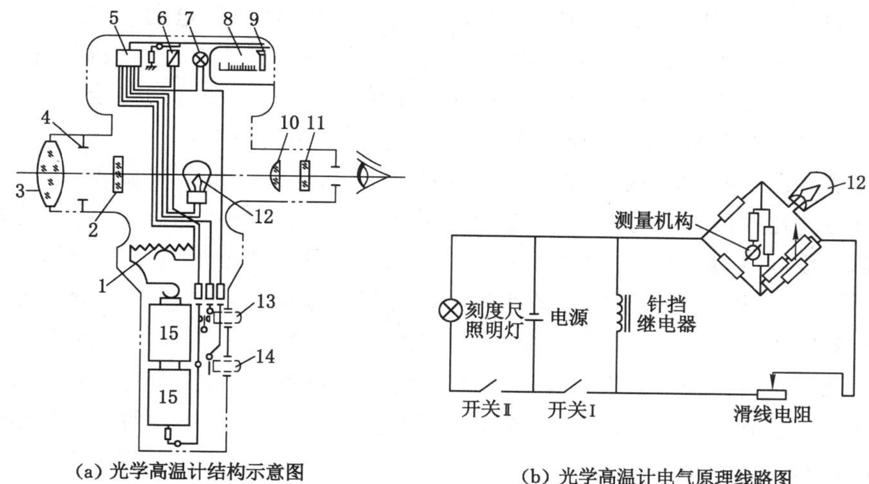

(a) 光学高温计结构示意图

(b) 光学高温计电气原理线路图

1—滑线电阻;2—吸收玻璃;3—物镜;4—光阑;5—测量机构;
6—针挡继电器;7—刻度尺照明灯;8—刻度尺;9—指针;10—目镜;
11—红色滤光片;12—灯泡;13—开关Ⅰ;14—开关Ⅱ;15—干电池。

图 2-59 光学高温计示意图

① 光学系统

光学高温计的结构示意图如图 2-59(a)所示。

在光学系统中,由物镜 3 和目镜 10 组成望远系统,光学高温计灯泡 12 的灯丝置于光学系统中物镜成像的部位。被测物体所发出的热辐射(表现为一定的亮度)经物镜 3 聚焦在灯丝平面上。调节目镜的位置,可使视力不同的观察者清晰地看到灯丝。调节物镜的位置可使被测物体清晰地成像在灯丝平面上。在目镜与观测孔之间,装有红色滤光片 11,它仅允许 $\lambda=0.66\ \mu m$ 的红光通过,以得到固定波长的亮度,达到光谱辐射的目的。物镜与灯泡之间有灰色吸收玻璃 2,用以减弱被测物体的亮度,投入与否对应于使用的是高量程(1 400～2 000 ℃)还是低量程(800～1 400 ℃),转动物镜筒侧的旋钮,可将吸收玻璃投入使用。

② 电测系统

电测系统由灯泡、桥路电阻、测量机构、滑线电阻、针挡继电器、电源、刻度尺照明灯等组成,如图 2-59(b)所示。

当把开关Ⅰ(13)合上时,继电器和桥路内有电流通过,针挡继电器 6 动作,释放指针 9。此时可调节滑线电阻 1,改变通过灯泡 12 的电流,使灯丝亮度与被测物体亮度达到一致。由于灯丝受热使其电阻值发生变化,因而测量电桥不平衡,电桥对角线中有电流流过测量机构,使指针移动,指示出被测物体的亮度温度。如果这时切断开关Ⅰ,则回路中没有电流通过,针挡继电器动作,针挡跳起使指针停留在所指示的温度处,便于读数(注意:测量完毕时应将滑线电阻调至最大,使指针回零,否则,指针将停留在原示值处)。当开关Ⅱ(14)合上时,刻度尺照明灯 7 照亮刻度尺 8,便于在照明条件较差时进行读数。

实际测量时,在辐射热源的发光背景上,可见弧形灯丝,如图 2-60 所示。当灯丝亮度比被测物体亮度低时,灯丝发黑如图 2-60(a)所示;当灯丝亮度比被测物体亮度高时,灯丝发白如图 2-60(c)所示;当灯丝亮度恰好与被测物体亮度相同时,灯丝就隐灭在被测物体的背景中,如图 2-60(b)所示。由于光学高温计是以灯丝隐灭方式进行亮度比较来测量温度的,因此称之为灯丝隐灭式光学高温计。在测量时为使读数准确,应逐渐调节灯丝的电流,先自低而高,再自高而低,每次均调整到灯丝隐灭时为止,读取温度数值,然后取两次读数的平均值作为最终的读数。

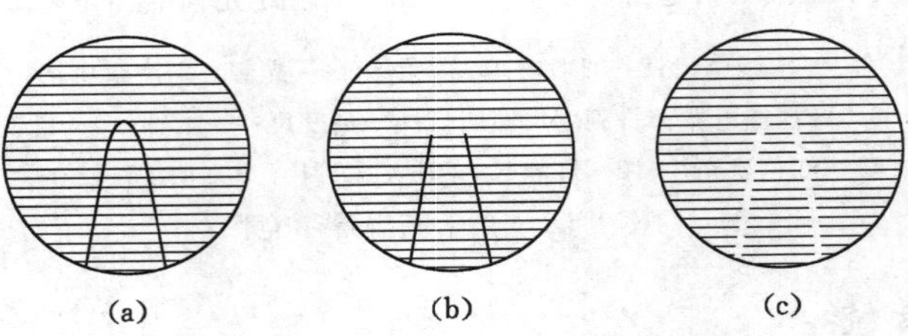

图 2-60　光学高温计灯泡灯丝亮度调整图

(3) 光电高温计

光电高温计是在光学高温计的基础上发展起来的能自动连续测温并记录的

仪表。它可以自动平衡亮度。采用硅光电池作为仪表的光敏元件,代替人的眼睛感受辐射源的亮度变化,并将此亮度信息转换成与亮度成比例的电信号,经电子放大器放大后,送往检测系统进行测量,输出与被测物体温度相应的示值,同时自动记录。为了减少硅光电池性能参数的变化及电源电压波动对测量结果的影响,光电高温计采用负反馈原理进行工作。

相比于光学高温计,光电高温计主要具有灵敏度高、准确度高、响应时间短、使用波长范围不受人眼睛光谱敏感度的限制、测温下限可向低温扩展、便于自动测量与控制以及能自动记录或远距离传送等优点。

光电高温计的工作原理示意图如图 2-61 所示。从被测物体 17 的表面发出的辐射能由物镜 1 聚焦,通过孔径光阑 2 和遮光板 6 上的孔 3,透过装在遮光板 6 内的红色滤光片,入射到硅光电池 4 上,被测物体表面发出的光束必须盖满孔 3,这点可用瞄准系统观察、调节。瞄准系统由瞄准透镜 10、反射镜 11 和观察孔 12 组成。从反馈灯 15 发出的辐射能量通过遮光板 6 上的孔 5,透过同一块红色滤光片也投射到同一个硅光电池 4 上。

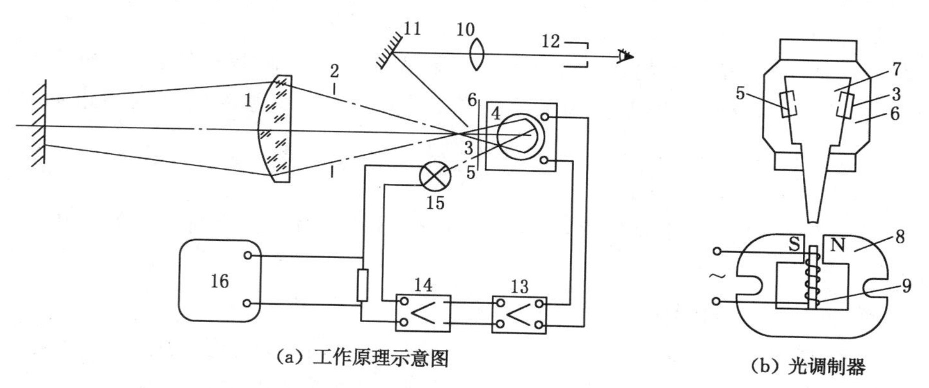

1—物镜;2—孔径光阑;3、5—孔;4—硅光电池;6—遮光板;7—调制片;
8—永久磁钢;9—励磁绕组;10—透镜;11—反射镜;12—观察孔;
13—前置放大器;14—主放大器;15—反馈灯;16—电位差计;17—被测物体。

图 2-61 WDL 型光电高温计工作原理图

在遮光板 6 的前面装有每秒振动 50 次的光调制器,其中的励磁绕组 9 通以 50 Hz 的变流电,由此产生的交变磁场与永久磁钢 8 相互作用,使调制片 7 产生每秒 50 次的机械振动,交替打开和遮住孔 3 与孔 5,使被测物体 17 和反馈灯 15 发出的辐射能量交替地投射到硅光电池 4 上。当反馈灯与被测表面各自发出的辐射亮度不相同时,硅光电池将产生一个脉冲光电流 I,它与上述两个光谱辐射亮度之差成正比。

脉冲光电流经前置放大器 13 放大后，再送到主放大器 14 进一步放大。主放大器由倒相器、差动相敏放大器和功率放大器组成，功率放大器输出的直流电流再通过反馈灯 15，该灯的亮度与流经的电流大小有关。当流经的电流变化到使其光谱辐射亮度与被测物体的光谱辐射亮度相同时，脉冲光电流为零，这时通过反馈灯的电流大小就代表了被测物体的温度。用电子电位差计 16 自动指示与记录通过反馈灯的电流大小，电子电位差计按温度刻度。

综上所述，稳态时反馈灯的亮度接近于被测物体的亮度。

(4) 使用光谱辐射高温计的注意事项

① 非黑体辐射的影响

被测物体往往是非黑体，而且物体的光谱发射率 ε_λ 不是常数，其变化有时是很大的，使被测物体温度示值产生较大误差。为消除这个误差，可人为地创造黑体辐射条件，即把一端封底的细长管插到被测对象中，充分受热后，管底的辐射就近乎黑体辐射，测量管子封底部的温度，即可作为被测对象的真实温度。使用时要求管子的长度与其内径之比不小于 10。

② 中间介质的影响

介于高温计和被测物体之间的灰尘、烟雾和二氧化碳等气体，对热辐射有吸收作用，从而造成测量误差。为减小误差，要求高温计与被测物体的间距不应过大，一般在 1～2 m 比较合适，不宜超过 3 m。

③ 对被测对象的限定

光谱辐射高温计不宜用来测量反射光很强的物体；不能测量不发光的透明火焰。

④ 环境温度的影响

光学高温计周围环境温度的变化，会引起仪表内部可动线圈阻值的变化，因而产生一定的测量误差。一般在 10～15 ℃环境温度范围内使用。

⑤ 反馈灯与光电器件互换性的影响。

由于反馈灯与光电器件的特性分散性大，元件的互换性比较差，因此光电高温计在更换反馈灯或光电器件时，必须对整个仪表重新进行调整和刻度。

光谱辐射高温计由于受被测物体黑度的影响，测量准确度比热电偶、热电阻低，且构造复杂、价格昂贵，不能测物体内部点的温度，因此，在使用上受到一定的限制。

2.4.3 全辐射高温计

全辐射高温计是根据斯忒藩-玻耳兹曼定律（全辐射定律）制作的温度计，它由以热电堆为热接收元件的辐射感温器和电压指示或记录仪表组成。其优点是灵敏度高，坚固耐用，可测较低温度并能自动显示或记录。缺点是对 CO_2、水蒸气很敏感，其指示值受环境中存在的这些介质影响很大。

(1) 全辐射高温计的原理

根据斯忒藩-玻耳兹曼定律，黑体的辐射力与温度的关系如式(2-57)所示。全辐射高温计与光学高温计一样，也是按黑体温度进行分度的，它在测量发射率为 ε 的实际物体温度时，必然会产生误差，为求出非黑体的真实温度，我们引入辐射温度这一概念。

辐射温度的定义为：温度为 T 的被测物体，其总的辐射力 E 等于温度为 T_P 的黑体总的辐射力 E_b 时，则温度 T_P 称为被测物体的辐射温度。根据此定义，当 $E=E_b$ 时，由式(2-57)得：

$$\varepsilon\sigma T^4=\sigma T_P^4 \tag{2-62}$$

式(2-62)经整理，得

$$T=T_P\sqrt[4]{\frac{1}{\varepsilon}} \tag{2-63}$$

由于发射率 $\varepsilon<1$，因此辐射温度 T_P 总是低于实际物体温度 T。由于全辐射高温计是按黑体刻度的，所以在测量非黑体温度时，其读数是被测物体的辐射温度 T_P，可按式(2-63)计算被测物体的真实温度 T。

(2) 全辐射高温计的结构

全辐射高温计由辐射感温器和电压指示或记录仪表组成，其结构原理图如图 2-62 所示。辐射感温器通过光学系统将被测物体的辐射能聚集于敏感元件热电堆上，通常采用反射镜或透镜来增加射在敏感元件上的光能，以提高仪表的灵敏度，由此亦分为反射式和透镜式两种。

全辐射高温计

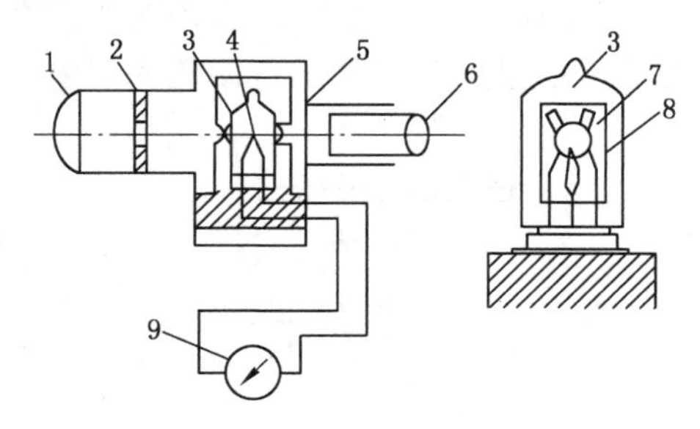

1—物镜；2—补偿光阑；3—玻璃泡；4—热电堆；5—灰色滤光片；
6—目镜；7—铂箔；8—云母片；9—显示仪表。

图 2-62 全辐射高温计结构原理图

被测物体的全辐射能由物镜 1 聚焦后，经过补偿光阑 2，投射到装夹有热电堆 4 的铂箔 7 上。热电堆常用的有星形热电堆（图 2-63）和 V 形热电堆（图 2-64）两种，按测量下限不同，热电堆分别由 16 对（测量下限为 100 ℃）或 8 对（测量下限为 400 ℃或 700 ℃）直径为 0.05～0.07 mm 的镍铬-铜镍微型热电偶串联而成，以得到较大的热电势。热电偶的测量端被夹在十字形的铂箔 7 内，铂箔涂成黑色以增加其吸收系数，热电偶的参比端夹在云母片 8 中。当辐射能聚集到铂箔上时，热电偶测量端感受热量，回路中产生热电势，热电堆输出的热电势送到显示仪表 9 显示或记录被测物体的温度，显示仪表可采用自动平衡式、动圈式或数字式仪表。

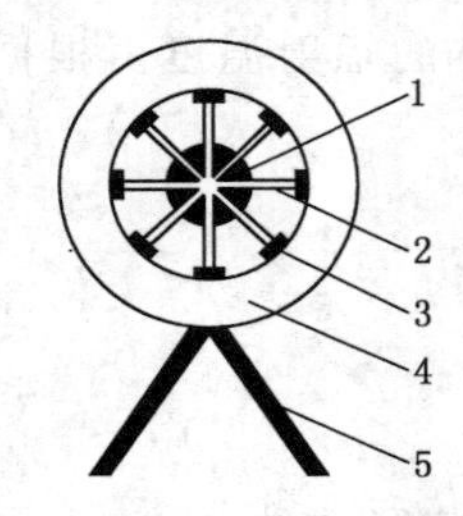

1—铂片（测量端）；2—镍铬-铜镍丝；
3—金属箔片；4—云母环；5—引出线。

图 2-63　星形热电堆图

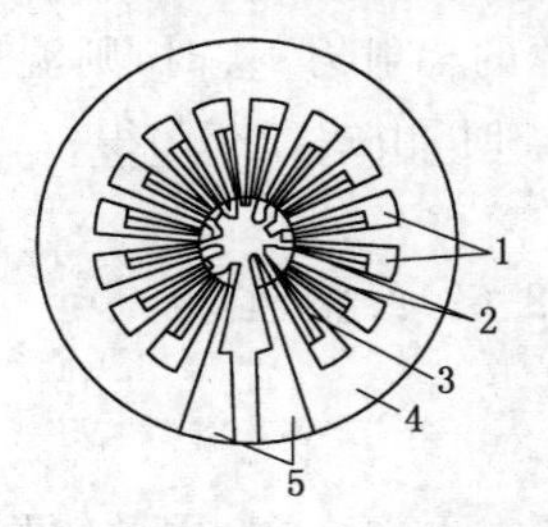

1—参比端；2—测量端；3—受热片；
4—基板；5—输出端。

图 2-64　V 形热电堆

在瞄准被测物体过程中，观察者通过目镜 6 进行观察，目镜前加有灰色滤光片 5，用于削弱光的强度，保护观测者的眼睛。辐射感温器内壁面全部涂成黑色，以减少杂光干扰和制造黑体条件。

为了补偿辐射感温器因环境温度变化而产生的附加误差，采用双金属片组成的补偿光阑 2 进行温度补偿，如图 2-65 所示。当仪表周围环境温度超过设计温度时（一般取 20 ℃），双金属片 1 向上弯曲，带动遮光片 2 张开，增加射入的辐射能量，从而自动补偿了环境温度升高使示值偏低的误差；反之双金属片向下弯

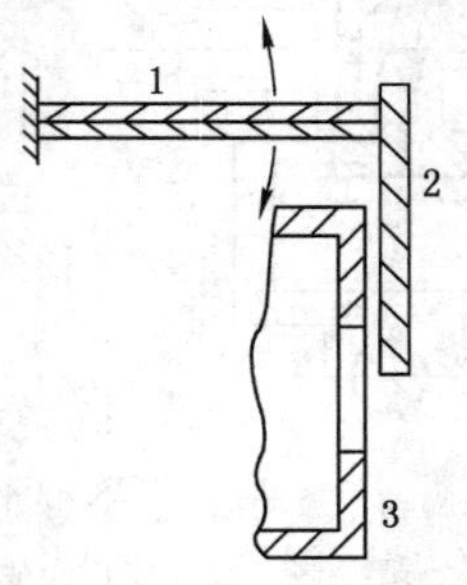

1—双金属片；2—遮光片；3—补偿光阑。

图 2-65　双金属片补偿光阑

曲，亦能补偿环境温度降低而引起的示值偏高的误差。

(3) 使用全辐射高温计的注意事项

① 全辐射高温计指示值是被测物体的辐射温度 T_P，而被测物体的发射率 ε 随物体性质、表面状态、温度和辐射条件等有较大的变化，并且 $\varepsilon<1$，使得辐射温度 T_P 总是低于实际物体温度 T，所以应尽可能准确地得知被测物体的 ε，按式(2-63)对读数 T_P 进行修正；或者使被测物体尽量趋近于黑体，则 T_P 趋近于 T，指示误差很小，此时可不进行读数校正。在测量熔炉或锅炉燃烧室等温度时，为使被测对象趋近于黑体，全辐射高温计通常是对着砌在炉膛侧壁内封底的瓷质或耐热不锈钢管(也称为窥视管)的底部来安装的，如图 2-66 所示。管子插入被测介质中的深度 L 和它的内径 D 之比 $L/D>10$。

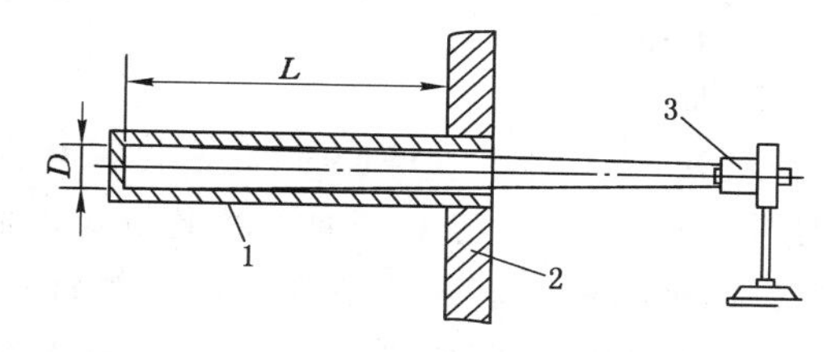

1—窥视管；2—炉壁；3—全辐射高温计。

图 2-66 测量炉内温度时全辐射高温计的安装

② 全辐射高温计和被测物体之间的介质，如水蒸气、二氧化碳、尘埃等对热辐射有较强的吸收作用，而且不同介质对不同波长的吸收率也不相同，为减少此项误差，全辐射高温计与被测物体之间距离不大于 1 m。

③ 使用时环境温度不宜太高，以免引起热电堆参考端温度增高而增加测量误差。虽然全辐射高温计采用补偿光阑对参考端进行温度补偿，但还做不到完全补偿。例如被测物体温度为 1 000 ℃，环境温度为 50 ℃时，全辐射高温计指示值偏低约 5 ℃；环境温度为 80 ℃时指示值偏低约 10 ℃。当环境温度高于 100 ℃时必须在水套中加冷水降温。

④ 对被测物体到全辐射高温计之间的测量距离 L 和被测物体的直径 D 之比 L/D(也称为距离系数)有一定限制。若比值太大，被测物体在热电堆平面上成像太小，不能全部覆盖热电堆的铂箔靶心，使热电堆接收到的辐射能减少，温度示值偏低；若比值太小，物体成像过大，使热电堆附近的其他零件受热，参比端温度上升，温度示值下降。一般规定，当测量距离 $L=1$ m 时，距离系数 L/D 为 20。

【思考题】 影响全辐射高温计测量准确度的主要因素有哪些？

2.4.4 比色高温计

前面所介绍的光学高温计和全辐射高温计有一个共同的缺点，就是受实际物体发射率和辐射途径上各种介质的选择性吸收辐射能的影响较大。而根据维恩位移定律制作的比色高温计可以较好地解决这个问题。比色高温计是通过测量热辐射体在两个或两个以上波长的光谱辐射亮度之比来测量温度的仪表，它的特点是测温准确度高，响应快，可观测小目标。因为实际物体的光谱发射率 ε_λ 与发射率 ε 的数值变化很大，但对同一物体 $\varepsilon_{\lambda1}$ 与 $\varepsilon_{\lambda2}$ 比值的变化却很小，所以用比色高温计测得的温度较光学高温计、全辐射高温计更接近于真实温度。比色高温计适用于冶金、电力、水泥、玻璃等工业部门，用来测量铁液、钢液、熔渣及回转窑中水泥烧成等物料的温度。

(1) 比色高温计的原理

根据维恩位移定律可知，当黑体温度增加时，光谱辐射力的最大值将向波长减小的方向移动，致使在不同波长 λ_1 与 λ_2 下的亮度比随温度而变化，测量其亮度比的变化即可求得相应的温度，这就是比色高温计的测温原理。比色高温计是通过测量物体的两个不同波长(或波段)的辐射亮度之比来测量物体温度的，也称双色高温计。

对于温度为 T_R 的黑体，根据维恩定律，对应于波长 λ_1 与 λ_2 的亮度分别为：

$$L_{b\lambda_1}=C\frac{c_1\lambda_1^{-5}}{e^{c_2/(\lambda_1 T_R)}} \tag{2-64}$$

$$L_{b\lambda_2}=C\frac{c_1\lambda_2^{-5}}{e^{c_2/(\lambda_2 T_R)}} \tag{2-65}$$

式(2-64)和式(2-65)相除后取对数，经整理后可得

$$T_R=\frac{c_2\left(\frac{1}{\lambda_2}-\frac{1}{\lambda_1}\right)}{\ln\frac{L_{b\lambda_1}}{L_{b\lambda_2}}-5\ln\frac{\lambda_2}{\lambda_1}} \tag{2-66}$$

在上式中，波长 λ_1 与 λ_2 是预先规定的值，只要知道在此两波长下的亮度比，就可求出被测黑体的温度 T_R。

对于实际物体温度的测量，我们引入比色温度这一概念：若温度为 T 的实际物体，在波长 λ_1 与 λ_2 时的亮度比值与温度为 T_R 的黑体在同样两波长时的亮度比值相等，则 T_R 叫作实际物体的比色温度。根据比色温度的定义，应用维恩公式，可导出物体的实际温度为 T 与比色温度 T_R 的关系为：

$$\frac{1}{T}-\frac{1}{T_R}=\frac{\ln\frac{\varepsilon_{\lambda_1}}{\varepsilon_{\lambda_2}}}{c_2\left(\frac{1}{\lambda_1}-\frac{1}{\lambda_2}\right)} \tag{2-67}$$

式中，ε_{λ_1}、ε_{λ_2} 分别为实际物体在波长 λ_1 与 λ_2 时的光谱发射率。如已知 λ_1、λ_2 和 T_R，就可以根据式(2-67)求得物体的实际温度 T。

根据热辐射体的光谱发射率与波长的关系特性，比色温度可以小于、等于或大于实际温度。而对于实际物体，由于 $\varepsilon_{\lambda 1}=\varepsilon_{\lambda 2}$，所以 $T=T_R$，这是比色高温计的最大优点。由此可以看出，波长的选择是决定比色高温计准确度的重要因素。如果被测物体对应比色高温计所选的两个波长，其光谱发射率在数值上非常接近，则发射率的变化对仪表指示值的影响较小，测量的准确度较高；相反，若其中一个波长与周围介质的吸收峰相对应，或受反射光的干扰较大，则比色高温计测量的准确度甚至低于全辐射高温计。

(2) 比色高温计的结构

比色高温计按照分光形式和信号检测方法可分为单通道与双通道两类。

采用一个光电检测元件的比色高温计称为单通道比色高温计。其光电变换输出的比值较稳定，但动态品质较差。单通道比色高温计又分为单光路式与双光路式两种。

采用两个光电检测元件分别接收两种不同波长的辐射能，按两个检测元件转换出的电信号的比值来确定温度的比色高温计，称为双通道比色高温计，其结构简单，动态特性好，但测量的准确度和稳定性较差。双通道比色高温计又分为调制式与非调制式两种。

① 单通道比色高温计

单通道比色高温计原理示意图如图 2-67 所示。

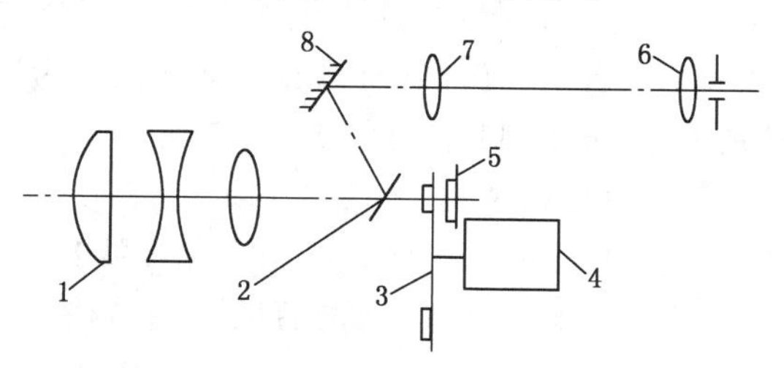

1—物镜；2—通孔反射镜；3—调制盘；4—同步电动机；
5—硅光电池；6—目镜；7—倒像镜；8—反射镜。

图 2-67 单通道比色高温计原理示意图

被测物体的辐射能经物镜 1 聚焦，经过通孔反射镜 2 被硅光电池 5 接收。同步电动机 4 带动调制盘 3 转动，盘上装有两种不同颜色的滤光片，交替通过两种不同波长的光，使硅光电池输出两个相应的电信号，电信号送至变送器进行比值运算、线性化，输出统一信号。对被测对象的瞄准由反射镜 8、倒像镜 7 和目镜 6 来实现。为使硅光电池工作稳定，将其安装在一恒温容器内，容器温度由硅光电池恒温电路自动控制。

② 双通道比色高温计

双通道比色高温计不像单通道那样采用转动圆盘进行分光，而是采用分光镜把辐射能分成不同波长的两路，其原理示意图如图 2-68 所示。

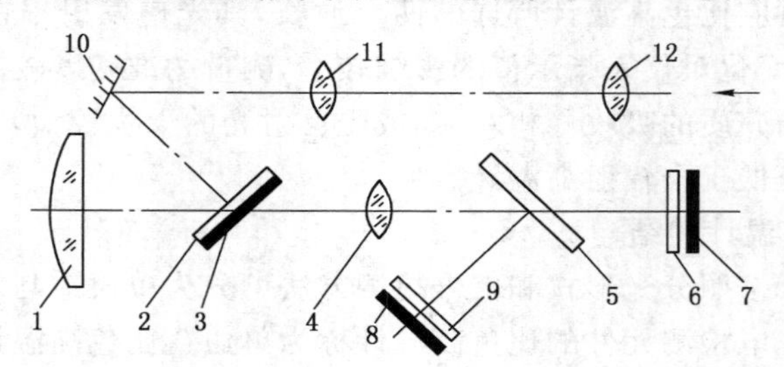

1—物镜；2—平行平面玻璃；3—回零硅光电池；4—透镜；
5—分光镜；6—红外滤光片；7，8—硅光电池；
9—可见光滤光片；10—反射镜；11—倒像镜；12—目镜。

图 2-68 双通道比色高温计原理示意图

被测物体的辐射能经物镜 1 聚焦，经平行平面玻璃 2、中间有通孔的回零硅光电池 3，再经透镜 4 到分光镜 5，红外光透过分光镜，经红外滤光片 6 将少量可见光滤去后，投射到硅光电池 7 上；可见光则被分光镜反射，经可见光滤光片 9 将少量长波辐射能滤去后，投射到另一硅光电池 8 上。两个硅光电池的输出信号分别为电动势 E_1 和 E_2，送至比值器进行处理，其比值即为比色温度。对被测对象的瞄准由反射镜 10、倒像镜 11 和目镜 12 来实现。

(3) 使用比色高温计的注意事项

① 对发射率的修正。发射率的影响是指两个测量波长的发射率比的作用。对于实际被测物体，$\varepsilon_1 \neq \varepsilon_2$，所以 $T \neq T_R$。两者的关系取决于 $\varepsilon_{\lambda 1}$ 与 $\varepsilon_{\lambda 2}$。对于金属物体，其发射率随波长的增加而减少，即 ε_λ 在短波时比长波时大（$\varepsilon_{\lambda 1} > \varepsilon_{\lambda 2}$），因此 $\ln \frac{\varepsilon_{\lambda 1}}{\varepsilon_{\lambda 2}} > 0$，所以测量金属物体表面时比色温度可能会高于实际温度。这点与光谱辐射高温计不同，比色高温计可产生高于真实温度的示值误差。

② 视野缺欠的影响很小。被测面积不够大或目标不能完全充满视野的状

态称为视野缺欠。视野缺欠具有灰色减光作用，致使光谱辐射高温计产生示值误差，但这对比色高温计的影响很小，不易产生此种示值误差。

③ 混色误差的影响。在被测物体表面，温度场分布不均匀或散射光引起的示值误差称为混色误差。此种混色误差是由比色高温计的结构形式与光谱辐射高温计不同而引起的，其表现往往很灵敏。测量过程中应尽量使温度场分布均匀，减少光的散射。

④ 检测元件的稳定性与非对称性引起的误差影响。由于比色高温计采用两个检测元件，因此由环境温度变化或疲劳引起的元件性能不稳定或非对称性将产生示值误差。同时比色高温计检测的波段范围较宽，也影响了测量的准确性。

总之，如果波长选择合适，那么在一般工业现场使用比色高温计，可减少被测物体表面发射率变化所引起的误差，尤其适用于测量发射率较低的光亮表面，或者在光路上存在着烟雾、灰尘等较恶劣的环境下工作。

2.4.5 红外测温仪

前面介绍的几种辐射式测温仪表适用于测量 700 ℃以上的高温。随着光学材料及光敏检测元件材料的发展，辐射式测温仪的测温范围已扩展到较低的温度。红外测温仪是一种测温上限较低的仪表，可测 0～400 ℃范围的温度。

红外测温仪依据的是光谱辐射原理。根据光谱辐射的维恩定律，当物体温度较低时，光谱辐射力最高点向波长较长的红外线波长区迁移，红外测温仪就工作在这个红外线波长区，因此可测较低的温度。它的原理和结构与辐射高温计、光电高温计相似。

红外测温仪由光学系统、红外探测器、信号处理放大部分及显示仪表等部分组成。其中光学系统与红外探测器是整个仪表的关键，而且它们具有特殊的性质。红外光学材料又是光学系统中的关键器件，它是对红外辐射透过率很高而对其他波长辐射不易透过的材料。红外探测器的作用是把接收到的红外辐射力转换成电信号。它有光电型和热敏型两种类型。光电型探测器是利用光敏元件吸收红外辐射后其电子改变运动状况而使电气性质改变的原理工作的，常用的光电探测器有光电导型和光生伏特型两种。热敏型探测器是利用了物体接收红外辐射后温度升高的性质，然后测其温度工作的。根据测温元件的不同，又有热敏电阻型、热电偶型及热释电型等几种。在光电型和热敏型探测器中，前者用得较多。

此处以图 2-69 所示的红外测温仪为例介绍其原理及结构。被测物体 1 的辐射线由窗口 2 进入光学系统，首先到达分光片 3。分光片由能透过红外线的专门光学材料制成，中间沉积了某种反射材料。红外线能透过分光片，而其他波长的辐射能被反射出去，不能透过。透过分光片的红外线经过聚光镜 4、调制盘

5 被调制成脉冲红外光波，它投射到置于黑体腔中的红外光敏探测器 6 上，最终转换成交变的电信号输出。使用黑体腔是为了提高光敏探测器的吸收能力，提高灵敏度。由于探测器输出的交变电信号与被测温度及黑体腔温度均有关，所以必须恒定黑体腔的温度，以消除背景温度的影响。黑体腔的温度由温度控制器控制在 40 ℃。输出的电信号经运放 A1 和 A2 整形、放大后，送入相敏功率放大器 7，经解调、整形后的直流电流由显示器指示被测温度。由分光片反射出来的其他波长下的光波反射到反光片 11，经 12、13、14 组成的目镜系统，可以观察到被测目标及透镜 12 上的十字交叉线，以对准被测目标。

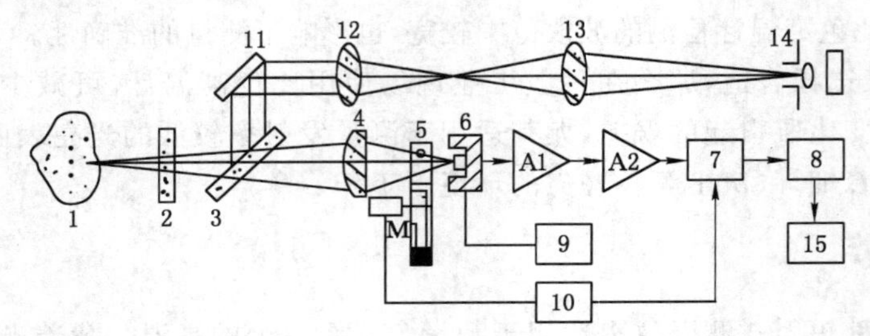

红外测温仪

1—被测物体；2—窗口；3—分光片；4—聚光镜；5—调制盘；6—红外光敏探测器；7—相敏功率放大器；8—解调、整形部分；9—温度控制器；10—信号发生器；11—反光片；12—透镜 1；13—透镜 2；14—目镜；15—显示仪表。

图 2-69 红外测温仪

作为分光片的光学材料应采用能透过相应波段辐射的材料。测量 700 ℃以上高温时，工作波段主要在 0.76～3.0 μm 范围的近红外区，可采用一般光学玻璃或石英透镜；测中温（100～700 ℃）时的波段主要是在 3～5 μm 的中红外区，多采用氟化镁、氧化镁等热压光学透镜；测低温（＜100 ℃）时主要是 5～14 μm 的中远红外段，多采用锗、硅、热压硫化锌等材料制成的透镜。

目前，国产的红外测温仪表的量程范围有 0～400 ℃和 0～1 200 ℃两种，准确度为±1%。与其他辐射式仪表一样，用红外测温仪测非黑体温度时，对读数也须按发射率进行修正。一般在仪表中带有黑度修正装置，修正范围（发射率）为 $\varepsilon_\lambda=0.1\sim1.0$。

2.5 高温流体温度测量案例

高温流体温度的准确测量是热工测量中的一个技术难题。测温时各种温度传感器的输出信号反映的都是本身的温度，要使接触式温度传感器的输出反映被测对象的温度，必须满足以下条件：

① 根据热力学的平衡条件，测温传感器与被测物体应组成孤立的热力学系统，并经过足够长的时间进行热交换，以使两者完全达到热平衡状态。

② 当被测物体温度发生变化时，测温传感器感受到的温度应立即跟随变化，这要求感温元件的热容与热阻都为零。

在实际温度测量中，很难完全满足上述条件，因为感温元件除与被测介质进行热交换外，还要与周围环境进行热交换(散热)，从而产生误差。

我们以热电偶元件测量锅炉过热器后的烟气温度为例来分析这个问题，如图 2-70 所示。

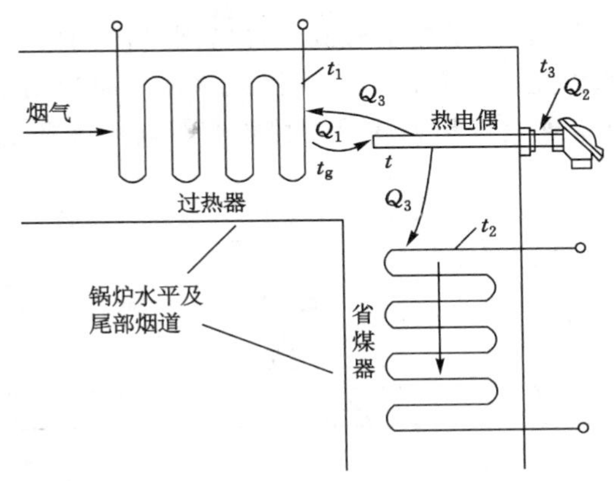

图 2-70 锅炉烟道中过热器后的烟气测量示意图

图中 t_g 为锅炉过热器出口的烟气温度，t 为热电偶端部温度，由于温度 $t_g>t$，所以烟气就以辐射、对流的传导方式将热量 Q_1 传给热电偶套管的端部；热电偶冷端处于烟道外的环境温度 t_3 中，温度 t_3 远小于热电偶端部温度 t，因此就有热量 Q_2 沿着热电偶套管传给周边环境；过热器管壁的温度为 t_1，省煤器管壁的温度为 t_2。t_1 和 t_2 均低于热电偶端部温度 t，所以热电偶以辐射方式将热量 Q_3 传给过热器及省煤器。热电偶接收的热量为 Q_1，损失的热量为 Q_2+Q_3，当热交换达到平衡时，$Q_1=Q_2+Q_3$，即热电偶补充的热量等于损失的热量。然而只有 $\Delta t=t_g-t>0$ 时，才会有 Q_1，也就是说 t 永远不可能等于烟气温度 t_g。所以 Δt 就是测温误差。要尽量减小 Δt，促使热电偶感受到的温度接近烟气温度 t_g。因而必增加烟气对热电偶的传热和减少热电偶对外的传导散热和辐射散热。

实测中感温元件除了与被测对象进行热量交换外，还要与周围环境进行热量交换。因为安装等原因，传感器的热容与热阻也不可能为零。接触法测温仪表指示的温度值，实际上是测温元件本身感受的温度，并不是真实的烟气温度，所以仪表指示的温度与被测对象的实际温度是存在差异的。接触式测温可能同时存在传导、对流和辐射三种传热方式，使静态测温分析相当复杂。在被测介质温度变化时（即动态情况下），还要涉及更为复杂的不稳定传热问题。动态测温误差还与测温元件的热容有关。另外，在流动的流体中测温，测温元件因阻碍流体流动也会对温度测量值产生影响，特别在高速气流中测温，必须考虑这个因素。以上影响测温准确性的各种因素，对不同的被测介质所引起的作用也不一样，因而需要针对性地采取措施。

2.5.1 管内流体温度测量

管道中流体温度的测量是热工检测中经常遇到的问题，如测量主汽管道中蒸汽温度、锅炉给水温度等。管道中的蒸汽或水流体将以对流换热方式传热给测温元件，测温元件又通过导热方式沿着保护套管向周围环境散热。如图 2-71、图 2-72 所示。

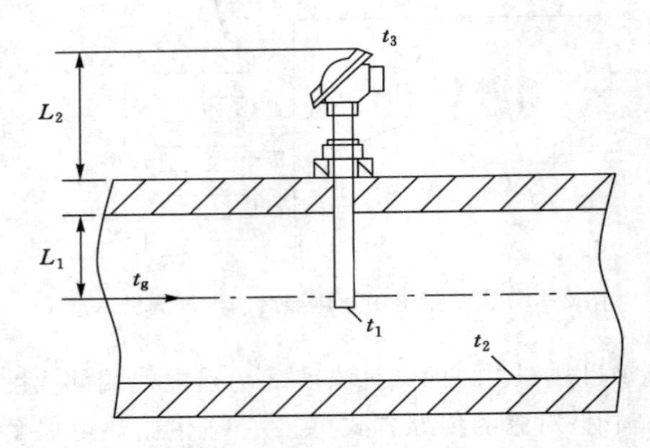

图 2-71 管道内流体温度测量示意图

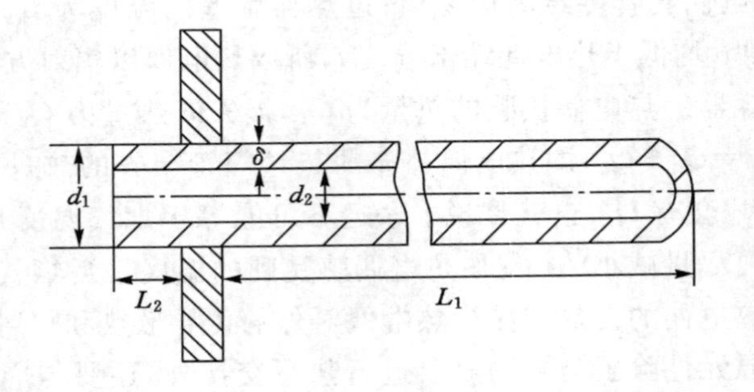

图 2-72 测温元件保护套管尺寸

图 2-71 中，t_g为蒸汽温度，t_3为测温元件外部的环境温度。t_1为测温元件端部温度。管道外壁敷设有保温层，管道内壁温度较高，在蒸汽温度 t_g不太高时，测温元件与内壁之间的辐射换热可忽略。根据传热学原理，可以得到导热误差关系式为

$$t_1 - t_g = \frac{t_g - t_3}{\mathrm{ch}(b_1 L_1)\left[1 + \frac{b_1}{b_2}\mathrm{th}(b_1 L_1)\mathrm{coth}(b_2 L_2)\right]} \tag{2-68}$$

其中 $$b_1 = \sqrt{\frac{\alpha_1 U_1}{\lambda_1 F_1}},\ b_2 = \sqrt{\frac{\alpha_2 U_2}{\lambda_2 F_2}}$$

式中 α_1、α_2——分别是被测管道内、外介质对测温元件内插入和外露部分的对流换热系数；

λ_1、λ_2——分别是测温元件内插入和外露部分的热导率，$\lambda_1=\lambda_2$；

U_1、U_2——分别为测温元件内插入和外露部分的圆周长度；

F_1、F_2——分别为测温元件内插入和外露部分的截面积，$F_1=F_2$；

L_1、L_2——分别为测温元件内插入和外露部分的长度；

ch、th、coth——分别为双曲余弦、双曲正切、双曲余切符号。

从式(2-68)可以看出

(1) 在测温元件向外散热，或者环境通过测温元件向被测流体传热的情况下，由导热引起的误差不可能避免。

(2) 管道中流体介质与传感器外部的环境温度差(t_g-t_3)越大，则测温误差越大。为了减小误差，应把传感器露出管道外的部分用保温材料包裹起来，使得管道外的露出部分温度提高，减小导热损失；并且也能使露出部分和外部环境的热交换减少，减小换热系数 α_2，亦可减小测温误差。

(3) 增加测温传感器插入深度 L_1，即插到管道内的长度增加，双曲余弦 $\mathrm{ch}(b_1L_1)$、双曲正切 $\mathrm{th}(b_1L_1)$都会增加，导热误差减小；当外露部分 L_2减小时，双曲余切 $\mathrm{coth}(b_2L_2)$也会增加，测温误差减小。

(4) 增加 b_1，减小 b_2，这时应以增大放热系数 α_1为主，同时减小保护套管厚度，热电极(或热电阻)的引线直径差减小。因此应把感受部件放在流体速度最高的地方，即管道中心轴线上。

(5) 如图 2-72 所示，增加 U_1/F_1使 $1/d$ 增加，可以使误差减小。因为 $U_1=\pi d_1$，$F_1=\frac{\pi(d_2+d_1)}{2}\delta$(式中 d_2为保护套管的内径；d_1为保护套管套的外径；δ为保护套管壁的厚度)。要使 U_1/F_1增加，就应减小保护套管壁的厚度 δ，套管外径 d_1也应尽量缩小，也就是应将保护套管外形做成直径小、壁厚薄的形状。

(6) 保护套管材料的热导率 λ_1要小，所以保护套管一般采用导热性质不良

的材料如陶瓷、不锈钢等来制造，但这类材料制成的保护套管会增加导热阻力，造成动态测量误差增加。

需要说明的是，在高温高压的蒸汽管道中，插入管道中心轴线的测温传感器容易被高速气流冲刷而发生断裂。因此，为了避免测温元件出现断裂故障，应尽量缩短测温元件插入管道中的深度 L_1，但根据式(2-68)可知，减小 L_1 会导致测量温度的误差增大，为此可采用热套测温袋的锥形热电偶，并用高压焊接固定的装配方式，如图 2-73 所示。在保护套管中有一个环形空腔，在套管与管道连接处留有三个空隙，蒸汽可以从这里进入空腔对套管加热。这样大大降低了保护套管端部轴向的温度梯度，也就减少了导热引起的误差。热电偶的保护套管焊在水平管道上的垂直管座上，蒸汽流入传感器保护套管与主汽管道壁之间的空隙进入垂直套管上部，对传感器进行加热，因此，虽然传感器插入主蒸汽管道中的深度缩短了，但受到主蒸汽加热的保护套管长度 L_1 反而增大了，这样就克服了传感器容易断裂和测量温度偏低的问题。

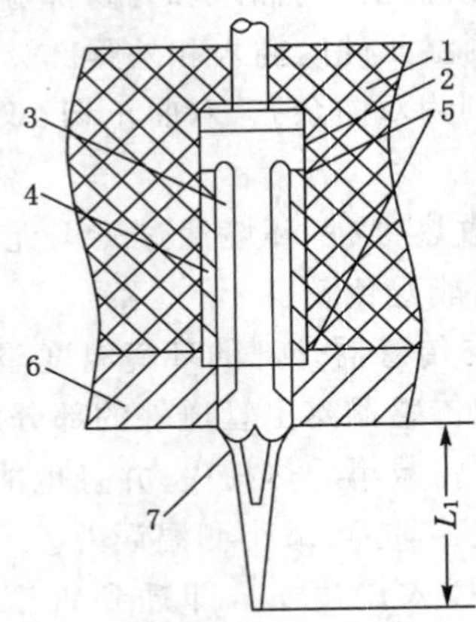

1—保温层；2—锥形热电偶；3—热套空腔；4—垂直套管；
5—焊接点；6—蒸汽管道壁；7—卡紧固定。

图 2-73　高温高压管道热电偶安装方式

2.5.2　炉膛出口烟气温度测量

在测量锅炉出口排烟温度时，安装测温传感器的位置附近可能存在温度较低的受热面，导致在测温传感器保护套管的表面温度向外辐射，产生测温误差。为了降低测温误差，首先要选择好测温保护套管的装设位置。选择方法是：让烟气能够通过保护套管所在烟道内的整个部分，使烟气沿着保护套管方向放热，并确保装设地点的烟道内壁也有烟气通过，以提高保护套管处的烟道内壁温度。

另外，为了减少保护套管向外的传热量，在装设保护套管部位的烟道外壁要敷设较厚的保温层。图 2-74 所示的挡板 1 是为了控制排烟流动的方向。为了降低沿保护套管向外传热，还可以采用如图 2-75 所示的方案。

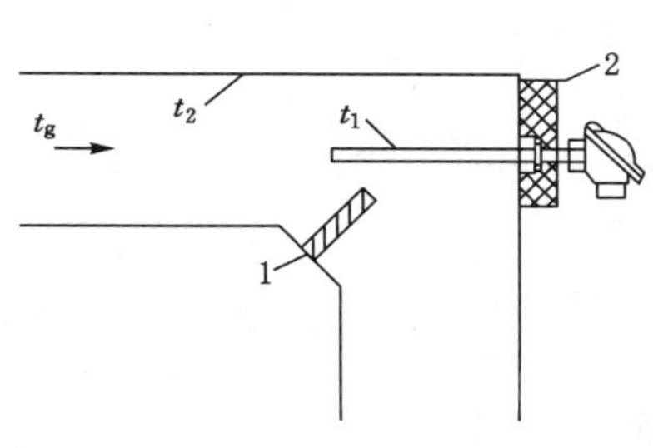

1—挡板；2—绝热层。

图 2-74 烟气温度测量示意图

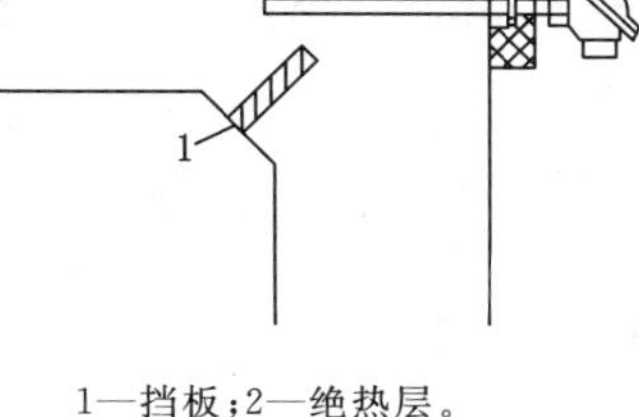

1—热电偶；2—钢板

图 2-75 保护套管安装方案

采取以上措施后，可认为沿保护套管向外传热造成的测量误差接近于零，这时保护套管仅以辐射的方式传热到烟道内壁，由于温度 t_1 比流体 t_g 低，造成热辐射误差。热辐射误差(用热力学温度表示)为

$$T_1 - T_g = -\frac{C_1}{\alpha}(T_1^4 - T_2^4) \tag{2-69}$$

式中 α——管内介质和保护套管之间的放热系数；

C_1——辐射换热系数，$C_1=\sigma\varepsilon_T$，其中 σ 为黑体辐射常数，5.67×10^{-8} W/(m^2 · K^4)，ε_T 为保护套管表面的总辐射发射率；

T_1——热电偶套管端部的热力学温度；

T_2——烟道内壁的热力学温度；

T_g——烟气的热力学温度；

从式(2-69)可以看出，由于热辐射影响而产生的测量误差不能忽视。

例如：已知测量锅炉过热器后面的烟气温度为 773.15 K，附近冷表面的平均温度是 673.15 K，烟气对保护套管的对流放热系数是 29.1 W/(m^2 · K)，保护套管表面的辐射系数是 4.65×10^{-8} W/(m^2 · K^4)。由式(2-69)可求得烟气温度 T_g=1 016.15 K，误差为−243 ℃。由此可见误差是很大的，被测对象的温度越高，误差也就越大。这种问题会使测量结果完全没有意义。在实际应用中，以热辐射误差公式来求取温度是很不方便的，因为各个系数的值难以确定，保护套管附近冷表面的温度也不易确定。为了使烟气温度测量准确，一般可以采取的措施有：

(1) 由于热辐射误差和 T_1、T_2 的四次方差成正比，因此 T_1、T_2 之间如有很小的差别，产生的测量误差也会很大。降低误差的措施之一是把保护套管与冷管壁隔开，使保护套管不能直接产生对冷管壁的热辐射。图 2-76 展示了使用遮热罩把测温元件的保护套管罩起来的示例，这样就可以将测温元件与冷管壁面隔离开来。

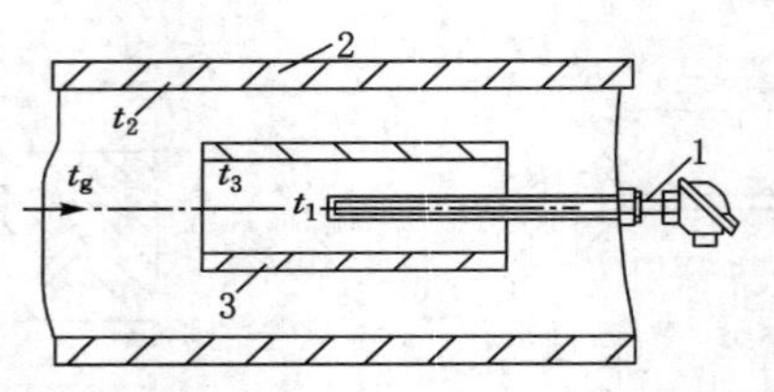

1—保护套管；2—冷表面；3—遮热罩。

图 2-76　防辐射遮热罩测温示意图

由于遮热罩内、外壁都有烟气流过，被加热的遮热罩的温度 t_3 比冷管壁面的温度 t_2 要高很多，这时对冷壁面的辐射要由遮热罩来负担。同时，遮热罩和保护套管之间的温度差大为降低，保护套管因辐射散失的热量大幅度减小，这会使保护套管表面的温度近似于烟气温度，从而降低了测温误差。装设遮热罩后的测温误差可由传热学理论来计算。热平衡时有

$$T_g - T_1 = -\frac{C_1}{\alpha}(T_1^4 - T_3^4) \tag{2-70}$$

式(2-70)中 T_g、T_3、T_1 分别为烟气、遮热罩、保护套管的热力学温度；C_1 为保护套管与遮热罩内壁之间的辐射换热系数。与式(2-69)相比，由于 $T_3 > T_2$，所以测量误差是降低的。另外，还可以使 C_1 的值尽量减小，因此遮热罩的内壁应做得很光亮(例如镀铬)。T_3 的值可以由遮热罩的热平衡关系来确定。应该指出，加设遮热罩并不很容易，因为在加设遮热罩后要保证气流能顺利地流过保护套管。另外，遮热罩在使用中其表面会被烟气污染而增大粗糙度，结果使表面的发射率增加，因而使误差逐渐加大。

(2) 由式(2-70)还可以看到，误差随 $C_1(=\sigma\varepsilon_T)$ 的增加而变大。所以为了降低热辐射误差，必须减小辐射换热系数 C_1，由于 σ 是常量，所以降低保护套管的总辐射发射率 ε_T(黑度)，可以缩小误差。黑度 ε_T 的大小由保护套管材料决定，一般耐热合金钢保护套管的 ε_T 是比较小的，陶瓷保护套管的 ε_T 比较大。因为高温下都用陶瓷保护套管，所以误差较大。在误差许可的条件下，为了降低误差，在短时间测量时，可以不使用陶瓷保护套管而直接把铂铑-铂热电极裸露使用，铂铑、铂材料在 1 500～1 700 ℃时的 $\varepsilon_T = 0.20 \sim 0.25$，比陶瓷管的 ε_T 小得多(陶瓷管在 1 500 ℃时，$\varepsilon_T = 0.8 \sim 0.9$)，热辐射误差也就降低很多。

(3) 通过式(2-70)还可以看出,为了降低辐射换热误差的影响,必须加大气流和保护套管之间的对流放热系数 α。一般流速下的气流和保护套管之间的放热系数 α 比液体小得多,这就使得气流和保护套管之间换热困难,误差增加。为了解决这个难题,实践中提出了多种测量方法,比如采用小误差的抽气热偶,抽气的速度越高,α 越大。

2.5.3 高速气体温度测量

当气体流速的马赫数 $Ma>0.2$ 时,一般认为是高速气流,此时,由于传感器对气流的阻挡,局部气流发生制动,而把动能变为热能加到传感器上,使测出的温度偏高。这部分定向流动的能量叫动温,而气体分子热运动的平均动能叫静温。所以在高速气流中测得的温度是静温和动温之和,称为滞止温度。

实践证明,用不同结构的传感器测量同一对象所得的滞止温度也不同。这是因为气流制动时不可能使全部速度变为动温,转变的多少与传感器结构及气流冲刷传感器的方向有关。由热力学可得到理论滞止温度 T_{z_0} 为

$$T_{z_0}=T_j+T_d=T_j+\frac{v^2}{2c_p} \tag{2-71}$$

式中 T_{z_0}——气流的理论滞止温度,K;

T_j——气流的静温,是气体定向流动的能量,K;

T_d——气流的动温,是气体分子热运动平均动能,K;

v——气流速度,m/s;

c_p——气流比定压热容,J/(kg·K)。

按式(2-71)计算得出的滞止温度是假定动能全部转换为热能时的结果。例如对空气[$c_p\approx1\ 005$ J/(kg·K)]和烟气[$c_p\approx1\ 240$ J/(kg·K)],实际动温与流速的关系如图 2-77 所示。

可以看出,气流速度在 50 m/s 以下时,动能对测温的影响是较小的。当气流速度超过 100 m/s 后,接触式测温传感器制动气流作用的影响就很明显。

但并非到达传感器的气流都完全被制动,所以实际滞止温度 T_z 比理论值要低,称之为有效温度,即 $T_j<T_z<T_{z_0}$。如果不考虑传感器散热,用 T_z-T_j 表示气流的动能恢复为内能的部分,再以 $T_{z_0}-T_z$ 表示气流的动能全部恢复为内能的数量,两者的比值可用恢复系数 r 来表示,即

$$r=\frac{T_z-T_j}{T_{z_0}-T_j}=\frac{T_z-T_j}{\dfrac{v^2}{2c_p}} \tag{2-72}$$

由于传感器的结构形式不同,恢复系数也不相同。要准确测定 T_z,必须对所用传感器做实验来确定恢复系数。例如

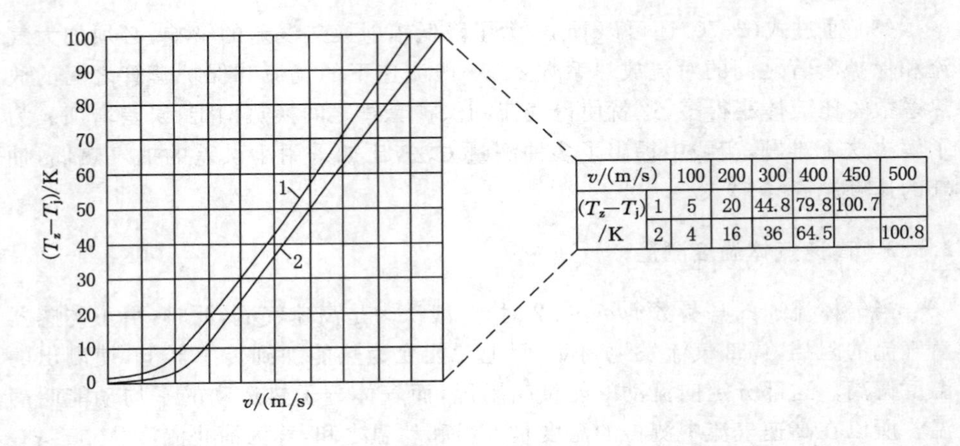

v/(m/s)		100	200	300	400	450	500
(T_z-T_j)	1	5	20	44.8	79.8	100.7	
/K	2	4	16	36	64.5		100.8

1—空气；2—燃气。

图 2-77　动温与气流速度的关系

裸热电偶垂直流向插入气流 $Ma \leqslant 3$　$r \approx 0.32$；

裸热电偶平行流向插入气流 $Ma \leqslant 3$　$r \approx 0.14$。

如图 2-78 所示带滞止罩的热电偶传感器，恢复系数可达 0.9 以上。

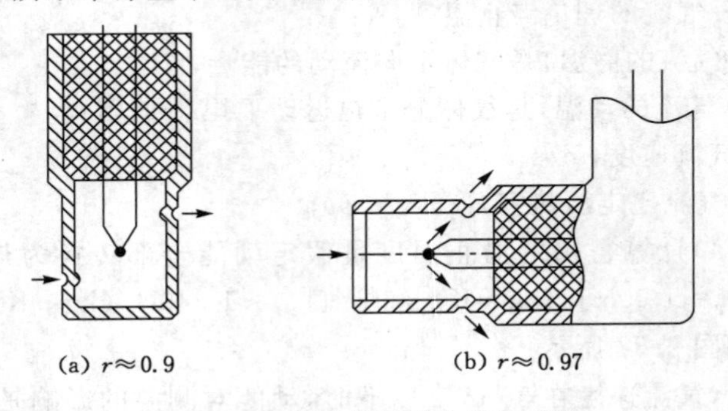

(a) $r \approx 0.9$　　(b) $r \approx 0.97$

图 2-78　带滞止罩的热电偶传感器

2.6　锅炉炉膛温度测量技术

炉膛温度场是锅炉燃烧过程中需要监测的重要参数，直接关系到锅炉的燃烧安全与效率，影响污染物的生成和排放量。若控制系统无法准确获得实时燃烧状态，不能有效控制燃料、送风量等参数，将可能导致锅炉炉内温度场不均匀、火焰中心偏斜、火焰刷墙等，不仅会导致锅炉热效率极大降低、产生大量污染物和噪声，甚至可能出现爆炉等严重后果。因此，准确测量温度场对判断、预测和诊断锅炉燃烧状态具有重要意义,有利于控制燃料在炉膛内部合理燃烧,确保锅炉安全、高效运行。然而,锅炉的燃烧是很复杂的热交换过程,燃烧工况很不稳定,并且炉膛燃烧空间大、温度高、腐蚀性强,对准确测量三维空间温度分布带来极大困难。本节主要针对当前国内外较先进的几种炉膛温度场测量技术的基本原理、技术特点展开分析,阐述这些技术的国内外研究现状,并对锅炉炉膛温度场的测量技术的发展趋势进行探讨。

2.6.1 锅炉炉膛温度场测量技术研究现状

锅炉炉膛温度测量包括接触式测温方法与非接触式测温方法。接触式测温方法是应用最早的一种测温方法,如热电偶等,感温元件放置于温度场中,虽然测温准确性较高,但由于锅炉燃烧是脉动的,难以达到热平衡,并且由于感温元件的耐热性、燃烧的腐蚀性等,该方法只能做短时间测量,只能实现单点或局部测量,难以对整个炉膛进行实时在线测量。非接触式测温方法测量元件不与介质直接接触,不会破坏被测介质的温度场,同时传热惯性小,因此更适用于锅炉燃烧这种快速变化且很不稳定的热力过程的温度测量,是近年来国内外学者研究的热点问题。基于非接触式的锅炉炉膛温度场测量方法主要包括声学法与光学法,下面将重点分析这两种方法。

(1) 声学法炉膛温度场测量技术研究现状

声学测温

声学测温技术研究较早,在20世纪70年代初被提出后,1983年由英国电力局首次应用于炉膛温度场测量,标志着声学测温技术的诞生,随后逐渐形成商业化的产品,广泛应用于锅炉、发电厂等工业生产领域的热工控制系统。声学测温法主要是利用声波在介质传播时,温度作用引起声速或声频率变化,通过热力学气体状态方程,求解得到温度。对于特定组分的烟气,且声波传播距离已知的情况下,测量声波传播时间即可求得声波穿越路径上的平均温度,通过建立多组的发射接收器,再利用重建算法就可以得到整个温度场。温度的测量误差和声波传播时间测量误差的平方成正比,因此,声学测温技术的难点在于声波传播时间的测量以及温度场的重建,而为了提高测量准确性,还要综合考虑声波频率、气体组分的影响等,国内外学者对这些问题开展了大量的研究工作。

声学测温法在国外研究起步较早,并且已开发出了成形的商业产品,如美国SEI公司的生产的Biolerwatch、英国GODEL公司生产的PyroSonic Ⅱ等,同时,日本、德国、韩国等也相继有产品推向市场。日本学者在1986年对声波在燃烧锅炉中的衰减特性开展研究,认为12 kHz声波频率为适于炉膛温度场测量的声源频率。1996年,意大利的B. Mauro等通过在锅炉横断面布置多组声波探头测量声波传播时间，得到每条路径上的温度，并利用数值模拟与层析热成像技术重建二维温度场，为二维温度场重建进行了有益探讨。1997 年，英国的 K. J. Young 等分析了燃烧烟气不同的燃料混合比、氧化剂组成类型对声学测量的影响，并通过修正因子调整，使忽略这些因素而导致的系统误差＜2%。2000 年，日本学者针对火焰温度场梯度导致声波传播的弯曲效应，提出最小二乘法与迭代方法相结合的办法重建温度场，提高了测量的准确性。

国内对声学测温技术在锅炉的应用研究起步较晚，到 20 世纪末才有相关报道，目前国内的研究机构主要是东北大学、华中科技大学、华北电力大学、浙江大学等。其中东北大学研究的主要方向是炉膛温度场的重建，如采用二维傅立叶函数展开法、弯曲路径、高斯函数与正则化法等重建算法，为我国炉膛温度场测量提供了较好的理论基础。华北电力大学团队则对测温技术涉及的声源特性、声波传播时间、温度场重建等关键技术进行了较深入的研究。如通过对炉膛噪声信号进行频谱分析和统计，指出炉膛噪声是以中心频率为 250～1 000 Hz 的低频燃烧噪声为主的类高斯噪声，提出一种基于高阶累积量的互相关时延估计方法，提高声波传播时间测量的准确性。根据光学 Fermat 原理与数学变分方法建立声波传播路径的数学模型，得到声波在非均匀温度场的实际路径，进而修正了温度场，提高了二维温度场的准确性。

总的来说，声学测温法在锅炉炉膛温度场的测量中已经得到应用，并且已经有相关的产品，但还存在一些问题需要解决、完善，如声波传播路径由于温度梯度、烟气流动而导致的弯曲效应以及燃烧的背景噪声等，影响了测量的准确性。同时为提高重建精度，获得三维温度场，还需要安装较多声波发射与接收器，给施工带来较大困难，也限制了这项技术的进一步发展。

(2) 光学法炉膛温度场测量技术研究现状

光学测温法主要包括激光光谱法与光学辐射法。激光光谱法可进一步分为散射光谱法与干涉法，其中以激光喇曼散射测温法、可调谐二极管激光吸收光谱技术运用较为广泛，其基本原理是跟粒子数分布与温度变化有函数关系的玻耳兹曼方程。国内外学者对激光光谱法测温技术在炉膛温度场测量的应用做了相关研究，但该方法每次只能测量 1 个点的数据，并且需要大功率的激光光源，导致测量装置复杂、价格昂贵等，这些不足限制了其在工业现场的应用。光学辐射法是另一种光学测温法，其基本原理为全辐射体的辐射出射度与其温度有单值函数关系，可由普朗克公式表达。

激光干涉测温

光学辐射法主要包括红外测温法、火焰辐射图像法等。红外测温法的基本原理是基于某个红外光谱，通常是高温 CO_2 光谱分析法，通过获得燃烧过程中产

生的 CO_2 的温度，再利用公式求出烟气的温度。由于在锅炉燃烧过程中产生气体的成分十分复杂，且存在着大量噪声和干扰，为了准确测量烟气的温度，通常要求 CO_2 体积分数≥10％，否则测量误差较大。由于红外测温法也是单点测量，难以进行温度场重建，故一般仅用于炉膛出口烟气温度的测量。

火焰辐射图像法可分为单色法、双色法和三色法。单色法基本原理是在 CCD 摄像机前加一个滤波片，得到单波长下的火焰辐射图像，并利用热电偶实测炉内某点的燃烧温度作为参考温度，进而计算火焰的二维温度场。双色法则获得两个波长的火焰辐射图像，采用比色法求得温度场，无须参考温度，但装置较复杂。三色法则根据彩色 CCD 分光特性，得到 RGB 3 个基色的亮度信号，选取其中 2 个即可根据双色法原理求温度场，不需额外增加分光系统，实现简单，但是计算过程有一定的测量误差，需进行适量的修正。

火焰辐射图像法在国外的研究起步较早，尤其是在工业化程度较高的发达国家中，如日本、美国、德国、英国等。1985 年，日本三菱公司就利用 OPTIS 光学影像系统对炉膛二维温度场进行监测。1990 年，日本日立公司通过监测火焰图像得到温度分布，进而控制煤的供给速度、空气流速和其他化学成分的配比等，使 CO_2 的排放量减少了约 10％。2001 年，葡萄牙的 Correia 等为提高测量的准确性，在重建三维温度场时，考虑了火焰辐射的吸收度，提高了模型的准确性，可实现轴对称或非轴对称的火焰温度重建，其测量不确定度＜±10％。2005 年，日本 Nagoya 大学的 Tago 等采用双色测温法同时对温度与发射率分布进行重建，并比较了采用宽带宽与窄带宽的光学滤波器的区别，认为窄带宽优于宽带宽滤波器。2012 年，美国的 Teri 等采用彩色 CCD 获取燃烧图像，并选取红、蓝两色作为双波长比色测温法对二维温度场进行测量，在 150 kW 锅炉上分别对不同体积分数比的 O_2 与 CO_2 进行对比试验，当 O_2/CO_2 从 0.59 到 0.13 时，温度从 2 183 K 下降到 2 022 K。2013 年，英国肯特大学的 Hossain 等采用 2 个摄像头 8 个成像光纤同时采集了 8 个方向的火焰二维燃烧图像，并利用光学层析技术与双色法重建了炉膛三维温度与发射率分布，测量数据与实测结果相差≤9％。

在国内，也有大量关于火焰辐射图像法应用于锅炉炉膛温度场测量的研究，主要的研究机构有清华大学、华中科技大学、中国科学院、浙江大学等。1995 年，华中科技大学周怀春等利用单色法测量炉膛温度场，通过在镜头前加装单色滤光片获取单波长图像，利用火焰图像中某一点辐射能和参考点温度的比值计算该点温度值，通过热电偶获得参考点温度。随后又提出基于图像处理及辐射传热逆问题求解的二维炉膛温度场重建方法，对 W 型火焰锅炉炉膛温度场的可视化进行了试验研究，并利用正则化与迭代方法实现炉膛中二维温度场与辐射参数的同时重建。近年来还运用便携式图像处理系统，对燃煤锅炉的粒子辐射特性与温度分布进行预测，其结果与红外测温计的实测数据相差<4%，重建的二维温度场可较好地反映锅炉的燃烧状况。上海交通大学的徐伟勇等将图像处理技术和光纤传输技术应用于锅炉火焰检测当中，试制了智能型锅炉燃烧器火焰检测装置。

从上述国内外研究现状可以看出，火焰辐射图像测温法是一种较有应用潜力的非接触式测温方法，除了可直观看到实时图像，还可对燃烧状况进行实时监测，已经得到较为深入的研究，并取得了初步的成果，为火焰辐射图像测温法在锅炉炉膛温度场测量中的应用奠定了良好的理论基础，但还存在一些问题，如三维温度场重建困难、假设条件较多引入误差、摄像头动态范围较小等。

2.6.2 炉膛温度场测量技术发展趋势

锅炉炉膛温度场测量技术包括接触式与非接触式，而非接触式又可分为声学法与光学法，下面将在研究现状分析的基础上，通过比较各种测温方法的技术特点、应用情况等，总结探讨锅炉炉膛温度场测量技术的发展趋势。

表 2-8 为锅炉炉膛温度场测量技术对比表，可以看出，接触式测温技术需将感温元件放置于温度场中，由于感温元件的耐热性、易被损毁等限制，这种技术只能进行短时间测量，并且仅能实现单点或局部测量。因此，难以实现整个炉膛温度的实时监测，导致其研究与应用较少。非接触式方法中，激光光谱法需要精密、大功率的光学装置，难以实现在吸收性强、噪声大的炉膛里进行火焰温度测量，同时也是单点测量，难以实现三维重建，这些都限制了其在火焰温度场测量领域的应用。声学法测温技术的研究起步较早，并有相应的产品应用，可实现在线测量。然而，这种技术仍然是单点测量，虽然可通过多个发射接收探头实现二维温度场的测量，但由于成本高、锅炉尺寸大等原因，基本上难以实现三维温度场的测量。火焰辐射图像法是近年来非接触式测温技术中研究较多的一种，可实现在线、可视化测量，通过多角度二维温度场图像与重建算法可实现三维温度场重建，并且还能实现多参数同时测量。尽管火焰辐射图像法要实现上述的功能还有待进一步研究，同时还存在重建算法复杂、准确性不高、影响因素多等不足，但是随着研究的不断深入，该技术还是有较大应用潜力的。

从上述的比较分析可以看出，对于具有尺寸大、噪声大、工作环境恶劣等特征的锅炉炉膛，其温度场测量技术的主要发展趋势如下：

(1) 测量手段将从传统的接触式单点、非实时向非接触式的在线可视化实时监测方向发展；

(2) 测量参数从单一的温度测量向多维、多参数（温度、粒子浓度、辐射参数等）同时测量方向发展；

表 2-8 锅炉炉膛温度场测量技术对比表

项目	接触式	非接触式			
		声学法	光学法		
			激光光谱法	红外测温法	火焰辐射图像法
在线测量	否	是	是	是	是
测量点	单点	单点	单点	单点	面
应用情况	少	多	少	少	较多
性价比	低	中	低	低	高
可视化	否	否	否	否	是
研究情况	少	较多	较少	较多	多
三维重建	不可行	较难	不可行	不可行	可行
多参数同时测量	没有研究报道	没有研究报道	有研究报道	没有研究报道	有研究报道

(3) 测量技术从当前应用较多、可实现二维温度场重建的声学法向可实现三维、可视化、多参数同时测量的较有应用潜力的火焰辐射图像法发展。

2.7 航空发动机叶片温度测量技术

航空发动机作为现代飞机的动力来源,正不断朝着高性能和高推重比的方向发展。随着涡轮叶片的温度不断升高,推重比达到 9～10 的第四代发动机的涡轮进口温度已达到了 1 977 K,预计未来第五代发动机推重比到 12～15 时,涡轮叶片进口温度甚至可达到 2 000～2 250 K。涡轮转子叶片作为发动机最为重要的热端部件,准确测量航空发动机涡轮叶片温度对研究叶片材料耐高温能力至关重要。目前航空发动机涡轮叶片的温度测量技术可分为以热电偶、晶体、示温漆为代表的接触式测温法以及以荧光测温、辐射测温、光纤测温为代表的非接触式测温法两类。

2.7.1 接触式测温方法

(1) 热电偶

根据加工以及安装方式的不同,热电偶可以分为埋入式热电偶、火焰喷涂微细热电偶以及薄膜热电偶三种。埋入式热电偶是先在被测物体表面加工开槽,再将铠装热电偶埋入至沟槽中,进行等离子喷涂使之与基体结合。埋入式热电偶制作工艺简单,但对被测表面温度场影响较大。火焰喷涂微细热电偶丝测量涡轮转子叶片表面温度原理是通过火焰喷涂涂层的方法固定热电偶丝测量温度，该方法不破坏试验件，存活率较高，避免了铠装热电偶的缺点，但是涂层会影响原温度场，需要对该影响进行评估，提高测温精度。薄膜热电偶是采用电镀、真空蒸镀、真空溅等技术，将 2 种厚度仅为几微米的金属薄膜直接镀制在沉积有绝缘材料层的被测部件表面而制备。薄膜热电偶由与叶片基体成分相近的中间合金膜、生成和溅射 Al_2O_3 的介质膜和蒸镀电极的测量膜三层薄膜构成，前两种膜构成测量膜与叶片基体之间的电气绝缘，测量膜构成传感器的敏感元件。薄膜热电偶结构如图 2-79 所示。

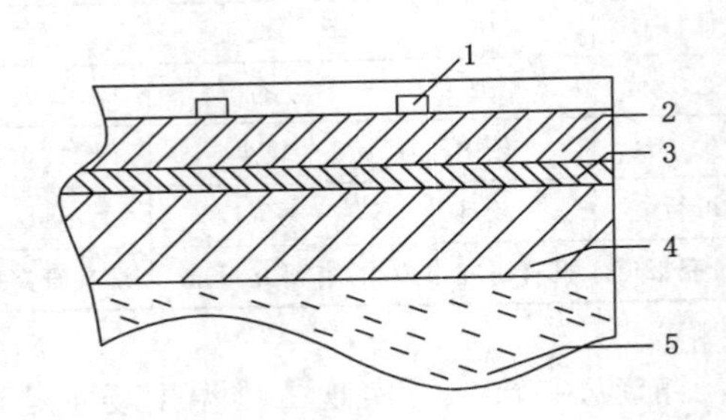

1—薄膜电极；2—保护层；3—介质膜；4—测量膜；5—叶片。

图 2-79　薄膜热电偶结构示意图

美国航空航天局研制的 R 型薄膜热电偶，测温上限达 1 100 ℃，精度为 0.3 ℃。图 2-80 为美国航空航天局制备的 R 型薄膜热电偶。美国惠普公司研制的 S 型薄膜热电偶能够在燃烧室废气测试条件下，测量到 1 250 K 的涡轮叶片温度分布。英国罗尔斯-罗伊斯公司研制的铂铑薄膜热电偶可测量高达 1 200 ℃的温度分布，其不确定度为±2%。电子科技大学与中国燃气涡轮研究院合作，在涡轮叶片表面制备了 K 型、S 型和 Pt/ITO:N 三种类型的薄膜热电偶。其中，K 型热电偶在 600 ℃下的测温误差小于±2.5%；S 型热电偶最高温度能测到 1 000 ℃，误差小于±4%，使用寿命大于 10 h；Pt/ITO:N 薄膜热电偶在温度高于 900 ℃时寿命达 20 h 以上，测量误差小于±1.5%。

薄膜热电偶对表面结构影响较小，响应速度快(小于 1 ms)，可测量微米级节点，可批量化、阵列化多点测温，耐磨耐压，其一般厚度为微米级，对被测物体内部换热和表面燃气流干扰小。但高温高转速情况下，由于热应力影响，薄膜的附着性能降低，容易脱落。

(2) 晶体

辐照晶体测温技术的原理是被高能粒子辐照过的晶体会产生大量晶格缺陷，这种缺陷可以通过高温退火来逐渐消除。物质的残余缺陷浓度与退火温度有关，可通过测量残余缺陷浓度获取退火温度的信息。

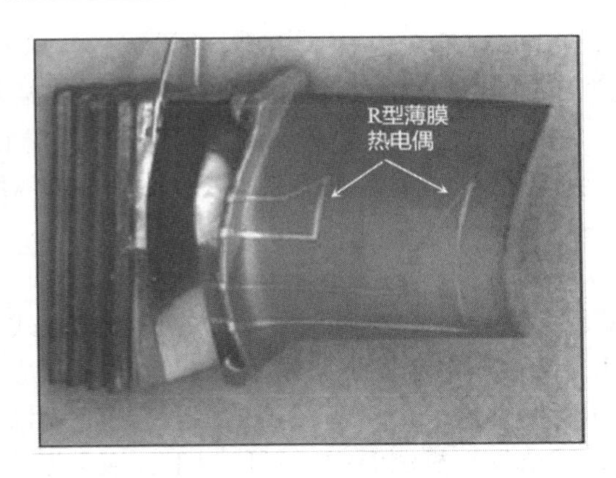

图 2-80 美国航空航天局制备的 R 型薄膜热电偶

晶体测温安装实物图如图 2-81 所示，将被辐照过的晶体安装于被测物体事先打好的孔内，使用高温黏结剂灌封，待黏结剂干燥后在被测物体表面焊接薄金属压片封口。当物体上升到一定温度并保持稳定后，将测温晶体取下采用一定的测试分析手段，分析晶体缺陷导致宏观物性的变化，试验过程中晶体经历的最高温度即可通过比对事先标定好的温度曲线获得。

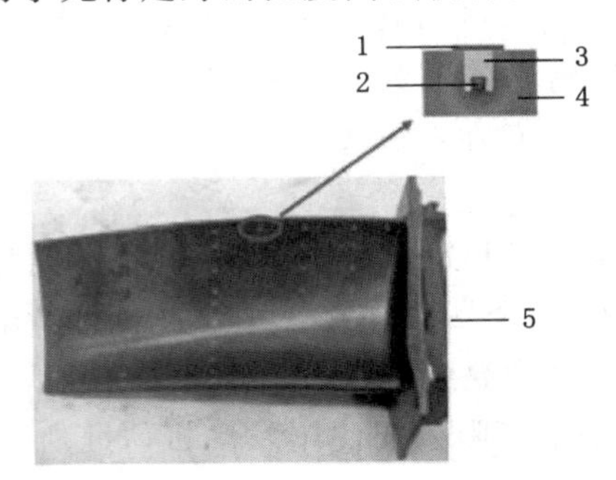

1—金属片；2—晶体；3—高温黏结剂；4—测温点；5—透平叶片。

图 2-81 晶体测温安装实物图

晶体测温技术首先由苏联提出，随后美国、德国等国家将其用于燃气涡轮叶片温度的测量。美国、乌克兰开发了一种材料为 3C-SiC 的晶体测温技术，测量上限达 1 400 ℃，精度±3.5 ℃。在国内，中国航空发动机集团有限公司沈阳发动机研究所与天津大学用 6H-SiC 测温晶体和热电偶在涡轮叶片上进行了晶体考核试验和冷效试验，测量温度高达 1 600 ℃，精度分别为 1%，2%。

晶体测温技术具有微尺寸、微重量、非侵入性、无引线、测温上限高、精度高等特点，可应用于发动机高温转动体和封闭结构系统的壁温测量，如涡轮转子叶片的壁温测量。与S型热电偶测温技术相比,晶体测温技术引起的温度局部扰动相对较小,在测温范围和方便性方面,比传统的热电偶测温方法更有优势。但是此种方法测量的是被测物经历的最高温度,对于实时测量旋转中的涡轮叶片温度具有局限性。并且在被测物表面开孔埋设晶体,需要对被测件进行强度评估。

(3) 示温漆

示温漆测温是航空发动机测温中非常重要的一种接触式测温方法,应用广泛。示温漆在温度升高过程中会发生某些物理或者化学反应,其分子构成改变导致颜色变化,指示所测部件表面最高温度的温度分布。示温漆分为可逆示温漆与不可逆示温漆,航空发动机测温中一般使用不可逆示温漆,即涂料颜色随温度发生变化后不能变回原色。根据随温度上升发生的变色次数又可将示温漆分为单色示温漆与多色示温漆,当变色次数越多,说明其中每一种颜色所指示的温度范围越小,所得到的测温结果精度越高,故多色示温漆的研究备受科研人员的关注。

世界各国都很重视对多色不可逆示温漆的研制。早在1938年,德国的I.G法贝宁达斯公司最早研制出示温涂料,目前已有几十个品种,温度跨度为60~1 400 ℃。在20世纪50年代,英国RR公司就已经广泛采用示温漆指示涡轮叶片的表面温度分布情况,测温范围为240~1 600 ℃,品种多达12个,间隔为50~70 ℃,判读精度达±20 ℃左右。美国TPTT生产的示温漆等温线测量精度达±17 ℃。

国内从20世纪60年代就开始了示温漆的研究,中昊北方涂料工业研究设计院有限公司先后研究了25个品种单色不可逆示温漆,7个品种多色不可逆示温漆,研制的SW-M-1~8系列温度跨度为400~1 250 ℃,其精度可达±20 ℃。2007年中国航空发动机集团有限公司沈阳发动机研究所王从瑞等人在发动机的测试试验中使用示温漆来指示涡轮叶片表面温度,单色示温漆精度可达±5 ℃,多色示温漆精度可达±20℃。至2013年,中国燃气涡轮研究院已研制了20多个品种的单、多色示温漆,温度范围300~1 100 ℃,等温线上的测量精度达±10 ℃。

示温漆具有使用方便、成本低廉、使用温度范围广等优点,不破坏所涂抹表面形貌,也不干扰被测表面气流状态,是一种非干涉式的测温涂料。更重要的是,对于涡轮叶片这种内部结构复杂、空间狭窄的物体,要想获得其温度分布非常困难,示温漆可以涂抹在涡轮叶片任意位置上,从而实现大面积表面温度分布的测量,这是其他测温方法难以实现的。但示温漆只能测量热端部件最高温度,无法进行实时监测,温度分辨率低,不可逆示温漆不能连续使用,其测温精度低于一般的测温方法。示温漆测温实物图如图 2-82 所示。

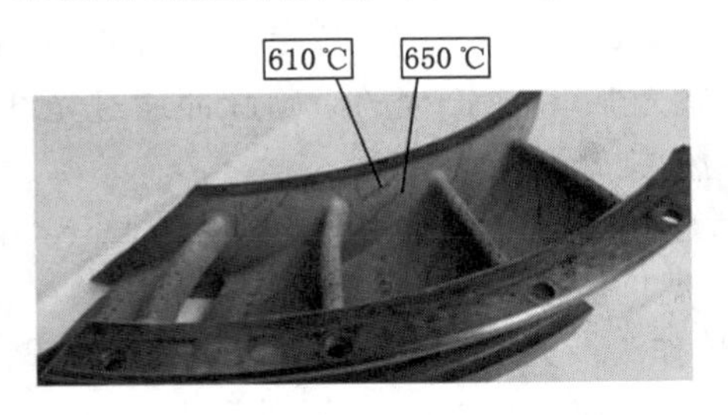

图 2-82 示温漆测温实物图

2.7.2 非接触式测温方法

涡轮叶片温度测量的非接触式测温方法已发展出多种技术，包括多光谱、荧光、光纤、激光发射、辐射式、声波测温等。非接触式测温方法不仅可以测量涡轮叶片表面的温度及温度分布，还可以根据燃气、水汽测量涡轮叶片整体环境的温度。目前国内外应用最为广泛的非接触式测温法是辐射测温法。

(1) 荧光测温

荧光测温法最早是在 1937 年荧光灯的发展过程中被提出来的，但直到 1988 年后才真正受到科研人员的关注。荧光测温法可通过荧光光强、荧光光强比、荧光衰减三个原理实现温度测量。其中，荧光寿命型的测温效果最佳，应用最为广泛。其测温原理建立在光致发光这一基本物理现象上，敏感材料受到激励光的照射后，电子跃迁到高能级，当电子从高能级回到基态时会产生荧光辐射，当达到平衡状态时荧光放射稳定，激励光消失后的荧光辐射衰减时间与荧光寿命(激发态的寿命)有关，荧光寿命 τ 与温度 T 的关系为

$$\tau(T)=\frac{1+e^{-\Delta E/kT}}{R_s+R_T e^{-\Delta E/kT}} \tag{2-73}$$

式中，R_s、R_T、k、ΔE 为各种相关常数；T 为热力学温度。

由式(2-73)可知，τ 随 T 单值变化，根据这一原理可得到准确的温度信息。进行涡轮叶片温度测量时，在涡轮叶片表面上涂抹荧光材料，通过非接触式温度传感器接收荧光信号，最后根据荧光信号衰减的时间计算出叶片表面实际温度。

目前世界上已经研制出了非常适合涡轮叶片测温的 Y_2O_3:Eu，Y_2O_2:Sm、TP，YAG:Dy 和 Y_2O_3:Eu 等许多荧光材料。1990 年美国 O. R 国家实验室测量了在 700～1 000 ℃喷涂火焰中的涡轮叶片静态温度和旋转温度，证实了荧光测温法在涡轮叶片温度测量中的可用性。Dowell 等人研究了一种荧光测温方法在 1 060 ℃温度下精度可达 0.6%；Hyeyes 等人使用 Y_2O_2S:Sm 荧光剂测量

温度范围为 900～1 425 ℃，其误差精度为±1 ℃。英国罗尔斯-罗伊斯公司正在研制一套用于精密测量涡轮叶片表面温度的测温系统，该系统采用 266 nm (Uv)Nd:YAG 脉冲激光器，将它产生的激励脉冲通过光纤传送到探头，经探头投射到涂敷有荧光物的旋转涡轮叶片上。

国内河北工程大学王冬生等人使用 Y_2O_2S:Eu+Fe_2O_3作为荧光粉，可以实现从室温到 450 ℃的温度测量，分辨率为 0.5 ℃。2014 年中北大学的李彦等人采用 Cr^{3+} :YAG 晶体作为荧光材料，利用蓝色发光二极管作为激励光源，经光纤将荧光信号输出，成功测得了 10～450 ℃的温度，且误差小于±5 ℃。目前国内尚未有荧光测温法在涡轮叶片上的应用研究，荧光测温法测量涡轮叶片温度的研究还有待进一步发展，其高精度的测温原理使这种测温方法有极大的研究前景。

荧光测温法优点在于荧光寿命只与温度有关，且不受任何其他因素干扰，测温范围宽，重复性好，测温精度极高，不干扰被测表面温度场。但想要应用于航空发动机涡轮叶片测温，必须要解决荧光材料和耦合的问题。

(2) 辐射测温

辐射测温技术是通过收集被测物体表面发出的热辐射量来获取温度值的方法。国外科研机构于 20 世纪 60 年代后期开始了辐射测温的研究。英国罗尔斯-罗伊斯公司生产的红外点温仪 ROTAMAPII 温度测量范围为 550～1 400 ℃，精度为±6 ℃，靶点尺寸(最小尺寸)为 2 mm(探头至被测目标的距离为 95 mm 时)。美国 UTC 公司相继研究出了利用双波段、三波段测温原理的测温系统。欧洲和美国联合课题组的专家 Hiernaut 等人结合辐射测温原理与光纤传感器的优点，研制了一种基于多波长辐射测温的亚毫米级六波长高温计，可测量温度范围为 727～1 327 ℃，精度为 1%。2011 年美国 GE 公司提出了一种利用光学传感系统实现涡轮叶片温度测量的方法。英国 Land 公司生产的 FP11 型光纤高温计用于涡轮叶片温度测量，其测量范围达到 600～1 300 ℃，精度为(±0.25%)+2 ℃。

国内哈尔滨工业大学的戴景民、孙晓刚等人多年来对辐射测温仪、红外热像仪、多光谱测温仪从原理到应用都进行了大量的研究，研究了辐射高温计的标定方法、发射率误差的消除，并对温度误差进行了补偿算法的研究。哈尔滨工程大学的冯驰、高山等人于 2011 年采用红外辐射测温技术在某重型舰用燃气轮机上实现了叶片温度的测量，测量范围为 800～1 400 ℃，误差小于 7 ℃。2008 年贵州航空发动机研究所杨晨等人利用辐射测温系统对叶片叶背排气边表面温度进行测量，其测量范围为 650～1 100 ℃，基本误差±2 ℃。2017 年热科学与动力工程教育部重点实验室和燃气轮机与煤气化联合循环国家工程研究中心研究了波长为 0.8～15 μm 范围内的涡轮叶片表面发射率的变化趋势。中国航空工业集团公司北京航空精密机械研究所生产的各类机载涡轮叶片测温仪测温范围600～1 200 ℃，误差为±5 ℃。

辐射测温技术提供了一种既不干扰表面也不干扰周围介质的表面温度测量方法，具有分辨率高、灵敏度高、可靠性强、响应时间短、测温范围广、测量距离可调、测量目标面积(靶点)可以很小等优点。重要的是，由于辐射测温法不需要接触被测物表面，对于一些无法直接测量的情况，如高速旋转或腐蚀性强的物体，辐射测温法是最佳的选择。目前针对涡轮叶片的辐射测温的研究如火如荼，未来的发展趋势将集中在减少辐射散失、消除其他物体的反射辐射、减少空气中气体的吸收以及修改发射率，以提高测温精度。这将有助于获取叶片温度场分布情况，并实现对涡轮叶片转动时的实时温度监测。

(3) 光纤测温

光纤测温方法是应用非常广泛的一种测温方法。光纤测温法可分为两类：一类是作为传输光通量的导体，传递具有温度信息的光信号，这种方法不需要与被测物体直接接触，属于非接触式测温法；另一类是利用光纤的敏感特性，可直接与被测物体相接触以获取温度信息，常见的有基于拉曼散射的光纤测温法和光纤光栅测温法。光纤测温法虽然在工程中应用极其广泛，但在高速旋转的高温涡轮叶片上，由于光纤材料的限制，只能将光纤埋入涡轮叶片表面，易对叶片表面温度场产生干扰，影响测温精度。因此，目前在涡轮叶片上采用的光纤测温技术均采用非接触式方法。

在航空发动机内部涡轮叶片等高温环境下，温度、气流、杂质尘埃等环境因素往往影响温度测量的精度，可利用光纤对光信号的低损耗传输能力，将带有温度信息的光波传递到远离高温环境的地方，实现非接触式的温度测量。以蓝宝石、石英等材料制成的光纤具有的宽谱段、耐腐蚀、耐高温、抗电磁干扰、可弯曲等特点，不受外界环境的影响，传递光损耗极低。

在20世纪80年代，国外就已经开始了辐射式光纤的研究。目前光纤测温法在涡轮叶片的测温中已经被广泛应用。英国Land公司生产的FP11型光纤高温计和中国航空工业集团公司北京航空精密机械研究所生产的各类机载涡轮叶片测温仪等都采用了光纤测温；清华大学周炳坤等人率先完成了蓝宝石光纤黑体腔高温传感器研究，测温范围在400～1 300 ℃；燕山大学王玉田研制了一种基于黑体辐射的光纤测温系统，采用“接触-非接触”测温方法和光纤光栅窄带滤波技术，其测温范围可达到2 000 ℃。

光纤传输光学信号的低损耗性使其可结合许多测温方法，极大地减少了测温误差，在涡轮叶片测温中应用广泛。

小　结

本章系统讲述了温度测量的基本知识，温标概念与分类，常见测温仪表；热电偶测温原理及定理推论，热电偶的冷端补偿方法，热电偶的测温电路及二次仪表，热电偶的安装使用；热电阻的测温原理，热电阻分类与结构组成，热电阻测温系统，热电阻的校验方法；辐射测温的基本知识，光谱辐射高温计、全辐射高温计、比色高温计、红外辐射高温计测温原理；高温流体温度测量案例。此外作为拓展知识，分别介绍了锅炉炉膛温度和航空发动机叶片温度测量技术的研究现状及未来发展趋势。

习　题

1A. 理想气体温标与热力学温标有何异同？

2B. 对热电偶冷端进行温度补偿有哪些措施？热电偶补偿导线的作用是什么？选择补偿导线的原则是什么？如果简单地用普通导线代替补偿导线来用会产生怎样的结果？

3B. 根据接触电势和温差电势定义推导出中间导体定律推论二和中间温度定律表达式。

4C. 铂铑 10-铂热电偶测量端为 1 300 ℃，参比端温度为 0 ℃，用铜线接向仪表，若铜线与铂铑 10 电极相接处的温度为 100 ℃，求测量误差[已知 $E_{铂铑10-铜}(100,0)=-0.115$ mV]。

5C. 铂电阻元件长 10 mm、直径 0.05 mm，用来测量空气流温度，从铂丝到空气的放热系数 $h=400$ W/(m^2·K)，流经铂丝的测量电流为 100 mA，在工作温度下测得阻值 $R_t=0.54$ Ω。求自温升造成的附加误差。

6C. 热电偶装在烟道内，显示温度为 851 ℃。热电偶周围平均温度 600 ℃。热电偶保护套管黑度为 0.6，烟气流对热电偶套管的放热系数为 116 W/(m^2·K)，求烟气温度。(认为误差主要是由辐射换热引起的)

7C. 如图 2-83 所示，现有 E 分度号的热电偶、温度显示仪表，它们由相应的补偿导线连接。已知测量温度 $t=800$ ℃，接点温度 $t'_0=50$ ℃，仪表环境温度 $t_0=30$ ℃，仪表采用机械零点调整法补偿。如将补偿导线换成铜导线，仪表指示的温度为多少？如果将两根补偿导线的位置对换，仪表的指示温度又为多少？

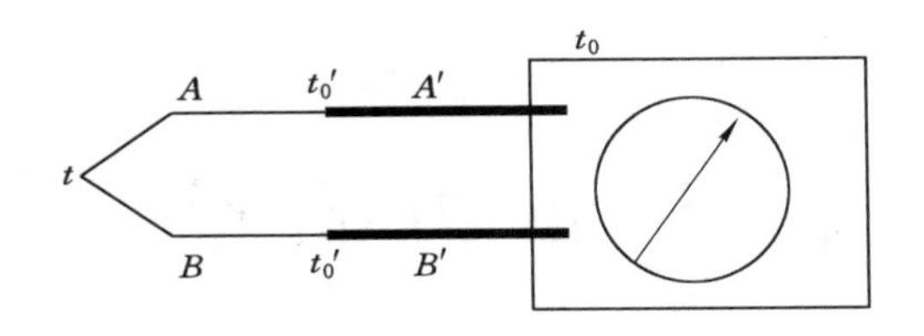

图 2-83

8C. 用分度号为 K 的镍铬-镍硅热电偶测量温度，在没有采取冷端温度补偿的情况下，显示仪表指示值为 500 ℃，这时冷端温度为 60 ℃，那么实际温度应为多少？如果热端温度不变，设法使冷端温度保持在 20 ℃，此时显示仪表的指示值又应为多少？

9B. 试分析比较单色亮度法、全辐射法和比色法三种温度计的以下性能：① 灵敏度；② 非黑体造成显示温度与实际温度的差别；③ 由于所用黑度有误差而引起的显示温度的误差。

10B. 说明亮度温度的意义，并用数学式表达亮度温度与实际温度的关系。光学高温计中的灯泡、红色滤光片和灰色吸收玻璃的作用是什么？

11C. 试分析被测温度和波长的变化对光学高温计、全辐射高温计、比色高温计的准确测量有何影响。

3 压力测量

本章提要　液柱式、弹性式压力计，电气式压力传感器，活塞式压力测量与压力仪表校验方法，压力测量仪表的实际应用。

重点与难点　电容式压力传感器测量，压力表校验、选择、安装及故障分析。

3.1 概　述

压力是表征生产过程中工质状态的基本参数之一，压力测量在生产过程中有着极其重要的意义。首先，通过压力和温度的测量，能确定生产过程中各种工质所处状态。例如饱和蒸气可以由压力值直接确定其状态。其次，正确地测量和控制压力是保证生产过程安全、设备运行良好、取得最佳经济效益的重要环节。热力设备运行过程经常要求在一定的压力或一定的压力变化范围内进行，如锅炉汽包压力、给水压力和主蒸汽压力，以保证工质状态符合生产设计要求，达到优质高产、低消耗的效果。又例如在火电厂中，炉膛负压既反映了送风量与引风量的平衡关系，又与炉内的稳定燃烧密切相关，直接影响机组的安全经济运行。此外，通过压力测量和控制可以监视各重要压力容器(例如除氧器、加热器以及蒸汽管道等)承压情况，防止设备超压引起破坏或爆炸。而且，通过压力或压差测量还可以间接测量其他的物理量，比如温度、流量、液位、密度与成分量等。

综上所述，压力和差压的检测在各类工业生产中，如石油、电力、化工、冶金、航天航空、环保、轻工等领域中占有很重要的地位。

3.1.1 压力的基本概念

压力是指物体单位表面积所承受的垂直作用力，在物理学上称之为压强。本章所讨论的压力均指流体对器壁的压力。在国际单位制(SI)和我国法定计量单位中，压力的单位是“帕斯卡”，简称“帕”，符号为“Pa”。其物理意义是1 N力垂直均匀地作用于1 m^2面积上所产生的压力称为1 Pa，即1 Pa=1 N/m^2。过去采用的压力单位有：工程大气压(1 kgf/cm^2)、毫米汞柱(mmHg)和毫米水柱

(mmH_2O)等，均应换算为法定计量单位帕，其换算关系见表3-1。

表3-1 压力单位换算表

单位名称	符号	与Pa换算关系
工程大气压	kgf/cm^2	$1\ kgf/cm^2=9.81\times10^4\ Pa$
毫米汞柱	mmHg	$1\ mmHg=1.33\times10^2\ Pa$
毫米水柱	mmH_2O	$1\ mmH_2O=9.81\ Pa$

在进行压力测量与计算时，必须考虑地球表面存在的大气压力。这是由于地球引力使大气被“吸”向地球，从而产生压力，靠近地面处的大气压力较大。大气压力的存在导致物体受压情况各不相同，为便于在不同场合表示压力参数，我们引入了绝对压力、表压力、负压力（真空）和压力差（差压）等概念。

绝对压力是指被测介质作用在物体单位面积上的全部压力，即物体所受的实际压力。

表压力是指绝对压力与大气压力的差值。当差值为正时，称为表压力，简称压力；当差值为负时，称为负压力或真空。

差压是指两个压力的差值。习惯上把较高一侧的压力称为正压，较低一侧的压力称为负压。但应注意的是，差压概念中所指的正压并不一定高于大气压力，而负压也并不一定低于大气压力。差压中的正压、负压与相对压力中的正压力（表压力）、负压力（真空）是不同的概念。

各种工艺设备和测量仪表通常处于大气之中，也就是承受着大气压力，因此只能测量出绝对压力与大气压力之差，所以工程上常采用表压力和真空来表示压力大小。即一般情况下压力测量仪表所指示的压力都是表压力或真空，因此本章以后所提压力，无特殊说明均指表压力。上述各概念之间相互关系如图3-1所示。

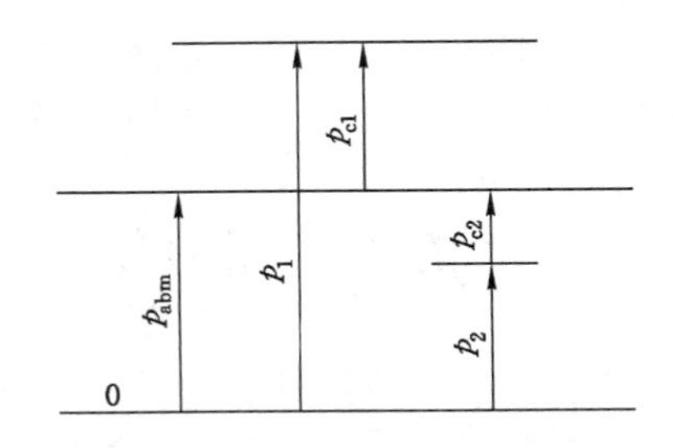

0—绝对零压力；p_{amb}—大气压力；p_1，p_2—绝对压力；
p_{e1}—p_1 对应的表压力；p_{e2}—p_2 对应的真空。

图3-1 绝对压力与表压力关系示意图

3.1.2 压力测量仪表

压力测量仪表有很多测量方法和种类，根据信号转换原理的不同，一般可分为以下四类。

(1) 液柱式压力测量

该方法根据流体静力学原理，利用管内一定高度液柱产生的静压力与被测压力相平衡，将被测压力转换成液柱高度差进行测量。常用仪器如玻璃 U 形管压力计、单管压力计、斜管微压计、补偿微压计和自动液柱式压力计等。

(2) 弹性式压力测量

该方法是根据弹性元件在压力作用下产生弹性变形的原理，将被测压力转换成弹性元件的位移或力进行测量。常用的弹性元件有弹簧管、弹性膜片、弹性膜盒和波纹管等。

(3) 电气式压力测量

该方法是利用敏感元件将被测压力直接转换成各种电参量进行测量，例如电阻、电容、电流及电压等。该方法具有较好的动态响应，量程范围大，线性好，便于进行压力的自动控制。

(4) 负荷式压力测量

该方法是基于静力学平衡原理和帕斯卡定律进行压力测量的，典型的仪表主要有活塞式、浮球式和钟罩式三大类。它被普遍用作标准仪器，对其他压力测量仪表进行检定，例如压力校验台等。活塞式压力计就是根据液压机械中密封液体传递压力的原理，利用活塞及标准质量重物（砝码）的重力在单位底面积上所产生的压力，由密封液传递，与被测压力平衡，将被测压力转换成活塞面积上所加平衡砝码的重力进行测量。

在工业生产过程中，通常使用液柱式或弹性式压力测量仪表进行压力信号的就地显示，使用电气式压力测量仪表进行压力信号的远传。此外，还有一些新型压力计，如压磁式压力计、集成式压力计、光纤压力计等。

3.2 液柱式压力计

液柱式压力计是基于流体静力学原理制成的。它利用液体柱所产生的重力与被测压力平衡，并根据液体柱高度来确定被测压力大小。所用液体称为工作液，亦称为封液，常用水、酒精、水银等，用 U 形管、单管等进行测量，且要求工作液不能与被测介质起化学作用，并应保证分界面具有清晰的分界线。

液柱式压力计一般用于 10^5 Pa 以下的压力、真空及压力差的测量，它具有结构简单、使用方便、测量准确灵敏和价格较低等优点，但同时也存在一些自身难以克服的缺点，主要表现为以下几个方面：

(1) 量程受到液柱高低的限制，也就是受液体密度的限制。除水银外，目前尚无密度大而且化学稳定性好的液体，但水银又是人们所不愿意使用的有害物质。

(2) 不适合测量剧烈变动的压力。由于U形管两端必须和被测压力或大气相通，压力突变时会使液体冲出管外。管内液体阻尼系数太小，虽然在测量微小变化压力时相当灵敏，但其动态特性却是欠阻尼的，遇到压力扰动就会反复振荡许久。

(3) 对安装位置和姿势有特定要求。首先占用空间较大不够紧凑，其次工作姿态必须垂直，使安装条件受到诸多限制。

(4) 玻璃管容易损坏，且只能就地指示，不能实现指示值的远传和记录。

由于上述这些固有缺陷，近来液柱式压力计在工业生产中的应用已日趋减少，但在实验室或科学研究中仍较常使用。常用的液柱式压力计有U形管压力计、单管式压力计、液柱式微压计等。

3.2.1 U形管压力计

U形管压力计可用于测量液体或气体的相对压力以及压力差，其结构原理如图3-2所示。

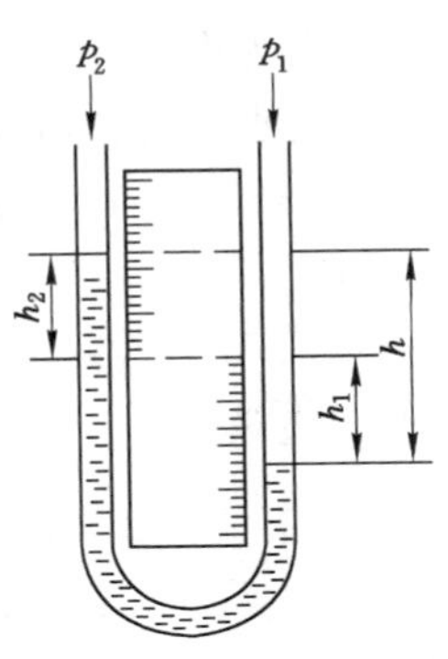

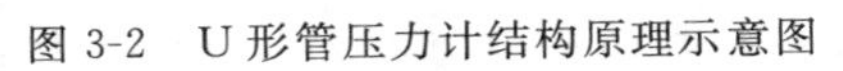
图3-2 U形管压力计结构原理示意图

U形管压力计

它由一根灌注有一定容积液体(通常为水、水银、酒精、四氯化碳或油等)的U形玻璃管和一根标尺所组成，应用在酸或腐蚀性环境中，最好采用搪瓷做标尺。使用时，一般将U形管一端用胶管与被测对象接通，另一端通大气，如果另一端不通大气而是用胶管与另一对象接通，就可以测量两对象的压差。当两端压力相等时，左右支管中液面均处于 0 刻度处。

设压力计内工作液体的密度为 ρ，液体上面介质的密度为 ρ_m，则被测压力 p 为

$$p=p_1-p_2=(\rho-\rho_m)g(h_1+h_2)=(\rho-\rho_m)gh \tag{3-1}$$

式中 $h=h_1+h_2$——左右支管中液柱的高度差，m；

ρ、ρ_m——工作液体和液面上介质的密度，kg/m^3；

g——重力加速度，m/s^2。

当 $\rho_m \ll \rho$ 时，上式可写成

$$p=\rho gh \tag{3-2}$$

由上式可知，当工作液体密度 ρ 和重力加速度 g 一定时，液柱的高度差 h 即可表示被测介质的压力。一般要求 U 形管压力计的管径不小于 8～10 mm，且保持管径上下一致。对于管径较小的压力计，工作液体不能用水（因为水在细管内会产生毛细现象），可采用酒精等。

U 形管压力计用于测量气体压力时，气体的密度远小于液体，故管内气柱的重力影响可以忽略不计。又因管壁的膨胀系数远小于液体，所以在进行温度修正时，一般只考虑液体密度随温度变化的影响因素。

需要注意的是，考虑到管的内径可能不均匀，故必须分别读出液柱高度 h_1 和 h_2，相加后得出液柱高度差 h，而不能用 $2h_1$ 或 $2h_2$ 代替 h。读数时还要注意液体的毛细作用和表面张力的影响等因素，对凹形弯月面（例如水）以液面最低点为准；对凸形弯月面（例如水银）以液面最高点为准。

【思考题】 对于管径较小的压力计，能否用水做工作液体？为什么？

3.2.2 单管式压力计

单管式压力计实质上仍是 U 形管压力计，只不过两个管子的直径相差很大，它改为只从一边读数，避免了 U 形管压力计要读两次数的麻烦，减小读数误差。单管压力计主要由测量管、大截面容器、标尺组成，其结构原理如图 3-3 所示。

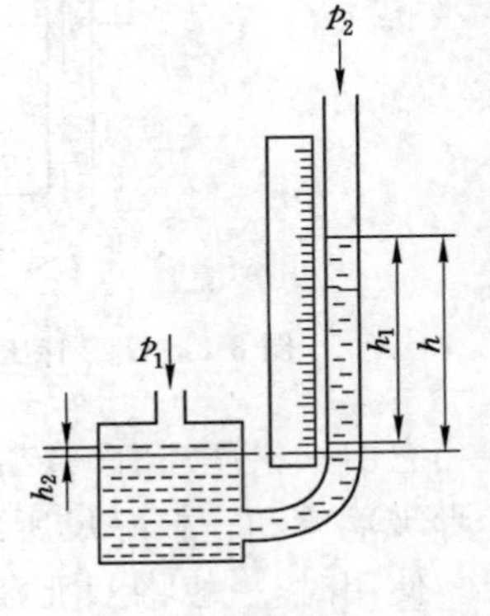

图 3-3 单管式压力计结构原理示意图

它由一个具有较大横截面积的容器和一根与之相连通的玻璃管组成，容器中注满工作液体，使玻璃管内液面正好在零刻度。被测压力接到容器上方，与压力成正比的玻璃管内液面高度 h 可由下式表示：

$$h=h_1\left(1+\frac{A_1}{A_2}\right)=h_1\left(1+\frac{d^2}{D^2}\right) \tag{3-3}$$

式中　h_1——玻璃管中液柱的高度；

A_1,A_2——玻璃管与容器的横截面积；

d,D——玻璃管与容器的内径。

若 $D=31.6d$，则玻璃管与容器的截面积之比可达 1 000 倍，这时只要读出 h_1 便可知被测压力，且误差不超过 0.1%，甚至还可以把上式中括弧内的数值作为修正系数处理，使误差更小。

单管式压力计和 U 形管压力计测量范围很广，它们的测量上限取决于工作液体的密度。当管长为 5 m，工作液体为水银时，其测量上限为 6×10^5 Pa；若工作液体为酒精，其测量上限为 0.4×10^5 Pa。而测量下限由测量精度要求决定，一般不小于 2 000 Pa。

3.2.3　液柱式微压计

液柱式微压计是广泛用于实验室和工业生产中的轻便仪器，主要有以下几种：

(1) 斜管式微压计

用 U 形管或单管式压力计来测量微小压力时，由于液柱高度变化很小，读数困难。为了提高灵敏度，减小读数误差，可将单管式压力计的玻璃管制成斜管，以拉长液柱，这就是斜管微压计，可以测量微小压力、负压和压力差，其结构如图 3-4 所示。它由一个具有较大横截面积的容器和一根与之相连通的倾斜玻璃管组成。通常斜管微压计中的工作液是酒精，斜管上的刻度范围一般为 0～250 mm。设斜管的倾角为 α，斜管中液柱的长度为 l，则与被测压力相平衡的液柱高度 h 可由下式表示：

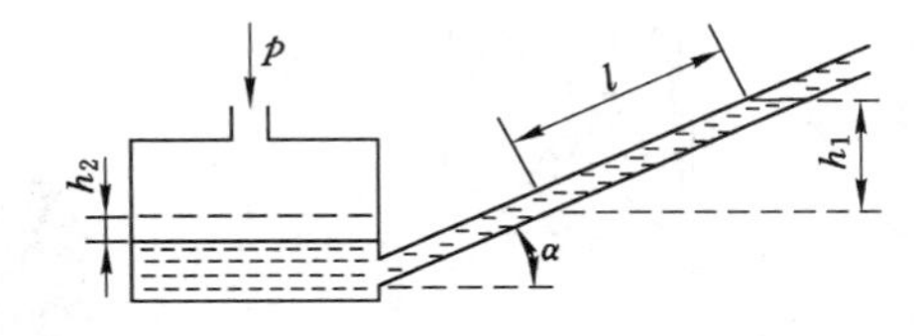

图 3-4　斜管式微压计结构原理示意图

斜管式微压计

$$h=l\left(\sin\alpha+\frac{A_1}{A_2}\right) \tag{3-4}$$

与之对应的压力为

$$p=\rho g l\left(\sin\alpha+\frac{A_1}{A_2}\right)=Kl \tag{3-5}$$

式中 A_1, A_2——玻璃管和容器的横截面积；

ρ——工作液的密度；

K——常数，$K=\rho g\left(\sin\alpha+\dfrac{A_1}{A_2}\right)$。

斜管式微压计利用斜边长度大于高度的关系，将读数标尺加长，在测量时具有一定的放大作用，比单管式压力计更灵敏，可以提高测量准确度。

斜管倾斜角 α 越小，测量灵敏度越高。但倾斜角过小时，会因斜管内液面拉长，且易冲散，读数困难，反而影响读数的准确性，因此 α 角一般不小于 15°。为了进一步提高准确度，一般选用密度较小的介质作为工作液体，比如酒精。

【思考题】 与直管式比较，斜管式微压计的优点是什么？

(2) 零平衡微压计

零平衡微压计的结构如图 3-5 所示。它具有两个一大一小的容器，二者用橡皮管连通。大容器中间有一个带内螺纹的孔，里面有一根微调丝杆，丝杆下端与仪器的底部相连，丝杆上端连着一个标有刻度的帽子，转动这个帽子，大容器就可以沿着丝杆上下移动，直到小容器里的水面与观测针尖相接触为止。观察者在调节中可通过一个光学系统来观察，使观测针尖正好与它反射在水面上的影像相接触。被测压力以毫米水柱表示（1 mmH_2O=9.806 Pa），直接从标尺上读出。

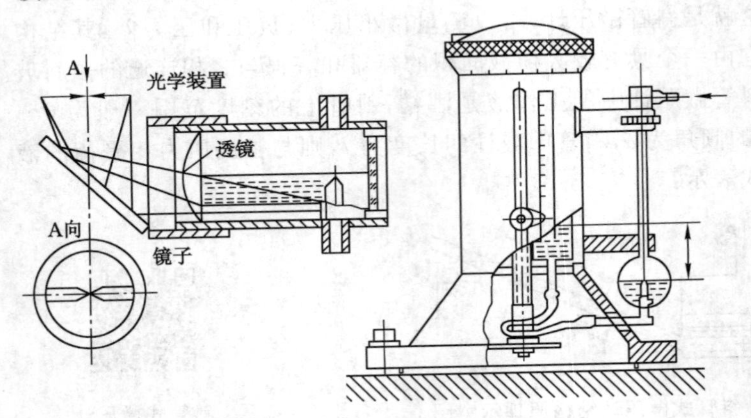

图 3-5 零平衡微压计结构示意图

零平衡微压计

这种微压计的量程有 0～120，0～150，0～250 mmH_2O 三种，基本精度为 ±0.12 mmH_2O，若是标准压力计，基本精度为 ±0.06 mmH_2O。

3.3 弹性式压力计

弹性式压力计利用弹性元件作为压力敏感元件。当弹性元件受压变形时，产生的反作用力与被测压力相平衡。由于弹性元件的变形是压力的函数，因此通过弹性元件的变形输出来实现压力测量。常见类型有弹簧管压力计、膜盒差压计、电接点压力计等。

弹性式压力计只能测量表压和负压，并通过传动机构将被测压力直接就地指示，若要将压力信号远传，弹性元件必须和其他转换元件一起使用，组成压力传感器。各种基于弹性元件的压力测量仪表和测量方法，只能用于测量静态压力。

弹性式压力计具有结构简单、使用方便和价格低廉等特点，应用范围广，测量范围宽，因此在工业生产中使用十分普遍。

3.3.1 弹性元件测量原理

弹性元件在弹性限度内受力后产生变形，变形的大小与被测压力成正比。弹性元件受压力作用后，通过受压面表现为力的作用，假设被测压力为 p_x，力为 F，其大小为：

$$F = A p_x \tag{3-6}$$

式中 A——弹性元件承受压力的有效面积。

根据虎克定律，弹性元件在弹性限度内形变 x 与所受外力 F 成正比，即：

$$F = Kx \tag{3-7}$$

式中 K——弹性元件的刚度系数。

因此，当弹性元件所受压力为 p_x 时，其位移量为：

$$x = \frac{F}{K} = \frac{A}{K} p_x \tag{3-8}$$

其中弹性元件的有效面积 A 和刚度系数 K，与弹性元件的性能、加工过程和热处理等因素有关。当位移量较小时，它们可近似看作常数，则压力与位移呈线性关系。比值 A/K 的大小，决定了弹性元件的测压范围，其值越小，可测压力越大。

3.3.2 弹性元件

用作压力测量的弹性元件主要有弹性膜片（膜盒）、波纹管和弹簧管等。

(1) 弹性膜片（膜盒）

弹性膜片是一种沿外缘固定的片状形测压弹性元件，厚度一般在 0.05～

0.3 mm之间。按其剖面形状分为平薄膜和波纹膜，如图3-6所示。波纹膜是一种压有环状同心波纹的圆形薄膜，其灵敏度较平薄膜高，因而得到广泛使用。弹性膜片的特性一般用中心位移和被测压力的关系来表征。当膜片位移较小时，它们之间有良好的线性关系。波纹膜的波纹数目、形状、尺寸和分布情况既与压力测量范围有关，也与线性度有关。

图 3-6　弹性膜片结构示意图　　弹性膜片　　膜片工作原理

若将两块弹性膜片沿周边对焊起来，形成一薄膜盒子，称为膜盒。其内部密封并抽成真空，当膜盒外压力发生变化时，膜盒中心产生位移，这种真空膜盒常用来测量大气的绝对压力。与膜片相比，膜盒增加了中心位移量，提高了灵敏度。

弹性膜片受压力作用产生位移，可直接带动传动机构进行指示。但弹性膜片的位移较小，更多的是将弹性膜片和其他转换元件结合起来，把压力转换成电信号，如电容式压力传感器、光纤式压力传感器、力矩平衡式传感器等。

(2) 波纹管

波纹管是一种具有等间距同轴环状波纹，能沿轴向伸缩的测压弹性元件，其结构如图3-7所示。

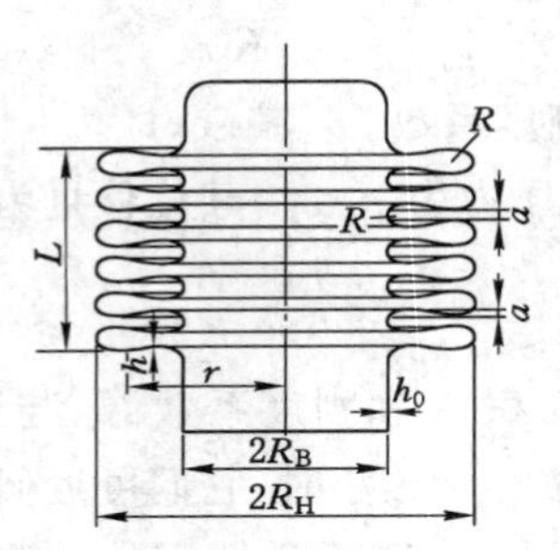

图 3-7　波纹管结构示意图

当波纹管受轴向被测压力 p_x 时，产生的位移为：

$$x = KAp_x \tag{3-9}$$

式中　K——系数，与泊松比、弹性模量、非波纹部分的壁厚、完全工作的波纹数、波纹平面部分的倾斜角、波纹管的内径以及波纹管的材料等因素有关；

A——波纹管承受压力的有效面积。

波纹管受压力作用产生位移，其顶端安装的传动机构直接带动指针读数。与弹性膜片相比，波纹管的位移大，灵敏度高，特别是在低压区更好，因此常用于测量较低压力。但波纹管存在较大的迟滞误差，测量精确度一般只能达到1.5级。

(3) 弹簧管

弹簧管(又称波登管)是用一根横截面呈椭圆形或扁圆形的非圆形中空管，弯成圆弧形状而制成的，其中心角γ常为270°。弹簧管的一端开口，作为固定端固定在仪表的基座上。另一端封闭，作为自由端。弹簧管结构示意如图3-8(a)所示。

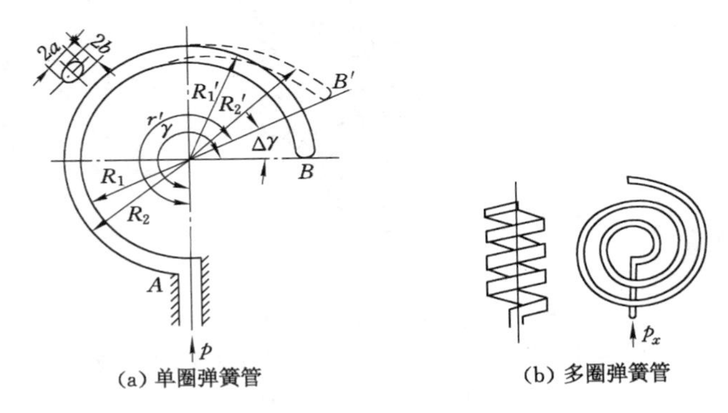

图3-8 弹簧管示意图

被测介质由固定端进入并充满弹簧管的整个内腔，弹簧管因承受内压，其截面形状趋于变成圆形并伴有伸直的趋势，因而产生力矩，同时改变其中心角，封闭的自由端发生位移，位移大小与被测介质压力成比例。自由端位移通过传动机构带动指针转动，直接指示被测压力；或配合适当的转换元件，比如霍尔元件、电感线圈中的衔铁等，把位移变换成电信号(霍尔电势、线圈的电感量的变化)输出。

单圈弹簧管受压力作用后，中心角变化量一般较小，灵敏度较低。在实际测量中，可采用图3-8(b)所示的多圈弹簧管来提高测量的灵敏度。

【思考题】 为什么多圈弹簧管可以提高测量的灵敏度?

3.3.3 常用弹性式压力计

常用弹性式压力计有：膜片式压力计、膜盒式压力计、波纹管压力计和弹簧管压力计等。

(1) 膜片式压力计

膜片式压力计是利用金属弹性膜片作为感压元件制成的,其结构如图 3-9 所示。

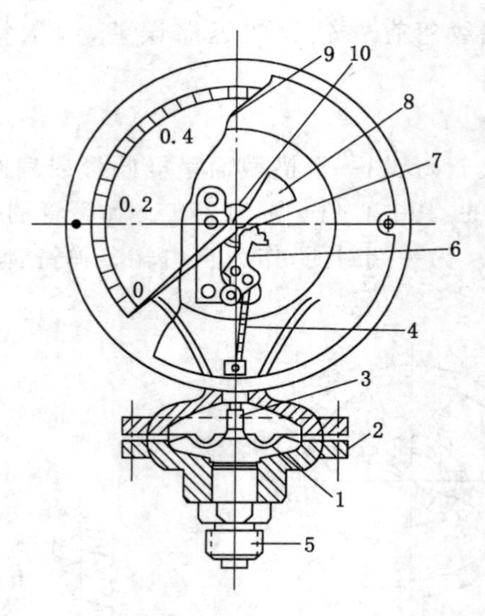

1—膜片;2—凸缘;3—小杆;4—推杆;5—接头;
6—扇形齿轮;7—小齿轮;8—指针;9—刻度盘;10—套筒。

图 3-9 膜片式压力计

膜片 1 利用凸缘 2 固定,压力信号由接头 5 引入膜片下侧,当膜片两侧面所受压力不同时,膜片中部产生变形,弯向压力低的一面,由此膜片中心产生位移,并通过小杆 3、推杆 4 带动扇形齿轮 6 摆动,扇形齿轮通过与其啮合的小齿轮 7 带动指针 8 转动,在刻度盘 9 上指示压力值。

膜片式压力计常用于测量对铜、钢及其合金有腐蚀作用或黏度较大介质的压力和真空度(采用不锈钢膜片);若采用敞开式法兰结构或隔膜式结构,可用于测量高黏度、易结晶或高温介质的压力和真空度。膜片式压力计的测量范围一般为 $0\sim5.88\times10^{6}$ Pa,精度为 2.5 级。

(2) 膜盒式压力计

膜盒式压力表的弹性感压元件为膜盒,适用于测量空气或其他无腐蚀性气体的微压或负压。例如,电厂锅炉风烟系统中风、烟的压力测量以及锅炉炉膛负压等参数的测量。其结构如图 3-10 所示。

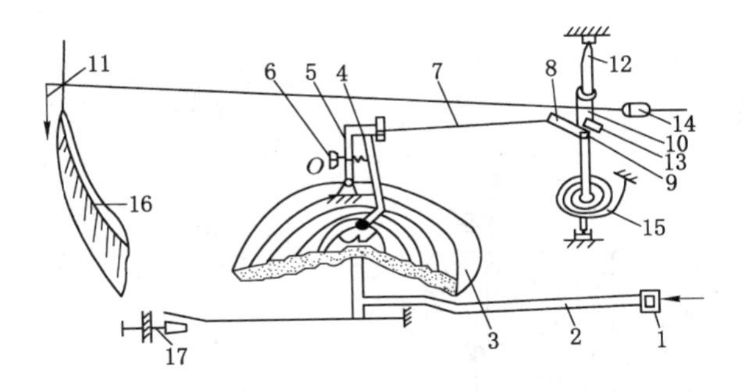

1—接头；2—导压管；3—金属膜盒；4,5—杠杆；6—微调螺丝；
7—拉杆；8—曲柄；9—内套筒；10—外套筒；11—指针；12—轴；
13—制动螺丝；14—平衡锤；15—游丝；16—标尺；17—调零机构。

图 3-10 膜盒式压力表原理结构

膜盒工作原理

压力信号由接头 1、导压管 2 引入金属膜盒 3 内，使金属膜盒产生变形。变形后膜盒中心处向上位移，与膜盒中心相连的杠杆 4 动作，带动杠杆 5 绕支点 O 做逆时针转动，从而带动拉杆 7 向左移动。拉杆 7 又带动曲柄 8 和轴 12 逆时针转动，与轴相连的指针做逆时针转动进行压力指示。

仪表满量程的调整是通过调节微调螺丝 6，改变杠杆 4、5 绕支点 O 的旋转半径来实现的。另外也可以通过改变拉杆 7 与杠杆 5、曲柄 8 的连接孔位置，以改变传动放大倍数的方式来实现。仪表的零点调整是通过调节调零机构 17，改变膜盒的初始高低位置来实现的。

为进一步提高其灵敏度，可用多个膜盒串联组合起来，制成多膜盒式压力计。若膜盒材料为磷青铜，使用中应注意被测介质必须对铜合金无腐蚀作用。膜盒式压力计的测量范围为 150～40 000 Pa，精度一般为 2.5 级，较高的可达 1.5 级。

(3) 波纹管压力计

波纹管压力计用波纹管作为感压元件。双波纹管差压表就是一种常用的波纹管压力计，主要用于流量和水位等测量时的中间变换或显示。使用中通入仪表正、负压室的静压一般很高，但静压差不大。其结构和工作原理如图 3-11 所示。

当被测正、负压信号 $p+$、$p-$ 分别引入测量室的高压侧和低压侧时，高压侧波纹管被压缩，其中的填充液（硅油）12 通过阻尼旁路 10 和环形间隙流向低压侧波纹管，使其自由端右移。整个连接轴系统 1 就向低压侧方向移动，同时拉伸量程弹簧 7，直至差压[$(p+)-(p-)$]在波纹管底面上所形成的作用力与量程弹簧 7 和波纹管的变形力相平衡为止。连接轴系统移动时，通过轴上的挡板

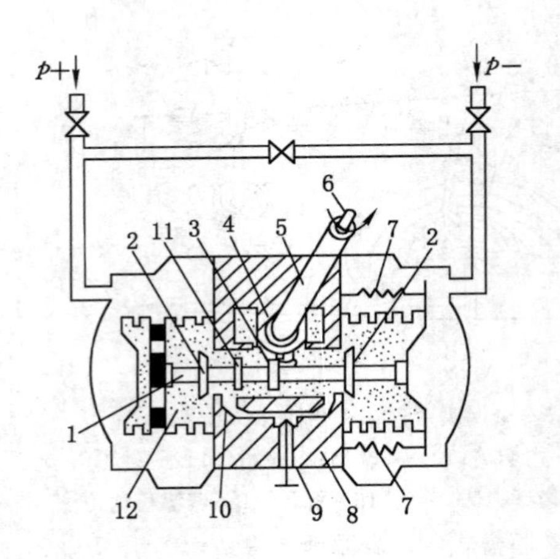

1—连接轴；2—单向受压保护阀；3—挡板；4—摆杆；5—扭力管；6—芯轴；
7—量程弹簧；8—基座；9—阻尼调整阀；10—阻尼旁路；11—阻尼板；12—填充液（硅油）。

图 3-11　双波纹管差压表结构原理图

3 拨动摆杆 4，使摆杆摆动，扭力管 5 扭转，芯轴 6 把扭转信号传给显示部件显示差压信号。

仪表量程通过改变波纹管的刚度和有效面积，以及量程弹簧的刚度和数量来实现，调节微调量程螺母亦能细调量程。阻尼调整阀 9 调节填充液在受压流动时的流动阻力，改变仪表阻尼特性，使仪表对短促差压脉动不发生反应。波纹管腔用于收容那些因温度变化而引起填充液体积变化，进而多出的填充液起温度补偿作用。

由于波纹管在轴向容易变形，所以灵敏度较高，在测量低压时它比弹簧管和膜片更灵敏。缺点是迟滞值太大（5%～6%），为克服这一缺点，用刚度比它大 5～6 倍的弹簧和它结合在一起使用，将弹簧置于波纹管内，这样可使迟滞值减小至 1%。

采用铍青铜波纹管的压力计滞后较小（0.4%～1%），特性稳定，其工作压力可达 1.47×10^{7} Pa，工作温度可达 150 ℃。当要求在高压或有腐蚀性的介质中工作时，应采用不锈钢波纹管制的压力计。

(4) 弹簧管压力计

弹簧管压力计主要由感压元件弹簧管、齿轮机械传动放大机构、指针标尺等部分构成，如图 3-12 所示。

弹簧管压力计的弹簧管 1 是一根弯成 270°圆弧的椭圆形截面的空心金属管子，管子的自由端封闭并与拉杆 2 连接，另一端固定在接头 9 上。

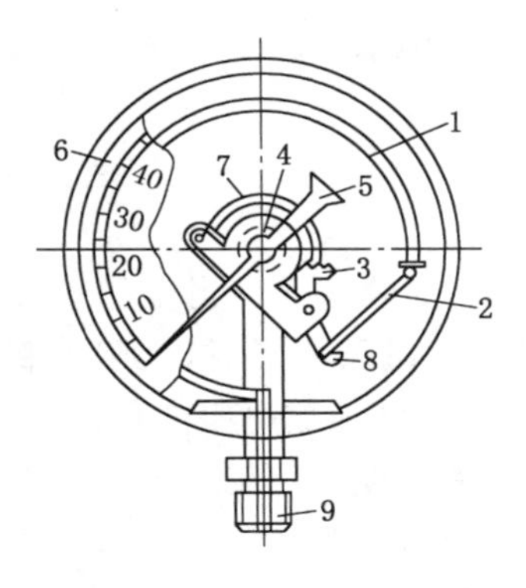

1—弹簧管；2—拉杆；3—扇形齿轮；4—中心齿轮；
5—指针；6—面板；7—游丝；8—调节螺钉；9—接头。

图 3-12 弹簧管压力计

弹簧管压力计

当被测压力由接头 9 输入弹簧管 1 时，椭圆截面在压力的作用下趋向圆形，使弹簧管随之产生向外挺直的扩张变形。弹簧管自由端的位移通过拉杆 2 使扇形齿轮 3 做逆时针偏转，于是指针 5 通过同轴的中心齿轮 4 的带动而做顺时针偏转，在面板 6 的刻度标尺上显示出被测压力的数值。

弹簧管压力计分为普通型压力计、精密压力计、密封型压力计、充油型压力计、差压计、双针型压力计等。

电接点压力计

3.4 电气式压力测量

传统的压力测量是通过弹性元件的形变和位移随压力变化而改变的情况来间接测量压力的，现代压力测量则是利用压力敏感元件如半导体材料的压阻效应和弹性进行测量的，具有体积小、质量轻、灵敏度高等特点，被广泛采用。

电气式压力测量是利用压力敏感元件将被测压力信号直接转换成各种电参数（如电阻、频率、电荷量等）的测量方法，该方法具有较好的静态和动态性能，量程范围大，线性好，便于进行压力的自动控制，广泛应用于集中测量、自动控制等自动化场合，尤其适合于压力变化快和高真空、超高压的测量。按工作原理可分为电位器式、应变式、电感式、电容式、压电式、压阻式、压磁式、霍尔效应式、振弦式、光纤式等多种方式。

3.4.1 应变式压力测量

应变式压力测量原理是基于电阻应变效应——当金属应变片或半导体应变片在外界力的作用下产生机械变形时，其阻值将随之发生变化，从而将测压弹性元件的应变转换成电阻变化。

应变片

应变式压力测量常见的有丝式金属应变片、箔式金属应变片、陶瓷金属应变电阻式、溅射薄膜、单晶硅压阻式、多晶硅压阻式和硅蓝宝石压阻式几种类型，测压范围 0～210 MPa。

该压力计灵敏度高，测量范围广，频率响应快，既可用于静态测量，又可用于动态测量。其结构简单，尺寸小，重量轻，易于实现小型化和集成化，能在低温、高温、高压、强烈振动、核辐射和化学腐蚀等各种恶劣环境下可靠工作，所以被广泛地应用于各种力的测量仪器和科学试验中。

(1) 应变式压力测量原理

应变片由电阻体和基座构成。当应变片受力变形时，电阻体的几何尺寸和电阻率会随之发生相应变化，此时输出的电阻值就反映了应变和应力的大小。

设一段轴向长度为 l、横向截面积为 A、材料电阻率为 ρ 的金属导体或半导体材料制成的电阻体，其电阻值为：

$$R=\rho\frac{l}{A} \tag{3-10}$$

被测对象在外力作用下产生微小的机械变形，电阻体随之发生相应的变化，它的电阻率、轴向长度和横截面积都会发生变化，其电阻值也会发生变化，其相对变化量为：

$$\frac{\Delta R}{R}=\frac{\Delta l}{l}-\frac{\Delta A}{A}+\frac{\Delta\rho}{\rho} \tag{3-11}$$

由材料力学可知

$$\frac{\Delta A}{A}=-2\mu\frac{\Delta l}{l} \tag{3-12}$$

$$\frac{\Delta\rho}{\rho}=\pi E\frac{\Delta l}{l} \tag{3-13}$$

式中 μ——材料的泊松比；

π——压阻效应；

E——弹性模量。

我们把材料轴向长度的相对变化量称为应变，用 ε 表示，则有：

$$\varepsilon=\frac{\Delta l}{l} \tag{3-14}$$

对式(3-11)～式(3-14)进行整理,可得电阻值的相对变化量为:

$$\begin{aligned}\frac{\Delta R}{R}&=\frac{\Delta l}{l}+2\mu\frac{\Delta l}{l}+\pi E\frac{\Delta l}{l}=(1+2\mu+\pi E)\frac{\Delta l}{l}\\&=(1+2\mu+\pi E)\varepsilon=k_1\varepsilon\end{aligned} \tag{3-15}$$

式中　k_1——应变材料的灵敏度系数,$k_1=1+2\mu+\pi E$。

由式(3-15)可知,应变材料的电阻变化取决于两部分:一是由几何尺寸变化引起的电阻变化率$(1+2\mu)\varepsilon$,这种材料在外力作用下发生机械变形,其电阻值随之发生变化的现象称为应变效应;二是由材料的电阻率变化引起的电阻变化率$\pi E\varepsilon$,这种材料收到压力作用后,其晶格间距发生变化,电阻率随压力变化的现象称为压阻效应。

对于金属材料,电阻变化率主要以应变效应为主,压阻效应可以忽略不计,被称为金属电阻应变片,并制成应变片式压力计;对于半导体材料,电阻变化率主要由压阻效应造成,应变效应可以忽略不计,被称为半导体应变片,并制成压阻式压力计。

为使应变片在受压时产生形变,通常采用粘贴或非粘贴的方式,将应变片与弹性元件连接在一起,由于应变片与弹性元件同处一体,受压时产生同样应变,应变量ε与被测压力p_x成正比,即:

$$\varepsilon=k_2p_x \tag{3-16}$$

式中　k_2——结构常数,通常与弹性元件的结构形状、材料性质及应变片在弹性元件上的位置等因素有关。

所以,有

$$\frac{\Delta R}{R}=k_1k_2p_x=kp_x \tag{3-17}$$

式中　k——常数,$k=k_1k_2$。

上式说明,金属应变片或半导体压阻片的电阻变化率与被测压力成正比,这就是应变式压力测量的基本工作原理。

必须指出,应变片测出的是弹性元件上某处的应变,而不是该处的压力或位移,只有通过换算或标定,才能得到相对应的压力或位移量。换算关系可参考相关资料。

(2) 应变片结构及性能

应变片分为由金属材料制成的金属电阻应变片和由半导体材料制成的半导体压阻片两类。

① 金属电阻应变片

金属电阻应变片是基于应变效应工作的一种压力敏感元件。一般分为两类，一类是丝式应变片，一类是箔式应变片。金属应变片是由敏感栅（金属应变丝或应变箔）、基底、绝缘保护层（覆盖层或保护膜）和引线等部分组成。敏感栅是核心元件，负责把感受到的应变转换为电阻阻值的变化。基底的作用主要是支撑敏感栅，使它保持一定的几何形状，将弹性体的表面应变准确地传送到敏感栅上，使敏感栅与弹性体之间相互绝缘。覆盖层用来保护敏感栅避免受外界的机械损伤，并防止环境温度、湿度的侵扰。引线则用来连接敏感栅与测量仪器。常用金属电阻应变片有丝式、箔式及薄膜式三种结构。

丝式应变片结构如图 3-13 所示，它以一根金属丝（作用丝 1，一般直径 0.02～0.04 mm）弯曲多次成栅状后（增加丝体长度）贴在衬底 6 上、绝缘纸 5 下，作用丝两端焊有引出导线 2（由直径 0.1～0.2 mm 低阻镀锡铜线制成），用于将敏感栅与测量电路相连。应变片的几何尺寸为基长 l，线栅宽 a 和弯曲半径 r。制作应变片的金属材料有：康铜、镍铬合金、铁镍铬合金和铂铱合金等。

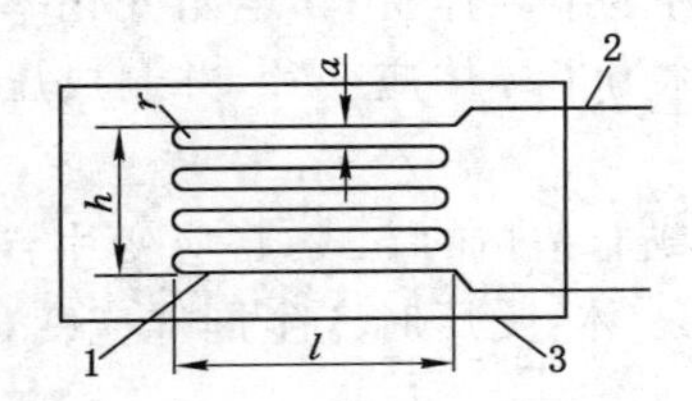

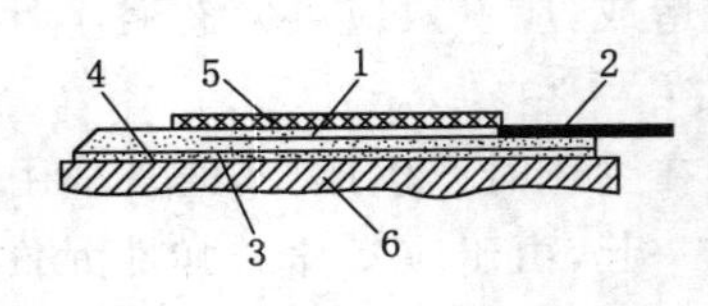

金属应变片

1—作用丝；2—导线；3—纸或塑料载片；4—胶黏剂；5—绝缘纸；6—衬底；

l—应变丝基长；h—应变栅宽；r—弯曲半径。

图 3-13　丝式应变片

箔式应变片的敏感栅是用厚度为 0.001～0.01 mm 的金属箔先经轧制，再经化学抛光而制成，其线栅形状是应用光刻照相技术，将金属箔腐蚀成丝栅制成的，如图 3-14 所示，因此形状尺寸可以做得很准确。箔式应变片很薄，表面积与截面积之比大，散热性能好，在测量中能承载较大的工作电流和较高的工作电压，从而提高了灵敏度。此外它耐蠕变和漂移的能力强，可做成任意形状，便于批量生产，成本较低。由于上述优点，箔式应变片的应用优于丝式应变片，已逐渐取代丝式应变片。

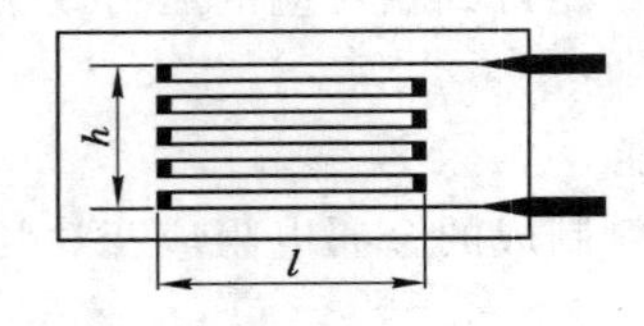

图 3-14　箔式应变片

应变片的尺寸通常用有效线栅的外形尺寸表示。根据基长不同分为三种：小基长 $l=2\sim7$ mm；中基长 $l=10\sim30$ mm 及大基长 $l>30$ mm。线栅宽 h 可在 2～11 mm 内变化。

在应变片金属材质的选择上，一般应同时兼顾以下几个方面的要求：

a. 灵敏系数 K 值要大，且在较大范围内保持 K 值为常数；

b. 电阻温度系数要小，有较好的稳定性；

c. 电阻率和机械强度要高，工艺性能要好，易于加工成细丝及便于焊接等。

常用的金属电阻应变片材料有：适用于 300 ℃以下静态测量的康铜、铜镍合金；适用于 450 ℃以下静态测量或 800 ℃以下动态测量的镍铬合金和镍铬铝合金。镍铬合金电阻率比康铜的几乎大一倍，同样直径的镍铬电阻丝做成的应变片要小很多。另外，镍铬合金丝的灵敏系数也比较大。但是，康铜丝的电阻温度系数小，受温度变化影响小。

应变片正常工作时需依附于弹性元件，弹性元件可以是金属膜片、膜盒、弹簧管等。应变片与弹性元件的装配可以采用粘贴式或非粘贴式，在弹性元件受压变形的同时应变片也发生应变，其电阻值将有相应的改变。

粘贴式应变片压力计可采用 1、2 或 4 个特性相同的应变元件，粘贴在弹性元件适当位置上，并分别接入电桥的桥臂，则电桥输出信号可以反映被测压力的大小。为了提高测量灵敏度，通常采用两对应变片，并使桥臂的应变片分别处于接收拉应力和压应力的位置。

敏感栅的长度方向，也就是应变电阻的纵轴方向，是应变电阻的最大灵敏度方向，也称灵敏轴线。粘贴应变片时，一般应使纵轴方向与弹性元件主应变方向一致。对于与纵轴垂直方向的应变，应变片电阻应没有反应。因此从制造角度讲，应采取一些相应措施，比如增粗转弯部分线栅的截面积，以尽可能减小与纵轴垂直方向应变（横向应变）的影响。

此外还有薄膜应变片。这里的薄膜是指在一定的基体材料上用各种物理或者化学方法制出薄膜形态的固体导电材料。薄膜应变式压力测量原理与金属电阻式一样，也是通过压力的变化引起电阻的变化。薄膜是由直接沉淀在需要测量表面的电阻薄膜组成，与贴于应变片上的金属导体或者半导体相比，不用担心应变片的敏感层和基底之间的形变传递性能，不存在诸如蠕变、机械滞后、零点漂移等问题，测量精度和灵敏度都更好，且具有稳定性好、可靠性高、尺寸小等优点。

薄膜应变式压力计的主要制造工艺是成膜技术，现在成熟的溅射工艺和蒸镀工艺已经很好地解决了这个问题。虽然其结构随制作工艺方法及所使用的敏感材料的不同而略有差异，但基本结构大体相似。

首先，在金属弹性基片上沉积绝缘介质膜（如 Si_3N_4 薄膜或金属氧化物薄膜），在绝缘层上溅射沉积一层金属或半导体敏感膜（如 NiGr 等材料），再在敏感膜表面局部溅射一层金属内引线层（Al 薄膜），然后用光刻工艺在敏感层刻蚀敏感栅和内引线图案。内引线的作用是将敏感面上的各个敏感栅连接起来构成电桥，并将电桥的电极用外引线引出。

薄膜应变片在外力作用下，材料几何形变引起材料的电阻发生变化，同时材料晶格变形等因素引起材料电子自由程发生变化，导致材料电阻率变化，从而使材料的电阻发生变化。

② 半导体压阻片

半导体压阻片是基于压阻效应制作的一种压力敏感元件，即在半导体材料基片上应用集成电路工艺制成扩散电阻，外力作用时其电阻值随电阻率的变化而变化。扩散电阻的灵敏度系数是金属应变片的 50～100 倍，能直接反映微小的压力变化，测出十几帕的微压。由于它体积小，常用于制作微型传感器。

用于生产半导体压阻片的材料有硅、锗、锑化铟、磷化镓、砷化镓等，硅和锗由于压阻效应大，故多作为压阻式压力计的半导体材料。主要类型按结构形式可分为体型应变片、扩散型应变片和薄膜型应变片。

目前广泛使用的敏感元件是用单晶硅（称为硅杯）制成的扩散硅压阻元件。它将感受压力、压力转换成电信号的双重功能，集中在一个组件上完成，即采用集成电路技术直接在硅杯上制成应变电阻、接出测量电路和带有温度补偿的输出放大电路等。这种应变片由于基底和导电层（敏感元件）相互紧密结合为一体，故稳定性好，滞后和蠕变极小。

扩散型半导体应变片是将 P 型杂质扩散到 N 型硅单晶基底上，形成一层极薄的 P 型导电层，再通过超声波和热压焊法接上引出线就形成了扩散型半导体应变片。

扩散硅压阻元件结构如图 3-15(a)所示。在 N 型单晶硅片 1 上，用光刻技术扩散出 P 型区 3，这个 P 型区就是压阻敏感元件。P 型区和 N 型区的边界层是这个元件的绝缘层，表面覆盖的一次 SiO_2 层 2 是保护层。P 型区的电阻由金属引线 4 引出，并由其上的二次 SiO_2 层 5 保护。

扩散硅压阻元件在单晶硅膜片上的位置如图 3-15(b)所示。作为电桥桥臂电阻的 R_1、R_2、R_3、R_4 按径向布置。由于单晶硅的各向异性，不同径向上压阻效应不同，为保证最大正应变量和最大负应变量的绝对值相同，电阻 R_1、R_4 取自晶轴的 $\alpha=40°\sim59°30'$ 处。硅膜片均匀受压时，四个电阻得以对称变化，即：

$$R_2=R_3=R_0+\Delta R$$
$$R_1=R_4=R_0+\Delta R$$

式中 R_0——未受压时，四个电阻的静态值；

ΔR——测压时，四个电阻增量的绝对值。

由于四个压敏电阻是对称的，所以在电桥平衡状态下具有良好的温度补偿作用。

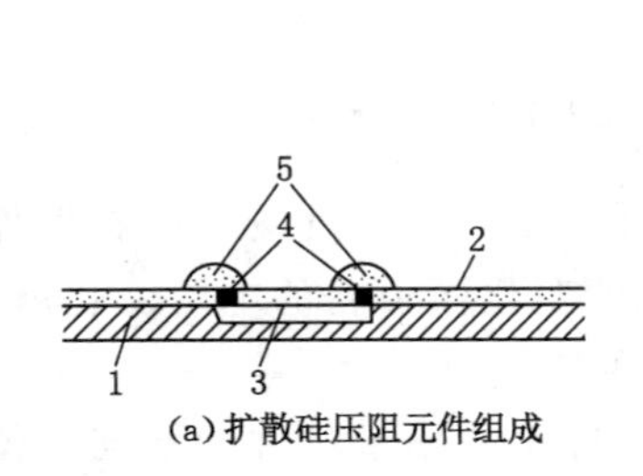

(a) 扩散硅压阻元件组成

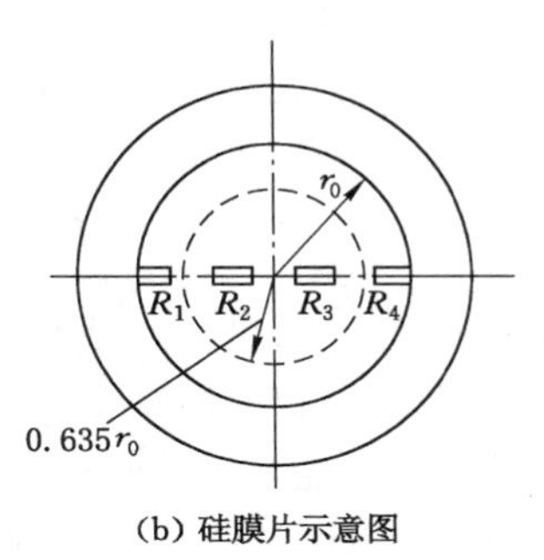

(b) 硅膜片示意图

1—N 型单晶硅片；2—一次 SiO_2 层；3—扩散 P 型区；4—金属引线；5—二次 SiO_2 层。

图 3-15 扩散硅压阻元件

半导体应变片的电阻很大，可达 5～50 kΩ。其灵敏度一般随杂质的增加而减小，温度系数也是如此。值得注意的是，即使是由同一材料和几何尺寸制成的半导体应变片，其灵敏系数也不是一个常数，它会随应变片所承受的应力方向和大小不同而有所改变，所以材料灵敏度的非线性较大。此外，半导体应变片的温度稳定性较差，在使用时应采取温度补偿和非线性补偿措施。

【思考题】 采用什么电路可以将应变片的压力信号转换为电压信号？

(3) 应变片的温度误差及补偿

由于半导体压阻片在电桥平衡状态下本身具有良好的温度补偿作用。故在此主要讨论金属电阻应变片的温度误差及补偿方法。

金属应变片的电阻变化受温度影响很大，这种由环境温度变化而引起的误差，称为应变片的温度误差，也称为热输出。造成温度误差的主要原因是作为敏感栅的金属丝，其自身电阻随温度变化而变化；应变片材料和试件材料线膨胀系数不同，致使应变片产生附加变形，从而造成电阻变化。为了消除温度误差，可以采取多种补偿措施。最常用的应变片温度补偿方法通常有线路补偿法和应变片自补偿法两种。

① 线路补偿法

最常用且效果较好的是电桥补偿法，其原理如图 3-16 所示。

电桥补偿法有两种方法。

第一种方法：准备一块与测试件材料相同的补偿件，两片参数相同的应变

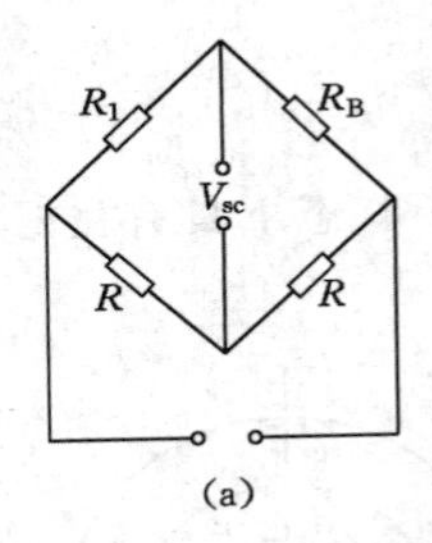

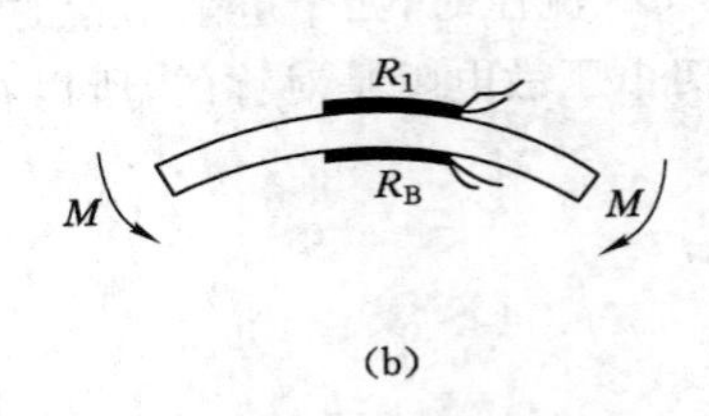

图 3-16　应变片温度误差补偿电路原理

片，一片贴于测试件上，另一片贴在与试件处于同一温度场中的补偿件上，将两片应变片接入电桥的相邻两臂，这样因温度变化而引起的电阻变化就会互相抵消，使得电桥输出与温度无关而只与试件的应变有关。

第二种方法：不用补偿件，将测试片和补偿片贴于试件的不同部位，这样既能起到温度补偿作用，又能提高输出灵敏度。试件变形时，测试片、补偿片电阻一增一减，电桥输出电压增加一倍，从而提高了灵敏度。

② 应变片自补偿法

当线路补偿法遇到无法解决的困难，例如没有能够安装补偿件的地方，此时可采用具有自身温度补偿作用的应变片，这种应变片称为温度自补偿应变片。如图 3-17 所示。

温度自补偿应变片的应变丝由两种不同材料组成，并使之在温度发生变化时，两者产生的电阻变化相等，将它们接入电桥的相邻两臂，则电桥的输出就与温度无关了。

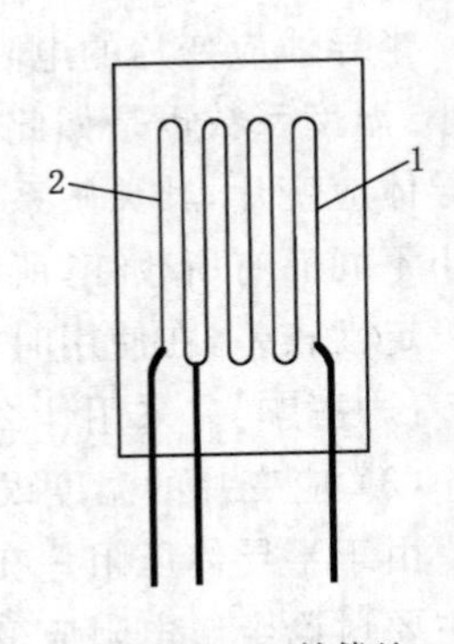

1—作用丝；2—补偿丝。

图 3-17　温度自补偿应变片

【思考题】　应变片的温度补偿导线与热电偶的补偿导线有何区别。

(4) 应变式压力传感器

应变式压力传感器是将应变片粘贴在感压弹性元件上构成的，它可将被测压力变化转换成电阻变化并加以输出。

感压弹性元件根据被测压力的不同具有不同的形式，通常有悬臂梁、圆形薄片、圆筒等形式，如图 3-18 所示。

(5) 固态压力传感器

固态压力传感器采用半导体应变式压力测量原理，其敏感元件是用单晶硅制成的硅杯。硅杯的结构有 C 型和 E 型等，其中 C 型适用于压力传感器，E 型适用于测量静压力。E 型固态压力传感器工作原理如图 3-19 所示。

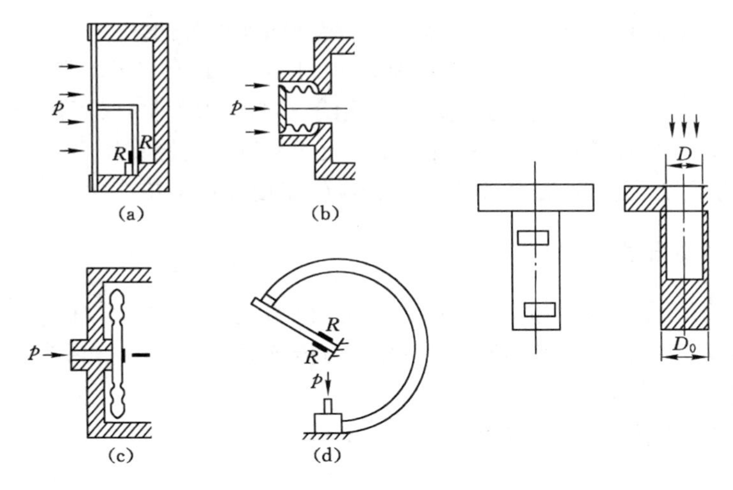

图 3-18 几种形式的感压弹性元件

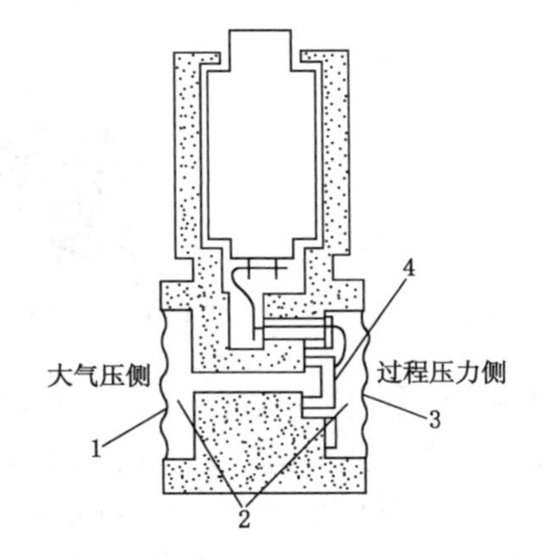

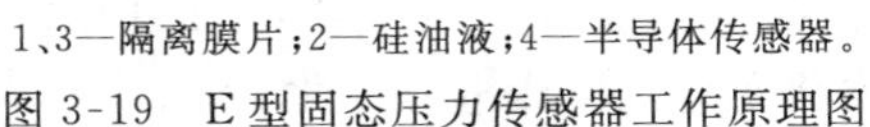

1、3—隔离膜片；2—硅油液；4—半导体传感器。

图 3-19 E 型固态压力传感器工作原理图

固态压力

被测压力和大气压力分别加在两个密封隔离膜片 1、3 上，通过硅油 2（填充液）把压力变化均匀传递给半导体传感器 4。由于压阻效应，硅半导体应变电阻产生变化，利用电桥将电阻信号取出，通过测量电路转换，得到 4～20 mA、DC 信号输出。

固态压力传感器采用集成电路技术直接在硅膜片上扩散形成应变测量桥路元件，单晶硅膜片集压敏元件和弹性元件于一身，因此体积非常小；同时将温度补偿电路、输出放大电路甚至将电源变换电路都集成在同一块 4 mm^2 的单晶硅膜片上，大大提高了传感器的静态特性和稳定性。我们称这种传感器为固态压力传感器,有时也叫集成压力传感器,是传感器的发展方向之一。

综上所述,应变式压力传感器结构简单、工作可靠、体积小、重量轻、测量范围广、线性度好、灵敏度和精确度高,既可用于静态压力测量,又可用于动态压力测量,由于动态特性较好,可用来测量高达数千赫以上的脉动压力。但是其敏感元件易受温度变化影响,使用中需采用相应的温度补偿措施。

3.4.2 电感式压力测量

电感式压力传感器实质上是一种“压力-位移-电感”转换器,有气隙式、变压器式、电涡流式三种,是发展较早的一类压力传感器。

(1) 基本工作原理

电感式压力传感器工作原理如图 3-20 所示。

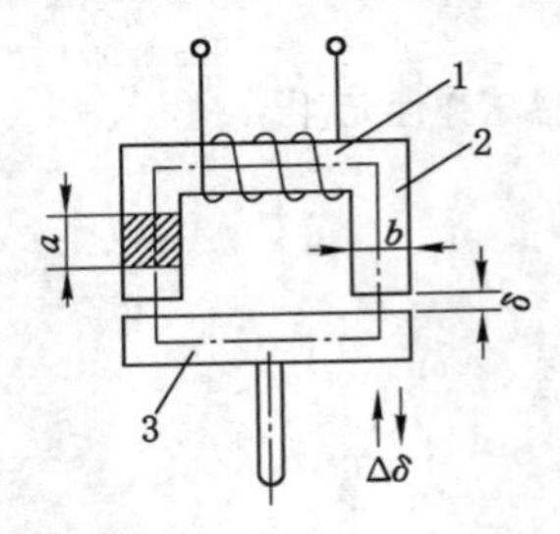

1—线圈;2—铁芯;3—衔铁。

图 3-20 电感式压力传感器工作原理图

电感式压力传感器

电感式压力传感器主要由线圈、铁芯、衔铁等组成。衔铁 3 通过非磁性杆与弹性膜片相连。在铁芯 2 上绕有线圈 1,若给线圈通一稳定的交变电流,在铁芯及衔铁回路中便产生恒定的磁通。在压力或压差作用下,膜片中心产生位移,通过连杆带动衔铁,当衔铁 3 移动时,气隙长度 δ 发生变化,从而使绕制在铁芯 2 上的线圈 1 电感 L 发生变化,将位移变化转换成电感变化。

由电工学可知,图中线圈的电感量 L 为:

$$L=\frac{W^2}{R_M} \tag{3-18}$$

式中 W——线圈匝数;

R_M——磁路总磁阻。

磁路总磁阻 R_M 为

$$R_M=R_F+R_g=\sum\frac{l_i}{\mu_i S_i}+\frac{2\delta}{\mu_0 S} \tag{3-19}$$

式中 l_i——各段铁芯的长度,cm;

μ_i——铁芯的磁导率；

S_i——各段铁芯的截面积，cm^2；

δ——气隙长度，cm；

μ_0——空气的磁导率，$\mu_0 = 4\pi \times 10^{-9}$ H/cm；

S——气隙截面积，cm^2。

由于铁芯磁阻比气隙磁阻小得多，$R_F \ll R_g$，故式(3-18)和式(3-19)联立可得：

$$L = \frac{W^2 \mu_0 S}{2\delta} \tag{3-20}$$

由上式可知，电感 L 与气隙长度 δ 成反比，且其特性 $L = f(\delta)$ 是非线性的。当电感式压力传感器中的弹性元件受压力作用产生位移时，改变了磁路中气隙大小，或是铁芯与线圈之间的相对位置，使线圈的电感量发生改变，从而把压力变化信号转换成线圈电感量变化信号。

【思考题】 利用式(3-20)中的哪些函数关系可以制作不同的电感式压力传感器？

电感式压力传感器分为自感式和互感式两类。

(2) 自感式压力传感器

按传感器敏感元件结构形式分为变气隙、变截面和螺管式三种，其中螺管式量程最大，虽然灵敏度低，但结构简单、便于制作，因而应用广泛。下面以螺管式压力传感器为例，介绍自感式压力传感器的工作原理，其原理结构如图 3-21 所示。

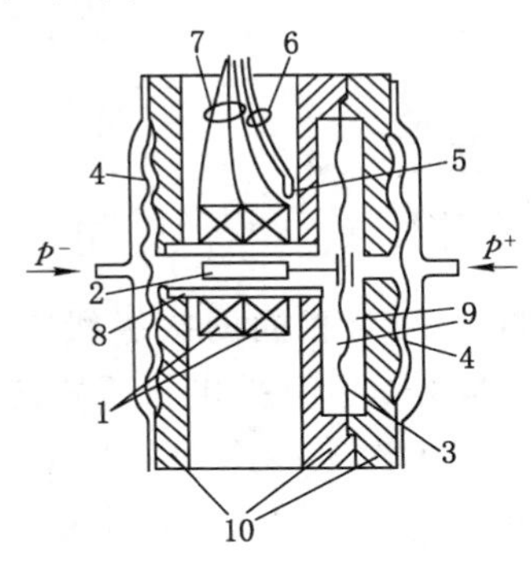

1—电感线圈；2—衔铁；3—测量膜片；4—隔离膜片；5—温度传感器；
6、7—引线；8—螺管；9—测量室；10—基座。

图 3-21 自感式压力传感器原理结构图

弹性测量膜片 3 和柱形衔铁 2 刚性相连，电感线圈 1 的电感量大小与柱形衔铁 2 的位置有关。当被测差压信号发生变化时，测量膜片 3 产生位移，带动柱形衔铁 2 运动，改变了柱形衔铁插入螺管 8 的深度，磁力线路径上的磁阻发生变化，从而改变输出电感量的大小。该电感量的大小反映了被测差压的大小。

隔离膜片 4 比测量膜片 3 软得多，用来进行温度补偿，超压时隔离膜片 4 可以紧贴在形状相同的基座 10 表面上，得以限制位移，使测量膜片不至于发生过大变形，对其进行单向超压保护。测量室 9 空腔内充满硅油，用于均匀传递压力，并通过节流孔进行流动，从而起到阻尼作用。

通过温度传感器 5 测量电感线圈温度，对输出信号进行温度校正。

(3) 互感式压力传感器

互感式习惯上又称为变压器式，因其多连接成差接形式，所以又称为差动变压器式。变压器式压力传感器常采用弹簧管作弹性元件，显示仪表有两种：动圈式显示仪表和电子差动仪。变压器式压力传感器利用线圈的互感作用，将弹性元件位移转换成感应电势差变化，其结构原理如图 3-22 所示。

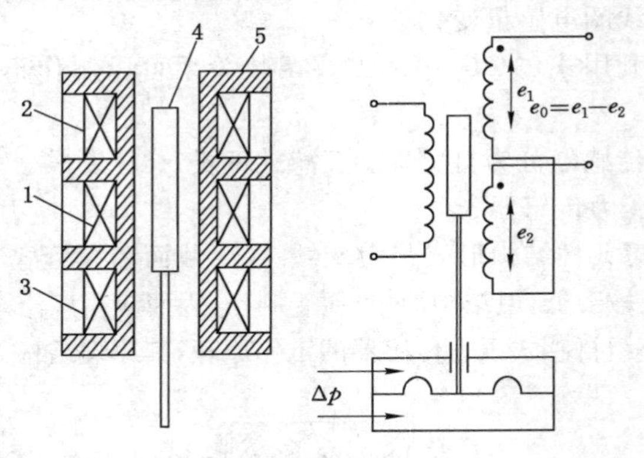

1—初级线圈；2、3—次级线圈；4—活动衔铁；5—骨架。

图 3-22　差动变压器式压力传感器结构及原理图

传感器由一个初级线圈 1、两个相同的次级线圈 2 和 3、活动衔铁 4 组成。两个次级线圈绕制成上、下对称的两组，按电势反相连接，即组成差动输出形式，这样传感器的输出信号就是两个次级线圈的信号差值，即 $e_0=e_1-e_2$。由导磁材料制成的活动衔铁 4 通过连杆与弹性元件自由端相连接，在弹性元件的带动下于线圈中移动，改变初级线圈与上、下两个次级线圈之间的耦合情况，其输出信号 e_0 的大小随活动衔铁 4 的位置变化而变化。

衔铁位于线圈中间位置时，初级线圈与上、下两个次级线圈之间的耦合情况相同，次级线圈的感应电势 e_1 和 e_2 大小相等，相位相反(反相串接)，输出电势 $e_0=0$；当衔铁偏离中间位置，初级线圈与上、下两个次级线圈之间的耦合情况不相同，次级线圈的感应电势 e_1 和 e_2 大小不相等，输出电势 $e_0\neq0$；衔铁向上移动，

$e_0>0$，衔铁向下移动，$e_0<0$，输出电势 e_0 的大小反映了衔铁的偏离程度，从而反映了被测压力信号的大小。

此外输出电势 e_0 的大小还与差动线圈的匝数等结构参数有关，并随流过初级线圈的电流和供电频率的增加而增加。供电电流的大小受线圈发热条件限制，过高的频率会造成铁芯涡流损失增大，使传感器灵敏度降低。

由于次级线圈很难完全对称，两个次级线圈阻抗不同，感应电动势产生相位移，因此铁芯处于中部时仍有一残余电动势 Δe_0，一般要求残余电动势不超过最大输出电动势的 0.5%。

3.4.3 电容式压力测量

电容式压力传感器是根据平板电容器的原理工作的，主要有变面积式、变距离式和变介电常数式三种类型。目前使用较多的是变距离式，该类型传感器主要由测量部分和转换电路组成，被测介质压力或差压通过测量部分转换为差动电容，再经转换电路转变为 4～20 mA 直流输出信号。

电容式压力传感器

(1) 平行板电容器基本工作原理

由物理学原理可知，平行板电容器（图 3-23）的电容量 C 可用下式表示：

$$C=\frac{\varepsilon S}{d} \tag{3-21}$$

式中 ε——电容器极板间介质的介电常数；

S——电容器极板间的相互遮盖面积；

d——极板间的距离。

由上式可知，只要改变 ε、S、d 中的任何一个参数，都可改变电容 C 值。电容式压力传感器就是利用这一原理将被测压力变化转换成电容量变化的。

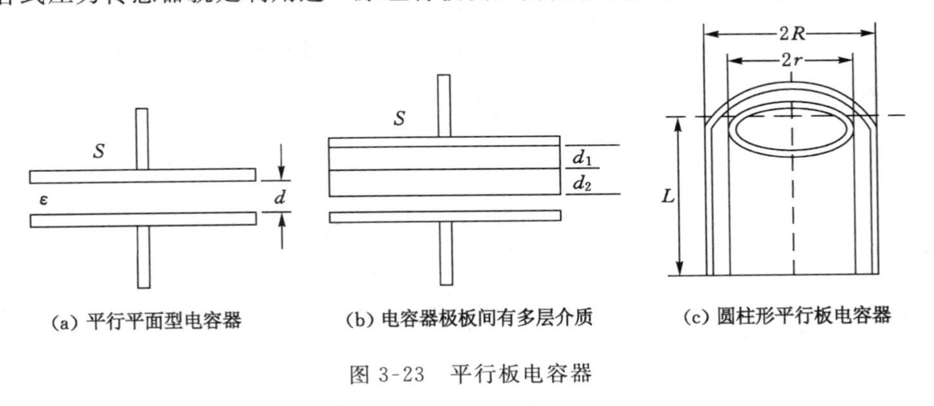

(a) 平行平面型电容器　(b) 电容器极板间有多层介质　(c) 圆柱形平行板电容器

图 3-23 平行板电容器

目前较广泛采用的形式是，以测压弹性膜片作为可变电容器的动极板，并与固定极板之间形成可变电容器。被测压力作用于弹性膜片上，压力变化时，弹性膜片产生位移，电容器动极板与固定极板间距产生变化，即改变参数 d，从而改变电容器的电容值，通过测量电容变化量间接获得被测压力数值。

【思考题】 利用式(3-21)中的哪些函数关系可以制作不同的压力传感器？

(2) 变极距差动电容式压力传感器

电容式压力传感器广泛用于连续测量流体介质的压力、压差、流量和液位等热工参数，其测量范围宽，精确度和灵敏度高，过载能力强，尤其适用于测量高静压下的微小压差变化。当 ε 和 S 一定时，可通过测定电容量的变化量 ΔC 来求得极板间距离的变化量 Δd。ΔC 与 Δd 之间是非线性的，且极板间的距离越小，灵敏度越高。为提高灵敏度和改善线性度，从而采用差动式结构，如图 3-24 所示。

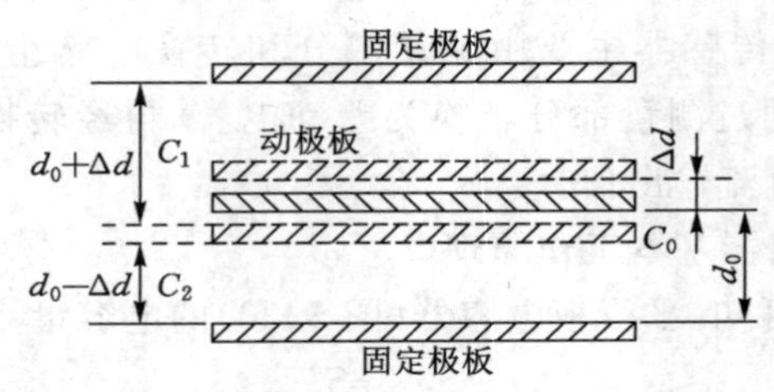

图 3-24 变极距差动电容式压力传感器结构示意图

当动极板上下移动时，一个电容量增加，而另一个电容量则减少，由式(3-21)可以导出电容器特征方程为

$$C_1=\frac{\varepsilon A}{d_0+\Delta d}=\frac{\varepsilon A/d_0}{1+\Delta d/d_0}=\frac{C_0}{1+\Delta d/d_0} \tag{3-22}$$

$$C_2=\frac{\varepsilon A}{d_0-\Delta d}=\frac{\varepsilon A/d_0}{1-\Delta d/d_0}=\frac{C_0}{1-\Delta d/d_0} \tag{3-23}$$

则差动电容为

$$\frac{C_1-C_2}{C_1+C_2}=\frac{\Delta d}{d_0}$$

当 $\left|\frac{\Delta d}{d_0}\right|\ll 1$ 时，有

$$C_1=C_0\left[1+\left(\frac{\Delta d}{d_0}\right)+\left(\frac{\Delta d}{d_0}\right)^2+\left(\frac{\Delta d}{d_0}\right)^3+\cdots\right] \tag{3-24}$$

$$C_2=C_0\left[1-\left(\frac{\Delta d}{d_0}\right)+\left(\frac{\Delta d}{d_0}\right)^2-\left(\frac{\Delta d}{d_0}\right)^3+\cdots\right] \tag{3-25}$$

电容的变化量为

$$\frac{\Delta C}{C_0}=2\frac{\Delta d}{d_0}\left[1+\left(\frac{\Delta d}{d_0}\right)^2+\left(\frac{\Delta d}{d_0}\right)^4+\cdots\right] \tag{3-26}$$

如果略去高次项可得
$$\frac{\Delta C}{C_0}\approx 2\frac{\Delta d}{d_0} \tag{3-27}$$

相对非线性误差

$$\delta=\frac{\left|2\left(\frac{\Delta d}{d_0}\right)^3\right|}{\left|2\frac{\Delta d}{d_0}\right|}\times 100\%=\left(\frac{\Delta d}{d_0}\right)^2\times 100\% \tag{3-28}$$

差动电容式压力传感器是测量控制场合中最常用的电容式压力传感器，差动电容式压力传感器的灵敏度比单极式提高一倍，而且非线性也大为减小，同时还能减小静电引力给测量带来的影响，并能有效地改善由于温度等环境影响所造成的误差。电容式压力传感器的典型产品是美国罗斯蒙特公司的 1151 和 3051 系列传感器，它们是按照变距离式原理工作的。罗斯蒙特 1151 系列电容式变送器是以微处理器为核心，比早期产品增加了通信。其构成原理框图如图 3-25 所示。

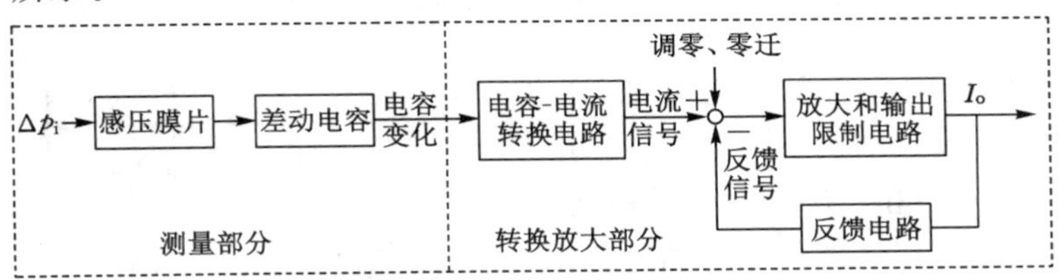

图 3-25　1151 系列电容式变送器原理方框图

电容变化量由电容-电流转换电路转换成电流信号，电流信号与调零信号的代数和同反馈信号进行比较，其差值送入放大电路，经放大得到整机的输出电流 I_o。图 3-26 所示为 1151 系列电容式变送器测量部件（俗称"δ"室）结构。"δ"室的作用是把被测差压 Δp_i 转换成电容量的变化。它由正、负压测量室和差动电容检测元件（膜盒）等部分组成。

如图 3-27 所示，设中心感压膜片与两边固定电极之间的距离分别为 S_1 和 S_2。当被测差压 $\Delta p_i=0$ 时，中心感压膜片与两边固定电极之间的距离相等。

$$S_1=S_0+\Delta S, S_2=S_0-\Delta S$$

若不考虑边缘电场的影响，感压膜片与两边固定电极构成的电容为 C_{i1} 和 C_{i2}，可近似地看成平板电容器。其电容量分别为

$$C_{i1}=\varepsilon A/(S_0+\Delta S) \tag{3-29}$$

$$C_{i2}=\varepsilon A/(S_0-\Delta S) \tag{3-30}$$

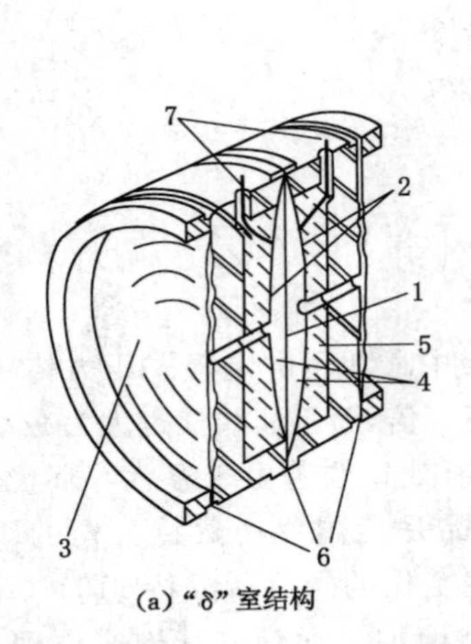

(a)"δ"室结构

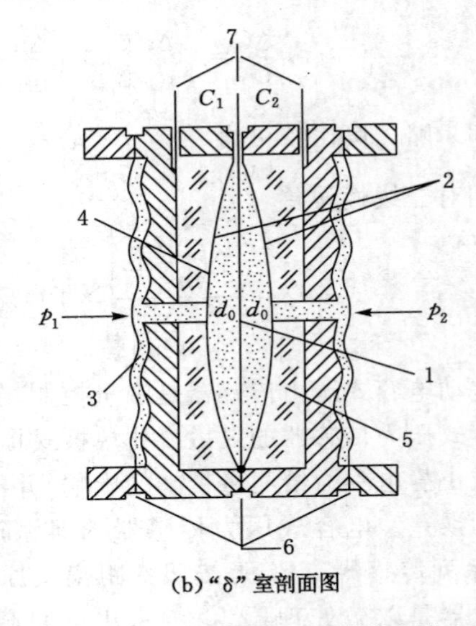

(b)"δ"室剖面图

1—中心测量膜片(动极板);2—固定电极;3—隔离膜片;4—硅油;5—玻璃层;6—焊接密封;7—引线。

图 3-26 1151系列电容式变送器"δ"室结构

式中,ε 为极板间介质的介电常数;A 为固定极板的面积。

由式(3-29)和式(3-30)可以得到

$$(C_{i2}-C_{i1})/(C_{i2}+C_{i1})=\Delta S/S_0 \tag{3-31}$$

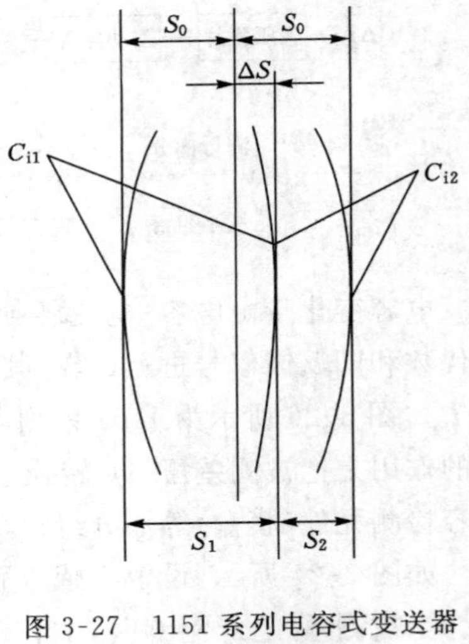

式(3-31)表明

① 差动电容的相对变化量$(C_{i2}-C_{i1})/(C_{i2}+C_{i1})$与 ΔS 呈线性关系,因此转换放大部分应将这一相对变化值变换为直流电流信号;

② $(C_{i2}-C_{i1})/(C_{i2}+C_{i1})$与介电常数 ε 无关,这一点非常重要,因为 ε 是随温度变化的,现 ε 不出现在式中,无疑可大大减小温度对变送器的影响;

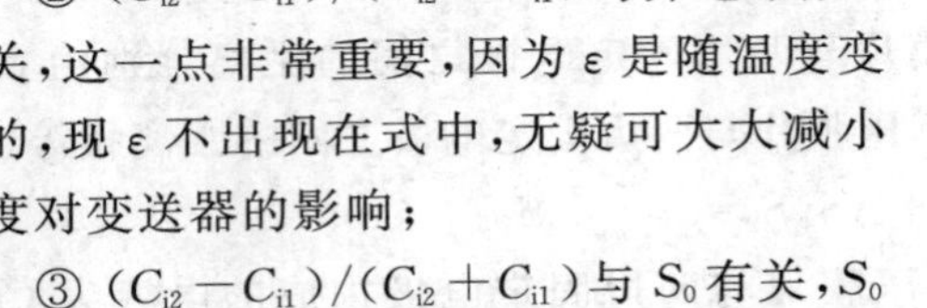

③ $(C_{i2}-C_{i1})/(C_{i2}+C_{i1})$与 S_0 有关,S_0 越小,差动电容的相对变化量越大,即灵敏度越高。

图 3-27 1151系列电容式变送器差动变化示意图

上述讨论中并没有考虑到分布电容的影响,如果考虑分布电容 C_0,则

$$\frac{(C_{i2}+C_0)-(C_{i1}-C_0)}{(C_{i2}+C_0)+(C_{i1}+C_0)}=\frac{C_{i2}-C_{i1}}{C_{i2}+C_{i1}+2C_0} \tag{3-32}$$

分布电容的存在将会给变送器带来非线性误差，为了保证仪表的精度，应在转换电路中加以克服。

3.4.4 压电式压力测量

压电式压力传感器是基于某些电介质的压电效应制成的，主要用于测量内燃机气缸、进排气管的压力，航空领域的高超音速风洞中的冲击波压力，枪、炮膛中击发瞬间的膛压变化和炮口冲击波压力以及瞬间压力峰值等。

(1) 工作原理

① 压电效应

所谓压电效应，是指某些材料在一定方向的外力作用下，产生压缩或延伸的机械变形，同时材料内部产生极化现象，在材料的两个相对表面上分别产生符号相反的电荷，形成电场，并相应地有电压输出，除去外力后，又重新恢复到不带电状态。这种在没有外电场作用下，仅由机械变形而引起的电荷产生现象，称为压电效应。

具有压电效应的材料称为压电材料或压电元件。能产生压电效应的材料有三类：第一类是单晶体的压电晶体，包括石英、酒石酸钾钠、酒石酸乙烯二铵、酒石酸二钾、硫酸钾、磷酸二氢钾、钾酸二氢氨等；第二类是多晶体的压电陶瓷，包括钛酸钡、锆钛酸铅、铌酸铅、铌酸钾、铌镁酸铅等；第三类是聚二氟乙烯等高分子压电薄膜。其中石英晶体和压电陶瓷具有压电常数高、机械性能优良(强度高、固有振荡频率稳定)、时间稳定性和温度稳定性好等特点，是比较理想的压电材料。

② 石英晶体的压电特性及测压原理

天然结构石英晶体如图 3-28(a)所示，它是单晶体结构，其形状为六角形晶柱，两端呈六棱锥形。晶体学中将它用三根相互垂直的轴来表示，其中纵向轴 Z 称为光轴，经过六棱柱棱线垂直于光轴 Z 的 X 轴称为电轴，同时垂直于光轴 Z 和电轴 X 的 Y 轴称为机械轴。

石英晶体各个方向的特性是不同的。沿电轴 X 方向施加作用力产生电荷的压电效应称为纵向压电效应；沿机械轴 Y 方向施加作用力产生电荷的压电效应称为横向压电效应；但沿光轴 Z 方向施加作用力，则不会产生压电效应。石英晶体的纵向压电效应最为明显。

从石英晶体上沿 Y 轴方向切下一块晶体切片，如图 3-28(b)所示。在其电轴 X 方向施加被测压力 p_x 时，晶体切片将产生厚度变形，并在与电轴 X 垂直的

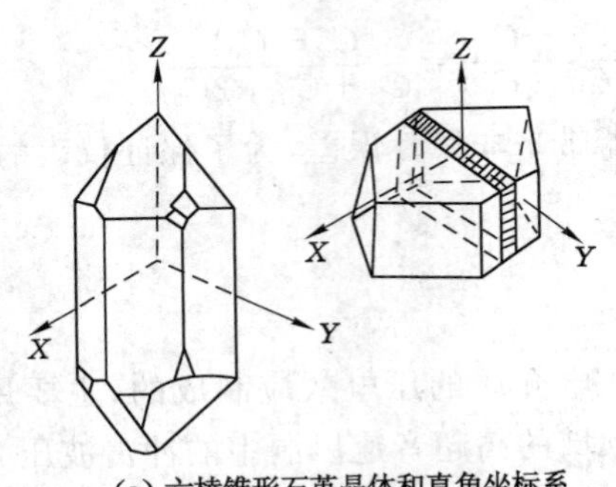

(a) 六棱锥形石英晶体和直角坐标系

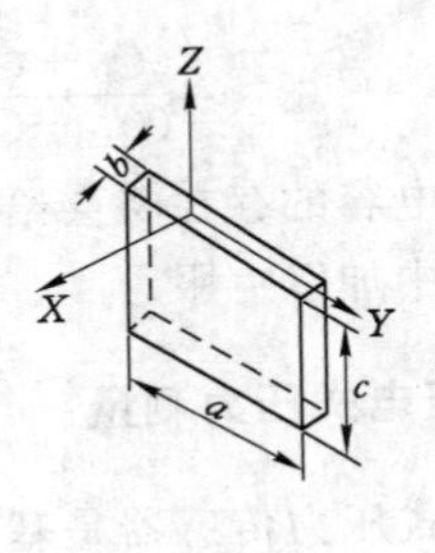

(b) Y方向的晶体切片

图 3-28　石英晶体

平面上产生电荷 q_x，其大小为：

$$q_x = k_x A p_x \tag{3-33}$$

式中　k_x——电轴 X 方向受力时的压电系数；

A——石英晶体的受力面积。

由式(3-33)可知，沿电轴 X 方向的压力施加于晶体切片上时，所产生电荷量大小与作用力 Ap_x 成正比，而与切片几何尺寸无关。电荷符号由作用力是压力还是拉力决定。

在其机械轴 Y 方向施加被测压力 p_y 时，产生的电荷仍出现在与电轴 X 垂直的平面上，但极性相反，此时电荷 q_y 的大小为：

$$q_y = \frac{a}{b} k_y A p_y = -\frac{a}{b} k_x A p_y \tag{3-34}$$

式中　k_y——机械轴 Y 方向受力时的压电系数，因石英轴对称，则 $k_y = -k_x$；

a、b——晶体片的长度和厚度。

由式(3-34)可知，沿机械轴 Y 方向的压力施加于晶体切片上时，所产生的电荷量大小与切片几何尺寸有关。其中的负号说明 q_y 电荷极性与 q_x 电荷极性相反。

③ 压电元件

具有压电效应的物体称为压电材料或压电元件，是压电式压力计的核心部件。目前在压电式压力计中常用的压电材料有单压电晶体(如石英晶体、铌酸锂晶体等)、经极化处理后的多晶体(如钛酸钡、锆钛酸铅等压电陶瓷)，以及压电半导体等。

a. 石英晶体

石英晶体即二氧化硅(SiO_2)，有天然的和人工培育的两种。它的压电系数 $k_x = 2.3 \times 10^{-12}$ C/N，在几百摄氏度的温度范围内，压电系数几乎不随温度而变。到 575 ℃时，它完全失去了压电性质，这就是它的居里点。石英的密度为 2.65×10^{3} kg/m^{3}，熔点为 1 750 ℃，有很大的机械强度和稳定的机械性质，可承受高达(6.8～9.8)$\times10^{7}$ Pa 的应力，在冲击力作用下漂移小。此外，石英晶体还具有灵敏度低、没有热释电效应(由于温度变化导致电荷释放的效应)等特性，因此主要用来测量较高压力或用于准确度、稳定性要求高的场合和制作标准传感器。

b. 水溶性压电晶体

最早发现的是酒石酸钾钠($NaKC_4H_4O_6\cdot4H_2O$)，它有很大的压电灵敏度和高的介电常数，压电系数 $k_x=3\times10^{-9}$ C/N，但是酒石酸钾钠易于受潮，其机械强度和电阻率低，因此只限于在室温(<45 ℃)和湿度低的环境下应用。自从酒石酸钾钠被发现以后，目前已培育一系列人工水溶性压电晶体，并且用于实际生产中。

c. 铌酸锂晶体

1965 年通过人工提拉法制成了铌酸锂($LiNbO_2$)的大晶块。铌酸锂压电晶体和石英相似，也是一种单晶体，它的色泽为无色或浅黄色。由于它是单晶，所以时间稳定性远比多晶体的压电陶瓷好。它是一种压电性能良好的电声换能材料，其居里温度为 1 200 ℃左右，远比石英和压电陶瓷高，所以在耐高温的压力计上有广泛的应用前景。在力学性能方面其各向异性很明显，与石英晶体相比很脆弱，而且热冲击性很差，所以在加工装配和使用中必须小心谨慎，避免用力过猛和急热急冷。

d. 压电陶瓷

压电陶瓷是人造多晶体，由许多细微的单晶体各自按完全任意的方向排列，它需外加电场进行极化处理。在没有极化处理之前，因各单晶体的压电效应相互抵消而表现为电中性；对压电陶瓷片进行极化处理后，其极化两端会出现符号相反的束缚电荷，同时相应地吸附一层来自外界的自由电荷，因束缚电荷和自由电荷极性相反，大小相等，所以极化后的压电陶瓷片对外不呈现极性。经极化处理后的压电陶瓷具有非常高的压电系数，为石英晶体的几百倍，但力学性能和稳定性不如单压电晶体。压电陶瓷种类很多，目前在压力计中应用较多的是钛酸钡和锆钛酸铅，尤其锆钛酸铅的应用更为广泛。

钛酸钡($BaTiO_3$)的压电系数 $k_x=1.07\times10^{-10}$ C/N，节点常数较高，为 1 000～5 000，但它的居里点较低，约为 120 ℃，此外强度也不如石英晶体。由于它的压电系数高(约为石英的 50 倍)，因而在压力计中得到了广泛使用。

锆钛酸铅[$Pb(Zr,Ti)O_3$]压电系数 k_x 高达(2.0～5.0)$\times10^{-10}$ C/N，具有居里点(300 ℃)较高和各项机电参数随温度、时间等外界条件变化较小等优点，是目前经常采用的一种压电材料。

在极化后的压电陶瓷片上施加一个与极化方向平行的压力信号时，压电陶瓷片产生压缩变形，片内被束缚电荷之间的间距变小，极化强度变小，吸附在其表面的自由电荷被部分释放，呈现出放电现象。放电电荷的多少与施加的压力成正比，即：

$$q_x = k_z A p_x \tag{3-35}$$

式中 k_z——压电陶瓷的压电系数；

A——压电陶瓷的受力面积；

p_x——被测压力。

e. 压电半导体

近年来出现了多种压电半导体如硫化锌（ZnS）、碲化镉（CdTe）、氧化锌（ZnO）、硫化镉（CdS）、碲化锌（ZnTe）和砷化镓（GaAs）等。这些材料的显著特点是，既具有压电特性，又具有半导体特性，有利于将元件和线路集成于一体，从而研制出新型的集成压电传感器测试系统。

(2) 压电式压力传感器

压电式压力传感器结构简单、紧凑，小巧轻便，工作可靠，具有线性度好、频率响应高、无惯性、滞后小、量程范围大等优点，但由于无法避免漏电，故不易测量频率太低的压力信号，特别是静态压力。

压电式压力传感器结构如图 3-29 所示，主要由感压弹性膜片、支持片、压电晶体及引出线、绝缘套管等组成。

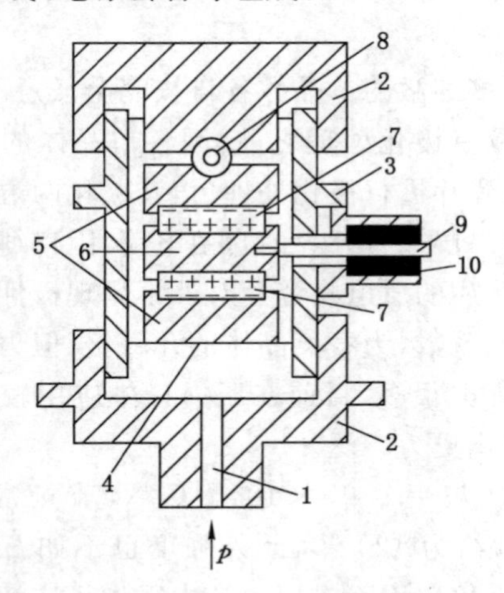

压电式压力传感器

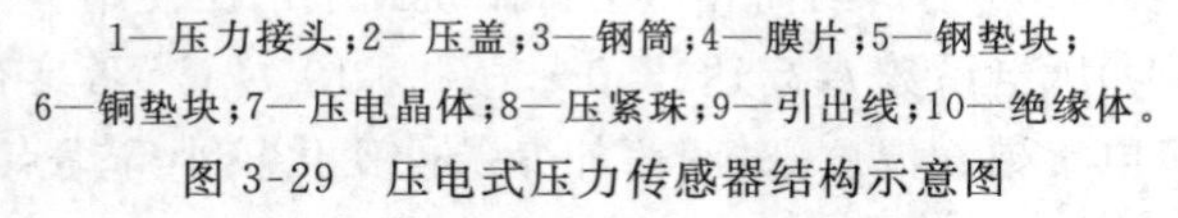

1—压力接头；2—压盖；3—钢筒；4—膜片；5—钢垫块；
6—铜垫块；7—压电晶体；8—压紧珠；9—引出线；10—绝缘体。

图 3-29 压电式压力传感器结构示意图

两块压电晶体7夹在钢垫块5和铜垫块6之间，垫块的作用是保护其间的两片压电晶体，防止其产生破裂。被测压力通过弹性膜片4作用于垫块上，垫块挤压压电晶体，使压电晶体产生电荷。由前面介绍可知，压电荷与压力成正比，即压电传感器输出的电荷量与被测压力成正比。电荷由引出线9输出到电荷或电压放大器，转换成电流或电压输出。传感器头部具有螺纹，便于旋入被测压力腔内。

压电晶体产生的电荷量非常小，属于皮库仑(1 pC＝1×10^{-12} C)数量级，所以测量过程中需增加高阻抗直流放大器(电荷或电压放大器)，来放大传感器输出的微弱电信号，并将传感器的高阻抗输入变换成低阻抗输出，以提高测量精确度。

压电晶体所产生的电荷只有在无泄漏的情况下才能长期保持，这需要测量电路具有无限大的输入阻抗，但这种要求在实际中是不可能的。唯有对其持续施加交变作用力，电荷才能得以不断补充，给测量电路提供一定的电流信号，所以压电式压力传感器只适宜作动态测量，不宜作静态测量。

除在校准用的标准压力传感器或高准确度压力传感器中采用石英晶体做压电元件外，一般压电式压力传感器的压电元件材料多为压电陶瓷，也有用半导体材料的。

更换压电元件可以改变压力的测量范围。在配用电荷放大器时，可以采用将多个压电元件并联的方式来提高传感器的灵敏度。在配用电压放大器时，可以采用将多个压电元件串联的方式来提高传感器的灵敏度。

压电式压力传感器的特点是：

① 体积小、重量轻、结构简单、工作可靠，工作温度可在250 ℃以上；

② 灵敏度高，线性度好，测量准确度多为0.5级和1.0级；

③ 测量范围宽，可测量100 MPa以下的所有压力；

④ 动态响应频带宽，可达30 kHz，动态误差小，是动态压力检测中常用的仪表；

⑤ 由于压电晶体产生的电荷量很微小，一般属于皮库仑级，即使在绝缘很好的情况下，电荷也会在极短的时间内消失，所以压电晶体制成的压力计只能用于测量脉冲压力；

⑥ 压电式压力传感器是一种有源传感器，无须外加电源，因此可以避免电源带来的噪声影响；

⑦ 压电元件本身的内阻非常高，因此二次仪表的输入阻抗也要很高，且连接时需用低电容、低噪声的电缆；

⑧ 由于在晶体边界上存在漏电现象，故这类压力计不适宜测量缓慢变化的

压力和静态压力。

3.4.5 压阻式压力测量

压阻式压力传感器是指利用单晶硅等材料的压阻效应和集成电路技术制成的压力传感器，广泛地应用于航天、航空、航海、石油化工、动力机械、生物医学、气象、地质、地震测量等各个领域。

(1) 基本工作原理

某些材料自身电阻值会随压力变化而变化，例如半导体、铂、锰、康铜和钨等。压阻式压力测量就是利用材料的这一特性，通过测量受压材料电阻，实现压力参数测量的。压阻效应不同于金属电阻应变片的应变效应，前者电阻随压力的变化主要取决于电阻率的变化，后者则主要取决于几何尺寸的变化（应变）。

研究表明，锰最适用于压阻式压力测量，因为锰电阻值随压力变化关系呈线性关系，其函数关系可由下式表示：

$$\Delta R = kRp_x \tag{3-36}$$

式中 k——锰的压阻系数，m^2/N；

R——锰电阻的阻值；

p_x——被测压力。

试验研究表明，压力≤3 000 MPa 时，锰电阻值是所施压力的线性函数。锰电阻温度系数很小，因温度变化而引起的电阻变化可以忽略不计。但是锰在高压（100 MPa 以上）下灵敏度较低，因而限制了它的应用范围。

(2) 压阻式压力传感器

压阻式压力传感器结构如图 3-30 所示，由锰电阻、金属支架、绝缘密封螺丝和传感器压力腔等组成。锰铜丝绕制的电阻 2 置于传感器压力腔中，被测压力由压力接头 5 引入压力腔，直接作用在电阻上，在压力作用下，锰电阻值发生变化。

由于冶炼工艺和纯度的差异，锰的压阻系数 k 会有一些变动，其变化范围为$(2.34 \sim 2.51)\times 10^{-11}\ m^2/N$，精密测量时，需要先对压力传感器进行逐个标定。

压阻式压力传感器的测量电路通常采用电桥电路，在精密测量中，可采用电位差计测量，测量精度取决于标定精度，基本可以达到±1%。

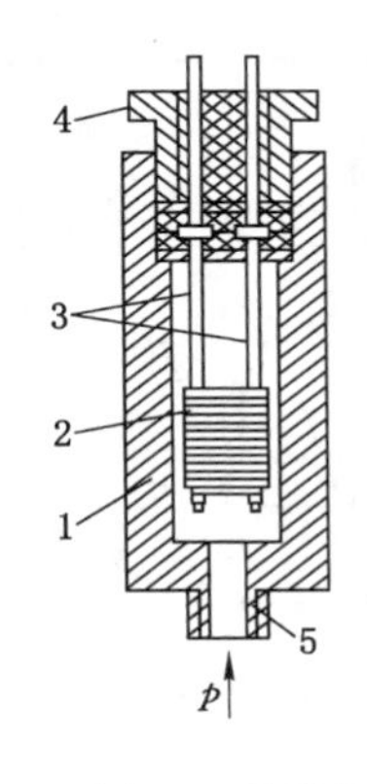

1—外壳；2—锰电阻；3—支架；4—绝缘密封螺丝；5—压力接头。

图 3-30 压阻式压力传感器结构示意图

压阻式压力传感器

3.4.6 霍尔效应式压力测量

(1) 基本工作原理

将金属或半导体薄片置于磁场中，并在薄片与磁场垂直方向的两个相对侧面间通以控制电流，则在垂直于电流和磁场方向上，产生一个大小与控制电流和磁场强度的相乘积成正比的电势，这种物理现象称为霍尔效应。产生的电势称为霍尔电势，上述的金属或半导体薄片称作霍尔元件或霍尔片。

霍尔效应原理如图 3-31 所示，若霍尔元件是厚度为 d 的 N 型半导体，垂直置于磁感应强度为 B 的磁场中，在霍尔元件左右两端通以控制电流 I，则半导体中的电子将沿与控制电流 I 相反方向运动，在磁场 B 的作用下，电子受洛伦兹力作用发生偏转，其方向由左手定则判断，如图中虚线所示，在半导体后端面上累积，使后端面带负电，前端面因缺少电子而带正电，由此在前后端面间形成电场。该电场产生的电场力与洛伦兹力方向相反，进而阻止电子继续偏转。当电场力与洛伦兹力相等时，电子积累达到动态平衡，此时半导体前后端面之间，即垂直于电流和磁场方向上，形成霍尔电场 E_H。

由霍尔电场产生的霍尔电势 U_H，如下式表示：

$$U_H = R_H \frac{IB}{d} = K_H IB \tag{3-37}$$

式中 U_H——霍尔电势，mV；

R_H——霍尔系数，由载流材料的物理性质决定，金属材料的 R_H 很小，不适合做霍尔元件，通常采用半导体材料制作，如锗、锑化铟、砷化镓、砷化铟等；

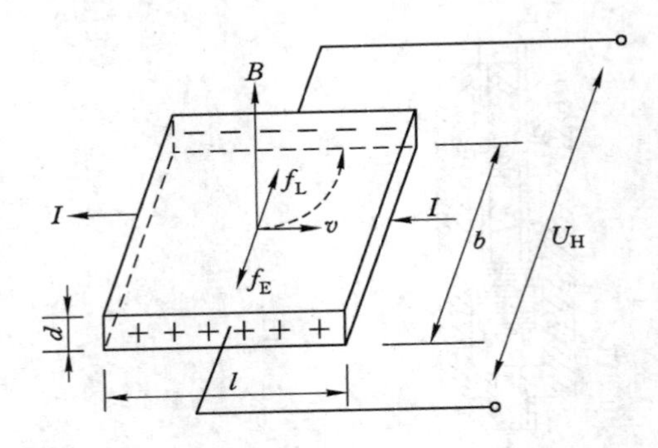

图 3-31　霍尔效应原理示意图

I——通过霍尔元件的电流，又称控制电流，mA；

B——垂直作用于霍尔元件的磁感应强度，T；

d——霍尔元件的厚度，m；

K_H——霍尔元件灵敏度系数，它与载流材料物理性质和几何尺寸有关，可表示为 $K_H = R\mathrm{H}/d$。

注意：左手定则中四指指向电荷运动形成的等效电流方向，拇指所指的方向就是运动电荷（电子）所受的洛伦兹力的方向；当控制电流的方向或磁场的方向改变时，输出电动势的方向也将改变。但当磁场与电流同时改变方向时，霍尔电动势并不改变原来的方向。

霍尔元件的特性经常用灵敏度 K_H 表示，其物理意义为霍尔元件在单位磁感应强度和单位控制电流下输出霍尔电势的大小，一般要求它越大越好。由式(3-37)可知，为了提高灵敏度，可采取以下措施：

① 提高控制电流 I 和磁感应强度 B，但应注意二者的提高是有一定限度的，通常控制电流为 3～20 mA，磁感应强度为几千高斯。

② 选择霍尔常数大的材料。由于半导体，尤其是 N 型半导体的霍尔常数 R_H 要比金属的大得多，因此霍尔元件主要由硅(Si)、锗(Ge)、砷化铟(InAs)等半导体材料制成。

③ 在保证机械强度的前提下，尽量将霍尔元件加工得比较薄。

由式(3-37)可知，对于特定的霍尔元件，控制电流 I 恒定时，霍尔电势与霍尔元件所在磁场的磁感应强度 B 成正比。若霍尔元件在均匀梯度的磁场中做线性移动，则霍尔电势与位移就具有单值函数关系，即：

$$U_H = Kx \tag{3-38}$$

式中　K——传感器的灵敏度；

x——霍尔元件的位移。

由式(3-38)可知,利用弹性元件,将被测压力信号转变为霍尔元件的位移,通过测量霍尔电势 U_H 的大小,就能得到被测压力的值。

(2) 霍尔效应压力传感器

霍尔效应压力传感器是根据霍尔效应原理制成的,其结构如图 3-32 所示。

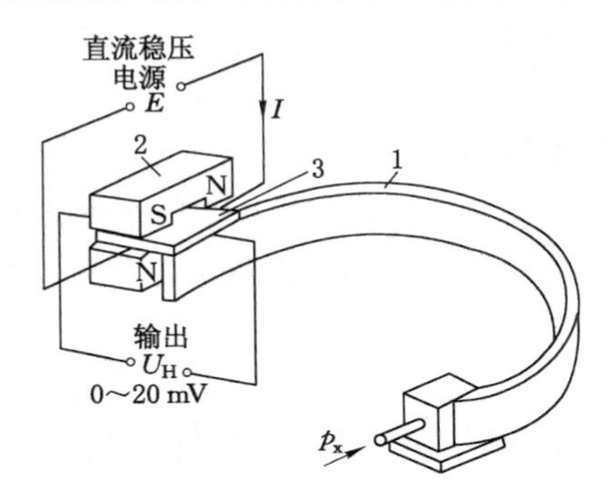

1—弹簧管;2—磁钢;3—霍尔元件。

图 3-32 霍尔效应压力传感器的结构示意图

霍尔元件 3 固定在弹性元件弹簧管 1 的自由端,弹簧管另一端固定在接头上,被测压力 p_x通过连接管路引入弹簧管。在霍尔元件的上、下方垂直安放两对磁极,一对磁极所产生的磁场方向向上,另一对磁极所产生的磁场方向向下,使霍尔元件处于两对磁极所形成的一个线性不均匀差动磁场中。为得到较好的线性分布,磁极端面做出特殊形状的磁靴。从霍尔元件的 4 个端面分别引出 4 根导线,其中与磁钢相平行的两根导线和直流稳压电源相连接,另两根导线用来输出信号。

在无压力引入情况下,弹簧管未受压时,霍尔元件处于上下两磁钢 2 中心,磁靴间隙中心位置,即差动磁场的平衡位置,其两半边所处磁场大小相等,方向相反,所产生的霍尔电势代数和为零,总霍尔电势输出为零。当被测压力 p 引入弹簧管固定端后,弹簧管受压产生位移时,带动自由端的霍尔元件偏离中心位置,改变了霍尔元件在非均匀磁场中的平衡位置,也就是改变了磁感应强度 B,由于两半边所处磁场磁感应强度不同,霍尔元件有正比于位移的霍尔电势输出。霍尔元件位移越大,霍尔电势也越大,反映所测压力越大。

为保证霍尔传感器输出的霍尔电势与位移成单值函数关系,必须满足两项条件:第一,供给霍尔元件以恒定的工作电流。通常采用桥式整流、稳压的晶体管恒流源供电;第二,磁感应强度应线性变化,即磁场梯度均匀。常采用将磁钢磁极片设计成特殊形状的方法。磁场梯度越大,测量的灵敏度就越高;磁场梯度越均匀,输出的线性度就越好。

霍尔效应压力传感器的结构简单，体积小而坚固，重量轻，功耗低；灵敏度高，频率响应宽（从直流到微波），动态范围大（输出电势的变化可达1 000：1）；无触点，使用寿命长，可靠性高，易于微型化和集成电路化，并能远距离指示和记录，因此在测量技术、自动化技术和信息处理等方面得到广泛应用。但是它的信号转换效率较低，对外部磁场敏感，耐振性差，受温度影响较大，当要求转换精确度较高时必须进行相应的补偿。

目前生产的霍尔集成电路，将霍尔元件、电源部分、输出信号放大和温度补偿等线路集成在同一个单晶片上，成为应用最广泛的集成传感器之一。

【思考题】 霍尔效应压力传感器是直接测量还是间接测量？是接触测量还是非接触测量？

3.5 活塞式压力计与压力仪表校验

负荷式压力计应用范围广，结构简单，稳定可靠，准确度高，重复性好，可测正、负及绝对压力；既是检验、标定压力表和压力传感器的标准仪器之一，又是一种标准压力发生器，在压力基准的传递系统中占有重要地位。活塞式压力计是负荷式压力计中的一种。

活塞式压力测量是根据液压机液体传送压力的原理进行测量的。它将被测压力转换成活塞面积上所加平衡砝码的重力进行测量。活塞式压力计是利用这一原理制成的压力测量仪器，常被用作标准仪器，用于校验各类压力测量仪表及传感器。

3.5.1 活塞式压力计

活塞式压力计能达到的精度等级有0.02、0.05、0.2级三种，用来校验0.25级精密压力表、各种工业级压力计和传感器等，校验压力最高值有0.6、6、60 MPa三种。

活塞式压力计根据静力平衡原理工作，其结构原理如图3-33所示。由压力发生系统和活塞测量系统两部分组成。

压力发生系统：由手轮7、丝杆8、加压泵活塞9、工作液5和手摇泵4组成。工作液一般采用洁净的变压器油或蓖麻油。

活塞测量系统由测量活塞1、砝码2、活塞缸3、托盘12、标准压力表13、被校压力表6和进油阀d组成。

使用时，转动手轮7带动丝杆8改变加压泵活塞9的位置，从而改变工作液5的压力 p，此压力通过活塞缸3内的工作液作用在测量活塞1上，测量活塞

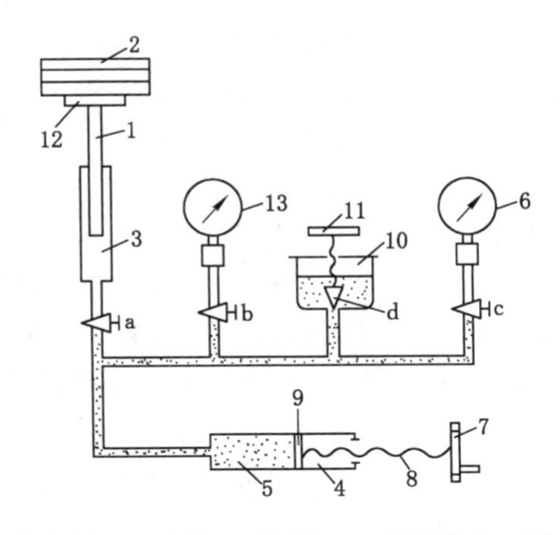

压力测量标定

1—测量活塞；2—砝码；3—活塞缸；4—手摇泵；5—工作液；
—被校压力表；7—手轮；8—丝杆；9—加压泵活塞；10—油杯；
11—进油阀手轮；12—托盘；13—标准压力表；
a、b、c—切断阀；d—进油阀。

图 3-33 活塞式压力计结构示意图

1 上面的托盘 12 上放有砝码 2。当测量活塞 1 下端面受到的由压力 p 作用而产生的向上顶力，与测量活塞 1、托盘 12 和砝码 2 的总重力 G 相互平衡时，测量活塞 1 被稳定在活塞缸 3 内的任一平衡位置处，此时力的平衡关系为

$$pA=G \tag{3-39}$$

式中 A——测量活塞 1 底面的有效面积。

由式(3-39)可得

$$p=\frac{G}{A} \tag{3-40}$$

由式(3-40)可知，根据平衡时所加砝码的重量，即可计算出被测压力值。

也可把被校压力表 6 接在切断阀 c 上，标准压力表 13 接在切断阀 b 上，手摇泵 4 改变工作液 5 的压力，比较被校压力表的压力指示值 p' 和标准表压力表的标准压力指示值 p，二者的差值($\Delta p=p-p'$)，即为被校压力表的误差。

3.5.2 压力仪表校验

压力仪表校验，就是将被校验仪表和标准压力表通以相同压力，比较它们的指示值，若被校表相对于标准表指示值的误差，不大于被校表规定的最大允许绝对误差，则判定被校表合格。

(1) 正压仪表校验

① 按图 3-33 安装好仪表。

② 关闭切断阀 a、b、c,开启进油阀 d,将手摇泵丝杆全部旋出泵外,使手摇泵中充满工作液;然后关闭进油阀 d,开启切断阀 a、b、c,此时若将手摇泵丝杆向泵内旋入,即可实现系统增压。

③ 均匀增压至量程上限,保持上限压力 3 min;然后均匀降至零压,观察整个操作过程中,被校压力表指针有跳动、停止、卡塞等现象。

④ 在被校压力表测量范围内均匀选取 4~5 个检验点,一般选带有刻度数字的大刻度点。单方向增压至校验点读数,轻敲表壳后再读数。用同样方法依次增压至每个校验点进行校验;达到量程上限后,再单方向缓慢降压至每个校验点重复校验。

⑤ 计算被校表的基本误差、变差、零位和轻敲位移,判定被校表是否合格。

(2) 真空仪表校验

校验真空表时,其操作方法与校验正压仪表略有不同,步骤如下:

① 清除活塞式压力计内部传压工作液。

② 关闭切断阀 a、b、c,开启进油阀 d,将手摇泵丝杆全部旋入泵内。

③ 关闭进油阀 d,开启切断阀 b、c(b 阀上接标准真空计或 U 形管水银压力计),此时若将手摇泵丝杆向泵外旋出,即可使系统内产生真空。若旋出一次未达到所需真空,可重复步骤②、③直到所需真空度为止。

④ 其他校验步骤要求与校验正压仪表相同。

用活塞式压力计校验真空仪表,设备简单、操作方便,但能产生的真空度只达到 -8.6×10^4 Pa。若需校验更高真空度,可采用真空泵作为真空源进行校验。

【思考题】 正压仪表与真空仪表校验的关键区别是什么?

3.6 测压仪表的选择、安装与故障分析

3.6.1 测压仪表的选择

为准确测量压力参数,应根据被测对象的特点,适当合理地选择测压仪表,选择原则是:根据生产工艺对压力测量的要求、被测介质的性质、现场使用环境及生产过程对仪表的要求、经济适用等条件,合理考虑测压仪表的类型、量程、精度和指示形式等内容。

(1) 仪表种类的选择

① 从被测介质性质考虑

根据被测介质是流动的还是静止的,黏性大小,温度高低,是液体还是气体,

是否具有腐蚀性、爆炸性和可燃性等因素，合理选择压力表计。

对稀硝酸、酸、氨及其他腐蚀性介质，应选用耐酸压力仪表、氨用压力表或防腐压力表，如以不锈钢为膜片的膜片压力表。

对稀盐酸、盐酸气、重油类及其类似的具有强腐蚀性、含固体颗粒、黏稠液等介质，应选用膜片压力表或隔膜压力表。其膜片及隔膜的材质，必须根据测量介质的特性选择。

对结晶、结疤及高黏度等介质，应选用法兰式隔膜压力表。

对氧、乙炔等介质应选用专用压力表。其中，氨气压力表的材料不允许采用铜或铜合金，因为氨气对铜的腐蚀性极强；氧气压力表在结构和材质上可以与普通压力表完全相同，但要禁油，因为油进入氧气系统极易引起爆炸。

② 从被测介质压力大小考虑

对一般介质，应按测压范围选择相应的压力表。当测压范围为－40～40 kPa的微压时，宜选用膜盒压力表。压力在40 kPa以上时，一般选用弹簧管压力表或波纹管压力计。如测量压力为几百至几千帕，宜采用液柱式压力计或膜盒压力计。如被测介质压力不大，在15 kPa以下，且不要求迅速读数的，可选U形管压力计或单管压力计。要求迅速读数的，可选用膜盒压力仪表；压力在50 kPa以上的，一般选用弹簧管压力仪表。如需测快速变化的压力，应选压阻式压力计等电气式压力计。若被测的是管道水流压力且压力脉动频率较高，应选电阻应变式压力计。高压压力表（＞50 MPa）还应有泄压安全措施。

③ 从仪表输出信号的要求考虑

对仪表输出信号的要求有现场指示、远传指示、自动记录、自动调节或信号报警等，使用时应做如下考虑：对于需要观察压力变化情况的，选用记录式压力仪表；若只需要就地直接指示的，选用波纹管或螺旋弹簧管等弹性式压力仪表；既要就地指示还要远距离传送压力信号的，选用电气式压力仪表或其他具有电信号输出的仪表，如霍尔式压力计等；只需远距离传送压力信号的，选用压力变送器；如需报警或调节，应选用带电接点的压力仪表；如果要检测快速变化的压力信号，可选用电气式压力仪表，如压阻式压力传感器；如果控制系统要求能进行数字量通信，则可选用智能式压力检测仪表。

④ 从仪表使用环境考虑

主要考虑仪表使用环境有无振动，温度高低，湿度大小，环境有无腐蚀性、爆炸性和可燃性等。对于易燃易爆的场合，如需电接点信号或使用电气式压力测量仪表时，应选用防爆压力控制器或防爆电接点压力表。对于温度特别高或特别低的环境，应选择温度系数小的敏感元件和相应的变换元件。在机械振动强烈的场合，应选用耐震压力表或船用压力仪表。若有需要，应采取必要的防护措施。

⑤ 从外形尺寸考虑

在管道和设备上安装的压力表，表盘直径为100 mm或150 mm。在仪表气动管路及其辅助设备上安装的压力表，表盘直径应小于60 mm。安装在照度较低、位置较高或示值不易观测场合的压力仪表，表盘直径应大于150 mm或200 mm。

(2) 仪表量程的选择

目前国产压力和差压测量仪表按系列生产，其量程上限为1、1.6、2.5、4.0、6.3×10^n kPa，其中n为0或正整数。

为保证测量精度，保证弹性元件在弹性变形的安全范围内可靠工作，压力仪表量程的选择不仅要根据被测压力大小，还要考虑被测压力变化速度，并兼顾到被测对象可能发生的异常超压情况，对仪表的量程选择必须预留足够余地，量程既不能选取过大，也不能选取过小。

注意：与压力表量程或范围有关的几个术语的区别。

① 额定压力范围是满足标准规定值的压力范围。也就是在最高和最低温度之间，传感器输出符合规定工作特性的压力范围。在实际应用时传感器所测压力在该范围之内。

② 最大压力范围是指传感器能长时间承受的最大压力，且不引起输出特性永久性改变。特别是半导体压力传感器，为提高线性和温度特性，一般都大幅度减小额定压力范围。因此，即使在额定压力以上连续使用也不会被损坏。一般最大压力是额定压力最高值的2～3倍。

③ 损坏压力是指能够加在传感器上且不使传感器元件或外壳损坏的最大压力。

测量稳定压力时，最大工作压力不超过量程的2/3；测量脉动压力时，最大工作压力不超过量程的1/2；测量高压(＞4 MPa)时不超过量程的3/5。为保证测量精度，最小工作压力不低于量程的1/3。如果所测压力变化范围较大，超过了上述要求，应保证仪表量程上限满足最大工作压力条件。

选择仪表量程时，根据被测最大压力按上述原则算出一个压力数值，再从产品目录中选取。

【例3-1】 某压力容器内部的最高工作压力为1.5 MPa，试确定测量该容器内部压力的弹簧管压力表量程。

解 因为容器内压力比较稳定，故量程$A=1.5\div\frac{2}{3}=2.25(\text{MPa})$。

按产品目录，选用量程范围为0～2.5 MPa的压力表。

(3) 仪表准确度等级的选择

主要根据生产工艺允许的最大误差来确定压力测量仪表的准确度等级,并坚持节约原则,只要测量精度能满足生产工艺要求,就不必追求选用过高精度的仪表。

根据我国压力表的新标准 GB/T 1226—2017 的规定,一般压力表的准确度等级分为:1 级,1.6 级,2.5 级,4.0 级,并应符合表 3-2 的规定。

表 3-2 压力表外壳公称直径和准确度等级

外壳公称直径/mm	40,60	100	150,200,250
毫米水柱	2.5,4	1.6,2.5	1,1.6

精密压力表的准确度等级为:0.1 级,0.16 级,0.25 级,0.4 级。它既可作为检定一般压力仪表的标准器,也可作为高精度压力测量之用。

【例 3-2】 用 0~2.5 MPa 量程的压力表测量容器压力,要求测量值的绝对误差不大于±35 kPa,试确定压力表的精度。

解 仪表精度 $\delta=\frac{\Delta_{max}}{A_0}\times100\%=\frac{35\ \text{kPa}}{(2\ 500-0)\ \text{kPa}}\times100\%=1.4\%$

选用 1.0 级精度的压力表即可满足生产需要。

3.6.2 测压仪表的安装

压力测量系统由取压口、压力信号导管、压力表及一些附件组成,各个部件安装正确与否以及压力表是否合格等,对测量精度、测压仪表使用寿命以及维护工作有很大影响。安装工作包括:取压口的选择、导压管的敷设、测压仪表安装要求等内容。

(1) 取压口的选择

取压口是导压信号管路入口,取压口本身不应破坏或干扰流体的正常流束形状。被测介质压力信号取出口,通常采用在垂直于容器或管道内壁上开圆孔的方法,取压口直径不宜过大,特别对于小管径管道的测压,但在压力波动比较频繁和对动态性能要求高时可适当加大口径,要求所开圆孔不能有倒角、凸缘物和毛刺等瑕疵。

为正确测量压力信号,所选取压口位置应能代表被测压力的真实情况,远离各种阻力件;能使导压信号管路走向合理,不会产生积气、积液或掉进污物而堵塞导压管。具体操作时应注意:

① 在管道或烟道上取压时,取压口要选在被测介质压力稳定的地方,如测

量管道流体的压力，取压口应选在被测介质流动的直线管道上，远离局部阻力件。不要选在管路的拐弯、分叉、死角或其他能形成旋涡的地方。

② 当管道中有突出物(如温度计套管等)时，取压口应取在突出物的来流方向一侧(即突出物之前)。

③ 取压口处在管道阀门、挡板之前或之后时，其与阀门、挡板的距离应大于管道直径的2～3倍。

④ 测量差压时，两个取压口应在同一水平面上以避免产生固定的系统误差。

⑤ 取压口应选在无机械振动或振动不至于引起测量系统损坏的地方。

⑥ 测量流动介质压力时，取压管与介质流动方向垂直，以避免动压头的影响，同时必须清除钻孔毛刺。

⑦ 在测量液体介质的管道上取压时，宜在管道水平中心线以下并与水平中心线成0°～45°夹角的范围内取压，即可防止导压管内积存气体，又可防止管道底部固体杂质进入导压管及仪表；在测量气体介质的管道上取压时，宜在管道水平中心线以上并与水平中心线成45°～90°夹角的范围内取压，可防止导压管内积存液体。对于水蒸气则在管道水平中心线以上并与水平中心线成0°～45°夹角的范围内取压。

⑧ 被测压力低于0.1 MPa的取压口，其标高尽量接近测量仪表，以减少液柱高差引起的附加误差。

⑨ 测量汽轮机润滑油压的取压口，应设置在油管路末段压力较低处。

⑩ 测量凝汽器真空的取压口，应在凝汽器喉部中心点上设取。

⑪ 煤粉锅炉一次风压的取压口，不宜靠近喷燃器，否则易将受炉膛负压影响而不真实，距离喷燃器不小于8 m，各取压口至喷燃器间的管道阻力应相等；二次风压的取压口，设置在二次风调节门和二次风喷管之间。由于这段风道很短，因此取压口应尽量离二次风喷嘴远一些，同时各取压口至二次风喷嘴的距离应相等。

⑫ 测量炉膛压力的取压口，应设置在锅炉两侧喷燃室火焰中心上部，取压口处的压力应能反映炉膛内真实情况位置处。取压口过高，接近过热器，则负压偏大；取压口过低，距火焰中心近，则压力不稳定，甚至出现正压(对负压锅炉而言)。一般设置在锅炉两侧喷燃室火焰中心的上部。炉膛压力信号应从锅炉水冷壁管的间隙中引出。由于水冷壁管的间隙很小，若制造厂没有预留孔，可占用适当位置的看火孔或将测点处相邻两根水冷壁管弯曲。

⑬ 锅炉烟道上省煤器、空气预热器前后烟气压力取压口应设置在烟道左、右两侧的中心线上，对于大型锅炉则可在烟道前侧或后侧摄取，此时取压口应在

烟道断面的四等分线的 1/4 与 3/4 线上，左右两侧取压口安装位置必须对称，与相应的温度取压口处于烟道同一横截面内。

（2）导压管的敷设

导压管是连接取压口与测量仪表，传递压力、压差信号的专用管路，用以传递压力、压差信号，安装不当会造成能量损失，敷设中应注意：

① 导压管内径一般为 6～10 mm，长度一般不超过 50～60 m，更长距离应使用远传式仪表。导压管内径过小、长度过长会产生滞后误差，影响测量效果；内径过大，安装维修不方便。

② 导压管应垂直或倾斜敷设，尽量避免水平敷设。必须水平敷设时，导压管应有 3%～5%的坡度，以便排除导管内积水（被测介质为气体时）或积气（被测介质为液体时）。测量液体介质导压管按下坡方式敷设，测量气体介质按上坡方式敷设。导压管应尽量直行，减少急转弯。在炉墙或烟道上安装取压管应倾斜向上，取压管与水平线所成夹角大于 30°。

③ 传送差压信号的导压管，正、负两根导压管应尽量靠近，并行敷设，采取相应的防冻或隔热措施，保证两根导压管内传压介质温度一致，防止产生附加误差。

④ 被测介质易于冷凝或冻结，必须加装伴热管，并进行保温处理。

⑤ 测量液体压力时，可在导压管路的最高处安装集气瓶，以便排出积气，如图 3-34(a)所示；测量气体压力时，可在导压管路的最低处安装水分离器，以便排出积水，如图 3-34(b)所示；被测介质有可能产生沉淀物析出时，可在测压仪表的进口前安装沉降器，以便排出沉淀物，如图 3-34(c)所示。

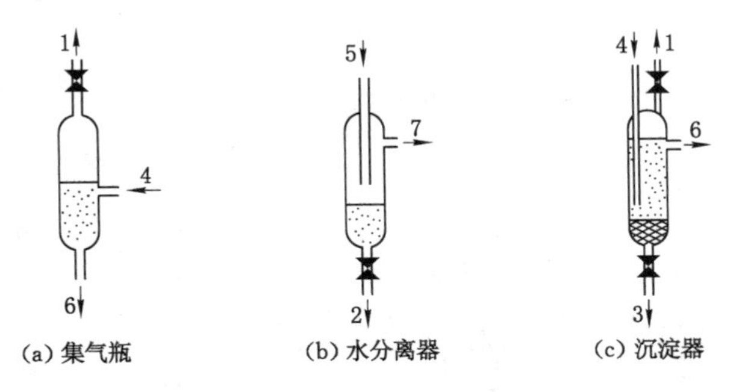

1—排气；2—排液；3—排沉淀物；4—液体进入；
5—气体进入；6—液体输出；7—气体输出。

图 3-34 排气、排水、排污装置示意图

⑥ 当导压管路较长并需通过露天或热源附近时，还应在管道表面敷设保温层，以防管道内介质汽化或冻结。为检修方便，对测量高温高压介质的导压管，

靠近取压口处还应设置隔离阀门(一次阀门)。在需要进行现场校验和经常冲洗导压管的情况下,应装三通阀。

(3) 测压仪表安装要求

测压仪表在安装时应注意:

① 测压仪表应安装在易于检修、观察的位置上。一般就地压力表的安装高度不应高于1.5 m。

② 测压仪表应尽量避开振源和热源影响,必要时加装隔热板,减小热辐射。测高温流体或蒸汽压力时,加装回转冷凝盘管或弯头,如图3-35(a)所示,测压仪表的安装位置一般应低于取压口。

③ 为防止运行中仪表发生故障,须安装一次针形阀门用来切断压力。为便于仪表投入和停用操作,须安装二次针形阀门。

④ 选择适当的密封垫片。注意有些垫片不能与某些介质接触,例如铜垫片不能与乙炔气接触,带油垫片不能与氧气接触,否则可能会引起爆炸。

⑤ 测量脉动压力或波动频繁压力,例如压缩机出口、泵出口等,可加装阻尼装置或缓冲器,如图3-35(b)所示。测量动态压力时不能加装阻尼器。

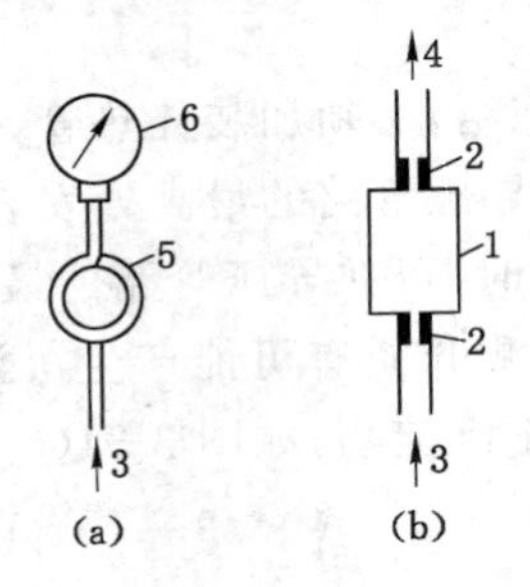

1—缓冲罐;2—阻尼器;3—被测压力;4—接压力表;5—回转冷凝盘管;6—压力表。

图3-35 冷凝与阻尼装置示意图

⑥ 测量含有微量灰尘的气体压力,应加装吹洗用堵头和可拆卸管接头。

⑦ 测量气、粉混合物压力,应加装具有足够容积的沉淀器,将煤粉与空气进行分离。分离出的煤粉依靠自身重量返回气、粉管道。

⑧ 测量层分离或相分离液体压力,测压仪表安装位置一般不应高于取压口,并在测压仪表进口处预先充入一些密度大于被测液体的封装液。

⑨ 测量易蒸发液体压力,应保证导压管具有足够长度,测压仪表安装位置应高于取压口;测量凝固性介质压力,应选用薄膜密封式测压仪表,或者加装隔离器;测量腐蚀性介质压力,必须采取相应的保护措施,并安装隔离容器。

⑩ 被测液体压力较小时,若取压口与仪表(测压口)不在同一水平高度,应

考虑液柱静压修正。

3.6.3 测压仪表的故障分析

电厂机组运行过程中,压力监测及调节系统能否正常工作,关系到整个机组的安全运行,因此对测压仪表故障及时做出判断并排除就显得非常重要。下面列举一些常见故障现象,并分析其原因。

(1) 测压仪表参数指示值为零

产生这种故障的原因主要有:

① 仪表未接通电源。

② 显示仪表本身故障。

③ 显示仪表无输入信号或输入信号为零。

④ 压力变送器故障无输出信号。

⑤ 导压管堵塞或测压仪表的进口阀未开。

⑥ 仪表之间连接导线断路或接线端子接触不良。

⑦ 被测对象无压力。

排查故障原因时,按照先易后难、先简后繁的原则来进行。

① 检查仪表电源是否接通。如电源指示灯亮,则说明电源已接通;否则应查明原因并接通电源。

② 根据相关仪表观察,判断该仪表是否应有压力指示。如其他相关仪表有指示,则检查该仪表有无输入信号,若输入信号大于 4 mA,说明有输入信号,则该显示仪表本身有故障。

③ 若无输入信号,或输入信号小于等于 4 mA,应检查压力变送器。关闭表前阀或进口阀,打开放空阀(操作前应了解介质特性,例如是否有毒、有害,温度高低,是否允许就地放空等),检查压力变送器是否有 4 mA 电流。如没有,应检查压力变送器电源是否正常;如有,说明压力变送器正常,应检查导压管是否堵塞,进口阀是否开启等。

④ 检查压力变送器电源。若无电源指示,应检查电源及连线是否有断路故障。若有电源指示而无电流指示,说明该压力变送器故障。

(2) 测压仪表的参数指示值到最大值

显示仪表指示最大值的主要原因有:

① 对于具有“断路故障指示”的仪表,可能是线路断开。

② 显示仪表本身故障。

③ 压力变送器故障。

④ 导压管内介质凝固或结冰。

⑤ 系统实际压力大于或等于仪表指示最大值。

排查故障顺序如下：

① 先观察其他相关仪表指示是否正常，如其他仪表指示正常，则检查该仪表的输入信号。如其他仪表也超压，说明是运行工艺原因，仪表正常。

② 检查仪表输入信号，若输入信号不超过 20 mA，说明显示仪表本身故障；若输入信号大于 20 mA，则检查压力变送器。

③ 检查压力变送器，关闭表前阀或进口阀，打开放空阀。如有介质放出，压力变送器仍指示最大，说明压力变送器故障；如无介质放出，说明放空阀堵塞，也可能是内部介质凝固或冷冻，应疏通导压管，具体疏通方法视现场情况而定。

(3) 测压仪表的参数指示值偏高或偏低

参数指示值偏高的主要原因有：

① 压力变送器或显示仪表量程偏小。

② 压力变送器或显示仪表零位漂移。

③ 压力变送器或显示仪表零位迁移偏小。

参数指示值偏低的主要原因有：

① 导压管及阀门泄漏。

② 连接导线接触不良，线路电阻过大。

③ 压力变送器或显示仪表量程偏大。

④ 压力变送器或显示仪表零位漂移，零位迁移偏大。

排除故障方法如下：

① 用代替法更换压力变送器或显示仪表，判断是压力变送器故障还是显示仪表故障。

② 检查仪表或压力变送器的零位是否正常，若不正常应进行零位调整。

③ 检查压力变送器回路电阻是否超过 250～600 Ω。

④ 检查导压管路有无泄漏。

⑤ 检查变送器零位迁移是否正确。

(4) 蒸汽压力指示值未高于安全门开启压力设定值，但安全阀已起跳

可对照其他相关仪表进行检查判断。若该蒸汽测量系统的其他相关温度指示值均正常，说明安全阀调整不合适；若相关各点温度都较高，说明仪表所显示的压力指示值低于真实压力值。

3.7 罗斯蒙特 3051 型压力变送器

现代火力发电机组广泛采用了 DCS(分散控制)系统，所以压力变送器在热

控现场检测仪表中占据了较大比例，其产品选型与机组过程检测和控制性能密切相关。总的来说，百万千瓦超超临界机组在变送器选型方面与常规亚临界机组基本上没有差别。需要注意的是，超超临界机组的管道压力参数较亚临界和超临界机组高一些，在对主蒸汽管道和给水管道压力变送器选型时，需要进行全方位的考虑和衡量。

国外著名的压力传感器生产厂家很多，像罗斯蒙特、霍尼韦尔、德州仪器、GE、EJA、JHT、Tecsis、LR、Wika 等。其中美国罗斯蒙特（ROSEMOUNT）公司生产的压力传感器由于其产品性能优良，应用范围广泛，在电站机组压力测量中应用较广。以罗斯蒙特 3051 系列变送器为例，如图 3-36 所示，其现场环境综合性能±0.12%，参考精度为±0.04%，回路诊断功能是主动检测和通知电气回路完整性，提高回路性能；五年稳定性达±0.125%，大大降低了校验和维护费用；动态响应快，降低过程的可变性；采用共平面设计和 301/305/306 一体化安装阀组，可实现变送器的最佳性能，节约安装费用，实现全面测量方案；一体化远传膜盒可应用于高温高压、腐蚀性、易堵塞及要求卫生型的场合，可满足液位、流量、压力等测量要求；具有先进的 Plantweb 功能，采用 HART 或 Foundation 现场总线技术，可提供更多现场信息，与当前的系统无缝集成，帮助改善工厂的性能。

图 3-36　罗斯蒙特 3051 系列压力变送器

罗斯蒙特 3051 系列变送器性能参数如下：

(1) 3051C 型差压、表压和绝压变送器，精度 0.04%，量程比 100∶1。

① 差压(CD 型)：校验量程从 0.1 inH_2O 到 2 000 psi (0.02 至 13 800 kPa)；

② 表压(CG 型):校验量程从 2.5 inH_2O 到 2 000 psi (0.62 至 13 800 kPa);

③ 绝压(CA 型):校验量程从 0.167 psia 到 4 000 psia(8.6 mmHg 至 27 580 kPa)。

过程隔离膜片:316L 不锈钢、哈氏合金 C-276、蒙乃尔、钽(仅限 CD、CG)及镀金蒙乃尔或镀金不锈钢材料;灌充液:硅油;设计小巧,坚固而质轻,易于安装;复合量程(仅限 CD,CG),可测量负压。

(2) 3051T 型表压和绝压变送器,精度 0.04%,复合量程(仅限 TG),可测量负压。

① 绝压(TA 型):校验量程从 0.3 到 10 000 psia (2.07 至 68 900 kPa);

② 表压(TG 型):校验量程从 0.3 到 10 000 psi (2.07 至 68 900 kPa)。

过程隔离膜片:316L 不锈钢、哈氏合金 C-276;灌充液:硅油、惰性液(卤代烃)。

可见 3051C 型产品的量程已无法满足超超临界机组参数要求,只能选 3051T 型。但应注意,3051T 为扩散硅压阻式,3051CD/CG 为电容膜盒式,3051T 是直接安装测量,3051C 是导压管安装测量,且 3051C 虽然价格更高些,但品质要优于 3051T,所以只要量程适合,在工程设计中还是应该选择 3051C 型产品。此外,对于高压管道中的差压变送器,还应注意静压是否满足管道的工作压力要求。例如某电力设计院在设计中就发现高压给水管道中差压变送器静压达到 40 MPa,所以 3051C 产品就可能无法满足要求,因此在工程设计中选择了 3051S 型产品。

3051C 型压力变送器采用罗斯蒙特股份有限公司电容式传感器技术来测量差压和表压,压阻式传感器技术用于 3051T 型压力变送器和 3051CA 型绝压变送器。

3051 型变送器主要部件为传感器模块和电子元件外壳。传感器模块包括充油传感器系统(隔离膜、充油系统和传感器)以及传感器电子元件。传感器电子元件安装在传感器模块内并包括一温度传感器(电阻式测试检测器)、储存模块和电容/数字信号转换器(C/D 转换器)。来自传感器模块的电子信号被传输到电子元件外壳中的输出电子元件。电子元件外壳包括输出电子线路板(微处理器、储存模块、数字/模拟信号转换器或 D/A 转换器)、本机零点及量程按钮和端子块。3051C 型变送器基本原理简图如图 3-37 所示,安装实例如图 3-38 所示。

(1) 传感膜头

3051C 型的共面传感膜头有两种形式,分别用于差压与表压变送器、绝压变送器。传感器与过程介质和外部环境均保持机械、电气及热隔离。传感器远离

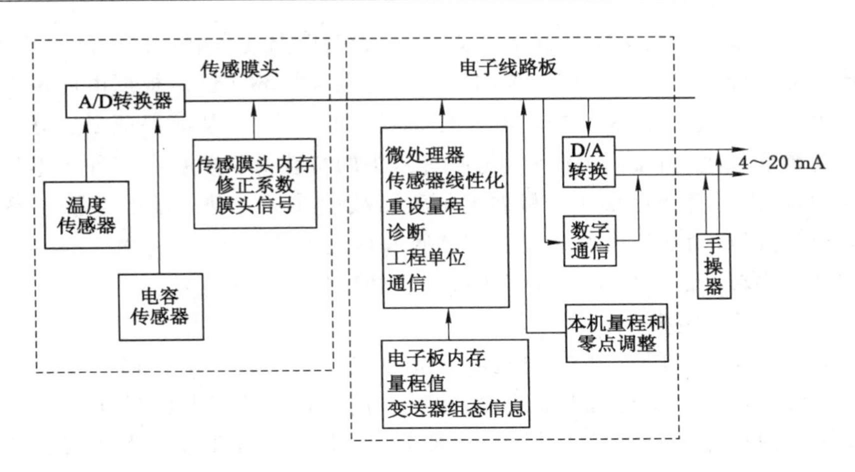

图 3-37 3051C 型压力变送器原理图

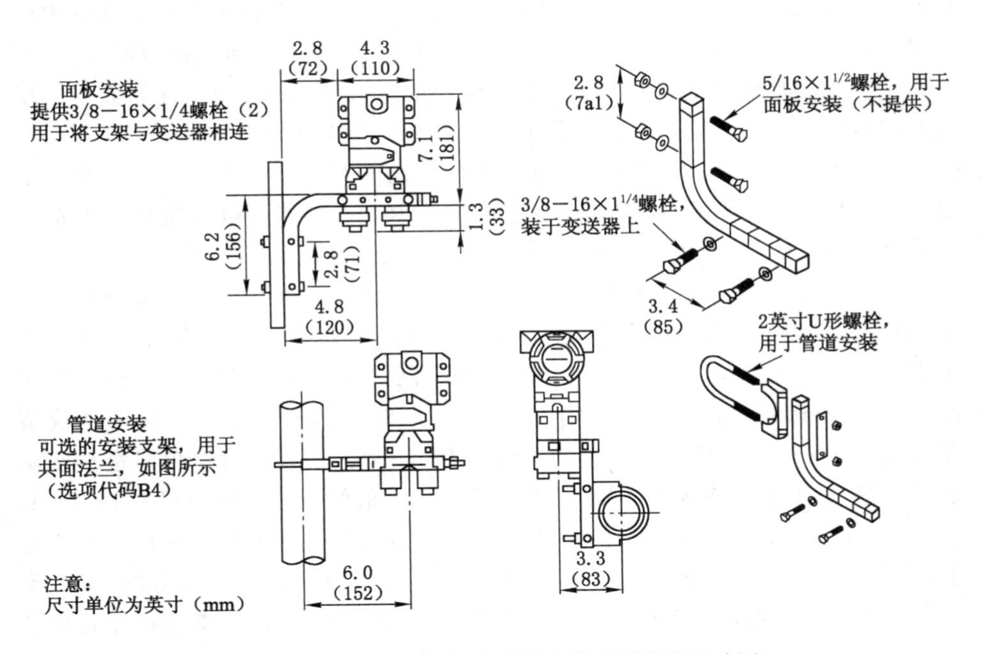

图 3-38 3051C 型差压变送器安装共面法兰尺寸图

过程法兰，移至电子外壳的颈部，可实现机械隔离和热隔离。通过设计使传感器不与过程热源直接接触，并释放了传感器杯体上的机械应力，可提高静压性能。

玻璃密封的压力输送管与传感器杯体绝缘安装，保证了电气绝缘，可提高电子线路的灵活性、性能与耐瞬变电压保护的能力。

3051C 型传感膜头还进行温度测量，用于补偿温度影响。在生产过程中，所有传感器都经受了整个工作范围内的压力与温度循环测试。根据由此得来的数据产生修正系数，然后将系数贮存于传感膜头的内存中，从而保证变送器运行过程中能精确地进行信号修正。因为所有膜头的特性值都贮存在该种传感膜头的内存中，所以可直接更换线路板而无须重新校验或拆下独立的贮存修正系数的PROM，可以帮助加快维修过程。传感膜头内还有线路板，它将输入的电容与温度信号直接转换成可供电子板模块进一步处理的数字化信号。

(2) 电子线路板

电子线路板采用专用集成电路(ASIC)与表面封装技术。它接收来自传感膜头的数字输入信号及其修正系数，然后对信号进行修正与线性化。电子线路板模块的输出部分将数字信号转为模拟输出，并与 HART 手操器进行通信。标准的 3051 型模拟输出为 4～20 mA；低功耗变送器为电压输出(1～5 V 或 0.8～3.2 V)。可选液晶表头插在电子线路板上，以压力、流量或液位工程单位或模拟量程值百分比显示数字输出，标准型与低功耗型变送器均可选用液晶表头。

组态数据存储于变送器电子线路板模块的永久性 EEPROM 存储器中。变送器掉电后，数据仍然保存完好，故而上电后变送器能立即工作。

过程变量与数字式数据存储，可以进行精确的修正和工程单位的转换。信号经修正后的数据转换为模拟输出信号。HART 手操器可以直接以数据信号方式存取传感器读数，不经过数/模转换以得到更高精度。

3051 型采用 HART 协议(Highway Addressable Remote Transducer，可寻址远程传感器高速通道的开放通信协议)进行通信，该协议使用了工业标准Bell202 标准频移调制(FSK)技术，在模拟输出上叠加高频信号可以进行远程通信，从而在不影响回路完整性的情况下，实现同时通信和输出。HART 协议是在低频的 4～20 mA 模拟信号上叠加幅度为 0.5 mA 的音频数字信号进行双向数字通信，数据传输率为 1.2 kb/s，代表 0 和 1 位值的信号频率分别为 2 200 Hz 和 1 200 Hz。由于 FSK 信号的平均值为 0，该低电平信号叠加在模拟输出信号上，不会对模拟信号造成任何干扰，不影响传送给控制系统模拟信号的大小，保证了与现有模拟系统的兼容性。在 HART 协议通信中主要的变量和控制信息由4～20 mA 传送，在需要的情况下，另外的测量、过程参数、设备组态、校准、诊断信息通过 HART 协议访问。

HART 协议使用户可以容易地使用 3051 型的组态、测试与具体设定的功能。使用 HART 手操器可以方便地对 3051 型进行组态。组态由两部分组成。首先，设定变送器的工作参数，包括：

· 零点与量程设定点

· 线性或平方根输出
· 阻尼
· 工程单位选择

其次,可将信息数据输入变送器,以便对变送器进行识别与物理描述,包括:

· 工位号:8 个字母数字字符
· 描述符:16 个字母数字字符
· 信息:32 个字母数字字符
· 日期
· 一体化表头安装
· 法兰类型
· 排液/排气阀材料
· O 型环材料
· 远传信息

除以上讨论的可组态参数外,3051 型软件中还包含一些用户不可变更的信息:变送器类型,传感器极限值,最小量程,灌充液,隔离膜片材料,膜头系列号及变送器软件版本号。

3051 型可以进行连续自检。当出现问题时,变送器将激活用户选定的模拟输出报警。HART 手操器可以查询变送器,确定问题所在。变送器向手操器输出特定信息,以识别问题,从而快速便捷地采取维修措施。若操作员确认是回路有问题,可让变送器给出特定输出,以供回路测试。在变送器初始化阶段和数字电子板维护时需进行具体设定。它允许对传感器与模拟输出进行微调,以符合工厂压力标准。此外,特性化功能让用户可防止模拟输出设定点被意外或故意调整。

小　　结

本章概括介绍了压力测量的基本知识,压力的基本概念与单位换算,压力测量的主要方法;系统阐述了液柱式、弹性式压力计的测量原理及常用仪表,各种电气式压力传感器及其工作原理,活塞式压力测量与压力仪表的校验方法,测量仪表在实际应用中的选择、安装以及常见故障分析及解决办法。

习　　题

1B. 分析液柱压力计及弹性压力计测量误差的来源。

2B. 有人采用U形管测量压差时将一些小玻璃珠沉放到U形管底部如图3-39所示，请解释这样做的作用。

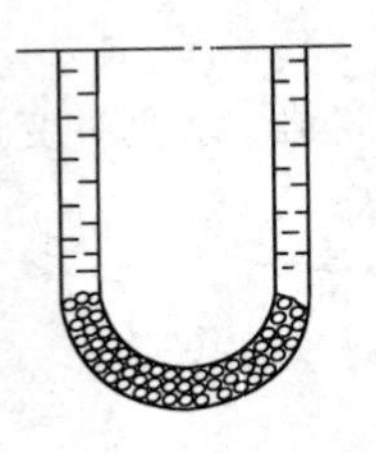

图 3-39

3B. 某压力容器内被测介质最大压力为0.6 MPa，希望测量的绝对误差为0.01 MPa，现选用一台量程2.5 MPa、精度0.5级压力表来测量，可否满足测量要求？若选用一台量程1 MPa、精度1级的压力表，可否满足测量要求？

4A. 试述压力、表压力、绝对压力、真空度的定义。

5B. 总结并比较应变式、压阻式、压电式压力传感器的结构特点、性能指标及应用范围。

6B. 为什么说压电式压力传感器不适于做静态压力测量？压电式压力传感器在使用中应注意哪些问题？

7C. 为什么要对压力传感器进行标定？静态压力标定与动态压力标定的作用及方法各是什么？

8D. 查阅文献，电压放大器与电荷放大器有何差别？

9D. 查阅文献，阐述采用何种电路连接可以将应变片感受的压力信号转变为电压信号输出。何为半桥接法、全桥接法？用公式证明为什么半桥和全桥接法能放大压力信号。

10D. 根据电容器的工作原理，设计一种新型电容压力(位移)传感器。

4 流量测量

本章提要 流量测量系统基本原理和组成，节流式流量计、速度式流量计、容积式流量计、质量流量计的工作原理、性能参数和使用方法。

重点与难点 节流式流量计工作原理，标准节流元件定义及应用，涡轮流量计工作原理，电磁流量计励磁方式，靶式流量计作用力合成，涡街形成条件及应用。

4.1 概 述

在火力发电厂等能源动力行业企业，流体(水、蒸汽、油等)的流量直接反映设备的负荷高低、工作状况和效率等运行情况。因此连续监视流体的流量对热力设备的安全、经济运行及能源管理有着重要意义。

4.1.1 流量概念

流体在单位时间内流经某一有效截面的体积或质量，前者称体积流量，后者称质量流量。因为流体的密度 ρ 随流体的状态参数而变化，故在给出体积流量的同时，必须指明流体的状态。特别是对于气体，其密度随压力、温度变化显著，为了便于比较，常把工作状态下气体的体积流量换算成标准状态下(温度为 20 ℃，绝对压力为 101 325 Pa)的体积流量，用 Q_N 表示。

流量的计量单位有：体积流量，米^3/秒(m^3/s)；质量流量，千克/秒(kg/s)；累积体积流量，米^3(m^3)；累积质量流量，千克(kg)。

【思考题】 为什么体积流量必须换算成标准体积流量？质量流量需要换算吗？

4.1.2 流体与管流基本知识

(1) 流体的密度

单位体积的流体所具有的质量称为流体密度，用数学表达式表示为：

$$\rho=\frac{M}{V} \tag{4-1}$$

式中　M——流体质量，kg；

V——流体体积，m^3；

ρ——流体的密度，kg/m^3。

流体密度是温度和压力的函数。

(2) 流体黏度

流体运动过程中阻滞剪切变形的黏滞力与流体的速度梯度和接触面积成正比，并与流体黏性有关，其数学表达式为式(4-2)，称为牛顿黏性定律。

$$F=\mu A\frac{du}{dy} \tag{4-2}$$

式中　F——黏滞力；

A——接触面积；

$\frac{du}{dy}$——流体垂直于速度方向的速度梯度；

μ——流体的动力黏度，表征流体黏性的比例系数。

流体的动力黏度与流体密度的比值称为运动黏度，即：

$$\nu=\frac{\mu}{\rho} \tag{4-3}$$

动力黏度的单位为：Pa·s 或 $N \cdot s/m^2$，运动黏度的单位为：m^2/s。

(3) 流体的压缩系数和膨胀系数

在一定的温度下，流体体积随压力增大而缩小的特性，称为流体的压缩性；在一定压力下，流体的体积随温度升高而增大的特性，称为流体的膨胀性。

① 压缩系数

当流体温度不变而所受压力变化时，其体积的相对变化率，即

$$k=-\frac{1}{V}\cdot\frac{\Delta V}{\Delta p} \tag{4-4}$$

式中　k——流体的体积压缩系数，1/Pa；

V——流体的原体积，m^3；

Δp——流体压力增量，Pa；

ΔV——流体体积变化量，m^3。

② 膨胀系数

在一定的压力下，流体温度变化时其体积的相对变化率，即

$$\beta=\frac{1}{V}\cdot\frac{\Delta V}{\Delta T} \tag{4-5}$$

式中 β——流体的体积膨胀系数,1/℃;

V——流体的原体积,m^3;

ΔV——流体体积变化量,m^3;

ΔT——流体温度变化量,℃。

(4) 雷诺数

雷诺数是流体流动的惯性力与黏滞力之比,表示为:

$$Re=\frac{\bar{u}\rho L}{\mu}=\frac{\bar{u}L}{\nu} \tag{4-6}$$

式中 Re——雷诺数(无量纲数);

$\bar{u}$——流动横截面的平均流速,m/s;

μ——动力黏度,Pa·s 或 N·s/m^2;

L——特征长度,m;

ρ——流体的密度,kg/m^3;

ν——运动黏度,m^2/s。

(5) 管流类型

① 单相流和多相流

管道中只有一种均匀状态的流体流动称为单相流;两种以上不同相态流体同时在管道中流动称为多相流。

② 可压缩和不可压缩流体的流动

流体可分为可压缩流体和不可压缩流体,所以流体的流动也可分为可压缩流体流动和不可压缩流体流动两种。

③ 稳定流和不稳定流

当流体流动时,若其各处的速度和压力仅和流体质点所处的位置有关,而与时间无关,则流体的这种流动称为稳定流;若各处的速度和压力不仅和流体质点所处的位置有关,而且与时间也有关,则流体的这种流动称为不稳定流。

④ 层流与紊流

管内流体有两种流动状态:层流和紊流。层流中流体沿轴向做分层平行流动,各流层质点没有垂直于主流方向的横向运动,互不混杂,有规则的流线。紊流状态管内流体不仅有轴向运动,而且还有剧烈的无规则的横向运动。

(6) 流速分布与平均流速

流体有黏性,当它在管内流动时,即使是在同一管路截面上,流速也因其流经的位置不同而不同。越接近管壁,由于管壁与流体的黏滞作用,流速越低;管中心部分的流速最快。流体流动状态不同将呈现不同的流速分布。圆管内的流速分布如图 4-1 所示。

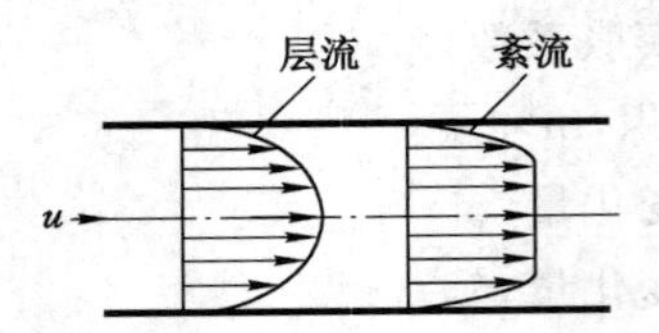

图 4-1　圆管内的流速分布

(7) 流体流动的连续性方程和伯努利方程

① 连续性方程

任取一管段,设截面Ⅰ、截面Ⅱ处的面积、流体密度和截面上流体的平均流速分别为 A_1、ρ_1、$\bar{u}_1$ 和 A_2、ρ_2、$\bar{u}_2$(图 4-2)。

$$\rho_1 \bar{u}_1 A_1 = \rho_2 \bar{u}_2 A_2 \tag{4-7}$$

② 伯努利方程

当理想流体在重力作用下在管内定常流动时,对于管道中任意两个截面Ⅰ和Ⅱ(图 4-3)有如下关系式(伯努利方程):

$$gz_1 + \frac{p_1}{\rho} + \frac{\bar{u}_1^2}{2} = gz_2 + \frac{p_2}{\rho} + \frac{\bar{u}_2^2}{2} \tag{4-8}$$

式中　g——重力加速度;

z_1,z_2——截面Ⅰ和Ⅱ相对基准线的高度;

p_1,p_2——截面Ⅰ和Ⅱ上流体的静压力;

$\bar{u}_1$,$\bar{u}_2$——截面Ⅰ和Ⅱ上流体的平均流速。

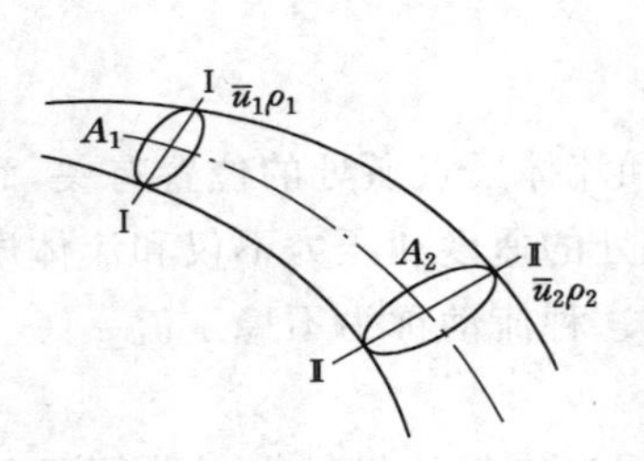

图 4-2　连续性方程示意图

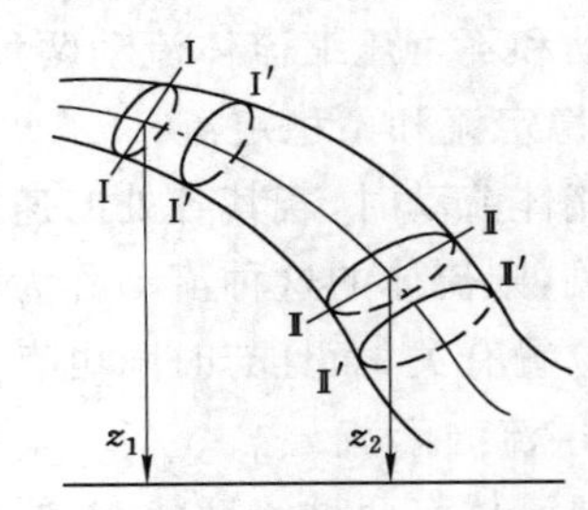

图 4-3　伯努利方程示意图

实际流体具有黏性,在流动过程中要克服流体与管壁以及流体内部的相互摩擦阻力而做功,这将使流体的一部分机械能转化为热能而耗散。因此,实际流体的伯努利方程可写为:

$$gz_1 + \frac{p_1}{\rho} + \frac{\bar{u}_1^2}{2} = gz_2 + \frac{p_2}{\rho} + \frac{\bar{u}_2^2}{2} + h_{wg} \tag{4-9}$$

式中　h_{wg}——截面Ⅰ和Ⅱ之间单位质量实际流体流动产生的能量损失。

4.1.3 流量测量方法

流量测量的方法很多，目前工业上所用的流量计的测量方法均可归结为差压法、容积法、速度法和质量流量法等。

(1) 差压法

利用伯努利方程基本原理，通过测量流体差压信号来反映流量的差压式流量测量法。

文丘里流量计

(2) 容积法

相当于一个具有标准容积的容器连续不断地对流体进行度量，单位时间内，度量的次数越多，流量越大。其特点如下：

① 受流动状态影响较小，适用于测量高黏度、低雷诺数的流体；

② 不宜于测量高温、高压以及脏污介质的流量；

③ 流量测量上限较小。

采用这种测量原理的流量计有椭圆齿轮流量计、腰轮流量计、刮板流量计等。

(3) 速度法

由流体的一元流动连续方程可知，截面上的平均流速与体积流量成正比，因此与流速有关的各种物理现象都可用来度量流量。如果又得到流体密度信号，便可进一步求得质量流量。

在速度法流量计中，节流式流量计是应用最广泛的一种流量计。此外属于速度式流量计的还有转子流量计、涡轮流量计、电磁流量计、超声波流量计等。

(4) 质量流量法

在线测量流体密度的难度很大，影响了质量流量的测量准确性。

方法 1：

测量流体的体积流量，根据测量得到的流体的压力、温度等状态参数对流体密度的变化进行补偿。

方法 2：

其物理基础是测量与流体质量流量有关的物理量(如动量、动量矩等)，从而直接得到质量流量。这种方法与流体的成分和参数无关，具有明显的优越性。但目前生产的这种流量计都比较复杂，价格昂贵，因而限制了它们的应用。

任何流量计都有其适用范围，对流体的特性以及管道条件都有特定的要求。目前生产的各种容积法和速度法流量计，都要求满足下列条件：

① 流体必须充满管道内部，并连续流动；

② 流体在物理上和热力学上是单相的，流经测量元件时不发生相变；

③ 流体的速度一般低于音速。

虽然两相流动是工业过程中广泛存在的流动现象。但目前尚无成熟的两相流流量仪器。

【思考题】 为什么流体的速度高于音速时，不适用于容积法和速度法测量？

4.1.4 流量测量系统

流量测量系统组成如图 4-4 所示，一般情况下，要求整个测量系统具有线性的静态特性，线性的静态特性将给显示装置的刻度标记带来方便，并有利于提高有流量信号参加的自动控制系统的性能。

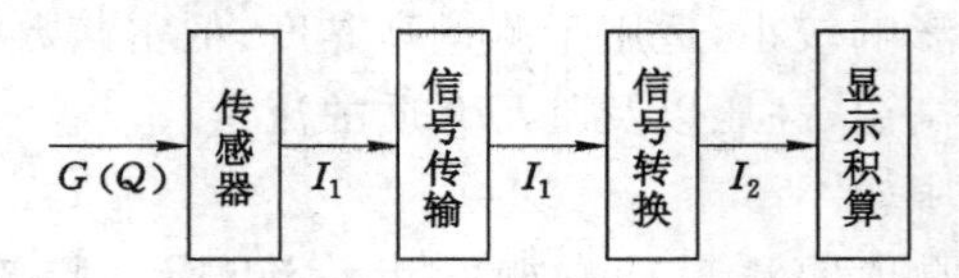

图 4-4 流量测量系统

但有些传感器是非线性的，如节流式传感器输出的压差与流量的平方成正比。这时可在信号转换装置中附加开方功能，使整个系统线性化。由于信号转换装置一般都是电子系统，其时间常数很小，故整个测量系统的动态特性主要取决于流量传感器。

4.1.5 流量计的校验与标定

流量是质量或体积对时间的导数，难以按定义直接做出流量单位的标准器。一般是在流量不变的前提下，使流体连续流入容器内，精确测量流体流动的起止时间和流入容器的流体总量，用平均流量代替瞬时流量作为标准。因此，在累积时间内，必须保证流量高度稳定，并且计时和计量都要足够准确。

进行流量计校验与标定时，可采用如图 4-5 所示的流量标准校验装置。

该装置包括：流体源（一般为水、空气和油及输送设备）；稳压装置（水塔或压力箱）；管路系统；计时系统和称量设备；附属设备（如保证灌注开始、停止与计时

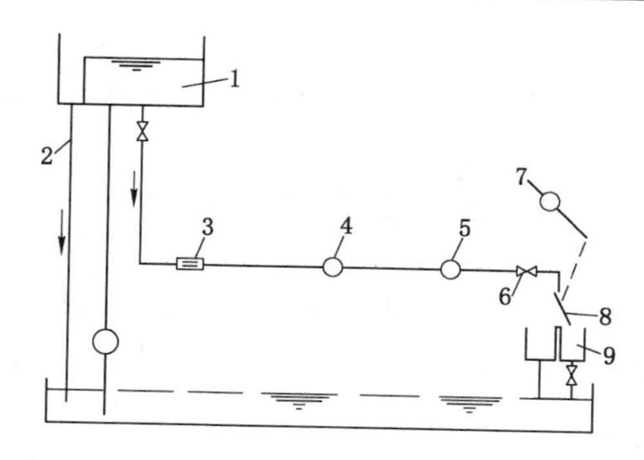

1—高位稳压水箱；2—溢流管；3—整流器；4—被检定流量计；
5—标准流量计（采用称量容器时，可不接入）；6—流量调节阀门；
7—计时器；8—换向器；9—称量容器。

图 4-5　流量标准校验装置组成示意图

同步的装置，温度计等）。该装置能提供稳定的、不同的流量，并保证规定的流动状态，若采用比较法进行校验时，可以将标准流量计和被校验流量计串联接入，比较示值。

流量标准校验装置中使用的标准流量计可采用标准体积管，如图 4-6 所示。

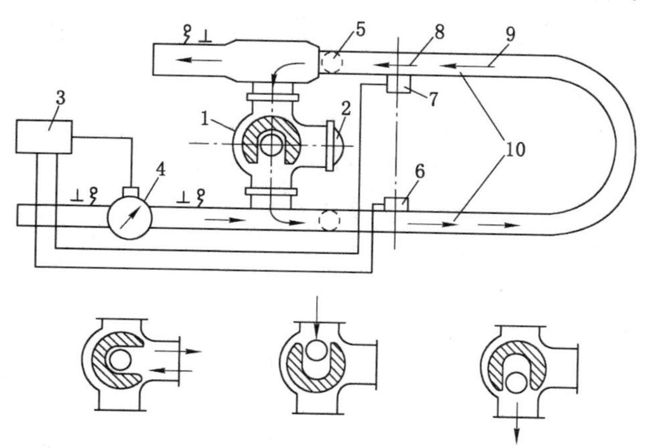

1—收放球控制器；2—装取球门；3—脉冲计数器；4—被校验流量计；5—隔离活塞；
6—起始检测器；7—停止检测器；8—流体方向；9—活塞路径；10—标准管段。

图 4-6　单向体积管结构示意图

标准体积管中的小球通过启、停检测器时，发出触发信号，输出至启、停计数器，同时隔离出固定体积（事先标定）的液体，此值与流量计输出脉冲进行比较计算。校验时一般要求被校验流量计能发出高分辨率的脉冲信号，可直接与脉冲计数器进行对比。

标准体积管既能用于在线检定，也能用于高黏度液体流量测量。

4.2 节流式流量计

节流式流量计基于流体在通过设置于流通管道上的节流元件时产生的压力差与流体流量之间的确定关系，通过测量差压值求得流体流量。

4.2.1 节流装置流量测量原理

在充满流体的管道中放置一个固定的、有孔的局部阻力件（节流元件），以造成流束的局部收缩。对一定结构的节流元件，其前后的静压差与流量成一定的函数关系。节流元件、静差压取出装置和节流元件前后的直管段的组合体，称为节流装置。

如图 4-7 所示，根据截面 1、2 处的压力能、动能和势能的关系，可写出伯努利方程：

$$p'_1+C_1\frac{\rho_1 v_1^2}{2}+z_1\rho_1 g=p'_2+C_2\frac{\rho_2 v_2^2}{2}+z_2\rho_2 g+\xi\frac{\rho_2 v_2^2}{2} \tag{4-10}$$

式中 C_1,C_2——截面 1、2 处流速不均匀，以平均流速计算动能时采用的修正系数；

v_1,v_2——截面 1、2 处的平均速度，m^2/s；

p'_1,p'_2——截面 1、2 处的绝对压力，Pa；

z_1,z_2——截面 1、2 处流体对参考水平面的距离；

g——重力加速度；

ξ——能量损失系数。

根据流体流动的连续性方程，有：

$$\rho_1 v_1 A_1=\rho_2 v_2 A_2 \tag{4-11}$$

(1) 不可压缩流体的流量方程

对于不可压缩流体：$\rho_1=\rho_2$，并定义节流元件直径比 $\beta=d/D$，收缩系数 $\mu=(d'/d)^2$，式中 d 为孔板开孔直径，d' 为流束至最小截面处直径。因为截面距离很近，也可认为 $z_1=z_2$。

将上述关系代入式(4-10)、式(4-11)，得到：

$$v_2=\frac{1}{\sqrt{C_2-C_1\mu^2\beta^4+\xi}}\sqrt{\frac{2}{\rho}(p'_1-p'_2)} \tag{4-12}$$

式中 μ——流体收缩系数。

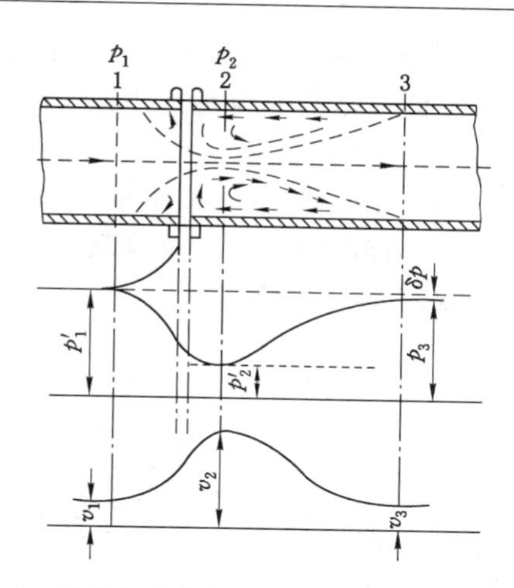

图 4-7 流体流经孔板时的压力和流速变化情况

节流测量原理

由于截面 1 和截面 2 的位置随流速变化而变化，实际测量中，取压位置位于孔板前后，采用孔板前后压力 p_1 和 p_2 分别代替 p'_1 和 p'_2，这将引起误差，加上流体流经节流元件的阻力损失，用一流量系数 α 来表示这些因素的综合影响，由此得到流体的容积流量：

$$Q=\alpha S_0\sqrt{2(p_1-p_2)/\rho} \tag{4-13}$$

式中 S_0——孔板直径。

(2) 可压缩流体的流量方程

当考虑到气体的可压缩性时，在流量公式中引入流束膨胀系数 ε 进行修正，这时容积流量为：

$$Q=\alpha\varepsilon S_0\sqrt{2(p_1-p_2)/\rho} \tag{4-14}$$

【思考题】 流束至最小截面处直径能否实现准确测量？

4.2.2 标准节流装置

节流式流量计

对于不同几何形状的节流元件及不同的取压方式，流量方程中的 α(或 C)、ε 各不相同，受多种因素影响，只能由试验求出。因此节流装置使用起来很不方便，所以必须标准化。

对于一定粗糙度的管道，几何相似(β 相等)的节流装置在流体动力学相似(管内 Re_D 相等)的条件下，流量系数 α 相等，α 值完全可由试验确定。

标准节流元件要求 α 和 ε 的试验数据以及保证与试验时几何相似和流体动力学相似的具体条件(如节流元件的结构尺寸及公差、取压方式、管道条件、流体条件及流量测量误差等)符合国际上规定的条件,可以直接使用给出的 α、ε 值,流量与压差的关系不必校准,可在规定的误差范围内通过计算求得。这种节流装置称为标准节流装置。

我国国家标准 GB/T 2624.1—2006 对标准节流装置的取压方式做出规定:标准孔板采取角接取压或法兰取压方式,标准喷嘴采取角接取压方式。国际上还有其他标准化节流装置,如长径喷嘴、文丘里喷嘴等。

【思考题】 标准的准确含义是什么?

(1) 标准节流元件

① 标准孔板

标准孔板为中间开孔、两面平整且平行的薄板,由不锈钢制成。它具有圆形开孔并与管道同心,其直角入口边缘非常锐利,且相对于开孔轴线是旋转对称的。标准孔板的形状如图 4-8 所示。

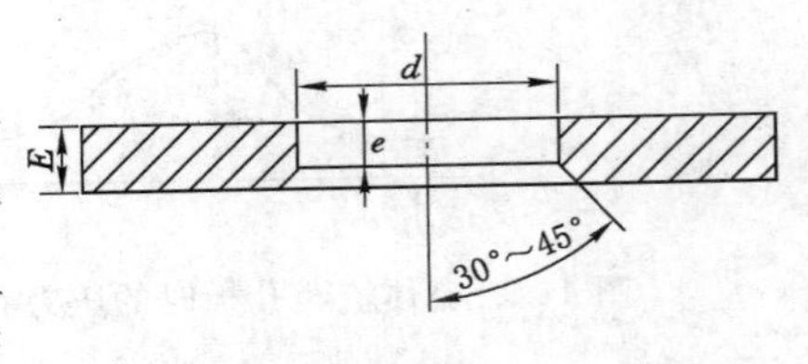

图 4-8 标准孔板

【思考题】 标准孔板的入口边缘为什么必须做得非常锐利?

② 标准喷嘴

标准喷嘴是一个以管道喉部开孔轴线为中心线的旋转对称体,由两个圆弧曲面构成的入口收缩部分及与之相接的圆筒形喉部所组成。其结构如图 4-9 所示,图中 A 为进口端面,C_1 为收缩部分第一圆弧面,C_2 为第二圆弧面,e 为圆筒形喉部,H 为圆筒形出口边缘保护槽,圆筒形喉部长为 $0.3d$,其中 d 为节流件开孔直径。

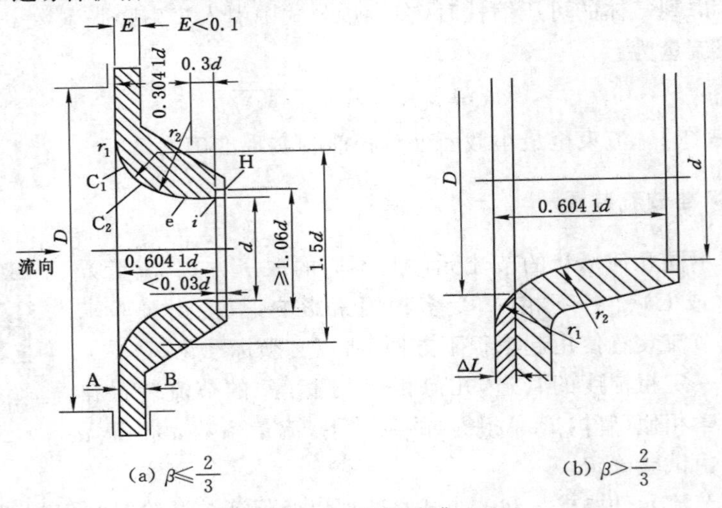

图 4-9 标准喷嘴

（2）取压装置

如图 4-10～图 4-12 所示，角接取压装置可以采用环室或夹紧环（单独钻孔）取得节流件前后的差压，环室有均压作用，压差比较稳定，所以被广泛采用。但当管径超过 500 mm 时，环室加工比较麻烦，一般都采用单独钻孔取压。法兰取压装置由两个带取压孔的取压法兰组成。角接取压法比较简便，容易实现环室取压，测量精度较高。法兰取压法结构较简单，容易装配，计算也方便，但精度较角接取压低些。

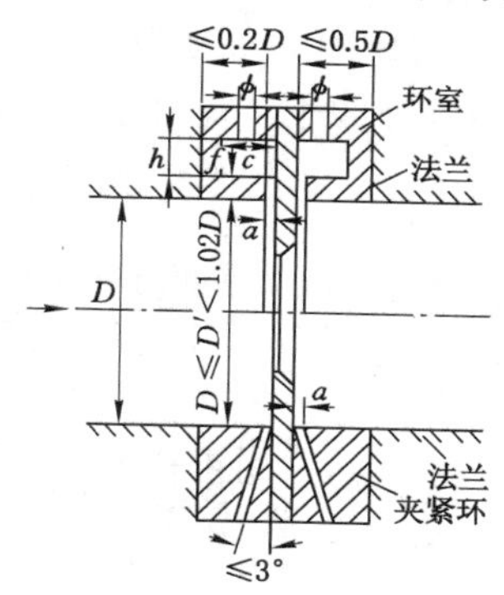

图 4-10 环室取压和单独钻孔取压

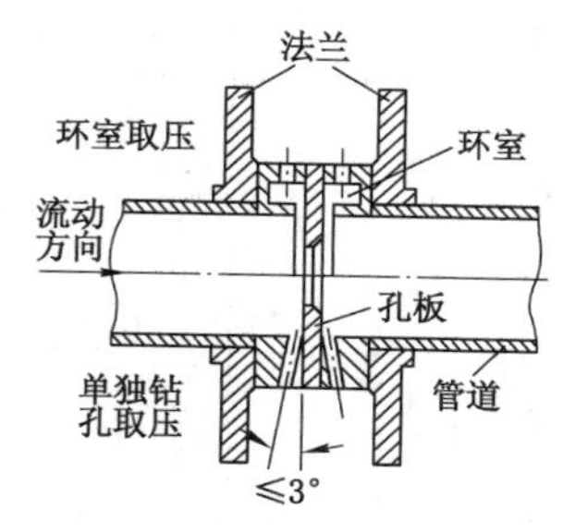

图 4-11 角接取压

角接取压

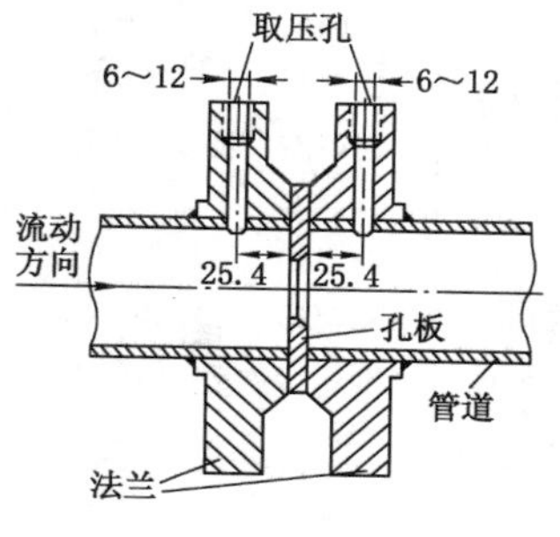

图 4-12 法兰取压

法兰取压

【思考题】 是否还有其他取压方式?

(3) 标准节流装置的管道条件

节流件前后直管段 l_1,l_2 的要求见表 4-1。l_1 的长度取决于节流件上游第一个阻力件形式和节流件的 β 值,表中所列数值是管道内径 D 的倍数。如果实际的 l_1 在括号内和括号外的数字之间,则应对流量测量的极限误差算术值加上 $\pm0.5\%$。如节流件上游有温度计套管,它与节流件的距离应为 $5D(3D)$(当温度计套管直径$<0.03D$ 时)或 $20D(10D)$(当温度计套管直径在 $0.03D\sim0.13D$ 之间时)。一般应尽可能把温度计装于节流件之后,此时要求它与节流件的距离大于 $5D$。

表 4-1 节流元件上、下游侧的最小直管段长度

β	节流元件上游侧局部阻力件形式						
	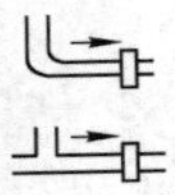 一个 90° 弯头或只有一个支管流动的三通	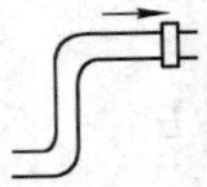 在同一平面内有多个 90°弯头	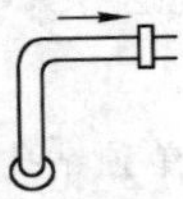 空间弯头(在不同平面内有多个 90°弯头)	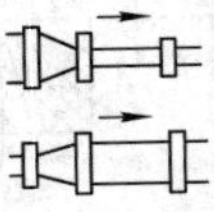 异径管(大变小,$2D\to D$,长度$\geqslant 3D$;小变大 $\frac{1}{2}D\to D$,长度$\geqslant 1\frac{1}{2}D$)	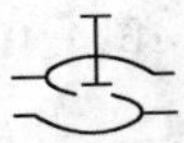 全开截止阀	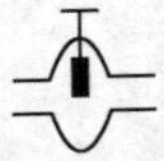 全开闸阀	节流元件下游侧最小直管段长度 l_2(左面所有的局部阻力件形式)
≤0.20	10(6)	14(7)	34(17)	16(8)	18(9)	12(6)	4(2)
0.25	10(6)	14(7)	34(17)	16(8)	18(9)	12(6)	4(2)
0.30	10(6)	16(8)	34(17)	16(8)	18(9)	12(6)	5(2.5)
0.35	12(6)	16(8)	36(18)	16(8)	18(9)	12(6)	5(2.5)
0.40	14(7)	18(9)	36(18)	16(8)	20(10)	12(6)	6(3)
0.45	14(7)	18(9)	38(19)	18(9)	20(10)	12(6)	6(3)
0.50	14(7)	20(10)	40(20)	20(10)	22(11)	12(6)	6(3)
0.55	16(8)	22(11)	44(22)	20(10)	24(12)	14(7)	6(3)
0.60	18(9)	26(13)	48(24)	22(11)	26(13)	14(7)	7(3.5)
0.65	22(11)	32(16)	54(27)	24(12)	28(14)	16(8)	7(3.5)
0.70	28(14)	36(18)	62(31)	26(13)	32(16)	20(10)	7(3.5)
0.75	36(18)	42(21)	70(35)	28(14)	36(18)	24(12)	8(4)
0.80	46(23)	50(25)	80(40)	30(15)	44(22)	30(15)	8(4)

注:表中所列数值为管道内径 D 倍数。

（4）标准节流装置的流体条件

① 满管，流体必须充满管道内部，并连续流动；

② 单相，流体在物理上和热力学上是单相的，流经测量元件时不发生相变；

③ 流体的速度一般低于音速。

此外，还要求流体必须是在圆管内流动，且其密度和黏度已知，流速稳定，不存在旋涡，只允许流量缓慢变化。故节流元件不宜测量脉动流的流量。

4.2.3 标准节流装置的关键参数

（1）流量系数 α

α 与 β、Re_D 以及管道粗糙度相关，管道越粗糙，α 就越大。管道粗糙度用绝对粗糙度 k_c 或相对粗糙度 k_c/D 来表示。常用管道的粗糙度可查有关标准。为了使用方便，准节流装置往往在光滑管道（$k_c/D<0.0004$）上，根据式 $G=\alpha A_0\sqrt{2\rho\Delta p}$ kg/s 或 $Q=\alpha A_0\sqrt{\frac{2\Delta p}{\rho}}$ m³/s 测定流量系数，称为光管流量系数或原始流量系数 α_0，并编成图 4-13 所示的 $\alpha_0=f(\beta^2, Re_D)$ 的图形。

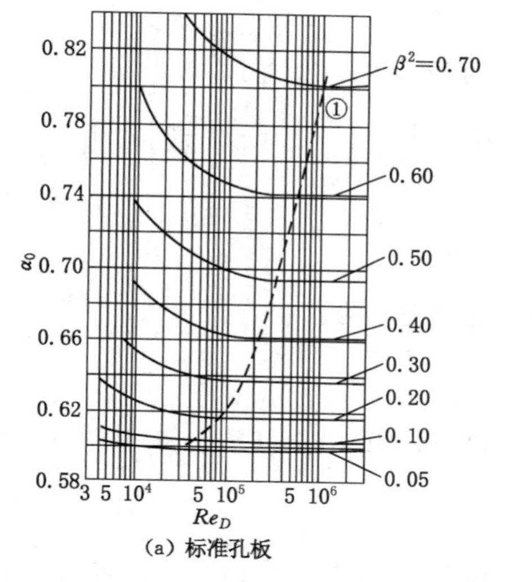

（a）标准孔板

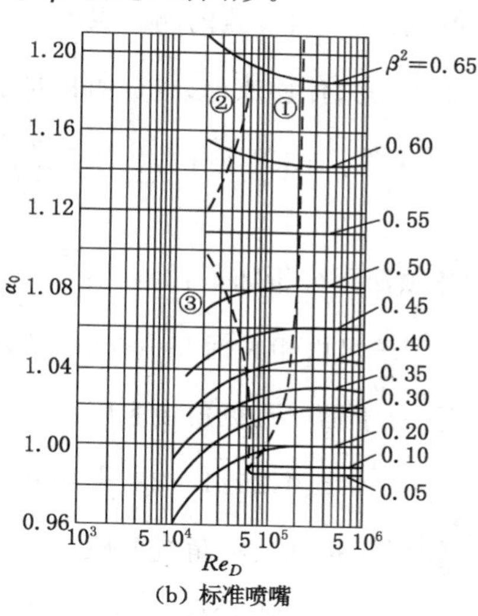

（b）标准喷嘴

图 4-13 光管流量系数 $\alpha_0=f(\beta^2, Re_D)$

由图可见，不同的节流装置，α_0 不同。对同一节流装置，在某一 β 值时，α_0 随 Re_D 值不同而不同。但随着 Re_D 的增大，α_0 的变化越来越小。在最大流量和最小流量时 α_0 的变化不超过 0.5%，图 4-13 中的虚线①、②、③即表示这个界限。

(2) 膨胀损失

标准节流装置的 ε 值决定于 $\Delta p/p_1$、β 和被测介质的等熵指数 k。对角接取压标准孔板，ε 可由如下经验公式计算：

$$\varepsilon=1-(0.3707+0.3184\beta^4)\left[1-(p_2/p_1)^{\frac{1}{k}}\right]^{0.935} \tag{4-15}$$

对于标准喷嘴，可按等熵流动过程推导出 ε 值为

$$\varepsilon=\left[\left(1-\frac{\Delta p}{p_1}\right)^{\frac{2}{k}}\frac{k}{k-1}\frac{1-\left(1-\frac{\Delta p}{p_1}\right)^{\frac{k-1}{k}}}{\frac{\Delta p}{p_1}}\frac{1-\beta^4}{1-\beta^4\left(1-\frac{\Delta p}{p_1}\right)^{\frac{2}{k}}}\right] \tag{4-16}$$

【思考题】 等熵流动的含义是什么？

(3) 压力损失 δ_p

δ_p 由流体流经节流元件会产生涡流等原因引起，其大小可按下式估算：

$$\delta_p=\frac{1-\beta^2\alpha}{1+\beta^2\alpha}\Delta p \tag{4-17}$$

4.2.4 标准节流装置的测量误差

根据误差传递原理，流量的相对误差可表示为：

$$\frac{\sigma_G}{Q}=\pm\left[\left(\frac{\sigma_\alpha}{\alpha}\right)^2+\left(\frac{\sigma_\varepsilon}{\varepsilon}\right)^2+4\left(\frac{\beta^4}{\alpha}\right)^2\left(\frac{\sigma_D}{D}\right)^2+4\left(1+\frac{\beta^4}{\alpha}\right)^2\left(\frac{\sigma_d}{d}\right)^2+\frac{1}{4}\left(\frac{\sigma_{\Delta p}}{\Delta p}\right)^2+\frac{1}{4}\left(\frac{\sigma_\rho}{\rho}\right)^2\right] \tag{4-18}$$

式中各项简要分析如下：

(1) $\frac{\sigma_\alpha}{\alpha}$可由相关标准中查取，其计算公式分别为：

① 对于标准孔板角接取压：

$$\frac{\sigma_\alpha}{\alpha}=\pm0.25\left[1+2\beta^4+100(r_c-1)+\beta^2(\lg Re_D-6)^2+\frac{1}{20D}\right]\% \tag{4-19}$$

② 对于标准喷嘴角接取压：

$$\frac{\sigma_\alpha}{\alpha}=\begin{cases}\pm0.25\left[1+3\beta^4+100(r_c-1)+(\lg Re_D-6)^2+\frac{1}{20D}\right]\% & \beta^2\geqslant0.2\\ \pm0.25\left[\frac{0.224}{\beta^2}+100(r_c-1)+(\lg Re_D-6)^2+\frac{1}{20D}\right]\% & 0.1\leqslant\beta^2<0.2\end{cases} \tag{4-20}$$

(2) $\frac{\sigma_\varepsilon}{\varepsilon}$可由标准中查取，其计算公式分别为：

① 对于标准孔板角接取压或法兰取压：

$$\frac{\sigma_\varepsilon}{\varepsilon}=\begin{cases}\pm\left(\frac{2\Delta p}{p_1}\right)\% & 0.2\leqslant\beta\leqslant0.75\\ \pm\left(\frac{4\Delta p}{p_1}\right)\% & 0.75<\beta\leqslant0.8\end{cases}\tag{4-21}$$

② 对于标准喷嘴角接取压：

$$\frac{\sigma_\varepsilon}{\varepsilon}=\pm\left(\frac{\Delta p}{p_1}\right)\%\tag{4-22}$$

(3) $\frac{\sigma_D}{D}$为管道直径相对标准误差，D为工作温度下的数值，若按前述要求实测，$\frac{\sigma_D}{D}\approx\pm0.1\%$，若$D$取管径公称值，$\frac{\sigma_D}{D}\approx\pm(0.5\sim1.0)\%$；

(4) $\frac{\sigma_d}{d}$为节流件开孔直径相对标准误差。d为工作温度下的数值，$\frac{\sigma_d}{d}\approx\pm0.05\%$；

(5) $\frac{\sigma_{\Delta p}}{\Delta p}$为压差$\Delta p$的相对标准误差，主要取决于所用差压计的精度等级。其值为：

$$\frac{\sigma_{\Delta p}}{\Delta p}\approx\frac{1}{3}A\,\frac{\Delta p_{\max}}{\Delta p}\ \%\tag{4-23}$$

式中 A——差压计精度等级；

$\Delta p_{\max}$——差压计量程；

Δp——实测压差值。

因为流量与差压的开方成比例，故小流量时Δp很小，$\sigma_{\Delta p}/\Delta p$将很大，因此节流式流量计测量的流量上下限之比不能大于3～4：1。

(6) σ_ρ/ρ为节流件上游流体密度的相对标准误差。因为ρ可以根据被测流体的压力、温度查流体性质表得到，故σ_ρ/ρ除物性表数据误差外，还包含温度、压力的测量误差，故估计σ_ρ/ρ的值比较复杂。对于液体，当测温条件$\sigma_t/t\leqslant\pm5\%$时，$\sigma_\rho/\rho=\pm0.03\%$。对于蒸汽，当测温、测压条件$\sigma_t/t\leqslant\pm5\%$，$\sigma_{p_1}/p_1\leqslant\pm5\%$时，$\sigma_\rho/\rho\leqslant\pm3\%$；当$\sigma_t/t\leqslant\pm1\%$，$\sigma_{p_1}/p_1\leqslant\pm1\%$时，$\sigma_\rho/\rho\leqslant\pm5\%$。对于气体，当$\sigma_t/t\leqslant\pm1\%$，$\sigma_{p_1}/p_1\leqslant\pm1\%$时，$\sigma_\rho/\rho\approx\pm1.5\%$。

必须注意，以上的误差分析是在节流装置的制造、安装、使用条件符合标准时做出的，当与标准不符时，其引起的附加误差需另外考虑。

4.2.5 标准节流装置的使用范围

标准节流装置的使用范围因节流件形式、取压方式和β的不同而不同，选择时，应考虑如下因素：

(1) 流体条件

测量易沉淀或有腐蚀性的流体宜采用喷嘴,这是因为,孔板流量系数受其直角入口边缘尖锐度的变化影响较大。

(2) 管道条件

在管道内壁比较粗糙的条件下,宜采用喷嘴。在 β 相同的情况下,光滑管的相对粗糙度允许上限,喷嘴比孔板大;另外,标准孔板法兰取压时其光滑管的相对粗糙度允许上限较标准孔板角接取压时高。因此,较粗糙的管道采用孔板时,应考虑法兰取压方式。

(3) 压力损失

在标准节流件中,孔板压力损失最大。

(4) 运行精度

在高参数、大流量的生产管线上,一般不选用孔板。因为经过长期运行,其锐角冲刷磨损严重,且易发生形变,影响精度。故通常采用喷嘴。

(5) 在同一 β 值下,喷嘴较孔板 α 大,故测量范围大。

(6) 与喷嘴相比,孔板的最大优点是加工方便、安装容易、省料、造价低。

4.2.6 非标准节流元件

目前常用的非标准节流元件主要是楔形节流件,即一种呈 V 形的楔形块,安装时其顶部向下装在管道上部,如图 4-14 所示。

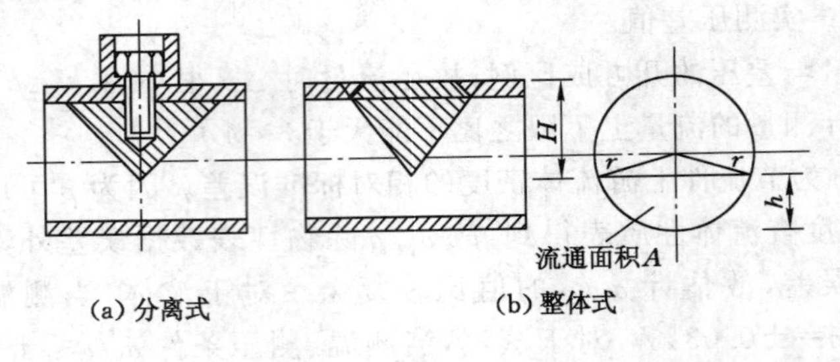

图 4-14 楔形节流元件示意图

管道直径小于 50 mm 时采用图 4-14(a)所示的分离式结构,使用螺栓连接;管道直径大于 50 mm 时采用图 4-14(b)所示的整体式结构,使用焊接连接。此安装形式有利于高黏度流体和悬浮液流过楔形节流件,消除滞留区,防止管道堵塞。取压方式与前述标准节流元件的取压方式相同,如普通取压和法兰取压等。

流体流过楔形节流件时,在其上、下游产生静压力差 Δp,静压力差的平方根与流体流量成正比，其体积流量计算公式为：

$$Q = \alpha\varepsilon A \sqrt{\frac{2\Delta p}{\rho}} = \frac{\pi}{4}\alpha\varepsilon m D^2 \sqrt{\frac{2\Delta p}{\rho}} \tag{4-24}$$

式中 Q——体积流量，m^3/s；

D——管道直径，m；

A——弓形流通面积，m^2；

m——弓形流通面积 A 与管道截面积比值；

ρ——流体密度，kg/m^3；

Δp——上、下游产生静压力差，Pa；

ε——流体流束膨胀系数；

α——流量系数。

由于楔形节流件属于非标准节流元件，且弓形流通面积 A 安装时难以准确测量，故常将上述公式中的 $\alpha m D^2$ 作为一个系数，通过试验单独标定。

楔形节流件流量测量主要用于高黏度流体和悬浮液的流量测量，如泥浆、煤焦油、煤水悬浮液和原油等。其雷诺数应用范围很广，下限可低至 300，上限可高达 10^6 以上，且结构简单，安装使用方便。

4.3 速度式流量计

速度式流量计是以测量流体在管道内的流速作为测量依据的仪表。根据体积流量的表达式可知，当管道截面积已知时，只要测得流体的平均速度，就可得到体积流量，体积流量乘上流体密度就可得到质量流量。属于这一类的流量计很多，例如：动压测量管流量计、涡轮流量计、电磁流量计、靶式流量计、涡街流量计、超声波流量计等。

4.3.1 动压测量管流量测量装置

动压测量管是基于流体通过设置在流通管道上的动压测量元件时产生的平均动压差进行流量测量的。通过这种方法，可以测量出流通管道截面上的平均流速。常用的动压测量管有皮托管、动压均压管、翼型动压管和动压文丘里管等。

(1) 平均流速

若在足够长的等直径圆管中，流动为层流状态，则理论上流速分布方程为 $v=f(y)$（y 是测点到管内壁距离），因此横截面的平均流速，正好是距离管内壁 $0.293R$（R 为管道内半径）处测点的流速；若流动为紊流，则尚未得到流速分布

方程 $v=f(y)$，此时的流速分布与雷诺数、管道内壁粗糙度等因素有关。流速分布曲线如图 4-15 所示。

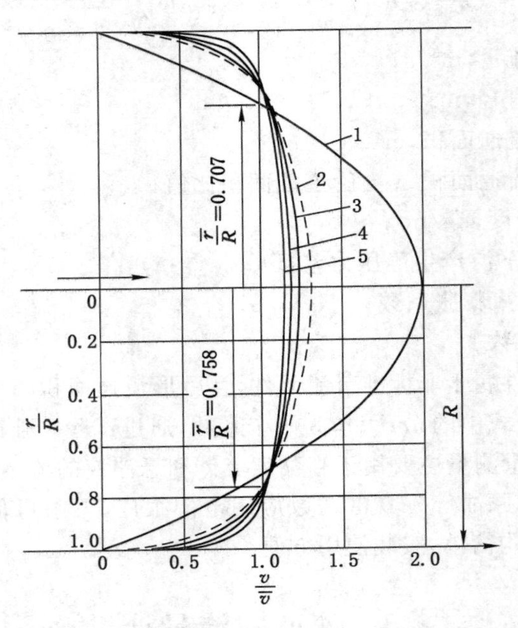

1—层流；2—紊流，很粗糙管；3—紊流，光管，$Re_D=4\times10^3$；
4—紊流，光管，$Re_D=4\times10^4$；5—紊流，光管，$Re_D=3\times10^6$。

图 4-15　圆管内流动流速分布图

(2) 测量选点

测量平均流速，首先需测出截面上多点的流速，得出速度分布廓形，再用图解积分法或数值积分法求出平均流速。这种方法在实际测量过程中极为不便，为减少测点，并保证结果可靠，人们利用经验的和半理论的数学模型来近似描述充分发展紊流的速度分布，同时提出最小直管段的要求，并采用加装整流器的办法使流动接近充分发展的紊流。

流速分布的数学模型主要有“对数-切比雪夫”法和“对数-线性”法等。

① “对数-切比雪夫”法

模型由两部分组成：

a. 认为紧靠管壁的流速分布符合对数性质。

$$v^{+}=\frac{1}{K}\ln y^{+}+B(5<y^{+}<7^{B}) \tag{4-25}$$

式中　v^{+}——无因次流速，$v^{+}=v/v^{*}$（v^{*} 为摩擦速度）；

y^+——距管壁的无因次距离，$y^+=yv^*/\gamma$（γ 为运动黏度）；

K，B——常数，光管 $K=0.41$，$B=5.2$；粗糙管，B 与粗糙度有关。

b. 认为其余地方的流速分布符合多项式。

$$y=a_0+a_1\left(\frac{r}{R}\right)^2+a_2\left(\frac{r}{R}\right)^4+\cdots+a_n\left(\frac{r}{R}\right)^{2n} \tag{4-26}$$

式中 a_0、a_1、a_2、…、a_n——常数；

n——同一个半径上的测点数目（不计紧靠管壁由对数关系决定的测点）；

r——距离圆管中心的距离。

这个数学模型运用到圆管时，横截面以同心圆分成几个圆环面积（圆环和圆管同心）。测点位置见表 4-2，各点局部流速 v_i 的权值相等，平均流速为：

$$\bar{v}=\frac{\sum_{i=1}^{n}v_i}{n} \tag{4-27}$$

式中 n——圆环面积数目；

v_i——第 i 个圆环面积上测出的局部流速。

表 4-2 “对数-切比雪夫”法在圆管横截面上的测点位置

每个半径上测量点的数目	r_i/R	y_i/D
3	0.375 4±0.010 0	0.312 3±0.005 0
	0.725 2±0.010 0	0.137 4±0.005 0
	0.935 8±0.003 2	0.032 1±0.001 6
4	0.331 4±0.010 C0	0.334 3±0.005 0
	0.612 4±0.010 0	0.193 8±0.005 0
	0.800 0±0.010 0	0.100 0±0.005 0
	0.952 4±0.002 4	0.023 8±0.001 2
5	0.286 6±0.010 0	0.356 7±0.005 0
	0.570 0±0.010 0	0.215 0±0.005 0
	0.689 2±0.010 0	0.155 4±0.005 0
	0.847 2±0.007 6	0.076 4±0.003 8
	0.962 2±0.001 8	0.018 9±0.000 9

注：r_i 表示测点位置的半径；y_i 表示测点到管壁的距离；R、D 表示分别为圆管的半径和直径。

同理，用“对数-切比雪夫”法决定的矩形管横截面上的测点位置如图 4-16 和表 4-3 所示。各点局部流速 v_i 的权值相等，平均流速为：

$$\bar{v}=\frac{\sum_{i=1}^{ef}v_i}{ef} \tag{4-28}$$

式中　ef——测点数,见表 4-3 注。

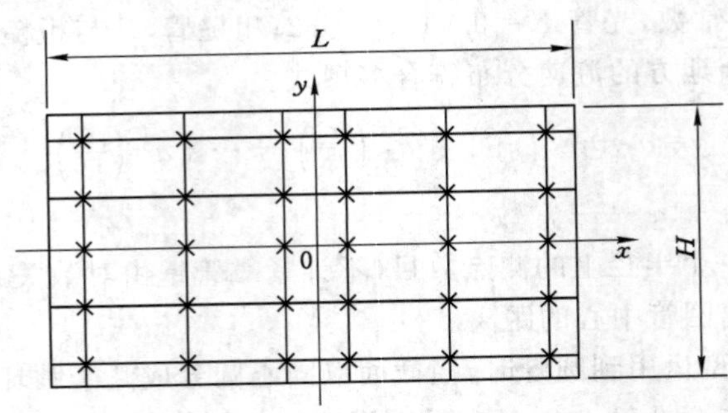

图 4-16　“对数-切比雪夫”法在矩形管截面上的测点位置

表 4-3　“对数-切比雪夫”法决定的矩形管横截面测点位置

e 或 f	x_i/L 或 y_i/H
5	0　±0.212　±0.426
6	±0.063　±0.265　±0.439
7	0±0.134　±0.297　±0.447

注:e 表示平行于矩形短边的测点列数(最少 5 列);f 表示平行于矩形长边的测点行数(最少 5 行);x_i,y_i表示以截面中心为原点作直角坐标,x 轴与长边平行,x_i,y_i为测点位置;L、H 分别表示为矩形截面的长边和短边长度。

② “对数-线性”法

该方法提出了两种数学模型,第一种认为管内流场分布符合下列关系式:

$$v = A\lg(y/R) + B + C(y/R) \tag{4-29}$$

式中　A,B,C——常数。

由式(4-29)决定的测点数目为双数。

第二种是在上述模型基础上,再加上一个由下列关系式决定的测点:

$$v = A\lg(y/R) + B \tag{4-30}$$

式(4-30)应用于紧靠管壁处的流场,由式(4-29)和式(4-30)共同决定的测点数目为奇数。

第一种数学模型又称为三次方的切比雪夫积分法,主要特点是未考虑靠管壁处流速分布规律的不同。应用中采用切比雪夫数值积分法计算测点位置,例如若仅在半径上确定两个测点,则测点位置分别为 $r_1/R=0.459\ 7$、$r_2/R=0.888\ 1$,各测点权值相等。

利用切比雪夫积分法计算得到的测点位置与系数 $a_i(i=0\sim3)$的值无关,所以当雷诺数变化时，测点位置不变。

第二种数学模型应用于圆管时，测点位置见表 4-4，各点局部流速 v_i 的权值相等，平均流速的计算公式同式(4-27)。

表 4-4　"对数-线性"法决定的圆管截面测点位置

每个半径上测量点的数目	r_i/R	y_i/D
3	0.358 6±0.010 0	0.320 7±0.005 0
	0.730 2±0.010 0	0.134 9±0.005 0
	0.935 8±0.003 2	0.032 1±0.001 6
5	0.277 6±0.010 0	0.361 2±0.005 0
	0.565 8±0.010 0	0.217 1±0.005 0
	0.695 0±0.010 0	0.152 5±0.005 0
	0.847 0±0.007 6	0.076 5±0.003 8
	0.962 2±0.001 8	0.018 9±0.000 9

同理，应用于矩形管时，测点位置如图 4-17 和表 4-5 所示。

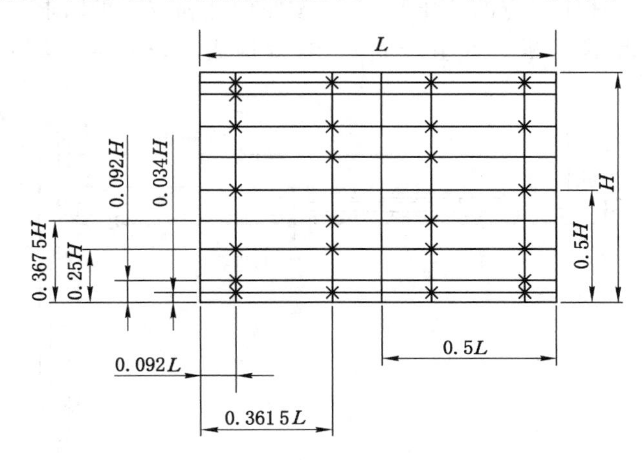

图 4-17　"对数-线性"法在矩形管截面上的测点位置

由于此时各测点局部流速 v_i 的权值不相等，因此平均流速的加权平均值应为：

$$\bar{v} = \frac{\sum_{i=1}^{n} w_i v_i}{\sum w_i} \tag{4-31}$$

式中　v_i——第 i 点的局部流速；

w_i——第 i 点局部流速的权值，按表 4-5 查取；

$\sum w_i$ —— 总权值，取 $\sum w_i = 96$。

表 4-5 "对数-线性"法决定的矩形管横截面测点位置

h_i/L	l_i/H			
	0.092	0.367 5	0.632 5	0.908
0.034	2	3	3	2
0.092	2	—	—	2
0.250	5	3	3	5
0.367 5	—	6	6	—
0.500	6	—	—	6
0.632 5	—	6	6	—
0.750	5	3	3	5
0.908	2	—	—	2
0.906	2	3	3	2

注：l_i、h_i表示相应以矩形短边和长边起算的测点位置。

(3) 皮托管测量流量

若能测出流体中某点的总压和静压，按照伯努利方程可以求出该点的流速，将动压测量管和静压测量管组合成一体，就构成了皮托管，其结构如图 4-18 所示。

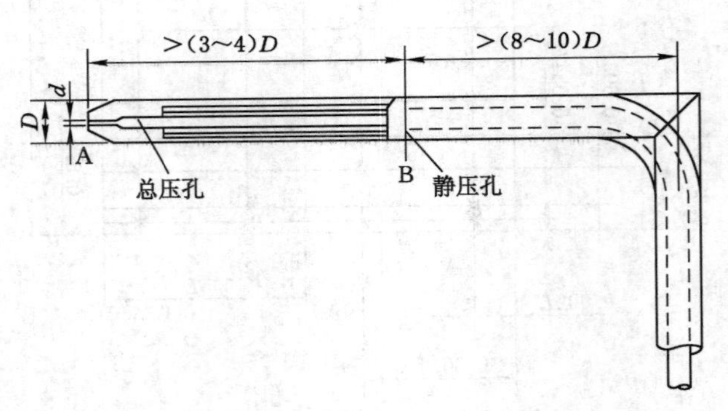

图 4-18 皮托管结构示意图

皮托管是根双层结构弯成直角管柄的金属套管，其头部迎流方向开有总压孔 A，在总压孔下游 3～4D(D 为皮托管径)处侧壁上开有静压孔 B，根据伯努利方程，测点流速 v_i与皮托管总压 p_0与静压 p 之差，即动压 Δp 有如下关系：

$$v_i = \alpha(1-\varepsilon)\sqrt{\frac{2(p_0-p)}{\rho}} = \alpha(1-\varepsilon)\sqrt{\frac{2\Delta p}{\rho}} \tag{4-32}$$

式中 α——皮托管校准系数；

ρ——流体密度；

$(1-\varepsilon)$——流体可压缩性修正系数。

则流过测点所在截面的流体体积流量 Q 为：

$$Q = A\bar{v} = A\alpha(1-\varepsilon)K_V\sqrt{\frac{2(p_0-p)}{\rho}} = A\alpha(1-\varepsilon)K_V\sqrt{\frac{2\Delta p}{\rho}} \tag{4-33}$$

式中 K_V——测点所在管道截面的平均流速与测点流速之比；

ρ——流体密度；

A——测点所在管道截面的面积。

【思考题】 系数 K_v 应如何测算？

需要指出的是，直接利用式(4-32)计算管道截面流体流量时，需要先知道测点所在管道截面的平均流速，而这在实际工作中是比较难以做到的。因此通常的做法是，先利用上节所述的测量选点方法，在被测管道截面上确定各个测点，然后测量出各个测点的流速 v_i，再计算出整个截面的平均流速，最后利用式(4-32)计算出流经被测管道截面的流体流量。

(4) 动压均压管测量流量

用皮托管测量管道截面流量时，需要测出截面上很多点的流速 v_i，进而求得平均流速，操作既不方便，又费时费事，因此近年来发展了如图 4-19 所示的动压均压管(又称为阿纽巴管、笛形管)，用来改进平均流速的测量方法。

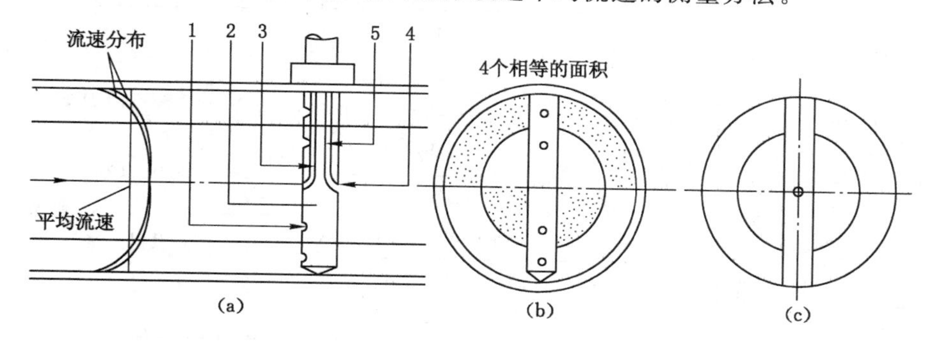

图 4-19 动压均压管结构示意图

动压均压管是根沿流通管道直径方向插入管道中的中空金属管，简称测量杆，其在迎流方向上开有多个总压测压孔，测压孔的位置可由上节所述的测量选点方法设定，于管道直径上同时测量多个测点(图 4-15 中为 4 点)的总压，经总压均压管汇集输出平均总压 p_0；在背流面中心处开有静压孔，由静压管输出静压 p，由此可以直接测量出与平均动压值成比例的压差 $\Delta p(\Delta p = p_0 - p)$，利用压差 Δp 即可计算出平均流速，再结合流通管道的截面积，测量计算出流体的体积流量 Q。

【思考题】 动压均压管输出的压差 Δp 是流体的动压吗？

流通管道截面的平均流速为：

$$\bar{v} = k\sqrt{\frac{2(p_0 - p)}{\rho}} = k\sqrt{\frac{2\Delta p}{\rho}} \tag{4-34}$$

式中 ρ——流体密度；

k——动压均压管流速校正系数，由试验方法确定，其值与动压均压管的结构形状、加工情况、雷诺数和管道布置等状况有关。

则流过流通管道截面的流体体积流量 Q 为：

$$Q = A\bar{v} = A\alpha\sqrt{\frac{2(p_0 - p)}{\rho}} = A\alpha\sqrt{\frac{2\Delta p}{\rho}} \tag{4-35}$$

式中 ρ——流体密度；

α——动压均压管流量校正系数，取值可参见表 4-6；

A——流通管道截面的面积。

表 4-6 动压平均管的流量系数(参考)

管道直径 D /mm	动压均压管断面		静压孔开孔方式	流量校正系数 α	备注
	形状	尺寸/mm			
25～60	圆	(直径 d) 4.5;6.5	管壁钻孔 [图 4-20(a)]	0.94～0.99	① 较小的 D 取较小的 α ② 压力损失 $\delta_p=(2\%\sim15\%)\Delta p$ ③ 量程比为 3∶1
40～300 (70～300)	圆	(直径 d) <8	单设静压管 [图 4-20(b)]	0.59～0.75 (0.75)	
100～2 000 (300～2 000)	菱形	(对角线长) 20～30	背流驻点钻孔 [图 4-20(c)]	0.55～0.71 (0.71)	
300～2 000 (600～3 000)	菱形	(对角线长) 55;60	背流驻点钻孔 [图 4-20(c)]	0.57～0.66 (0.66)	

注：(1) 本表标定用的流体是水，水温 15 ℃，流速 3.05 m/s；(2) 标定时的雷诺数 $Re_D=2\ 711.4D$。

“静压”的测取方法共有四种，但测得不一定都是静压，可以把这个测量输出的“静压”称为“负压”，其静压孔开孔位置和方式如图 4-20 所示。

第一种，如图 4-20(a)所示，在管道壁面上钻孔。当管道直径 D 较小、直管段足够长时，可用此法得到静压；

第二种，如图 4-20(b)所示，在背流方向单设“负压”管。对于中等直径管道、直管段较短时采用此法，输出的“负压”较第一种方式得到的静压低约 50%；

第三种，如图 4-20(c)所示，在动压均压管背流面驻点钻孔，当均压管径 d

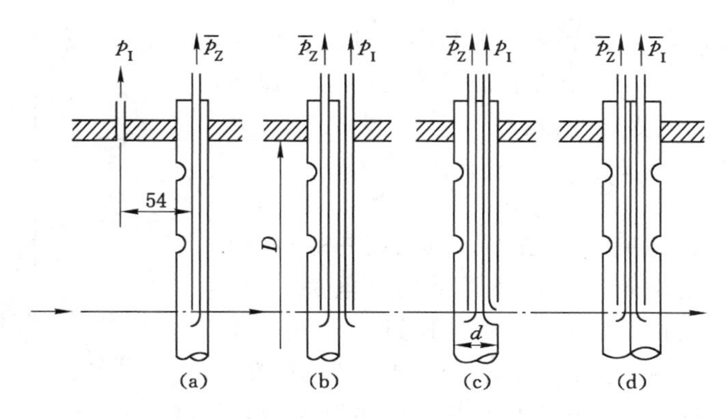

图 4-20 静压孔开孔位置结构示意图

较大时采用此法；

第四种，如图 4-20(d)所示，在动压均压管背流面与总压孔对应的位置处驻点开多孔，输出的是“负压”平均值，较第一种方式得到的静压低。

【思考题】 采用管壁钻孔[图 4-20(a)]方式取压与其他取压方式相比，为什么动压均压管流量校正系数 α 动差值很大？

4.3.2 涡轮流量计

将一个涡轮置于被测流体中，流体冲动涡轮叶片转动，涡轮转速 n 与流体体积流量 Q 满足一定关系，测得 n 便可知体积流量。

如图 4-21 所示，涡轮 4 用导磁的不锈钢材料制成，其叶片数目视口径不同而不同，有 3 片、4 片、6 片等。导流器 1 的作用是使流体到达涡轮前先进行整流，消除旋涡，以保证仪表精度。通常把导流器 1、外壳 2、轴承 3、涡轮 4 和磁电转换器 5 等部件做成一个整体，也称为涡轮流量变送器。

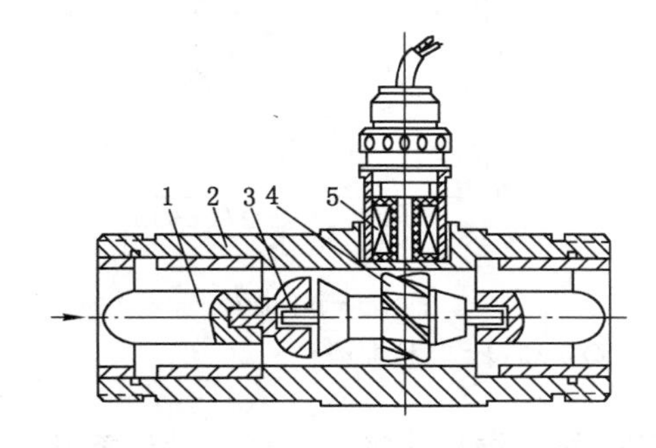

1—导流器；2—外壳；3—轴承；4—涡轮；5—磁电转换器。

图 4-21 涡轮流量计结构示意图

涡轮流量计

如图 4-22 所示，设涡轮叶片与涡轮轴线夹角为 α，叶轮平均半径为 r_0，叶栅流通面积为 S_0，r_0 处流体的切向速度为 v_Q，则涡轮流量：

$$Q=\frac{2\pi r_0 S_0 n}{\tan\alpha} \tag{4-36}$$

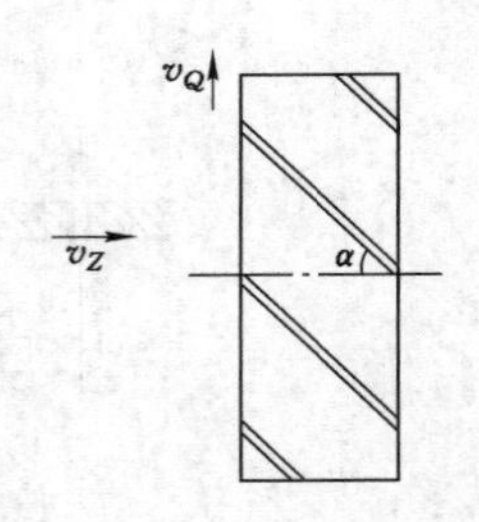

图 4-22　涡轮叶片与轴线夹角 α 示意图

转速 n 的测量有磁电法、光电法、霍尔效应法等。目前我国生产的涡轮流量计通常采用磁电法，其原理为：当用铁磁材料制成的叶片旋转通过固定在壳体上的永久磁钢时，磁钢磁路中磁阻发生周期性的变化，从而使在永久磁钢外部的线圈感生出交流电脉冲信号，设涡轮叶片数为 Z，则磁电转换器所产生的脉冲频率为脉冲信号的频率 $f=nZ$，代入式(4-36)得到

$$Q=\frac{2\pi r_0 S_0 n}{\tan\alpha}=\frac{2\pi r_0 S_0 f}{Z\tan\alpha}=\frac{f}{\xi} \tag{4-37}$$

式中，ξ 为流量系数，又称为涡轮流量计的仪表系数，在使用范围内，ξ 应为一常数。因此在某一流量范围和一定介质黏度范围内，涡轮流量计输出的信号脉冲频率 f 与通过涡轮流量计的体积流量 Q 成正比。

【思考题】　脉冲信号的频率 f 为什么有时也可以写成 $nZ/60$？

需要说明的是体积流量的表达式忽略了涡轮转动过程中的机械摩擦和各种阻力。流体冲击叶片产生旋转力矩时，需要克服流体沿叶轮表面流动时产生的黏滞摩擦力矩 M_1、涡轮轴与轴承间的摩擦力矩 M_2 以及电磁反作用力矩 M_3 等阻力。因此，Q 和 n 并不呈完全的线性关系，流量系数 ξ 也不是常数。n、ξ 与 Q 的关系分别如图 4-23(a)、(b)所示。曲线出现峰值的主要原因是反作用力矩相对增大。

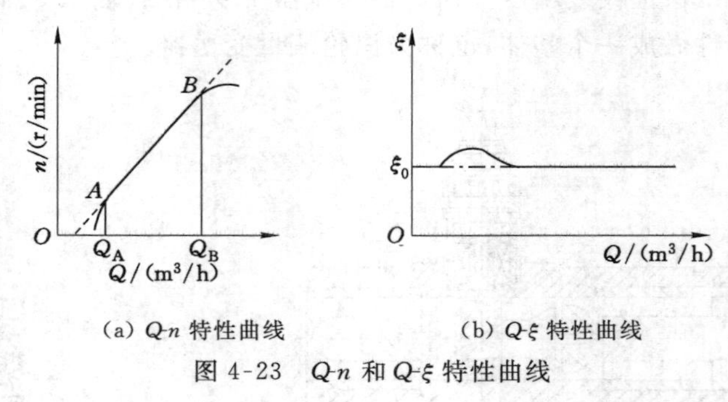

图 4-23　Q-n 和 Q-ξ 特性曲线

为使流量计有较宽的线性范围，除在设计流量计时保证结构参数合理以及减小轴与轴承的摩擦阻力外，流体的黏度是一个主要考虑因素。对于液体，黏度越大，线性范围越小；对于测量液体的流量计，制造厂给出的 ξ 值是在常温下用

水进行标定的，因此只适用于具有与水相似黏度的流体，如实际流体黏度大于$5\times10^{-6}\ m^2/s$，需重新标定。

涡轮流量计的优点是测量精度高，复现性和稳定性均好，基本误差为±(0.1～0.2)%；量程范围宽，量程比可达(10～20)∶1；刻度线性；耐高压，压力损失小；对流量变化反应迅速，可测脉动流量；抗干扰能力强，信号便于远传及与计算机相连。缺点是制造成本高，对被测流体的清洁度要求高。

涡轮流量计主要用于测量精度要求高、流量变化快的场合，还用做标定其他流量的标准仪表。流量计安装时应避免振动，避免强磁场及热辐射，上下游应保证有足够的直管段(一般上游为$20D$，下游为$5D$)，否则需用整流器整流；为避免流体中杂质进入变送器损坏轴承，流体应严格清洁，必要时加装过滤器。变送器一般要求水平安装；使用中应保证变送器前流体压力，以防止变送器内的气蚀。温度变化会引起流量计金属材料的热胀冷缩，因而使转速变化，在夏季和冬季可相差0.2%，故其对测量精度的影响亦需考虑。

4.3.3 电磁流量计

(1) 工作原理和结构

电磁流量计是基于法拉第电磁感应原理制成的一种流量计，其测量原理如图4-24所示。当被测导电流体在磁场中沿垂直于磁力线方向流动而切割磁力线时，在对称安装在流通管道两侧的电极上将产生感应电势，此电势与流速成正比。

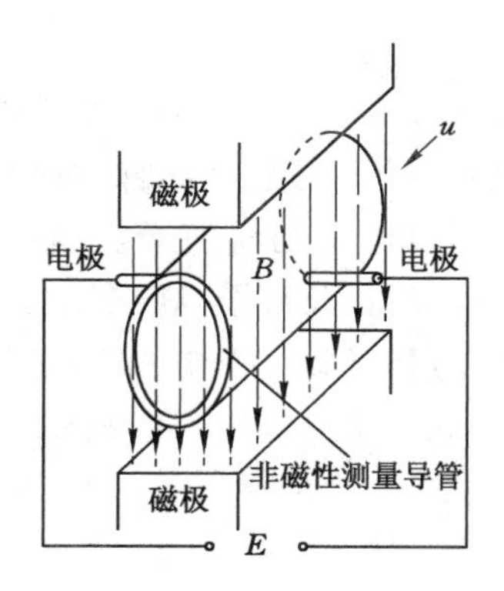

图4-24 电磁流量计测量原理示意图

电磁流量计

流体体积流量方程：

$$Q=\frac{1}{4C_1}\pi D^2 u=\frac{\pi D}{4C_1 B}E=\frac{E}{k} \tag{4-38}$$

式中　B——磁感应强度；

　　D——管道内径；

　　u——流体平均流速；

　　E——感应电势。

电磁流量计的结构如图 4-25 所示。管内壁用搪瓷或专门的橡胶、环氧树脂等材料作为绝缘衬里，使流体与测量导管绝缘并增加耐腐蚀性和耐磨性。电极一般由非导磁的不锈钢材料制成，测量腐蚀性流体时，多用铂铱合金、耐酸钨基合金或镍基合金等。电极嵌在管壁上，若导管为导电材料，必须和测量导管很好地绝缘。电极应在管道水平方向安装，以防止沉淀物堆积在电极上而影响测量精度。电磁流量计的外壳用铁磁材料制成，以屏蔽外磁场的干扰，保护仪表。

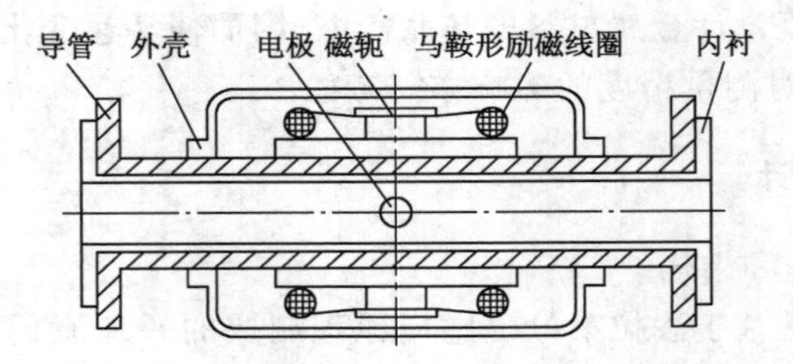

图 4-25　电磁流量计的结构示意图

(2) 电磁流量计的励磁方式

① 直流励磁

直流励磁方式采用直流电或永久磁铁产生一个恒定的均匀磁场。这种直流励磁变送器的最大优点是受交流电磁场干扰影响很小，因而可以忽略液体中的自感现象对测量结果的影响。但是，使用直流磁场易使通过测量管道的电解质液体被极化，即电解质在电场中被电解，产生正负离子，在电场力的作用下，负离子向正极运动，正离子向负极运动。这样，将导致正负电极分别被相反极性的离子所包围，严重影响仪表的正常工作。所以，直流励磁一般只用于测量非电解质液体，如液态金属等。

② 交流励磁

目前，工业上使用的电磁流量计大都采用工频(50 Hz)电源交流励磁方式，其磁场是由正弦交变电流产生的，所以产生的磁场也是一个交变磁场。由于磁场是交变的，所以流量计的输出信号也是交变信号。交变励磁变送器的主要优点是消除了电极表面的极化干扰，降低了传感器内阻，便于信号放大。但同时也带来了一系列的电磁干扰问题，如正交干扰、同相干扰、激磁电压幅值与频率变化引起干扰等。

③ 低频方波励磁

直流励磁方式和交流励磁方式各有优缺点，为了充分发挥它们的优点，尽量避免它们的缺点，20 世纪 70 年代以来，人们开始采用低频方波励磁方式，其频率通常为工频的 1/4～1/10。如今励磁技术正朝着三值低频方波励磁和双频方波励磁等方面发展。

(3) 电磁流量计的特点

优点：

① 由于变送器内径与管道内径相向，故其测量为无干扰测量，压力损失小；

② 适用于含有颗粒、悬浮物等流体以及腐蚀性介质；

③ 测得的体积流量不受温度、压力、密度、黏度等参数的影响；

④ 流量测量范围大，流量计的管径 2.5 mm～2.4 m；

⑤ 反应灵敏，可以测量正反方向的流体流量和脉动流量；

⑥ 测量精度为 0.5～1.5 级。

缺点：

① 被测介质必须是导电液体，不能用于气体、蒸汽及石油制品的流量测量；

② 流速测量下限有一定限度，工作压力受到限制；

③ 结构比较复杂，成本较高。

【思考题】 电磁流量计是接触测量还是非接触测量？

(4) 电磁流量计的安装

电磁流量计的正确安装对流量计的正常运行极为重要，虽然管路内有一定的湍流与旋涡产生在非测量区内(如：弯头、切向限流或上游有半开的截止阀)，与测量无关，但在测量区内有稳态的涡流，会影响测量的稳定性和测量的精度，这时应采取一些措施以稳定流速分布。

① 对外部环境的要求

a. 流量计应避免安装在温度变化很大或受到设备高温辐射的场所，若必须安装时，须有隔热、通风的措施。

b. 流量计最好安装在室内，若必须安装于室外，应避免雨水淋浇、积水受淹及太阳暴晒，须有防潮和防晒措施。

c. 流量计应避免安装在含有腐蚀性气体的环境中，必须安装时，须有通风措施。

d. 为了安装、维护、保养方便，在流量计周围需有充裕的安装空间。

e. 流量计安装场所应避免有磁场及强振动源，如管道振动大，在流量计两边应有固定管道的支座。

② 对直段的要求

为了改善涡流与流场畸变的影响，流量计安装的前、后直管段长度有一定要求，见表 4-7，否则会影响测量精度，也可安装整流器，应尽量避免在靠近调节阀和半开阀门之后安装。

表 4-7　电磁流量计管道安装类型对直管段的要求

管道安装类型	前直管道 L	后直管道 S
水平管	$5D$	$3D$
弯管	$10D$	$5D$
扩口管	$10D$	$5D$
阀门下游	$10D$	$5D$
收缩管	$5D$	$2D$
泵下游	$15D$	$5D$
混合液	$30D$	$3D$

③ 对工艺管的要求

流量计对安装点的上、下游工艺管有一定的要求，否则影响测量精度。

a. 上、下游工艺管的内径与传感器的内径相同，并应满足：

$$0.98DN \leqslant D \leqslant 1.05DN \tag{4-39}$$

式中　DN——传感器内径；

D——工艺管内径。

b. 工艺管与传感器必须同心，同轴偏差应不大于 $0.05DN$。

④ 旁通管的要求

为了方便检修流量计，最好为流量计安装旁通管，如图 4-26 所示，对重污染流体及流量计需清洗而流体不能停止的，必须安装旁通管。

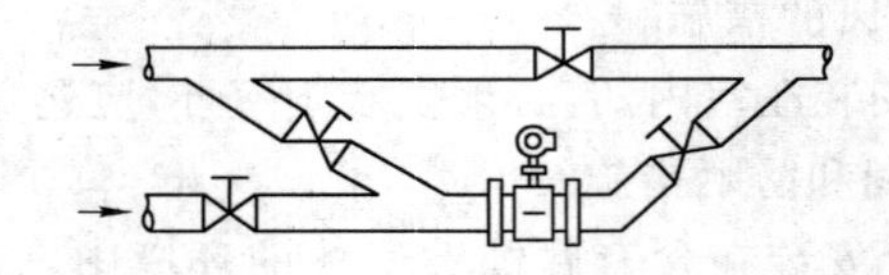

图 4-26　电磁流量计安装旁通管示意图

4.3.4 靶式流量计

靶式流量计

靶式流量计是一种适用于测量高黏度、低雷诺数流体流量的流量测量仪表，例如用于测量重油、沥青、含固体颗粒的浆液及腐蚀性介质的流量。具有结构简单、安装维修方便、成本低等特点。其敏感部分是一个圆盘形靶。

(1) 工作原理和流量方程

靶式流量计由检测(传感)部分和转换部分组成。检测部分包括放在管道中心的圆形靶、杠杆、密封膜片和测量管。当流体流过靶时，靶受到流体的动压和流体节流作用形成的压力差效应而形成的合力，通过测量靶所受作用力，可以求出流体流速与流量。靶式流量计的结构和工作原理如图 4-27 所示。

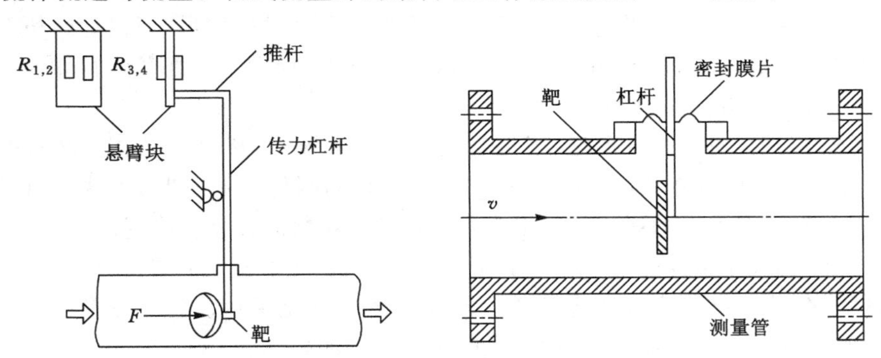

图 4-27 靶式流量计结构和工作原理示意图

流体对靶的作用力有以下 3 种：

一是流体对靶的直接冲击力，在靶板正面中心处，其值等于流体的动压力；

二是靶的背面由于存在“死水区”和旋涡面造成的“抽吸效应”，使该处的压力减小，因此靶的前后存在静压差，此静压差对靶产生一个作用力；

三是流体流经靶时，由于流体流通截面缩小，流速增加，流体与靶的周边产生黏滞摩擦力。

在流量较大时，前两种力起主要作用，而且它们是在同一流动现象中产生的，二者方向一致，可看作一个合力，其值为：

$$F=\frac{K}{2}\rho v^2 A_0 \tag{4-40}$$

$$Q=K^{-\frac{1}{2}}\cdot\left(\frac{\pi}{2}\frac{F}{\rho}\right)^{\frac{1}{2}}\cdot\frac{D^2-d^2}{d} \tag{4-41}$$

定义流量系数 $K_\alpha=K^{-1/2}$，$\beta=d/D$，则

$$Q=1.253K_{\alpha}D\left(\frac{1}{\beta}-\beta\right)\sqrt{\frac{F}{\rho}} \tag{4-42}$$

式中 F——流体对靶总的作用力；

K——阻力系数；

A_0——靶迎流面积；

d——靶直径；

v——靶和管壁间环面积中的平均流速；

ρ——介质密度；

Q——流量；

D——管道直径。

(2) 流量系数和压力损失

由流量方程可知，当被测介质密度及靶的几何尺寸确定后，流量计的精度主要取决于流量系数 K_{α} 的精度。流量系数 K_{α} 与靶的形状、管道直径 D、直径比 β 及雷诺数 Re_D 等因素有关。

试验证明，对于圆盘形靶，当流量超过某一界限时，K_{α} 趋于恒定，此时的管道雷诺数称为临界雷诺数 Re_g，它决定了流量计的测量下限。当雷诺数低于 Re_g 时，由于黏滞摩擦力的影响相对增大，K_{α} 将随雷诺数的变化而改变。

国产靶式流量计的 Re_g 值可低至 2 000 左右，比节流元件要求的最小雷诺数低得多，这是靶式流量计适于测量高黏度、小流量的原因。靶式流量计的压力损失一般低于节流式流量计，约为孔板压力损失的一半。

(3) 靶式流量计的安装和使用

① 流量计前后应有必要的直管段，一般表前大于 $5D$，表后大于 $3D$；

② 流量计一般水平安装，如果必须安装在垂直管道上时，由于重力影响，产生零点漂移，故安装后要重新调整零点；

③ 靶式流量计测量的下限低，其流量系数 K_{α} 对脏污介质不敏感，精度约为 1 级，适用管径 0.015～0.2 m；

④ 在选用靶式流量计时，应确切了解产品的规范。

4.3.5 涡街流量计

(1) 工作原理

涡街流量计

在均匀流动的流体中，垂直地插入一个具有非流线型截面的柱体，称为旋涡发生体。则在该旋涡发生体两侧会产生旋转方向相反、交替出现的旋涡，并随着流体流动，在下游形成两列不对称的旋涡列，称之为“卡门涡街”，如图 4-28 所示。

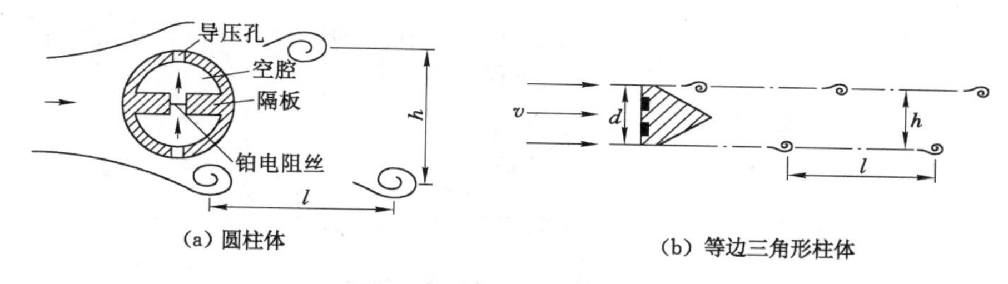

(a) 圆柱体　　(b) 等边三角形柱体

图 4-28 涡街的发生情况

当旋涡之间的纵向距离 h 和横向距离 l 之间满足 $h/l=0.281$ 时，则非对称的"卡门涡街"是稳定的。实验证明，单侧的旋涡产生的频率 f 与柱体附近的流体流速 v 成正比，与柱体的特征尺寸 d 成反比，即

$$f=Sr\frac{v}{l} \tag{4-43}$$

式中　Sr——斯特劳哈尔数。

当旋涡发生体的形状和尺寸确定后，可以通过测量旋涡产生频率来测量流体的流量。假设旋涡发生体为圆柱体，直径为 d，管道内径为 D，流体的平均流速为 v，在旋涡发生体处的流通截面积

$$A=\frac{\pi D^2}{4}\left\{1-\frac{2}{\pi}\left[\frac{d}{D}\sqrt{1-\frac{d^2}{D^2}}+\arcsin\frac{d}{D}\right]\right\} \tag{4-44}$$

当 $d/D<0.3$ 时，可近似为

$$A=\frac{\pi D^2}{4}\left(1-1.25\frac{d}{D}\right) \tag{4-45}$$

其体积流量方程式为

$$Q=vA=\frac{\pi D^2 fl}{4Sr}\left(1-1.25\frac{d}{D}\right) \tag{4-46}$$

从流量方程式可知，体积流量与频率呈线性关系。由于旋涡在柱体后部两侧产生压力脉动，在柱体后面尾流中安装测压元件，则能测出压力的脉动频率，经信号变换即可输出流量信号。

(2) 旋涡频率的测量方法

如图 4-29 所示，在三角柱体的迎流面对称地嵌入两个热敏电阻组成桥路的两臂，以恒定电流加热使其温度稍高于流体，在交替产生的旋涡的作用下，两个电阻被周期地冷却，使其阻值改变，阻值的变化由桥路测出，即可测得旋涡产生频率，从而测出流量。

(3) 涡街流量计的安装

装旋涡发生体时，应使其轴线与管道轴线垂直。对于三角柱、梯形或柱形发

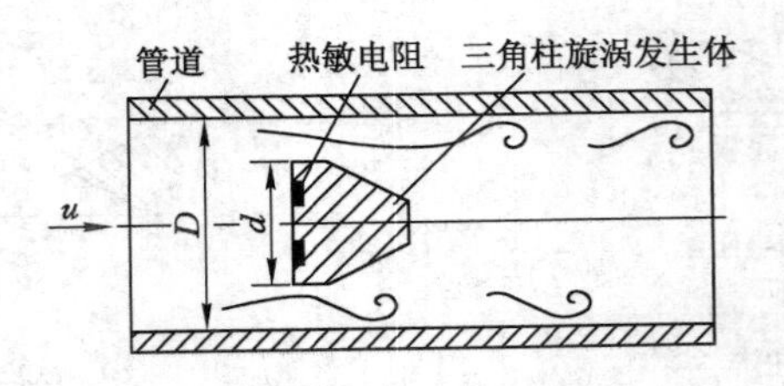

图 4-29　三角柱涡街检测器

生体，应使其底面向着流束，底面法线应与管道轴线重合，其夹角最大不应超过 5°。

(4) 涡街流量计的特点

优点：

① 测量几乎不受流体参数变化的影响，用水或空气标定后的流量计无须校正即可用于其他介质的测量；

② 涡街流量计测量精度较高，可达 1 级；

③ 量程比宽，可达(30～100)：1；

④ 使用寿命长，压力损失小，安装与维护比较方便；

⑤ 易与数字仪表或计算机接口；

⑥ 对气体、液体和蒸汽等介质均适用。

缺点：

流体流速分布情况和脉动情况将影响测量准确度，因此适用于紊流流速分布变化小的情况，并要求流量计前后有足够长的直管段。

4.3.6　超声波流量计

当超声波在流体中传播时，根据对接收到的超声波信号进行分析计算，可以检测到流体的流速，进而可以得到流量值。超声波测量流量的方法有传播速度法、多普勒法、波束偏移法、噪声法、相关法、流速-液面法等。这里主要介绍传播速度法和多普勒法的测量原理。

超声波流量计

(1) 传播速度法测量原理

如图 4-30 所示，传播速度差法是通过测量超声波脉冲在顺流和逆流传播过程中的速度差来得到被测流体流速的。根据测量物理量的不同，可以分为时差法（测量顺、逆流传播时由于超声波传播速度不同而引起的时间差）、相差法（测量超声波在顺、逆流中传播的相位差）、频差法（测量顺、逆流情况下超声脉冲的循环频率差)。频差法是目前常用的测量方法,它是在前两种测量方法的基础上发展起来的。

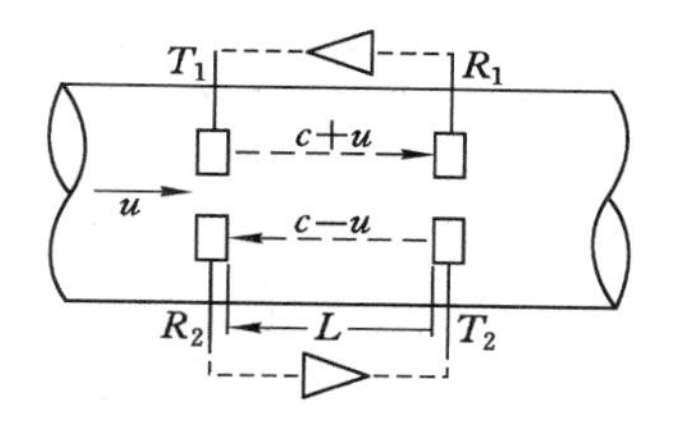

图 4-30　超声测速原理示意图

① 时差法

时差法就是测量超声波脉冲顺流和逆流时传播的时间差。流体流速

$$u=\frac{c^2}{2L}\Delta t \tag{4-47}$$

$$\Delta t=t_2-t_1=\frac{2uL}{c^2} \tag{4-48}$$

式中　t_1——按顺流方向,超声波到达接收器时间;

　　　t_2——按逆流方向,超声波到达接收器时间。

② 相差法

相差法是把上述时间差转换为超声波传播的相位差来测量。超声波换能器向流体连续发射形式为 $s(t)=A\sin(\omega t+\varphi_0)$ 的超声波脉冲,式中 ω 为超声波的角频率。

$$\Delta\varphi=\varphi_2-\varphi_1=\omega\Delta t=2\pi f\Delta t \tag{4-49}$$

$$u=\frac{c^2}{2\omega L}\cdot\Delta\varphi=\frac{c^2}{4\pi fL}\cdot\Delta\varphi \tag{4-50}$$

按顺流方向发射时收到的信号相位为

$$\varphi_1=\omega t_1+\varphi_0 \tag{4-51}$$

按逆流方向发射时收到的信号相位为

$$\varphi_2=\omega t_2+\varphi_0 \tag{4-52}$$

③ 频差法

频差法是通过测量顺流和逆流时超声脉冲的循环频率之差来测量流量的。顺流时脉冲循环频率为:

$$f_1=\frac{1}{t_1}=\frac{c+u}{L} \tag{4-53}$$

逆流时脉冲循环频率为

$$f_2=\frac{1}{t_2}=\frac{c-u}{L} \tag{4-54}$$

脉冲循环频差为

$$\Delta f = f_1 - f_2 = \frac{2u}{L} \tag{4-55}$$

流体流速为

$$u = \frac{L}{2}\Delta f \tag{4-56}$$

流体的体积流量方程为

$$Q = \frac{\pi}{4}D^2\bar{u} = \frac{\pi}{4k}D^2 u \tag{4-57}$$

式中　$\bar{u}$——超声波流量计测得的平均流速。

截面平均流速 $\bar{u}$ 和流速 u 的关系为：层流，$u=\frac{4}{3}\bar{u}$；紊流，$u=k\bar{u}$。

其中　u——流体流动时实际流速；

k——流速修正系数。

时差法和相差法测量时，流速测量均与声速 c 有关，而声速是温度的函数，当被测流体温度变化时会带来流速测量误差，因此为了正确测量流速，均需要进行声速修正；而频差法中流体流速和频差成正比，公式中不含声速，因此流速的测量与声速无关，这是频差法的显著优点，但一般循环频差很小，造成直接测量的误差较大，为了提高测量精度，一般需采用倍频技术。由于顺、逆流两个声循环回路在测循环频率时会相互干扰，工作难以稳定，而且要保持两个声循环回路的特性一致也是非常困难的。因此实际应用频差法测量时，仅用一对换能器按时间交替转换作为接收器和发射器使用。

(2) 多普勒法测量原理

根据多普勒效应，当声源和观察者之间有相对运动时，观察者所感受到的声音频率将不同于声源所发出的频率。而这个因相对运动而产生的频率变化与两者之间的相对速度成正比。测量原理如图 4-31 所示。

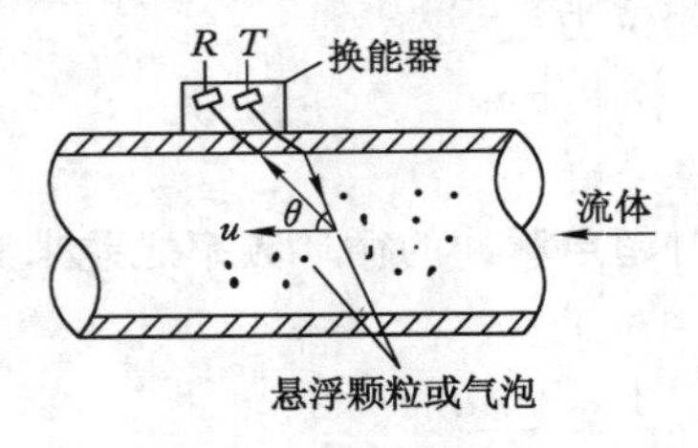

图 4-31　超声多普勒法流量测量原理

多普勒流量计

在超声波多普勒流量测量方法中，超声波发射器为一固定声源，而随流体一起运动的固体颗粒起了与声源有相对运动的“观察者”的作用，它把入射到固体颗粒上的超声波反射回接收器。发射声波与接收声波之间的频率差，就是因流体中固体颗粒运动而产生的声波多普勒频移，这个频率差正比于流体流速。通过测量频差求得流速，进而得到流体的流量。

实际应用中，要求被测流体介质应是含有一定数量能反射声波的固体粒子或气泡等的两相介质，这是超声波多普勒流量测量的必要条件之一。因此，这种流量测量方法非常适用于两相流的测量，作为一种极有前途的两相流测量方法，超声波多普勒流量测量方法目前正得到广泛应用。

(3) 超声波流量计的特点与应用

超声波流量计由超声波换能器、电子线路及流量显示系统组成。超声波换能器通常由锆钛酸铅陶瓷等压电材料制成，通过电致伸缩效应和压电效应，发射和接收超声波。换能器在管道上的配置方式如图 4-32 所示。

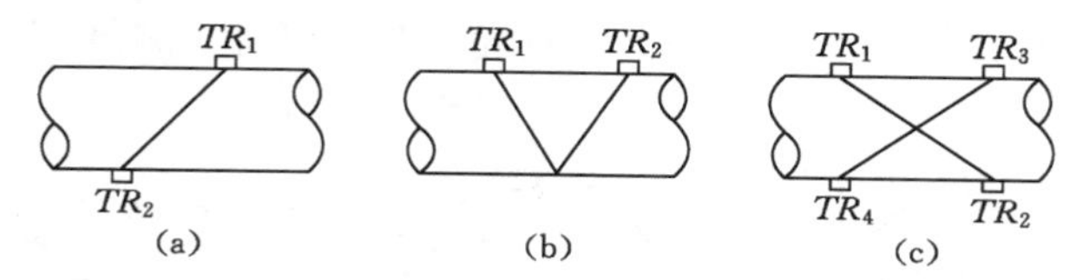

图 4-32 超声波换能器在管道上的配置方式示意图

在超声波流量计的测量过程中，超声换能器被置于管道外，不与流体直接接触，因此不会破坏流体的流场，也不会引起压力损失。这种特性使得超声波流量计适用于各种液体的流量测量，包括腐蚀性液体、高黏度液体和非导电液体的流量测量，特别适用于测量大口径管道的水流量等。与其他流量计一样，超声波流量计在使用前需要一定长度的直管段。一般直管段长度在上游侧需要 $10D$ 以上，下游侧则需要 $5D$ 左右。

【思考题】 超声波流量计测量时，测量精度是否与管道的厚度、表面粗糙度等有关？

4.4 容积式流量计

容积式流量计是一种直接测量型流量计。它利用机械测量元件，将流体连续不断地分隔为单个的固定容积部分排出，而后通过计数单位时间或某一时间间隔内经仪表排出的流体固定容积的数量来实现流量的计量与计算。这种流量计可用于各种液体和气体的体积流量测量。属于这一类的流量计有椭圆齿轮流量计、腰轮流量计、刮板流量计等。由于直接测量流体的体积，理论上所测流量与流体的黏性、密度和流态等因素无关。容积式流量计的优点是测量精度高,一般可达到 0.1%~0.5%,量程比宽,对上游流动状态不敏感,无前后直管段长度要求,特别适合高黏度介质的测量,因此广泛应用于工业生产过程的流量测量并作为流量计量的标准仪表。其缺点是对被测流体中的污染物较敏感,当被测管道口径较大时,流量计比较笨重。由于这些特点,容积式流量计常用于流体性质变化大而测量精度要求高的石油、食品和化工行业。

4.4.1 椭圆齿轮流量计

如图 4-33 所示,椭圆齿轮流量计的转子是一对椭圆齿轮(A 和 B)。由于流体在流量计入、出口处的压力 $p_1>p_2$,当 A、B 两轮处于图 4-33(a)所示位置时,A 轮与壳体间构成容积固定的半月形测量室(图中阴影部分),此时进出口差压作用于 B 轮上的合力矩为零,而在 A 轮上的合力矩不为零,产生一个旋转力矩,使得 A 轮做顺时针方向转动,并带动 B 轮逆时针旋转,测量室内的流体排向出口。

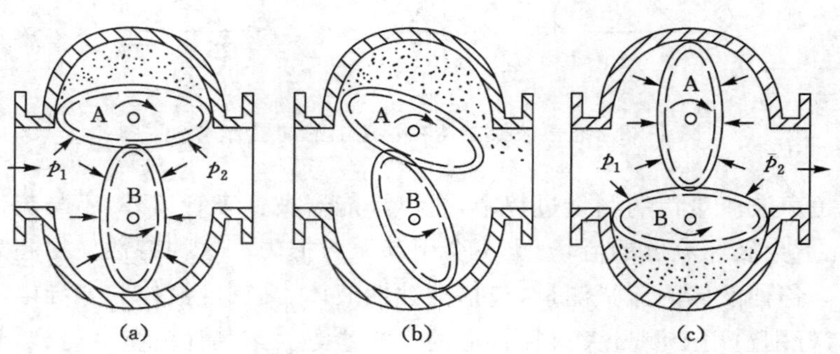

图 4-33 椭圆齿轮流量计工作原理

当两轮处于图 4-33(b)所示位置时,两轮均为主动轮;当两轮旋转 90°,处于图 4-33(c)所示位置时,转子 B 与壳体之间构成测量室,此时,流体作用于 A 轮的合力矩为零,而作用于 B 轮的合力矩不为零,B 轮带动 A 轮转动,将测量室内的流体排向出口。

当两轮旋转至 180°时,A、B 两轮重新回到图 4-33(a)所示位置。如此周期地主从更换,两椭圆齿轮做连续的旋转。当椭圆齿轮每旋转一周时,流量计将排出 4 个半月形(测量室)体积的流体。设测量室的容积为 V,则椭圆齿轮每旋转一周排出的流体体积为 $4V$。只要测量椭圆齿轮的转数 N 和转速 n,就可知道瞬时流量(单位时间内的流量)和累积流量,瞬时流量 $q=4nV$,累积流量 $Q=4NV$。

椭圆齿轮流量计适用于高黏度液体的测量,流量计基本误差为±0.2%~

±0.5%，量程比为10∶1。椭圆齿轮流量计的测量元件是齿轮啮合传动，被测介质中的污染物会导致齿轮卡涩和磨损，从而影响正常的测量精度。因此，为了避免这种情况，流量计的上游通常需要加装过滤器。然而，安装过滤器会造成压力损失。

4.4.2 腰轮流量计

腰轮流量计又称罗茨流量计，其工作原理与椭圆齿轮流量计相同，结构也很相似，只是转子的形状略有不同。腰轮流量计的转子是一对不带齿的腰形轮，在转动过程中两腰轮不直接接触而保持微小的间隙，依靠套在壳体外的与腰轮同轴上的啮合齿轮来完成驱动。其工作原理如图4-34所示。

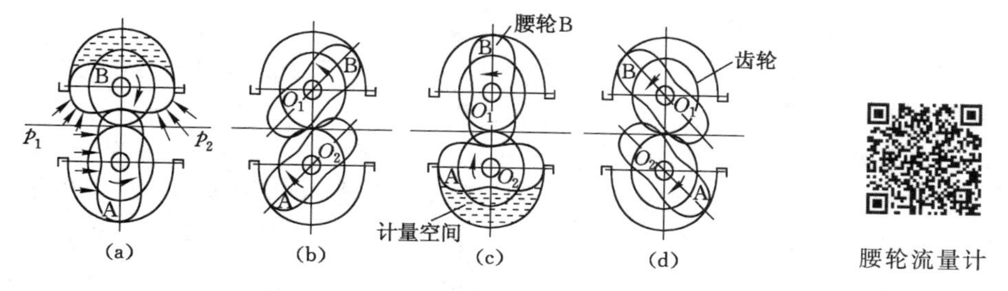

图4-34 腰轮流量计工作原理图

腰轮流量计工作时，驱动齿轮带动腰轮转动，当A、B两轮处于图4-34(a)所示位置时，B轮与壳体间构成容积固定的上部测量室(图中阴影部分，即为固定容积)。当两轮旋转处于图4-34(b)所示位置时，上部测量室内流体向出口排出，入口处流体向下部测量室内流入。当两轮旋转90°处于图4-34(c)所示位置时，A轮与壳体之间构成下部测量室。当两轮旋转处于图4-34(d)所示位置时，下部测量室内流体向出口排出，入口处流体向上部测量室内流入。当两轮旋转180°时，又回到图4-34(a)所示位置。如此周期性循环往复，连续旋转。

腰轮每旋转一周，流量计排出4个测量室体积的流体。设测量室的容积为V，则椭圆齿轮每旋转一周排出的流体体积为$4V$。只要测量腰轮的转数N和转速n，就可知道累积流量和瞬时流量。

腰轮流量计的特点是测量准确度高，量程比宽，被测气体的密度和黏度的变化对仪表示值和准确度影响小，对仪表前后直管段要求不高，但仪表传动机构复杂，制造要求高，关键件易磨损。腰轮流量计需定期清洗和添加、更换润滑油。

4.4.3 刮板流量计

刮板流量计也是一种较常见的容积式流量计，这种流量计的工作原理为：在转子上装有两对可以径向内外滑动的刮板，转子在流量计进、出口差压作用下转动，每当相邻两刮板进入计量区时均伸出至壳体内壁且只随转子旋转而不滑动，形成具有固定容积的测量室，当离开计量区时，刮板缩入槽内，流体从出口排出，同时后一刮板又与其另一相邻刮板形成测量室。转子旋转一周，排出 n 份固定体积的流体，由转子的转数就可以求得被测流体的流量。刮板流量计工作原理如图 4-35 所示。

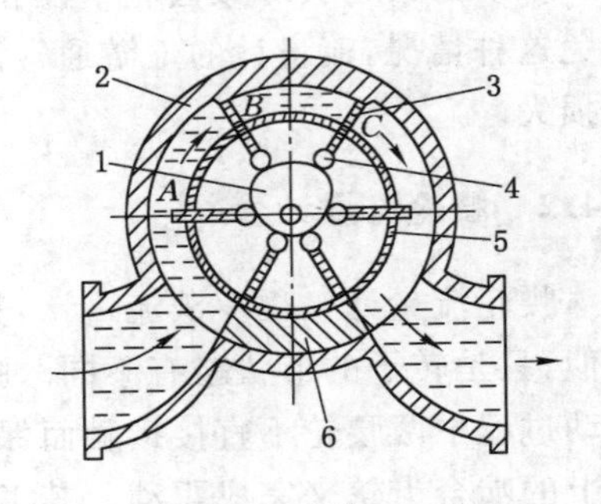

1—凸轮；2—壳体；3—刮板；
4—滚子；5—转子；6—挡板。

图 4-35 刮板流量计工作原理示意图

刮板流量计用以测量封闭管道中流体的体积流量，可以现场显示累积流量，并有远传输出接口，与相应的光电式电脉冲转换器和流量积算仪配套使用，可进行远程测量、显示和控制。刮板流量计具有精度高、重复性好、范围度大等优点，对流量计前后直管段要求不高。

刮板流量计适用无腐蚀性的流体（如原油、石油制品等）及较高黏度的流体，流体黏度变化对示值影响较小。

4.5 质量流量计

在工业生产中，由于物料平衡、热平衡以及储存、经济核算等所需要的都是质量，并非体积，所以在测量工作中，常需将测出的体积流量乘以密度换算成质量流量。但由于密度随温度、压力而变化，所以在测量流体体积流量时，要同时测量流体的压力和密度，进而求出质量流量。在温度、压力变化比较频繁的情况下，难以达到测量的目的，而质量流量计可以直接测量质量流量。常见的质量流量计可分为三大类。

（1）直接式

直接检测与质量流量成比例的量，检测元件直接反映出质量流量。

（2）推导式

用体积流量计和密度计组合的仪表来测量质量流量，同时检测出体积流量和流体密度，通过运算得出与质量流量有关的输出信号。

(3) 补偿式

同时检测流体的体积流量和流体的温度、压力值，再根据流体密度与温度、压力的关系，由计算单元计算得到该状态下流体的密度值，最后再计算得到流体的质量流量值。

补偿式质量流量测量方法是目前工业上普遍应用的一种测量方法。

4.5.1 热式质量流量计

热式质量流量计利用外部热源对管道内的被测流体加热，热能随流体一起流动，通过测量流体流动造成的热量（温度）变化得到流体的质量流量。如图 4-36 所示，在管道中安装一个加热器对流体加热，并在加热器前后的对称点上检测温度。设 c_p 为流体的比定压热容，ΔT 为测得的两点温度差，则根据传热规律，对流体的加热功率 P 与两点间温度差的关系可表示为

$$q_{\mathrm{m}}=\frac{P}{c_p\Delta T} \tag{4-58}$$

式中 c_p——流体的比定压热容；

ΔT——两点间温度差；

P——加热器的功率。

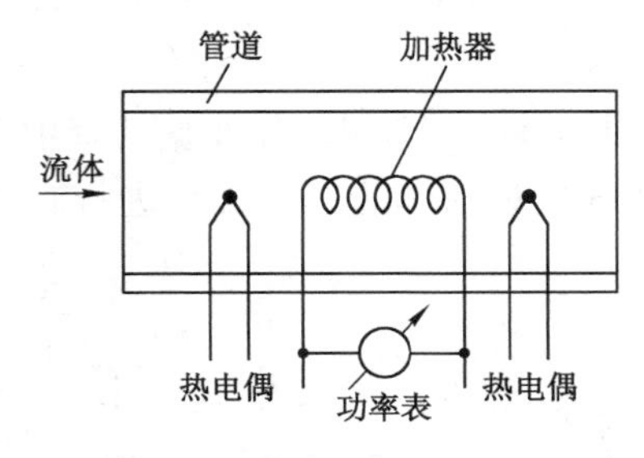

图 4-36 热式质量流量计工作原理图

热式质量流量计

4.5.2 差压式质量流量计

差压式质量流量计是以马格努斯效应为基础的流量计，实际应用中利用孔板和定量泵组合实现质量流量测量。常用的有双孔板和四孔板与定量泵组合两种结构，以双孔板差压式流量计为例，如图 4-37 所示。

根据差压式流量测量原理，孔板 A 和 B 处压差分别为：

$$\Delta p_{\mathrm{A}}=p_2-p_1=K\rho(q_V-q)^2 \tag{4-59}$$

$$\Delta p_{\mathrm{B}}=p_2-p_3=K\rho(q_V+q)^2 \tag{4-60}$$

由式(4-59)、式(4-60)可以得到：

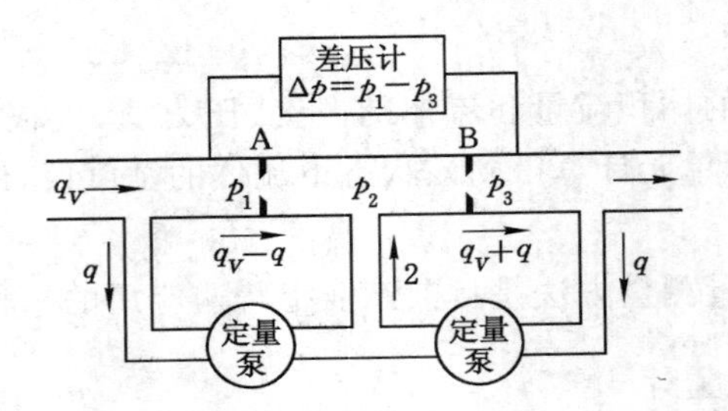

图 4-37 双孔板差压式质量流量计

$$\Delta p_B - \Delta p_A = p_1 - p_3 = 4K\rho q_V q = K_1 \rho q_V \tag{4-61}$$

式中 K——常数；

q_V——总流量；

q——分流量；

ρ——流体的密度；

根据孔板 A、B 前后的压差与流体质量流量成正比，测出压差便可以求出流体质量流量。

【思考题】 什么是马格努斯效应？

4.5.3 科里奥利质量流量计

科里奥利质量流量计(简称科氏力流量计)利用流体在振动管中流动而产生与质量流量成正比的科里奥利力的原理，对流体的质量流量进行直接测量。其测量工作原理，如图 4-38 所示。

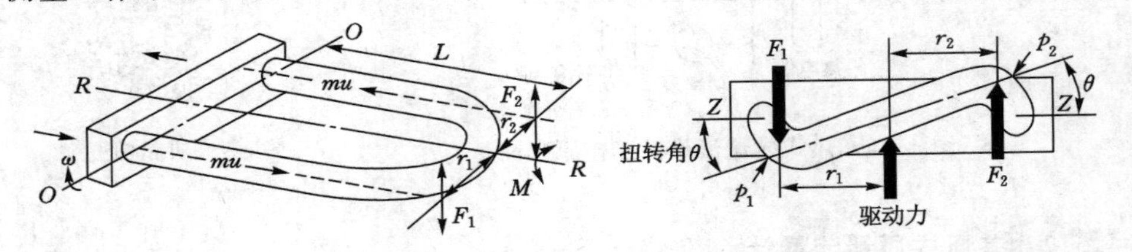

图 4-38 科里奥利质量流量计工作原理

科里奥利质量流量计通常由振动管与转换器组成。振动管(测量管道)是敏感器件，有 U 形、Ω 形、环形、直管形及螺旋形等形状，也有采用双管结构形式的，其基本原理相同。下面以 U 形振动管为例对其测量工作原理进行介绍。

U 形管的两个开口端固定，被测流体由此流入和流出。U 形管顶端装有电磁激振装置，用于驱动 U 形管沿垂直于其本身所在平面方向以 O—O 为轴按固有频率振动。U形管的振动迫使管中被测流体沿管道流动的同时跟随管道做垂直运动，被测流体在受到科氏力作用的同时，也以反作用力作用于U形管。由于被测流体在U形管两侧的流动方向相反，所以作用于U形管两侧的科氏力大小相等方向相反，从而形成一个力矩作用于U形管，U形管端绕$R—R$轴扭转产生扭转变形，形成扭转角θ，该角度大小与通过管内流体的质量流量具有确定关系。因此，通过测量这个变形扭转角的角度，即可测得流过流量计流体的质量流量：

$$q_m=\frac{E_s}{8r^2}\Delta t \tag{4-62}$$

式中 E_s——U形管材料的弹性模量；

r——U形管壁到测量管中心线$R—R$的距离；

Δt——被测流体从U形管入口端到中心位置，与被测流体从中心位置到出口端，两者的流动时间差。

4.6 FUP1010便携式超声波流量计

4.6.1 FUP1010性能参数

西门子FUP1010便携式超声波流量计是多功能时差式流量计，具有体积小、重量轻、易于安装和操作等优点。如图4-39所示，其特点如下：

(1) 大屏显示，1～1/8英寸的字符，240像素×128像素；

(2) 单声道或双通道/声道操作，两个测量通道可以合并在一起进行数学运算后，再输出单一的信号(相加或相减)，增强了精确度，避免了流态分布紊乱的干扰；亦可两个通道同时独立进行时差式和反射多普勒式流量检测；

(3) 灵活的换能器安装选择，可采用夹装式和在线式安装。

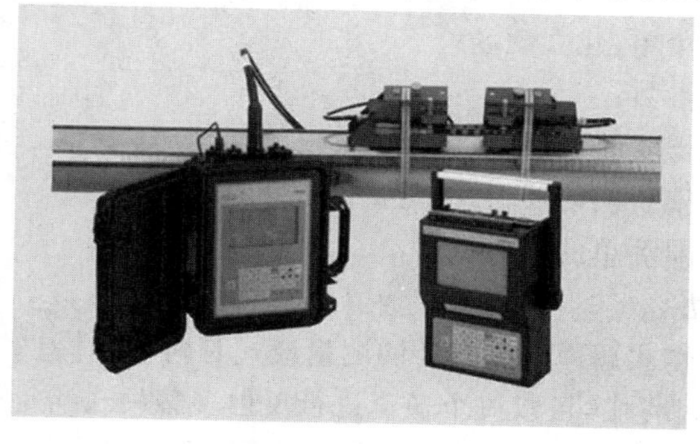

图4-39 FUP1010便携式超声波流量计

FUP1010便携式超声波流量计的性能参数如表4-8所示。在标准条件下(即上游为15倍直径的直管段、下游为10倍直径的直管段;流量大于1 fp/s(0.3 m/s);不含气泡的牛顿流体,雷诺数小于2 000或大于10 000),测量精度可以达到表4-8中的指标。

表4-8　FUP1010便携式超声波流量计的主要性能参数

时差式精确度	至少1%~2%(标定后可达0.5%)
流体灵敏度	0.05 ft/s(0.015 m/s)(零流量也可测量)
零点漂移	小于0.05 ft/s(0.015 m/s)
重复性(小体积)	优于0.5%
响应速度(时间延迟)	敏捷转换时间从0.2 s到5 min
流速范围	最小±40 ft/s(±12 m/s)包括零流量
线性	0.003 ft/s(0.001 m/s)
流体分布状态补偿	对测量的流量可以自动进行雷诺数的修正

4.6.2　FUP1010便携式超声波流量计的使用方法

(1) 安装

安装菜单上几乎所有的单元格都含有缺省设置的参数,开始操作时,只需进入需要控制的单元格即可,如管道外径等,其安装示意图如图4-40所示。安装步骤如下:

① 收集现场信息(管道和流体的数据和件号等);

② 选择换能器的安装位置;

③ 处理要安装换能器的管道外壁;

④ 进入安装菜单,建立现场;

⑤ 输入管道参数;

⑥ 调出换能器安装程序;

⑦ 在管道上安装换能器,并与流量计算机连接;

⑧ 完成换能器菜单的操作。

(2) 测量方法

FUP1010便携式超声波流量计的测量模式有两种:时差式模式和反射多普勒式模式。测量过程中,可以一个通道进行反射多普勒式测量的同时,另一个通道进行时差式的测量。时差式模式支持夹装式和在线式换能器。测量时可根据实际情况,选择仪表类型,进行单声道、双通道/声道测量或壁厚的测量。

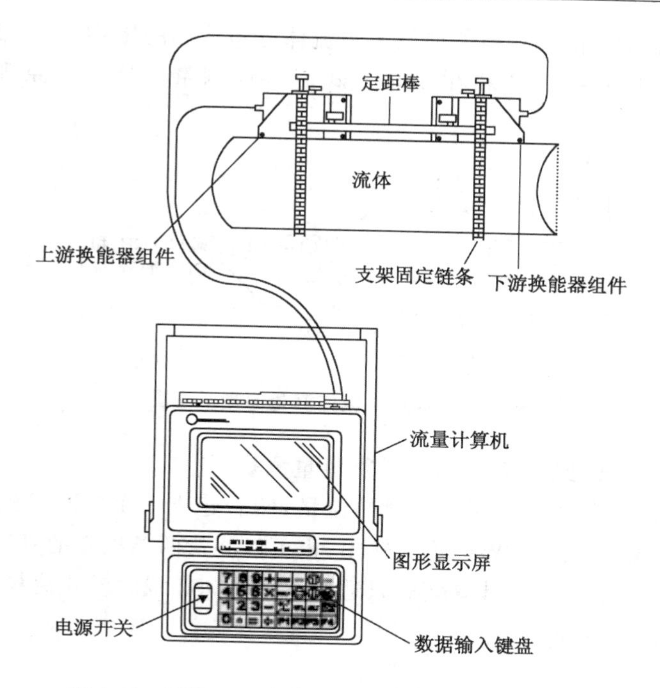

图 4-40 FUP1010 便携式超声波流量计安装示意图

① 双通道流体测量

在双通道模式，流量计可以同时测量两个不同管道，完全独立操作。管道尺寸可以不同，输送流体也可以不同。每一个测量声道都可设置为夹装式或在线式的时差流量计测量，也可设置为夹装式的反射多普勒流量计测量。其工作原理如图 4-41 所示。

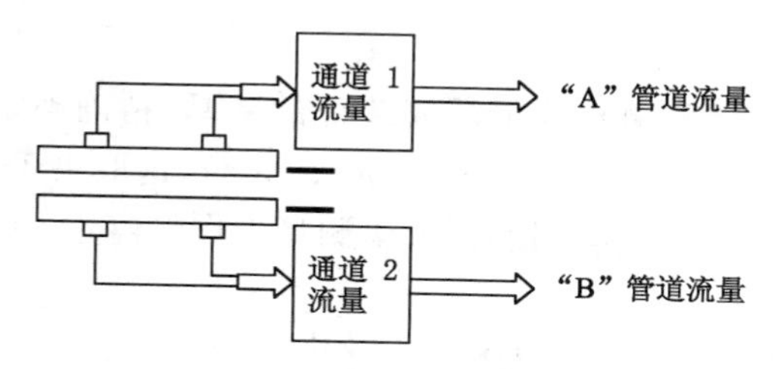

图 4-41 双通道流体测量原理示意图

② 双声道流体测量

双声道流体测量是采用时差技术在同一管道上进行双声道的测量操作，即将两个测量声道合并，形成第三个模拟声道，输出信号。该信号是两个测量声道流量值(CH_1,CH_2)的平均值。能够避免流体分布状态的影响,达到更高的测量精度。此方式只支持夹装和在线时差式流量计测量。其工作原理如图 4-42 所示。

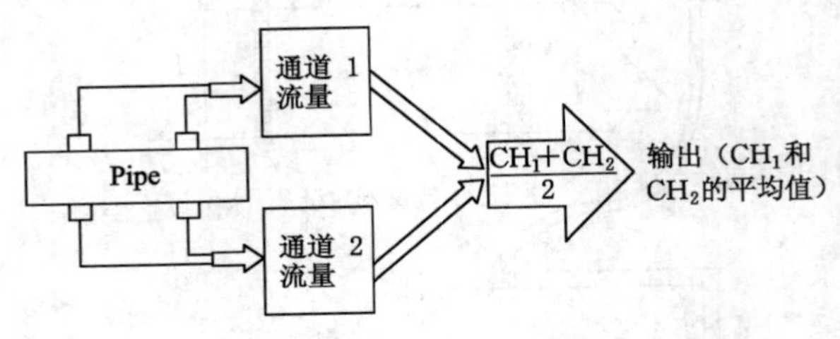

图 4-42　双声道流体测量原理示意图

③ CH_1+CH_2 或 CH_1-CH_2 计算流量测量

在计算模式下,独立测量双通道的流量,然后建立一个"虚拟"通道,此通道可以用两个流量值的和或差的形式输出,也可以测量两条独立的管道,并对结果进行求和或求差的计算。计算模式只适用于夹装和在线时差式流量计测量。其工作原理如图 4-43 所示。

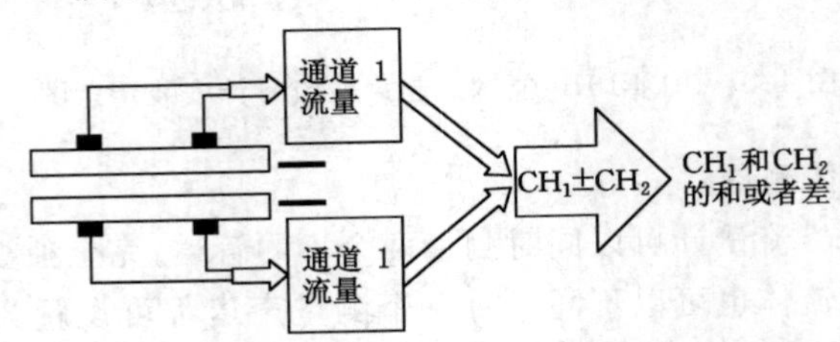

图 4-43　CH_1+CH_2 或 CH_1-CH_2 计算流量测量原理示意图

④ 测厚仪

在测厚仪方式下,可以测出换能器安装处的壁厚,精确确定这一关键参数。管壁厚的测量范围是 0.1″(2.5 mm)～2″(50.8 mm),这取决于管道的声导性和管壁内部的状况。在进行壁厚测量时,流量测量工作将停止。

小　结

本章概括介绍了流量测试系统的基本组成,包括流量测量的基本概念和测量方法。系统介绍了节流式流量计的工作原理和标准节流元件的应用,各种速度式流量测量仪器的工作原理、测量参数及应用,三种容积式流量计、热式质量流量计、差压式质量流量计和科里奥利质量流量计的工作原理及使用方法,以西门子 FUP1010 便携式超声波流量计为例说明其性能参数和使用方法。

习　　题

1A. 体积流量和质量流量有何区别？两者关系如何？

2A. 流量有哪几种表示方法？常用的流量测量方法有哪些？

3B. 节流式流量计由哪几部分组成？其测量流量的原理是什么？流量方程式中各量的值与哪些因素有关？如何确定？

4C. 何谓标准节流装置？它为什么被工业上广泛采用？标准节流装置由哪些组成？

5C. 标准节流件的形式及取压方式有哪些？标准孔板安装时应注意哪些问题？使用标准节流装置的管道和流体条件是什么？

6B. 简述速度式流量计的种类及其工作原理。

7C. 涡轮流量计主要由哪几部分组成？适用于什么场合？如何正确选用？使用时应注意哪些事项？

8C. 涡街流量计有何特点？常见的旋涡发生体有哪些？推导其流量表达式。

9C. 电磁流量计由哪几部分组成？简述其工作原理，如何正确选择使用？影响其测量精度的因素有哪些？

10B. 简述容积式流量计的种类及其工作原理。

11D. 查阅文献资料，除了书本上介绍的节流元件的几种取压方式之外，是否还有其他取压方式？

12D. 查阅文献资料，介绍一种新型流量计（书本内容之外），包括其工作原理、适用范围、使用方法、注意事项。

5 液位测量

本章提要	液位测量基本原理,常用液位测量仪器基本形式及组成,差压式水位计工作原理,液位误差产生原因和补偿方式。
重点与难点	连通式就地水位计误差产生原因,液位、压力和环境温度三者与误差的关系,单室、双室平衡容器的工作原理及区别,液位误差补偿方式和方法。

5.1 概　述

在恒定容积的容器中,液体与其上部可存贮空间的分界面,称作液面,如果是汽水分界或者存贮水的容器的界面则称为水面。容器中液体介质的高低称为液位,水的高低称为水位,测量液位或水位的仪表称为液位计或水位计。

火力发电厂中的锅炉汽包、高低压加热器、除氧器、凝汽器以及各种水箱、油箱、储油罐、酸碱库等均需进行液位的测量。准确、可靠地测量这些设备的液位,并使液位控制在允许范围内,对保证发电设备的安全经济运行具有十分重要的意义。

保持锅炉汽包水位维持在正常范围内是锅炉运行的一项重要的安全性指标。由于负荷、燃烧工况及给水流量的变化,汽包水位会经常变化。汽包水位过高,会产生诸如影响汽水分离装置的汽水分离效果,使饱和蒸气的湿度增大,含盐量增多,造成过热器和蒸汽轮机通流部分积垢,日久容易引起过热器管壁超温甚至爆管,以及蒸汽轮机效率降低、轴向推力增大等问题。当水位高到一定值时还会造成蒸汽带水,使蒸汽轮机产生水冲击,引起破坏性事故(如推力瓦熔化、轴封破损和叶片断裂,严重时,还会出现叶轮和大轴变形等);液位过低,会影响自然循环锅炉的水循环安全,造成水冷壁管某些部分循环停滞,因而局部过热甚至爆管。国家能源局在 2014 年 4 月 15 日发布的防止电力生产事故的二十五项重点要求及编译释义中关于防止锅炉满水和缺水事故有明确的界定,对于设计、安装、制度、保护方面有严格的定义和释义。

测量加热器的水位是为了使其水位维持在一定范围内,以确保加热器进汽和疏水相平衡。通过对高压加热器的水位测量还可以及时发现因管子破裂,高压给水经抽气管路倒灌入汽缸的事故先兆。

凝汽器水位过低，可能使得凝结水泵的进口侧灌注高度过低，从而导致凝结水汽化产生汽蚀现象；水位过高，则可能淹没凝汽器部分铜管，降低凝结效率，甚至造成汽缸进水的严重事故。

液位计按工作原理可分为就地式、差压式、浮力式、电容式、电阻式、吹气式、光电式和压阻式等；按安装位置可分为就地式和远传式（对汽包水位计也可称低置水位计）；按显示方式可分为模拟式和数字式。

目前火力发电厂常用的用于水位测量的液位计（也称水位计）有以下几种。

（1）就地式水位计

这种水位计就地安装在锅炉汽包等容器附近，它采用连通管原理来显示水位。值班人员通过就地巡检监视水位，比较分析差压水位计和电接点水位计的准确性。常用的就地式水位计有玻璃管式、玻璃（云母）板式水位计和双色玻璃水位计等。大型锅炉上所安装的这类水位计不作为正常运行时的监视仪表，只有在锅炉启停等异常工况下核对水位时用到。目前，配有工业电视的双色水位计已经广泛投入使用，通过它可在控制室内直观地监视水位变化情况。

（2）差压式水位计

差压式水位计是利用液体静力学原理将水位转换成差压，再通过测量差压来显示水位的。仪表由平衡容器、差压计和二次仪表等组成。这种仪表种类很多，不同差压计主要是工作原理和结构不同，如双波纹管差压计、膜片式差压计、力平衡式电动变送器和电容式差压变送器等。这类仪表在测量汽包水位时，因汽包压力变化引起的汽水密度变化，会使得“水位-压差”关系发生变化，造成较大的测量误差。还有一种具有汽包压力自动校正装置的差压式水位计，对压力变化引起的水位误差可进行全补偿，使水位计指示能较准确反映汽包水位。

（3）电接点水位计

这类水位计是利用锅炉饱和蒸气及其凝结水的电导率有较大差异的原理来测量水位的。它具有结构简单、运行可靠、适应锅炉变参数运行使用的优点。按显示方式不同，这类仪表可分为数字式和模拟式两大类。

液位测量仪表很多，下面主要介绍目前火电厂中最常用的连通式就地水位计、差压式水位计和电接点水位计等液位测量仪表。

5.2 连通式就地水位计

连通管式水位计是利用水位计中的水柱与容器中的水柱在连通管处有相等的静压力，从而可以用水位计中的水柱高度来间接反映容器中的水位，因此也称为重力式水位计，其水位称为重力水位。对于安装在容器旁，能从其上直接读出水位的仪表叫作就地式水位计。

就地式水位计是监视水位最可靠的仪表，它是利用连通管原理实现测量的直读水位计，根据容器压力不同，其显示窗可以采用耐温耐压能力较高的平板玻璃（中低压容器用）、石英玻璃管（中高压容器用）及云母片（高压容器用）制作。常用的连通式就地式水位计有玻璃管式、玻璃（云母）板式水位计、双色水位计等。它具有结构原理简单、工作可靠等优点。

连通式就地水位计

5.2.1 玻璃管式水位计

玻璃管式水位计的结构如图 5-1(a)所示。玻璃管固定在具有填料的金属管头中，再从金属管头引出两连通管和容器相连通，在连通管上装有阀 1 和阀 2，其作用是在必要时可以使液面计与容器隔断。阀 3 是为了冲洗连通管和液面计用的。根据连通管原理，玻璃管中液面和容器中液面处于同一高度，可以判断容器中液面。玻璃管式水位计结构简单，制造安装容易，拆换方便。

玻璃管式水位计[图 5-1(a)]一般用于无压或极低压力的液面测量。为了提高玻璃管水位计的工作温度和压力，将易破损的玻璃管改为厚实钢化玻璃板，制成了玻璃板水位计，如图 5-1(b)所示。它由两块专门尺寸的钢化玻璃板嵌入金属框后，再用石棉垫片进行密封，四周用螺钉压紧而成，金属框上、下接有连通金属管和阀门。

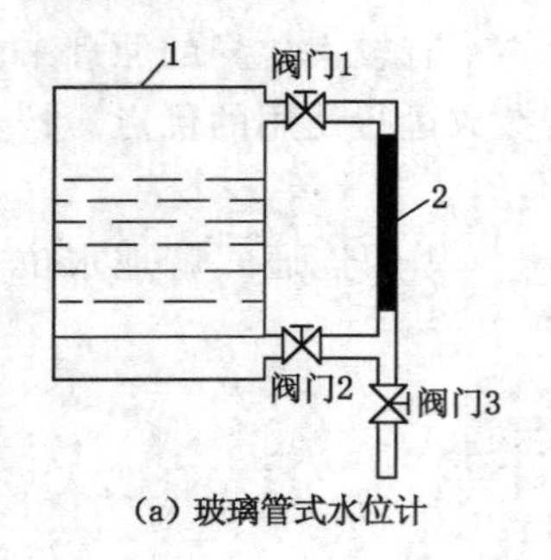

(a) 玻璃管式水位计

1
阀门1
2
阀门2
阀门3

(b) 玻璃板水位计

玻璃管水位计

1—液罐；2—玻璃管。

图 5-1 玻璃管水位计

5.2.2 云母水位计

因高压锅炉炉水有较强的腐蚀性，使用时间稍长后，玻璃板的透明度变差，不易于观察，故高压锅炉汽包水位计的观察窗将玻璃改为优质云母片，称为云母水位计。

云母是一种耐高温、高压的材料，制成的水位计相当于高压水位计。云母水位计结构与玻璃板式水位计基本相同。

云母水位计测量汽包水位的原理如图 5-2 所示。从图中可见，水位计的上部与汽包的蒸汽空间相通，水位计的下部与汽包的饱和水相通，构成一个连通器。根据连通器原理，水位计中水面高度与汽包水位相等，因此从水位计的水面高度便可看出汽包的水位值。

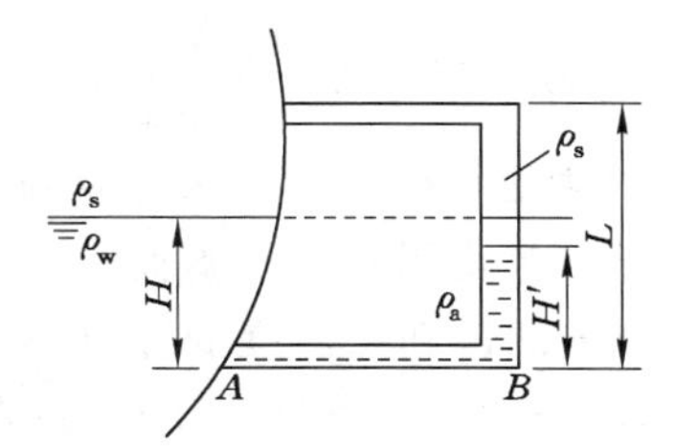

图 5-2　云母水位计测量原理图

当云母水位计中的水为汽包压力下的饱和水时，其中的水位即是汽包的重量水位（重量水位最理想地表征着锅炉运行中所包含的蓄水量）。但是，由于水位计处于汽包外，水位计中水的平均温度必然低于汽包压力下的饱和温度。在水位计的上部，由于来自汽连通管的饱和蒸气不断凝结，水温接近饱和温度，水温沿高度逐步降低，凝结水由水连通管流入汽包。若能在水位计上沿测量筒高度装设若干温度测点，就能求出筒中水的平均温度 t_a，并得出水平均密度 ρ_a。由于 ρ_a 和饱和水密度 ρ_w 不同，这就造成了云母水位计指示值 H' 和汽包实际的重量水位 H 的差异（图 5-2）。

根据力学原理，A、B 两点水静压相等，可用下列方程表示：

$$H\rho_w g+(L-H)\rho_s g=H'\rho_a g+(L-H')\rho_s g \tag{5-1}$$

整理后可得到

$$H=H'\frac{\rho_a-\rho_s}{\rho_w-\rho_s} \tag{5-2}$$

式中　H——汽包内的实际水位，mm；

H'——水位计指示水位，mm；

ρ_w——汽包工作压力下的饱和水密度,kg/m^3;

ρ_s——汽包工作压力下的饱和蒸气密度,kg/m^3;

ρ_a——水位计内水柱的平均密度,kg/m^3;

L——汽水连通管高度,mm;

g——重力加速度,m/s^2。

由此可见,云母水位计指示值 H'与待测汽包内的水位 H 成正比,并不严格相等,存在测量误差。由于水位计管内的水柱温度总是低于汽包内饱和水的温度,因此存在示值偏差。由式(5-2)可见,水位测量误差与汽包内水的密度 ρ_w、水位计内水柱的平均密度 ρ_a以及水位的高低 H'有关。只有当 $\rho_a=\rho_w$时,才有 $H=H'$。此外,ρ_a与水位高度、汽包工作压力、环境温度及测量筒散热情况等有关,其数值很难确定。取测量误差 $\Delta H=H'-H$,则由式(5-2)可得:

$$\Delta H=H'-H=\frac{\rho_w-\rho_a}{\rho_a-\rho_s}H \tag{5-3}$$

由于 $\rho_a>\rho_w>\rho_s$,故上式中 $\Delta H<0$,说明云母水位计的指示误差必为负值,即云母水位计指示水位低于汽包实际水位。这是由于水位计向周围空间散热,连通器内水柱温度低于汽包内的饱和水温度的缘故。水位计内的水为汽包压力下的过冷水,其密度大于相同压力下的饱和水密度,因此水位计指示的水位值比汽包内实际水位值要低。指示误差大小与下列因素有关:

(1) 汽包内水位 H 一定时,与汽包工作压力有关。压力越高,对应的饱和水密度减小,饱和蒸气密度增大,$\rho_a-\rho_s\approx\rho_w-\rho_s$ 越小,故由公式可知,在同样散热条件下,水位误差 ΔH 越大。

(2) 汽包工作压力一定时,汽包内实际水位 H 越大,则指示误差 ΔH 也越大。

(3) 与云母水位计的环境温度有关。环境温度越低,水位计散热越多,水位计中水的密度越大,测量误差 ΔH 也就越大。

一般认为,在额定工况下,高压锅炉实际零水位比云母水位计指示值高约 50 mm,高水位运行时,其高出值可达 100～150 mm。中压锅炉的两个零水位相差达 30 mm 左右。

水位计测量管内水的密度和汽包内饱和水密度不一致,如果能确保水位计测量管内水的密度始终保持接近或等于汽包内饱和水密度,则有 $\rho_a=\rho_w$ 时,才有 $H=H'$。为了减小云母水位计的指示误差 ΔH,可通过下列措施加以减小:

(1) 缩短云母水位计的汽水连通管高度 L;

(2) 对云母水位计的汽水连通管加保温;

(3) 将云母水位计中心线的安装位置偏低于汽包中心线约 ΔH 值,尽量接近实际水位。

5.2.3 双色水位计

(1) 双色水位计

双色水位计是在云母水位计的基础上，利用光学系统改进其显示方式的一种连通器式水位计。双色水位计将云母水位计的汽水两相无色显示变成红绿两色显示，即汽柱显红色.水柱显绿色，提高了显示清晰度，克服了云母水位计观察困难的缺点。这种水位计可在就地目视监视水位，还可采用彩色工业电视系统远传至控制室进行水位监视。图 5-3 为双色水位计原理结构示意图。

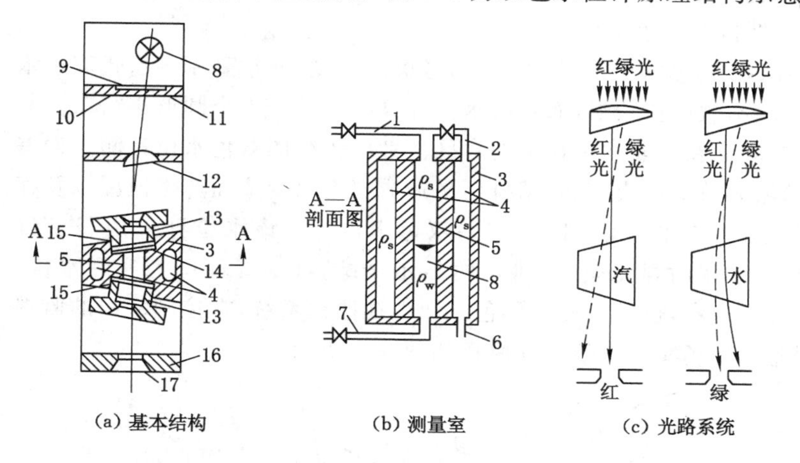

(a) 基本结构　(b) 测量室　(c) 光路系统

1—汽测连通管；2—加热用蒸汽进气管；3—水位计本体；4—加热室；5—测量室；6—加热蒸汽出口管；7—水侧连通管；8—光源；9—毛玻璃；10—红色滤光玻璃；11—绿色滤光玻璃；12—组合透镜；13—光学玻璃板；14—垫片；15—云母片(高压以上锅炉用)；16—保护罩；17—观察窗口。

图 5-3 双色水位计原理结构图

双色水位计

光源 8 发出的光经过红色和绿色滤光玻璃 10、11 后，仅有红光和绿光平行到达组合透镜 12。由于透镜的聚光和色散作用，形成了红绿两股光束射入测量室 5。测量室(即连通器空间)由水位计本体 3、云母片 15 和两块光学玻璃板 13 以及垫片等构成。测量室截面成梯形，内部介质为水柱和蒸汽柱[图 5-3(b)、(c)]，连通器内水和蒸汽形成相邻的两段棱镜。因为绿光折射率较红光大(光折射率与介质和光的波长有关)，当红、绿光束射入测量室时，有水部分在由水形成的“水棱镜”作用下，绿光偏转较大，正好射到观察窗口 17，而红光束因出射角度不同未能到达观察窗口，所以人们看见水柱呈绿色；蒸汽部分由于蒸汽形成的“汽棱镜”折射效应较弱，使得绿光因没发生折射不能射到窗口，而红光束正好直射到达观察窗口，因此所见汽柱呈红色。

当用于超高压及以上压力的锅炉汽包水位测量时，水位计的光学玻璃由长条形板改做成多个圆形板，这样玻璃板小，装配容易，受力较好，而水位计显示窗也由长条形(称为单窗式)变为沿水位高度排列的圆形窗门，称为多窗式双色牛眼水位计。该结构的缺点是小窗之间有一段不透明，观察水位变化趋势不如单窗式。

为了减小由于测量室温度低于被测容器内水温而引起的误差，双色水位计还设有加热室 4 对测量室加热，使测量室温度接近容器内水温。当被测对象为锅炉汽包时，加热室应使测量室水温接近饱和温度，并维持测量室中的水有一定过冷度。否则汽包压力波动时，水位计内水沸腾而影响测量。

(2) 无盲区低偏差双色水位计

用于超高压及以上锅炉的双色水位计，考虑其强度，通常采用多窗式双色水位计，即窗口玻璃不做成长条形，而是沿水位计高度上开若干个圆形小窗口。其缺点是小窗口之间存在一段水位显示的盲区。针对传统的双色水位计测量误差大、云母片易结垢导致显示模糊、频繁排污易造成仪表热变形而产生泄漏以及存在显示盲区等缺点，推出了无盲区低偏差双色水位计。该水位计采用“汽”红“水”绿显示液位，无水时显示全红，满水时显示全绿，红绿界面即为实际水位。既可以在现场直接观察，也可以配套彩色工业电视监视系统，在控制室内的监视器荧屏上远程监测现场实际水位。其原理如图 5-4 所示。

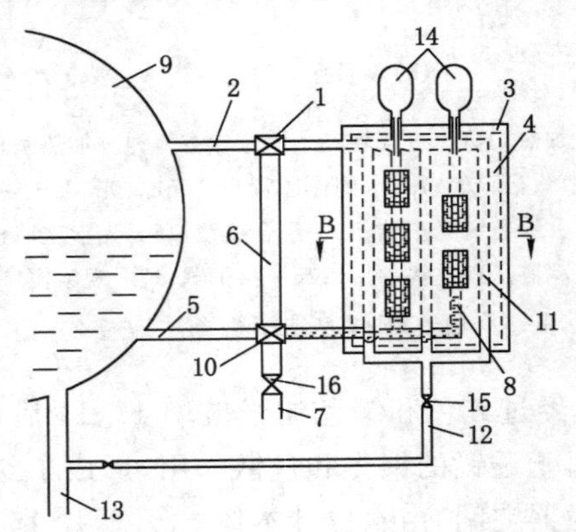

1—汽侧取样阀门；2—汽侧取样管；3—光源箱；4—水位计表体；
5—水侧取样管；6—平衡管；7—排污管；8—双色水位计；9—汽包；
10—水侧取样阀门；11—饱和汽伴热管；12—排水管；13—汽包下降管；
14—冷凝罐；15—排水阀门；16—排污阀门。

图 5-4 WDP 系列无盲区低偏差双色水位计原理图

系列无盲区低偏差云母水位计主要由光源箱3、水位计表体4、平衡管6、排污管7、双色水位计8、汽侧取样管2、水侧取样阀门10、饱和汽伴热管11、排水管12、冷凝罐14等组成。

该产品利用汽包内的饱和蒸气经汽侧取样管2和汽侧取样阀门1进入伴热管11，给水位计表体4加热，阻止双色水位计8内的饱和水柱向外传热；利用冷凝罐14内冷凝后的饱和水，对双色水位计8内的水进行置换，加速双色水位计8内的水循环，使双色水位计8内的水接近饱和水温度，从而消除水位计测量管内水柱密度对水位测量造成的偏差，确保双色水位计8内的水位在任何时候、任何工况下接近汽包内的真实水位，以实现准确监视汽包水位的目的。饱和汽伴热管11在安装时将排水管12接至低于汽包中心下15 m的汽包下降管处。进入饱和汽伴热管11的饱和蒸气在其中冷凝后流到下降管中，由于排水管与汽包下降管的连接处位于汽包下大于15 m的地方，排水管中的水位不会上升到水位计表体内部，确保饱和汽伴热管中始终充满饱和蒸气，起到对表体和水位计管中的水进行加热的作用。利用冷凝器内冷凝后的饱和水置换表计内的水，加速仪表内的水循环，且置换的新水为饱和蒸气冷凝后的饱和水，含盐低，减少了云母片结垢，延长了表计的排污周期，从而减少了仪表的热变形，避免了表体的泄漏，延长了表体的检修周期，降低了维护费用。由于它的显示部分由两侧水位管的五窗云母组成，相邻云母窗口有一定重叠度，因而消除了显示盲区。

(3) 工业电视监视汽包水位

就地安装的双色水位计可以通过工业电视远距离观察其水位的指示值。摄像探头安装于汽包水位计约1 m的前方，通过彩色摄像机把汽包水位计的刻度变化情况实时显示在集控室的彩色监视器屏幕上，同时可以通过集控室的控制器对图像清晰度进行调整，使运行人员可在集控室监视器屏幕上看到汽包水位计的真实情况，比人工就地观察更直观、更及时、更清晰，可大大减轻工作人员的劳动强度。工业电视监视系统由双色水位计、彩色摄像机、彩色监视器等部分组成，如图5-5所示。摄像机将摄取的双色水位信号转换成电信号，再通过视频电缆传送到集控室内的彩色监视器上显示，便可看到汽红、水绿的“牛眼”式水位信号，从而看出水位的变化。由一台摄像机、一台监视器组成的监视方式，称为单路单点监视方式。由多台摄像机和一台监视器组成的监视系统，称为多路单点监视方式。采用后种监视方式时，需在系统中增加一个多路转换器。利用工业电视监视汽包水位，图像清晰、直观、可信度高，大大增强了锅炉运行的安全性。

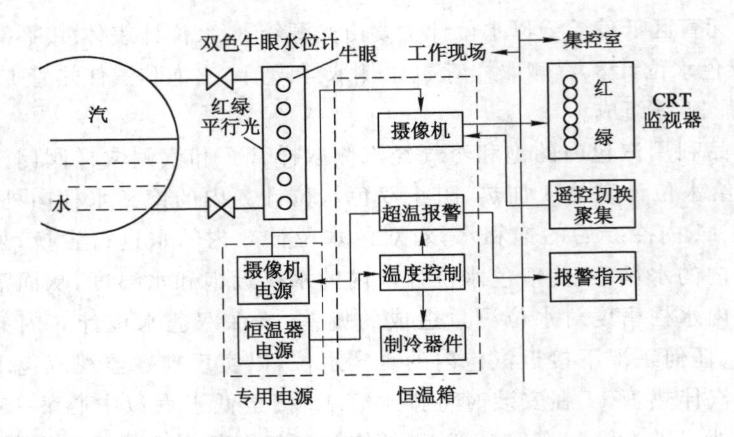

图 5-5　汽包水位电视监视系统

5.3　差压式水位计

差压式水位测量方法的理论依据是流体静力学原理，即液体中任一点的静压力 p 与其自由表面上的压力 p_0 之差 Δp，等于液体密度 ρ、重力加速度 g 和液柱高度差 H 的乘积，以公式表达为：

$$\Delta p = p - p_0 = \rho g H \tag{5-4}$$

因此，通过测量差压 Δp 即可求出被测量的液位高度。

差压式水位计测量过程(1)

差压式水位计测量过程(2)

差压式水位计测量过程(3)

差压式水位计是静压式液位测量仪表，是目前在火力发电厂的汽包、高压加热器、除氧器等容器中使用最多的远传式水位测量仪表。它不仅能实现远距离监视汽包水位，而且能为自动调节系统提供水位信号。其结构主要由水位-差压转换容器(又称平衡容器)、压力信号导管和差压计三部分组成。平衡容器把水位信号转换成差压信号，经差压信号导管传送至差压计，通过差压计显示水位的高低，如图 5-6 所示。

平衡容器分为单室平衡容器和双室平衡容器，压力等级可分为中压、高压、超高压、亚临界、超临界等。单室平衡容器的结构简单，便于安装，计算简单，常用于测量大型锅炉的汽包液位及压力、流量孔板的取压。双室平衡容器一般是

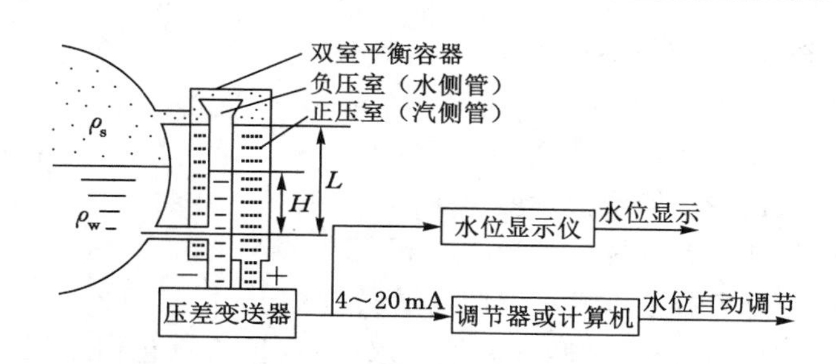

图 5-6 差压式水位计框图

用在小型锅炉的汽包液位的测量上，有一定的温度补偿作用，但可能会出现过补偿，用于汽包水位测量时误差较大。

5.3.1 单室平衡容器

目前，在火力发电厂汽包水位的测量中，最常用的是单室平衡容器，通过该容器内由蒸汽凝结溢流而形成的恒定参比水柱与汽包内实际水位之间形成的差压来测量汽包水位，如图 5-7 所示。

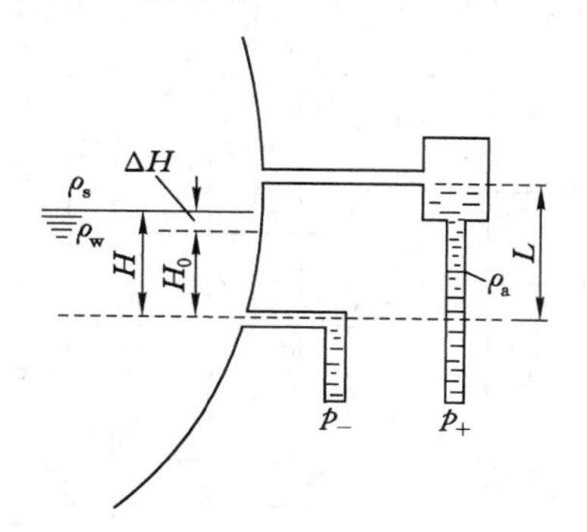

图 5-7 单室平衡容器测量原理图

正负压管输出的差压 Δp 按下式进行计算：

$$\Delta p = p_+ - p_- = L(\rho_a - \rho_s)g - H(\rho_w - \rho_s)g \tag{5-5}$$

或改写成

$$H = \frac{L(\rho_a - \rho_s)g - \Delta p}{(\rho_w - \rho_s)g} \tag{5-6}$$

式中 Δp——变送器所测得的汽包内饱和蒸气溢流参比水柱静压与汽包内饱和水位静压的差值，Pa；

H——汽包内实际水位，mm；

L——参比水柱高度,mm;

g——重力加速度;

ρ_a——参比水柱的平均密度,kg/m^3;

ρ_w——汽包内水的密度,kg/m^3;

ρ_s——汽包内饱和蒸气密度,kg/m^3。

(1) 单室平衡容器差压式水位计测量误差

在实际使用中,由于饱和蒸气和饱和水(在这里将汽包内水视为饱和水)的密度(ρ_s、ρ_w)是汽包压力 p 的单值非线性函数,需要通过测量汽包压力来获取。参比水柱中水的平均密度 ρ_a 通常按 50 ℃时水的密度来计算。然而,由于实际的 ρ_a 具有很大的不确定性,且与 50 ℃时水的密度相差很大,这是造成测量误差的主要原因之一;此外将汽包内水视为饱和水(多数汽包内水为欠饱和水)也是造成测量误差的另一个主要原因。

① 汽包压力变化的影响

根据式(5-5)和式(5-6)可以看出,汽包水位与差压之间不是一个单变量函数关系,更不是一个线性函数关系;饱和水密度和饱和蒸气密度的变化将影响测量结果,而饱和水密度和饱和蒸气密度与汽包压力有如图 5-8 所示的函数关系。

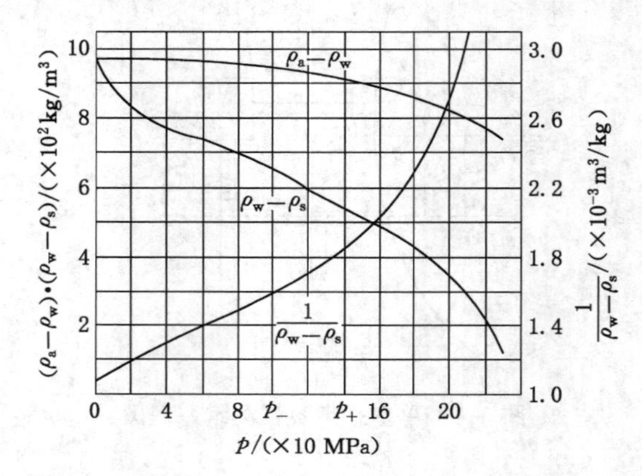

图 5-8 汽包压力和密度差的关系

如图所见,汽包压力的变化将影响差压水位计的测量结果。

② 参比水柱温度变化的影响

参比水柱温度变化同样会影响差压水位计的测量结果。以 $L=600$ mm 为例,计算表明:

a. 压力愈低,差压信号的相对误差愈大。以工作压力 $p=17$ MPa 为基准,并假定 ρ 为 40 ℃时的密度值,汽包水位在 $H=300$ mm 处,则当工作压力 $p=$

11 MPa时,误差为－4.1%;当 $p=5$ MPa时,误差为－9.17%;当 $p=3$ MPa时,误差达到－12.4%。

b. 根据某电厂条件下的计算,参比水柱平均温度对水位测量的影响如表5-1所示。

表5-1 参比水柱平均温度对水位测量的影响表(40 ℃为基准)

温度/℃	40	60	80	100	120	130	140	160
影响值/mm		－9.6	33.2	62.3	91.4	108	125	162

从表5-1可知,如果参比水柱的设定温度值为40 ℃,当其达到80 ℃时,其水位测量附加正误差33.2 mm;当参比水柱温度达到130 ℃时,其水位测量附加正误差高达108 mm。由此可见,汽包压力和参比水柱温度对差压信号的相对误差的影响都是不可忽略的。

(2) 单室平衡容器差压式水位计测量误差的补偿

由于汽包水位显示值是以汽包零水位为基准表示的,因此,有 $H=H_0+\Delta H$,H_0 为零水位,ΔH 为水位计显示值。则式(5-6)可以写成:

$$\Delta H=\frac{L(\rho_a-\rho_s)g+H_0(\rho_w-\rho_s)g-\Delta p}{(\rho_w-\rho_s)g} \tag{5-7}$$

若将室温近似作为常数,则式中$(\rho_w-\rho_s)$、$(\rho_a-\rho_w)$与汽包压力关系如图5-8所示,再将汽包压力与这个密度差的关系近似用线性关系:

$$(\rho_w-\rho_s)g=K_1-K_2p \tag{5-8}$$

$$(\rho_a-\rho_w)g=K_3-K_4p \tag{5-9}$$

来表达,并代入式(5-7),可得汽包压力与差压之间的关系为

$$\begin{aligned}\Delta H&=\frac{(LK_3+H_0K_1)-(LK_4+H_0K_2)p-\Delta p}{K_1-K_2p}\\&=\frac{(K_5-K_6p)-\Delta p}{K_1-K_2p}\end{aligned} \tag{5-10}$$

其中,$K_5=LK_3-H_0K_1$;$K_6=LK_4-H_0K_2$。

式中,K_1、K_2、K_3、K_4、K_5、K_6 皆为常数。为了保证将汽包压力与密度差关系近似线性化有足够精确度,一般按分段进行线性化逼真,也就是说,汽包压力在不同变化范围内,这些常数取值也不同。根据式(5-10)设计的带有汽包压力校正的差压式汽包水位测量系统方框图如图5-9所示。

汽包水位测量经汽包压力校正后,测量精确度已得到提高。

需要注意的是,上述补偿计算的前提是假定正压侧参比水柱温度恒定。但实际上由于参比水柱上部受饱和蒸气凝结水的加热,其水柱温度总是高于室温,

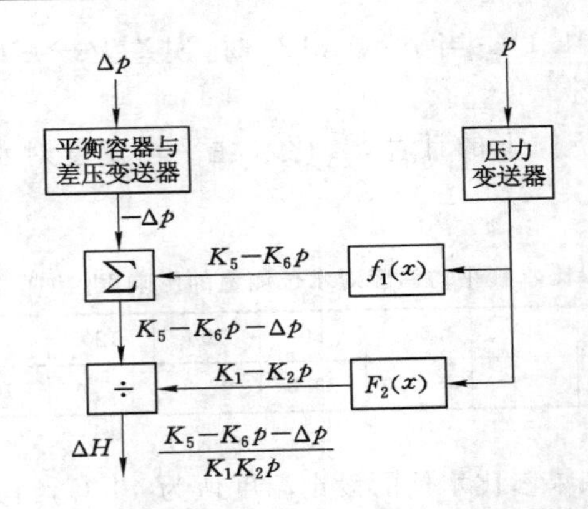

图 5-9　普通单室平衡容器的带压力校正的差压式汽包水位测量系统方框图

而且汽包压力愈高，饱和蒸气凝结水温度愈高，参比水柱平均温度也愈高。为了消除汽包压力对参比水柱温度的影响，一般可将平衡容器后参比水柱引出管先水平延长一段后再垂直向下接至差压变送器，这样参比水柱温度就不再受汽包压力影响了。

但是，参比水柱温度仍然会受环境温度或其他因素的影响而对差压测量产生一定的误差。为了使汽包水位测量受参比水柱温度影响而产生的附加误差能被限制在一定的可控范围内，《火力发电厂锅炉汽包水位测量系统技术规程》(DL/T 1393—2014)明确规定，"平衡容器及容器下部形成参比水柱的管道不得保温"。

为了进一步改善结构补偿式平衡容器的特性，近年来出现了一种基于双差压结构的补偿式平衡容器。其优点是水位测量不再受汽包压力及环境温度等诸多因素影响，但缺点是平衡容器结构复杂。该系统虽然不需要装设校正用压力变送器，但却要装设校正用差压变送器，由于差压变送器及其管路系统相对较复杂，测量可靠性差，容易产生附加误差，因此这种系统目前很少采用。

5.3.2　双室平衡容器

为了解决单室平衡容器内参比水柱与汽包内饱和水温度不同所产生的误差影响，结构上采用将饱和水负压引出管置于平衡容器内凝结水中，使其温度达到平衡的方法，这就形成了传统的双室平衡容器，其结构如图 5-10 所示。

在平衡容器中，宽容器（正压室）的水面高度是恒定的。当其水位增高时，水可以通过汽侧连通管溢入汽包；而当水位降低时，通过蒸汽冷凝得以补充。压差计的正压头是从宽容器中引出，负压头从置于宽容器中的汽包水侧连通管中取得。因此，当宽容器中水的密度一定时，正压头为定值。平衡容器的负压管（负

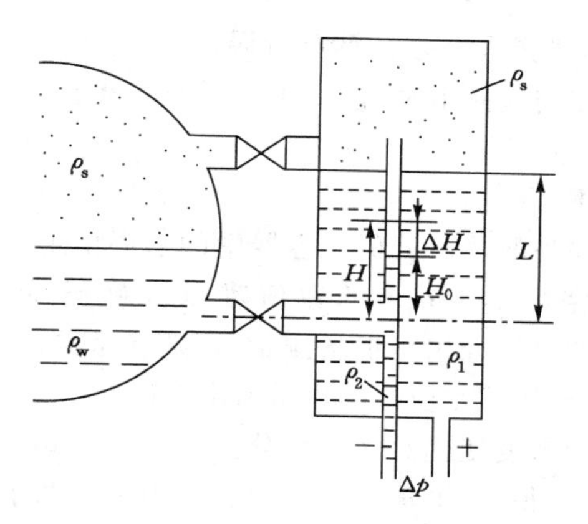

图 5-10 双室平衡容器

压室)与汽包连通,输出的压头为差压计的负压头,其大小反映了汽包水位变化。

当汽包水位为正常水位 H_0 时(即零水位时),差压计检测到的平衡容器输出的差压 Δp_0 为:

$$\Delta p_0 = L\rho_1 g - [H_0\rho_2 g + (L - H_0)\rho_s g] \tag{5-11}$$

式中 ρ_s——汽包压力下的饱和蒸气密度,kg/m^3;

ρ_1——宽容器内水的密度,kg/m^3;

ρ_2——负压管内水的密度,kg/m^3。

当汽包水位发生变化而偏离正常水位时,假设汽包水位的变化量为 ΔH,即变化后的汽包水位为 $H = H_0 \pm \Delta H$,其中"+"表示汽包水位增高,"−"表示汽包水位降低。这时,平衡容器的输出差压 Δp 为:

$$\begin{aligned}\Delta p &= L\rho_1 g - [H\rho_2 g + (L - H)\rho_s g] \\ &= L\rho_1 g - (H_0 \pm \Delta H)\rho_2 g - [L - (H_0 \pm \Delta H)\rho_s g] \\ &= L\rho_1 g - [H_0\rho_2 g + (L - H_0)\rho_s g] - (\rho_2 - \rho_s)g(\pm \Delta H)\end{aligned} \tag{5-12}$$

将式(5-11)代入式(5-12),得

$$\begin{aligned}\Delta p &= \Delta p_0 - (\rho_2 - \rho_s)g(\pm \Delta H) \\ &= \begin{cases}\Delta p_0 - (\rho_2 - \rho_s)g\Delta H & H = H_0 + \Delta H \\ \Delta p_0 + (\rho_2 - \rho_s)g\Delta H & H = H_0 - \Delta H\end{cases}\end{aligned} \tag{5-13}$$

可见,当汽包水位偏离正常水位时,平衡容器输出的差压也随之变化。由于 $\rho_2 > \rho_s$,因此随着汽包水位的增高,平衡容器的输出差压减小;相反,当汽包水位降低时,平衡容器的输出差压增大。用差压计测出 Δp 的大小,就可以知道水位的高低。

(1) 双室平衡容器差压式水位计测量误差

双室平衡容器在实际使用时,它存在的下列问题会造成差压式水位计指示不准确。

① 密度变化的影响

由于平衡容器向外散热,正、负压容器中的水温由上至下逐步降低,而且温度不易确定,因而密度 ρ_1 和 ρ_2 的数值难以准确确定。所以用式(5-11)、式(5-12)进行分度的差压计用于现场测量时,随着水温的变化,ρ_1 和 ρ_2 的数值相应发生变化,致使差压式水位计的指示值出现误差。

为了改变这种因密度变化对水位计分度基准的影响,一般都采用蒸汽套对平衡容器进行保温,使得 ρ_1 和 ρ_2 都等于汽包压力下饱和水的密度 ρ_w,即 $\rho_1=\rho_2=\rho_w$,这时平衡容器输出压差 Δp 和汽包水位之间的关系为:

$$\Delta p=L\rho_1 g-[H\rho_2 g+(L-H)\rho_s g]=(L-H)(\rho_w-\rho_s)g \tag{5-14}$$

上式表达了蒸汽套保温型双室平衡容器的水位—压差转换关系。可见,当汽包工作压力稳定时,这种转换关系是确定不变的。

② 密度差变化的影响

用于汽包水位测量的差压式水位计通常是在汽包额定工作压力(与 ρ_w 和 ρ_s 有关)下分度的,因此,只有在汽包额定工作压力下,差压式水位计的指示值才是正确的。当汽包水位不变,而汽包压力变化时,饱和水密度和饱和蒸气密度相应变化,平衡容器的输出压差也将变化,因而引起差压式水位计的指示值产生变化。例如,当汽包水位位于正常水位,$H=H_0$ 恒定不变时,如果汽包压力为额定值,水位计将显示为零液位。

$(\rho_w-\rho_s)$随压力变化的关系在不同的压力范围内是不同的,如图 5-8 所示。从图中可见,在 3～13 MPa 压力范围内,压力 p 和密度差$(\rho_w-\rho_s)$的关系非常接近于线性,随着压力的降低,密度差$(\rho_w-\rho_s)$增大。由于双室平衡容器的结构尺寸 L 总是大于 H,所以从式(5-14)可知,当汽包压力低于额定值时,$(\rho_w-\rho_s)$增大使输出 Δp 增大,因而使差压式水位计指示偏低。由此产生的水位指示误差还与水位 H、平衡容器结构尺寸 L 有关。$(L-H)$越大,指示误差也越大,即低水位比高水位误差大。这种误差在中压锅炉可达 40～50 mm,在高压锅炉可达 100 mm 以上,因此差压式水位计在机组启、停或滑压运行时是不能使用的。

(2) 双室平衡容器差压式水位计测量误差的补偿

为了消除或减小汽包压力变化所造成的测量误差,可采用两种方法:一是改进平衡容器的结构,二是采用汽包压力自动补偿措施。

① 改进平衡容器结构

改进后的平衡容器结构如图 5-11 所示。在汽包水位变化时,为了使正压管中的水位始终恒定，加大了正压容器的截面积（一般要求正压容器直径大于100 mm），并在其上安装凝结水漏盘，使得更多的凝结水不断流入正压容器，同时正压容器中多余的水不断溢出。用蒸汽加热的方法使正压容器中的水温等于饱和温度。蒸汽凝结水由泄水管流入下降管。泄水管与下降管相接处位置高度应保证平衡容器内无水而下降管又不抽空，即泄水管内要保持一定高度的水。负压管直接从汽包水侧引出。为了保证压力引出管垂直部分水的密度 ρ_a 等于环境温度下水的密度，压力引出管的水平距离 S 要大于 800 mm。

正常水位（即零水位）H_0 时，平衡容器的输出差压 Δp_0 为：

$$\begin{aligned}\Delta p_0 &= p_+ - p_- = [(L-l)\rho_w + l\rho_a]g - [\rho_w H_0 + \rho_s(L-H_0)]g \\ &= L(\rho_w-\rho_s)g - l(\rho_w-\rho_a)g - H_0(\rho_w-\rho_s)g\end{aligned} \tag{5-15}$$

当水位偏离正常水位 ΔH_0 时，输出差压 Δp 为

$$\Delta p = \Delta p_0 - \Delta H(\rho_w - \rho_s)g \tag{5-16}$$

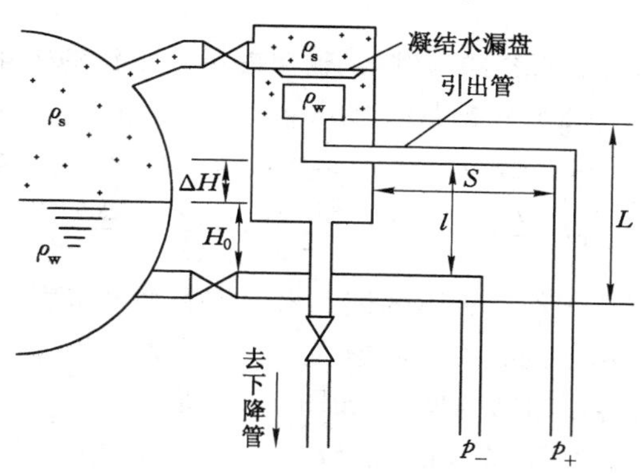

图 5-11 平衡容器结构示意图

在设计平衡容器时，若能确定适当的 L 和 l 值，使汽包压力从很小值（例如0.5 MPa）变至额定工作压力的过程中，正常水位下平衡容器输出的差压 Δp_0 不变，则可消除差压式水位计的零位漂移。在额定压力 p_N（分度压力）下有：

$$\Delta p_{0N} = L(\rho_{wN} - \rho_{sN})g - l(\rho_{wN} - \rho_a)g - H_0(\rho_{wN} - \rho_{sN})g \tag{5-17}$$

希望在 $p \sim p_N$ 压力变化范围内能得到补偿，即 $\Delta p = \Delta p_{0N}$，由此可计算 l 段长度

$$l = (L - H_0)\left(1 - \frac{\rho_{wN} - \rho_{sN}}{\rho_{wN} - \rho_w}\right) \tag{5-18}$$

在水位最低（$\Delta H = -H$）和汽包压力最低时，平衡容器输出的差压最大。此差压最大值应等于压差计的测量上限 Δp_{max}，即：

$$\Delta p_{max} = (L-l)\rho_w g + l\rho_a g - L\rho_s H \tag{5-19}$$

$$L=\frac{\Delta p_{\max}+l(\rho_w-\rho_a)}{(\rho_w-\rho_s)g} \tag{5-20}$$

式(5-18)和式(5-20)联立，即可求解 L 和 l。

应当指出，这种结构上的改进，只能使正常水位(即 $\Delta H=0$)下的差压受汽包压力变化的影响大为减小，虽然水位偏离正常水位(即 $\Delta H\neq0$)时输出的 Δp 还是会受到汽包压力变化的影响，但从刻度关系式(5-15)可以看出，$H_0(\rho_w-\rho_s)g$ 中的 $(\rho_w-\rho_s)$ 会随压力变化而输出 Δp_0，比起未改进前，差压式水位计的准确度有很大提高。

② 汽包压力自动补偿

为了进一步消除汽包压力变化对差压式水位计指示值的影响，可以在差压式水位计的差压输出信号回路中，用同时测得的汽包压力信号，根据汽包压力与密度差之间的关系，对差压输出信号进行校正运算，校正由于汽包压力偏离额定值所带来的误差。

以图 5-11 所示的平衡容器为例，其输出差压与水位的关系为：

$$\begin{aligned}\Delta p&=\Delta p_0-\Delta H(\rho_w-\rho_s)g\\&=L(\rho_w-\rho_s)g-l(\rho_w-\rho_a)g-H(\rho_w-\rho_s)g\end{aligned} \tag{5-21}$$

$$H=\frac{l(\rho_a-\rho_w)g+L(\rho_w-\rho_s)g-\Delta p}{(\rho_w-\rho_s)g} \tag{5-22}$$

式中 $\rho_w-\rho_s$——汽包工作压力下的饱和水与饱和蒸气密度之差；

$\rho_a-\rho_w$——室温下的过冷水和饱和水密度之差；

L,l——平衡容器的结构尺寸，如图 5-11 所示。

若将室温近似作为常数，则式中 $(\rho_w-\rho_s)$、$(\rho_a-\rho_w)$ 与汽包压力关系如图 5-8 所示，将汽包压力与这个密度差的关系近似用线性关系：

$$(\rho_w-\rho_s)g=K_1-K_2p \tag{5-23}$$

$$(\rho_a-\rho_w)g=K_3-K_4p \tag{5-24}$$

来表达，并代入式(5-22)，可得汽包压力与差压之间的关系为

$$H=\frac{l(K_3-K_4p)+L(K_1-K_2p)-\Delta p}{K_1-K_2p}=\frac{K_5-K_6p-\Delta p}{K_1-K_2p} \tag{5-25}$$

其中，$K_5=lK_3+LK_1$；$K_6=lK_4+LK_2$。

式中，K_1、K_2、K_3、K_4、K_5、K_6 皆为常数。汽包压力在不同变化范围内，这些常数为不同的值。显然，K_5、K_6 还与平衡容器的结构尺寸 l 与 L 有关。根据式(5-25)设计的，带有汽包压力校正的差压式水位计测量系统方框图如图 5-12 所示。

当压力补偿范围较大、测量准确度又要求较高时，汽包压力与密度差的关系可用几段折线作更好地逼近，也就是说在不同的压力区段上采用不同的 K_1、

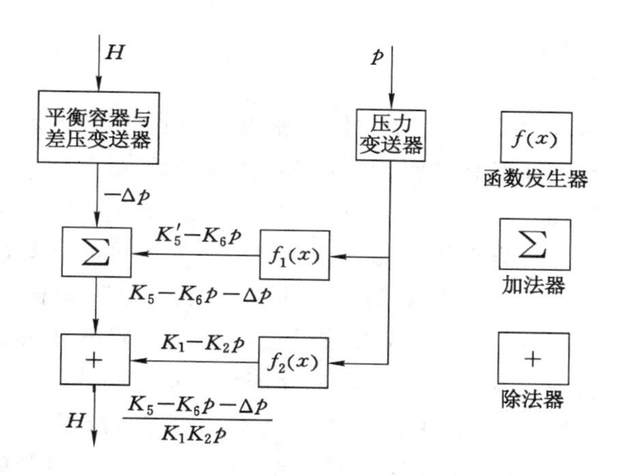

图 5-12　有压力校正的汽包水位测量系统方框图

K_2、K_5、K_6 值来进行补偿。

《防止电力生产事故的二十五项重点要求》规定差压式汽包水位计只能采用单室平衡容器加汽包压力补偿的方式进行测量。随着 DCS 的普及，利用汽包压力对汽包水位进行高精度的补偿变得非常容易，所以双室平衡容器主要应用于高、低加（运行时参数变化不太大）水位测量，而在汽包水位测量中已逐渐被淘汰。

5.4　电阻式液位计

电阻式液位计主要有两类：一类是电接点液（水）位计，它根据液体与其蒸气之间导电特性（电阻值）的差异进行液位测量；另一类是热电阻液位计，它利用液体和蒸气对热敏材料传热特性不同而引起热敏电阻变化的现象进行液位测量。

5.4.1　电接点（电极式）水位计

电接点水位计是利用与容器相连通测量筒上的电接点浸没在水中部分与裸露在蒸汽中部分导电率的差异来实现水位测量的，属于电阻式水位测量仪表。电接点水位计由显示仪表、测量筒（水位传感器）及装在测量筒中的若干个电接点组成，这种水位计组成的测量系统结构简单，工作原理简单，电接点信号可以远传，时延很小，不存在机械变差和分度误差以及复杂的仪表校验和调整，显示直观，电接点水位计信号可参与各种联锁及保护，可靠性高，在锅炉启停炉过程中能准确反映汽包水位情况，广泛应用于电厂高压加热器、低压加热器、除氧器、汽包和水箱等水位的测量。

(1) 工作原理

锅炉汽包中的水和蒸汽，由于它们的密度和所含导电介质数量不同，其导电性能存在极大差异。一般高压锅炉饱和蒸气的电阻率要比炉水大数万至数十万倍以上，比饱和蒸气凝结水大 100 倍以上。试验证明，360 ℃以下温度的纯水电阻率小于 10^4 Ω·m，而蒸汽的电阻率总大于 10^6 Ω·m。只要锅炉汽包参数在临界参数(压力 22.02 MPa，温度 374 ℃)以下，汽、水电阻率总是有差异的，越接近临界参数，其差异越小。在临界参数以上，汽、水电阻率相等。电接点水位计通过测定水位容器内汽水电阻的大小来分辨和指示汽包水位。一般采取水位容器将汽包内水位引出，然后在水位容器上装置测点进行测量。

图 5-13 给出了电接点水位计的基本结构。它由水位测量筒和水位显示器等组成。在与汽包形成连通管的水位测量筒圆周上以 120°的夹角分成三排，沿高度交错排列着与筒壁绝缘的测量电极，而筒壁则作为公共电极。电接点的绝缘子可以确保电接点与测量筒外壳间绝缘。锅炉汽包中，由于炉水含盐量大，其电阻率约 2 500 Ω·m，相当于导电状态；而饱和蒸气的电阻率很大，约 500×10^4 Ω·m(汽水电阻率相差 2 000 倍)，相当于开路状态。由于水的电阻率较低，浸在水中的电接点与测量筒外壳接通。交流电流过电路，显示灯亮。处在汽中的电接点，由于汽的电阻率很大，接点可相对地看作开路，显示灯不亮。因此，水位的高低决定了电接点浸入水中数量的多少，也就决定了显示灯点亮的多少，亮灯的多少反映了水位的高低。

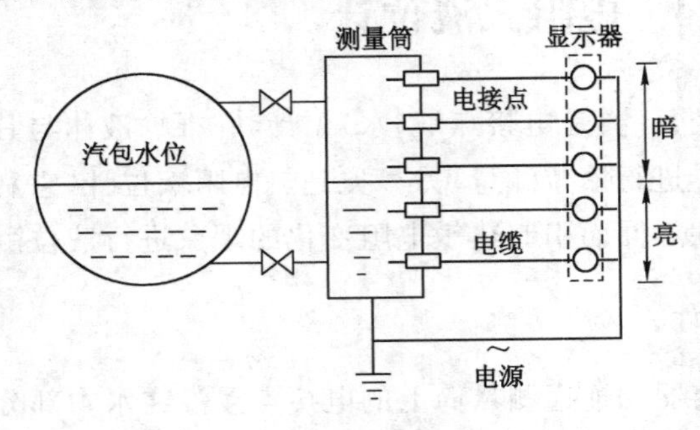

图 5-13 电接点水位计的基本结构

电接点水位计

电接点水位传感器的主要误差来源有以下两个方面：

① 散热引起的误差(连通式共有)，由于热损失，水位容器内的温度低于饱和温度，故容器内的水位较汽包实际水位低。为了减小此项偏差，应对水位容器加以保温。

② 不连续指示引起“盲区”，不宜作调节信号。此外，电接点之间有一定的间距，当水位处于两电极之间时，仪表没有显示水位变化而造成指示误差，此误差等于两电极之间距。

（2）电接点水位计的构成

电接点水位计由水位测量筒和水位显示仪等组成。

① 测量筒

电极式（电接点式）汽包水位测量装置的测量筒的示意图如图 5-14 所示。它是一种基于连通管式原理的测量装置，与普通就地云母水位计（或双色水位计）不同之处在于测量筒内有一系列组成测量标尺的电极。测量筒的主要作用是将水位高低转变为电接点接通的多少，然后输送到二次仪表进行水位测量和显示。测量筒的长度按水位测量范围决定，其直径主要考虑接点数目。

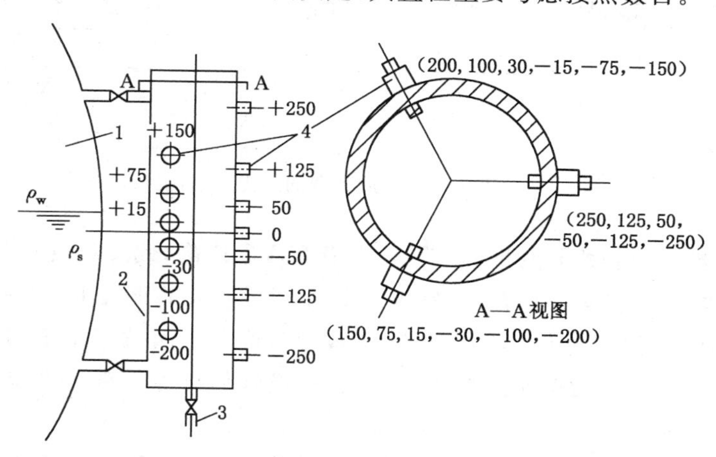

图 5-14 电接点水位测量筒

电接点安装时，通常呈等角距形式，在筒壁上分三列或四列排开。在正常水位附近，电接点的间距较小，以减小水位监视的误差。电接点数目根据监视水位的要求来确定，一般为 15、17 或 19 个。对于火力发电厂锅炉汽包水位的测量通常采用 19 点的测量筒。电接点要能在高温高压下工作，温度剧变时不泄漏，耐腐蚀，与筒体有良好的绝缘，常用超纯氧化铝瓷管或者聚四氟乙烯作绝缘材料。前者用于高压、超高压锅炉，后者用于中、低压锅炉。目前高压或超高压锅炉上的电接点采用超纯氧化铝瓷管作绝缘材料。

【思考题】 电接点水位计的测量筒的工作原理是什么？为什么电接点要呈等角距分三列或四列分布。

② 显示仪表

电接点水位计有两种水位显示方式，即模拟式显式和数字式显式。模拟式显示目前应用较多，显示元件主要有：氖灯、带放大器的双色显示等。

模拟式水位显示是将所有水中接点因导电而取为“1”，汽中接点因开路而取为“0”，然后将所有“1”的接点取为亮（或绿）灯，所有“0”的接点取为灭（或红）灯，这就显示了由所有“1”组成高度的模拟量水位。

常用模拟水位显示电路都用红绿灯表示，可用晶体管或发光二极管的开关电路来实现，如图5-15所示。

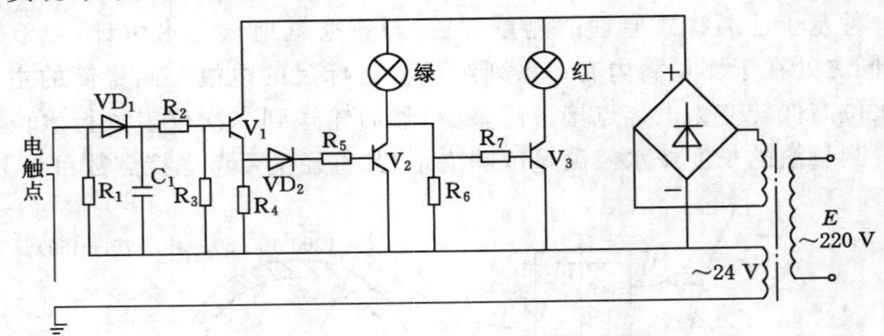

图5-15　带放大器的灯光显示电路

当电接点被水接通时，电阻 R_1 上有交流电压降，此交流信号经二极管 VD_1 整流，电容 C_1 和电阻 R_2 滤波，在电阻 R_3 上形成较大的正偏压，致使二极管 V_1 导通，这时 V_2 偏流增大也随即导通，造成绿灯亮；V_3 因偏压小于阈电压而截止，故红灯灭。当电接点处于汽侧时，上述三极管的导通和截止情况相反，即绿灯灭、红灯亮。

利用数码显示水位的装置称为数字式水位显示仪表。不同于一般的工业数字显示仪表，电接点水位测量筒配套的数字式水位显示仪表是根据最接近水面下电接点输出“1”与最接近水面上电接点输出“0”的（1，0）特性来显示水位的，除了这两个相邻电接点的组合具有（1，0）特性外，其余每两个电接点均无此特性。由于水位测量筒输出的是数字信号（电接点状态），因此显示仪表中没有A/D转换部件。

国产DYS-19型数字式水位计是一种国内火电厂普遍用于汽包水位测量的电接点水位计，其配套使用19电接点的水位测量筒，其原理方框图如图5-16所示。其中“逻辑环节”用来识别具有（1，0）特性的电接点，后面的“译码”“驱动显示”使数字电路产生与该电接点所处水位相同的数字量。

DYS-19型数字仪表的功能为：

① 显示　三位数字和＋、－号（显示器件为辉光数字管）；

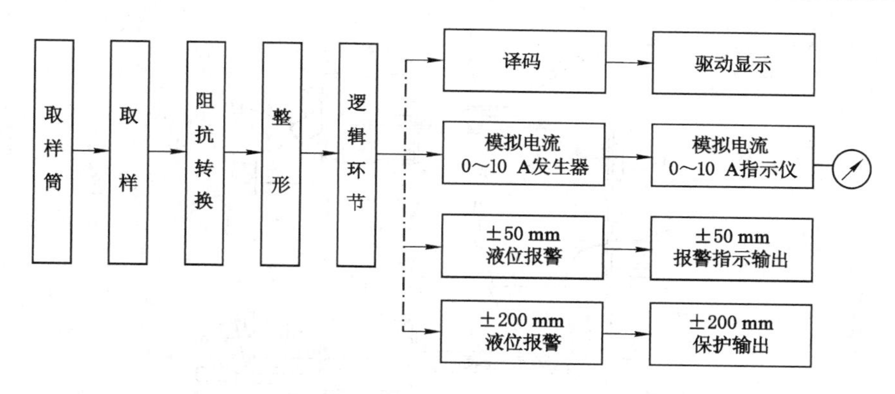

图 5-16　DYS-19 型数字式水位计原理方框图

② 报警　50 mm 水位报警显示并有接点信号输出；

③ 保护　200 mm 水位保护接点信号输出；

④ 输出模拟信号：0～10 mA(对应－300～＋300 mm)。

目前，火电机组的远传汽包水位计中，200 MW 及以下机组的锅炉上一般分别配备了双色水位计(汽包水位计)、电接点汽包水位计和差压式汽包水位计，电接点水位计用于汽包水位保护、报警，差压水位计用于水位自动调节系统；300 MW 及以上机组的锅炉上一般仅配备双色水位计(汽包水位计)、差压式汽包水位计，差压式汽包水位计同时应用于水位保护、报警和自动调节系统中。

【思考题】 除了电接点显示水位的颜色为“汽红水绿”以外，还有什么水位计也是同样显示颜色？

目前，汽包水位测量尚没有一种值得信赖的基准仪表，常采用安装在汽包内部的取样管，通过取样分析汽、水的电导率来标定水位计，或利用大修时留在汽包内部的水痕迹线来检查汽包水位计的零点。上述两种方法很粗略且操作难度大。为解决这一问题，秦皇岛华电测控设备有限公司研发了汽包水位内置电极传感器并获得了国家发明专利(2004100630680)。其工作原理如图 5-17 所示。

汽包水位内置式电极测量装置主要由电极传感器和显示仪表组成。传感器部分主要由固定支架 1、电极传感器 2 及传感器的延长电缆 3 等组成。电极传感器 2 安装在汽包内需要测量的位置，传感器的延长电缆 3 通过焊接在汽包水侧取样管 4 和汽侧取样管 5 上的引出箱 8 引出，采用固定座 9、密封垫(或密封环)10、压盖 11 等对延长电缆 3 进行密封，经密封后的延长电缆 3 直接引入汽包平台的接线盒内，再经接线盒内的端子与电缆 7 相连送到控制室显示仪表 6 上进行显示。

汽包水位内置式电极测量装置如图 5-18 所示。它是基于汽包内汽、水的电

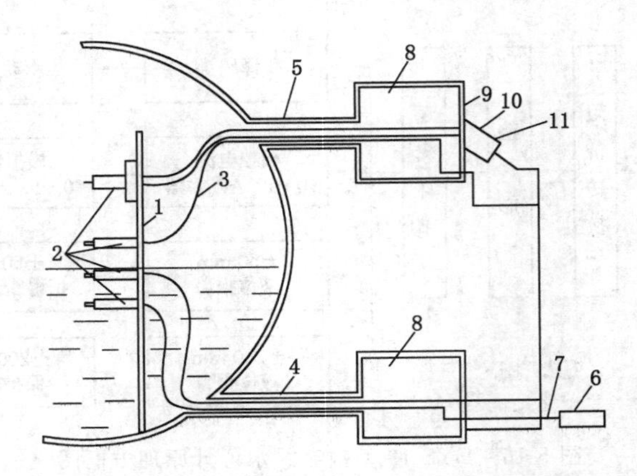

1—固定支架；2—电极传感器；3—传感器的延长电缆；4—水侧取样管；5—汽侧取样管；
6—显示仪表；7—电缆；8—引出箱；9—固定座；10—密封垫(环)；11—压盖。

图 5-17　汽包水位内置式电极测量装置工作原理图

导率不同，通过安装在汽包内多个电极传感器，并采用二次仪表识别其电导率而测量水位的。电极传感器直接感应汽包内的水位界面，所以取样误差很小，测量结果比较准确。

图 5-18　汽包水位内置式电极测量装置图

【思考题】 汽包水位内置电极传感器关键技术问题是什么?

5.4.2　热电阻液位计

热电阻液位计是利用通电金属丝(以下简称热丝)与液、气之间传热系数的差异及电阻值随温度变化的特点进行液位测量的。其工作原理如图 5-19 所示。

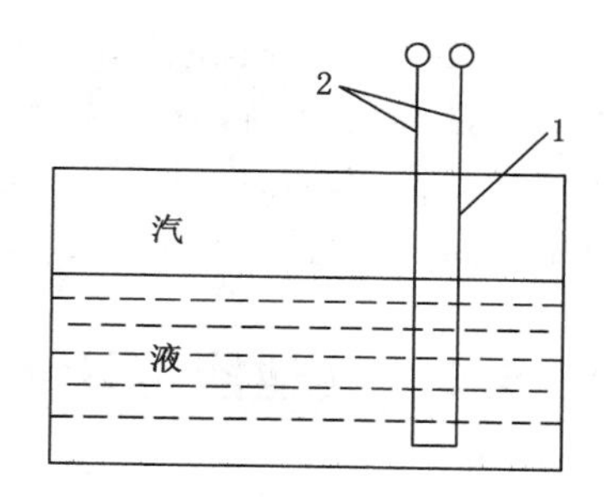

1—热丝;2—导线。

图 5-19 热电阻液位计工作原理图

热丝 1 插入被测液体中,其长度按测量范围确定,通过导线 2 以一个恒定电流流过热丝 1。一般情况下,介质在液体状态下的传热系数要比其在蒸气状态下的传热系数大 1~2 个数量级,例如压力为 0.101 33 MPa、温度为 77 K 的气态氮和相同压力下饱和液氮与直径 0.25 mm 金属丝之间的传热系数比值约为 1/24。所以浸没于液体中的热丝温度比暴露于蒸气中热丝温度低。热丝(钨丝)的电阻值是温度的敏感函数,其浸没于液体中的深度变化会引起传热条件变化,进而引起热丝温度变化,热丝温度变化引起电阻值变化,因此,通过测定热丝电阻值大小就可以判断液位的位置。

利用热丝作为液位敏感元件,指示灯作为液位报警器,制成的液位测量报警装置称为定点式电阻液位计。其工作原理如图 5-20 所示。

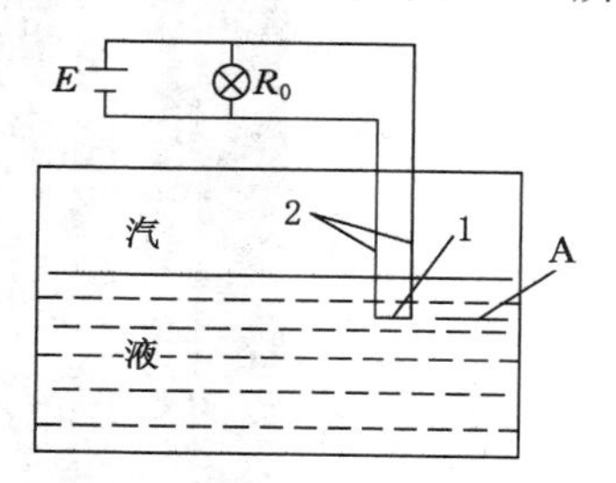

1—热丝;2—导线;A—预定液位。

图 5-20 定点式电阻液位计工作原理图

图 5-20 中,热丝 1 安装在容器内预定液位的检测点 A 处,热丝 1 通过导线 2 与测量电路连接,在测量电路中安装一个与热丝 1 并联的灯泡,其电阻值为 R_0。热丝 1 选择正温度系数较大的材料制成,使得热丝露出液面时的电阻值 $R_s \gg R_0$。

设定合适的电源 E 的电压使电路参数匹配,当实际液位高于预定液位时,热丝浸没于液体中,散热量较大且温度较低,热丝电阻值较小,对并联回路电流起分流作用，流经灯泡的电流减少，灯泡亮度较暗；当实际液位低于预定液位时，热丝裸露出液面，散热量减少且温度升高，热丝电阻值增加至 R_s（此时 $R_s \gg R_0$），使得并联回路电流主要从灯泡 R_0 通过，灯泡亮度较亮。由此可以通过灯泡的亮度变化判断实际液位是否高于（或低于）预定液位。

5.5 其他液位计

5.5.1 磁翻板水位计

目前，火力发电厂在许多容器（如高低加、疏水箱等）的液位测量中都使用了磁翻板水位计（图 5-21、图 5-22、图 5-23）。磁翻板水位计属于浮力式水位计，根据浮力原理和磁性耦合作用组合而成。浮子是磁性材料，随液位的变化而上升或下降。安装在浮子旁的翻板由薄导磁金属薄片（有的是圆柱形的）制成，两面涂有不同的颜色。磁性浮子升降时带动翻板绕轴翻转，浮子上方的翻板采用一种颜色（红色或白色），浮子下方的翻板为另一种颜色（绿色或红色），通过观察翻板颜色来检测液位的高低。

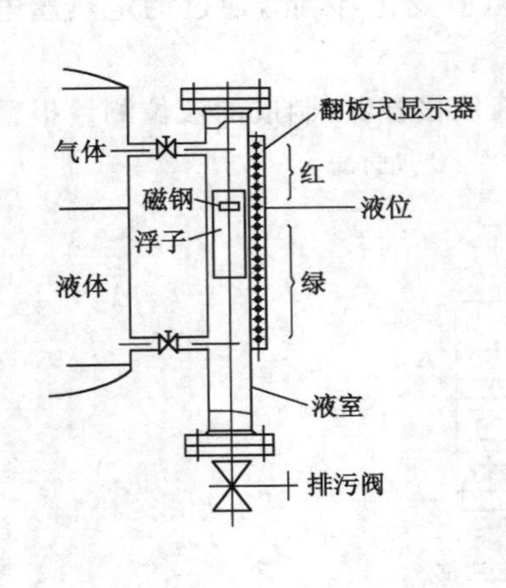

图 5-21 磁翻板水位计结构图

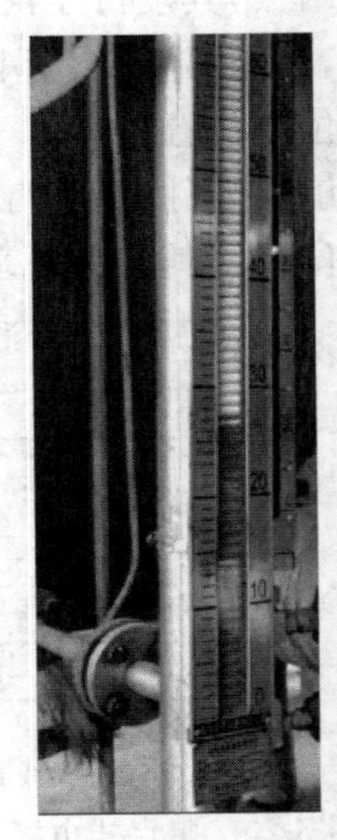

图 5-22 红白磁翻板水位计

磁翻板水位计

实际工作中，磁翻板水位计以磁浮球为测量元件，驱动带磁钢的双色翻板来显示液位。水位计的测量筒内装有磁浮球，测量筒通过上下平衡连通管与被测容器相连，磁浮球随被测容器的液位上、下浮动。当被测容器中的液位升降时，水位计主导管中的浮子也随之升降，浮子内的永久磁钢通过磁耦合传递到现场

图 5-23 红白磁翻板水位计在现场应用

指示器，驱动红、绿翻柱翻转 180°，当液位上升时，翻柱由红色转为绿色，当液位下降时，翻柱由绿色转为红色，指示器的红、绿界位处为容器内介质液位的实际高度，从而实现液位的指示。

由于磁翻板水位计的显示与介质是分开的，因此，它密封性能好，无泄漏，维护量小，安全可靠，使用寿命长。

(1) 磁翻板液位仪表本体周围不容许有导磁物质接近，禁用铁丝固定，否则会影响磁翻板液位计的正常工作。

(2) 采用伴热管路时，必须选用非导磁材料，如紫铜管等。伴热温度根据介质情况确定。

(3) 磁翻板液位计必须垂直安装，其与容器引管间应装有球阀，便于检修和清洗。

(4) 介质内不应含有固体杂质或磁性物质，以免对浮子造成卡阻。

(5) 使用前应先用校正磁钢将零位以下的翻板置成红色，其他球置成白色。

(6) 打开底法兰，装入磁性浮子(注意：重端带磁性一端向上，不能倒装)。

(7) 调试时应先打开上部引管阀门，然后缓慢开启下部阀门，让介质平稳进入主导管(运行中应避免介质急速冲击浮子，引起浮子剧烈波动，影响显示准确性)，观察磁性红白球翻转是否正常，然后关闭下引管阀门，打开排污阀，让主导管内液位下降，此方法操作三次，确属正常，即可投入运行(腐蚀性等特殊液体除外)。

(8) 应根据介质情况，不定期清洗主导管清除杂质。

(9) 对超过一定长度(普通型>3 m、防腐型>2 m)的液位计，需增加中间加固法兰或耳攀作固定支撑，以增加强度和克服自身重量。

(10) 磁翻板液位计的安装位置应避开或远离物料介质进出口处，避免物料流体局部区域的急速变化，影响液位测量的准确性。

(11) 当配有远传配套仪表时需做到如下几条：

① 应使远传配套仪表紧贴液位计主导管，并用不锈钢抱箍固定(禁用铁质)；

② 远传配套仪表上感应面应面向和紧贴主导管；

③ 远传配套仪表零位应与液位计零位指示处在同一水平线上；

④ 远传配套仪表与显示仪表或工控机之间的连线最好单独穿保护管敷设或用屏蔽二芯电缆敷设；

⑤ 接线盒进线孔敷设后，要求密封良好，以免雨水、潮气等侵入而使远传配套仪表不能正常工作，接线盒在检修或调试完成后应及时盖上。

5.5.2 电容式液位计

电容式液位计主要由液位传感器(液位-电容变送器)及测量、显示等部分组成。其中液位传感器实质上是一个可变电容器，其形状多为圆柱形。由于被测液体的性质(导电液体或非导电液体)不同，其在原理和结构上有一定的区别。

(1) 测量导电液体的电容式液位计

测量导电液体的电容式液位计是利用传感器电极覆盖面积会随被测液体液位的变化而发生相应变化，从而引起电容量变化进行液位测量的，其可变电容传感器结构如图 5-24 所示。

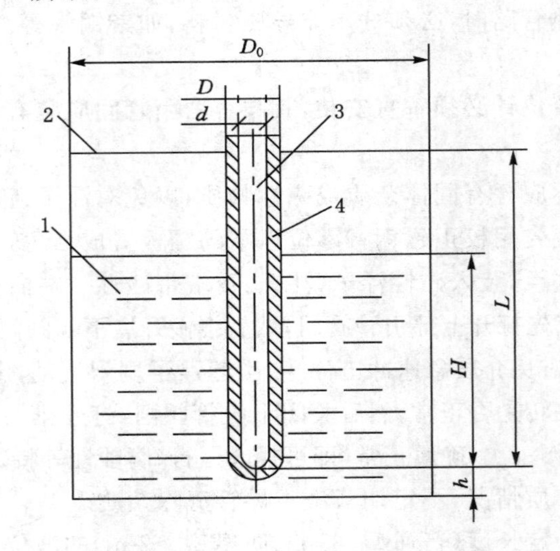

1—被测导电液体；2—容器；3—不锈钢棒；4—聚四氟乙烯套管。

图 5-24 测量导电液体液位可变电容传感器结构

图 5-24 中，不锈钢棒 3、聚四氟乙烯套管 4 与容器 2 内的被测导电液体 1 共同组成圆柱形电容器，不锈钢棒 3 构成电容器一个电极（定极），被测导电液体 1 构成电容器另一个电极（动极），聚四氟乙烯套管 4 为两电极间的绝缘介质。液位升高导致两电极极板覆盖面积增大，可变电容传感器的电容量按比例增加；反之电容量按比例减小。通过测量传感器电容量大小得到被测液体液位高低。

当容器内测量液位 $H=0$，即容器内实际液位低于 h（此为底部非测量区，约有 10 mm）时，传感器与容器间存在分布电容，传感器电容量 C_0 为：

$$C_0=\frac{2\pi\varepsilon'_0 L}{\ln\dfrac{D_0}{d}} \tag{5-26}$$

式中 ε'_0——聚四氟乙烯套管及容器内气体的等效介电常数；

L——液位测量范围（可变电容器电极最大覆盖长度）；

D_0——容器内径；

d——不锈钢棒直径。

当容器内液位高度为 H 时，传感器电容量 C_H 为：

$$C_H=\frac{2\pi\varepsilon H}{\ln\dfrac{D}{d}}-\frac{2\pi\varepsilon'_0(L-H)}{\ln\dfrac{D_0}{d}} \tag{5-27}$$

式中 ε——聚四氟乙烯的介电常数，通常 $\varepsilon\approx 2$；

D——聚四氟乙烯套管外径。

因此，当容器内液位由零增加到 H 时，传感器电容变化量 ΔC 为：

$$\Delta C=\frac{2\pi\varepsilon H}{\ln\dfrac{D}{d}}-\frac{2\pi\varepsilon'_0 H}{\ln\dfrac{D_0}{d}} \tag{5-28}$$

由于 $D_0\gg D$，且 $\varepsilon>\varepsilon'_0$，式(5-28)中第二项可以忽略不计，则式(5-28)可以简化为：

$$\Delta C\approx\frac{2\pi\varepsilon H}{\ln\dfrac{D}{d}} \tag{5-29}$$

当电极结构确定后，参数 ε、D 和 d 都是定值，令 $K=2\pi\varepsilon/\ln(D/d)$，则：

$$\Delta C=KH \tag{5-30}$$

由此可见，只要参数 ε、D 和 d 数值稳定，不受压力和温度等因素影响，则 K 为常数，传感器电容变化量与被测液位之间呈线性关系，所以通过测量传感器电容量就可确定被测液位。另外，当绝缘材料的介电常数 ε 较大且绝缘层的厚度较薄（D/d 较小）时，传感器的灵敏度较高。

上述液位传感器主要适用于测量电导率 $\geqslant 10^{-2}$ S/m 的液体，不适合测量黏度大的液体。因为液位变动时高黏度的液体会在电极套管上形成一层黏附层，而黏附层会继续起着外电极的作用形成虚假电容信号，从而产生虚假液位，使得仪表指示液位高于实际液位。

(2) 测量非导电液体的电容式液位计

测量非导电液体的电容式液位计是利用被测液体液位变化时可变电容传感器两电极之间充填介质的介电常数发生变化，从而引起电容量变化进行液位测量的。其可变电容传感器结构如图 5-25 所示。

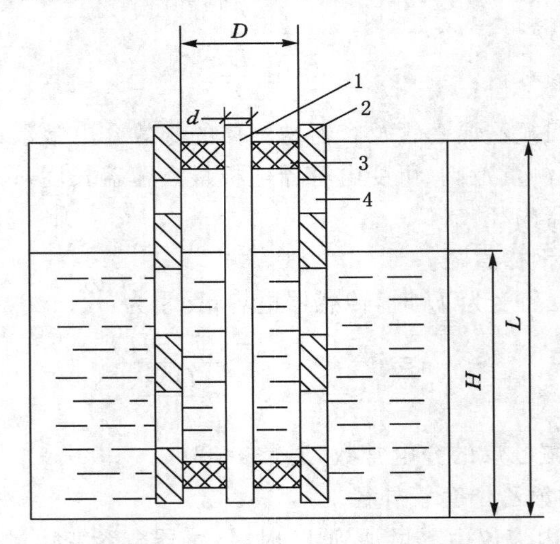

1—被测非导电液体；2—容器；3—不锈钢外电极；4—不锈钢内电极。

图 5-25　测量非导电液体液位的可变电容传感器结构

图 5-25 中，两根同轴装配、相互绝缘的不锈钢管 3、4，分别作为圆柱形电容器的内、外电极，外管壁上布有通孔，以便被测液体自由进出。

当测量液位 $H=0$ 时，两电极间的介质是空气，这时传感器的初始电容量 C_0 为：

$$C_0=\frac{2\pi\varepsilon_0 L}{\ln\dfrac{D}{d}} \tag{5-31}$$

式中　ε_0——空气的介电常数；

L——液位测量范围（可变电容器两电极的最大覆盖长度）；

D——外电极的内径；

d——内电极的外径。

当被测液体的液位上升到 H 时，传感器的电容量 C_H 为：

$$C_H=\frac{2\pi\varepsilon H}{\ln\frac{D}{d}}+\frac{2\pi\varepsilon_0(L-H)}{\ln\frac{D}{d}} \tag{5-32}$$

式中 ε——被测液体的介电常数。

因此，当容器内液位由零增加到 H 时，传感器电容变化量 ΔC 为：

$$\Delta C=\frac{2\pi(\varepsilon-\varepsilon_0)H}{\ln\frac{D}{d}} \tag{5-33}$$

当电极结构确定后，参数 D、d、ε 和 ε_0 都是定值，传感器电容变化量是液位 H 的单值函数，所以通过测量传感器电容量就可确定被测液位。

上述液位传感器主要适用于测量电导率$<10^{-9}$ S/m 的液体（如轻油类）、部分有机溶剂和液态气体。

电容式液位计在工作中完成液位-电容量转换过程后，由专门的测量电路来完成电容量测量，并转换显示出相应的液位。常用电容量测量方法有交流电桥法、充放电法、调频法和谐振法等。

5.5.3 光纤液位计

随着光纤传感技术的不断发展，其在液位测量中的应用日益广泛。这一方面得益于它具有较高的测量灵敏度，另一方面得益于它具有优异的电磁绝缘性能和防爆性能，为易燃易爆介质的液位测量提供了安全的检测手段。生产过程中常用的光纤液位计主要有全反射型光纤液位计和浮沉式光纤液位计两种。

(1) 全反射型光纤液位计

全反射型光纤液位计由液位敏感元件、传输光信号光纤、光源和光电检测单元等组成。其工作原理及结构如图 5-26 所示。

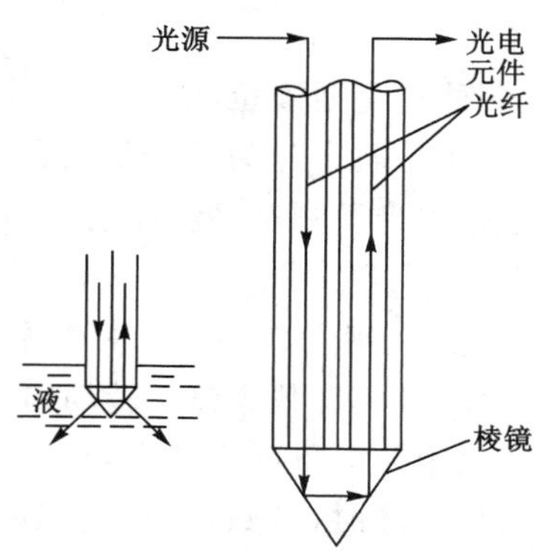

图 5-26 全反射型光纤液位计的结构原理图

如图 5-26 所示，两根大芯径石英光纤成对组合，一根光纤与光源耦合，称为发射光纤；另一根光纤与光电元件耦合，称为接收光纤。光纤的端部黏结在作为液位敏感元件的棱镜上。棱镜角度的设计必须满足下述两个条件：

① 若棱镜位于气体（如空气）中，入射光线在棱镜中能够满足全反射条件，即由光源经发射光纤传到棱镜与气体界面上的入射光线被全部反射到接收光纤上，经接收光纤传送到光电检测单元中。

② 若棱镜位于液体中，由于液体对光线的折射率比空气大，入射光线在棱镜中的全反射条件被破坏，部分入射光线透过棱镜界面射入液体，致使反射到接收光纤上，经接收光纤传送到光电检测单元的光通量减少。

一般而言，因为介质折射率变化引起的光通量变化是比较大的。例如，当光线经棱镜（材料折射率 1.46）由空气（折射率 1.01）中转移到水（折射率 1.33）中时，接收光纤光通量的相对变化量约为 1：0.11，由空气中转移到汽油（折射率 1.41）中时，光通量的相对变化量为 1：0.03。这样大的信号变化量可以直接作为开关量变化处理，即一旦棱镜触及液体，传感器的输出信号立即显著变弱，由传感器输出信号的强弱来判断液位（液面）的位置。

全反射型光纤液位计是一种定点式的光纤液位传感器，适用于液位的测量和报警，或者用于不同折射率介质（如水和油）之间分界面的测定。根据溶液折射率随组分含量变化的性质，这种传感器也可用于测量溶液组分含量以及液体中微小气泡含量等工作。传感器具有绝缘性能好、抗电磁干扰和耐腐蚀等特点，适用于易燃、易爆和具有腐蚀性等介质的测量。

实际使用过程中，如果被测液体对敏感元件（玻璃）材料具有黏附性，则不宜使用这类光纤液位传感器。因为敏感元件从被测液体中露出时，由于液体黏附层的存在会导致出现虚假液位，形成测量误差。

（2）浮沉式光纤液位计

浮沉式光纤液位计是一种复合型液位测量仪器，由普通的浮沉式液位传感器和光信号检测系统组合而成。通常分为机械转换部分、光纤光路部分和电子电路部分等三大部分，其工作原理及测量系统如图 5-27 所示。

① 机械转换部分

机械转换部分由计数齿盘 1、钢索 2、重锤 3 和浮子 4 等组成。用于将浮子 4 随液位上下变动的位移信号转换成计数齿盘 1 转动的齿数值。

液位上升时，浮子 4 随之上升而重锤 3 下降，经钢索 2 带动计数齿盘 1 按顺时针方向转动相应齿数；液位下降时，计数齿盘 1 按逆时针方向转动相应齿数。设计中液位变化一个单位高度（例如 1 cm 或 1 mm）时，齿盘转过一个齿。

② 光纤光路部分

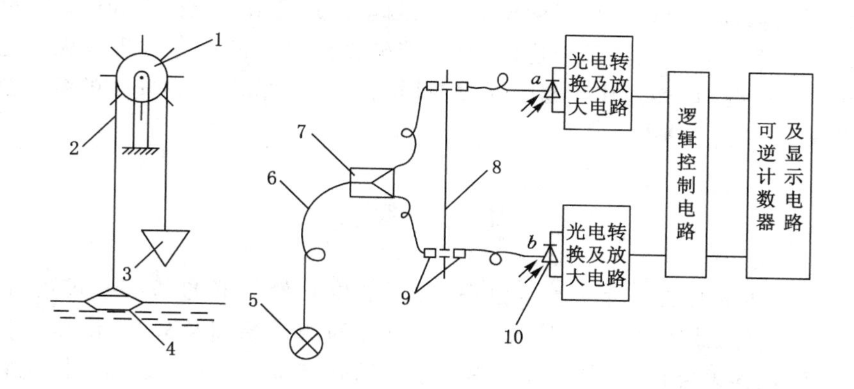

1—计数齿盘；2—钢索；3—重锤；4—浮子；5—光源；
6—光纤；7—等强度分束器；8—齿盘；9—透镜；10—光敏二极管。

图 5-27　浮沉式光纤液位计工作原理及测量系统图

光纤光路部分由光源 5(激光器或发光二极管)、光纤 6、等强度分束器 7、齿盘 8、两组分光路光纤与对应透镜 9 和两个相应的光电检测单元光敏二极管 10 等组成。

齿盘 8 与计数齿盘 1 联动，两组分光路光纤安装在齿盘 8 上下两边，每当齿盘 8 转过一个齿，上、下两路光纤光路被切断一次，各自产生一个相应的光脉冲信号。两路光纤在齿盘 8 上相互间隔位置采用特定设计，使得两路光纤光路产生的光脉冲信号在时间上产生一个相位差，用于区分光脉冲导通先后顺序。先导通光纤光路脉冲作为可逆计数器的加法(液位上升齿盘顺时针转动)、减法(液位下降齿盘逆时针转动)指令信号，另一光纤光路脉冲作为可逆计数器的计数信号。

③ 电子电路部分

电子电路部分由光电转换及放大电路、逻辑控制电路、可逆计数器及显示电路等组成。

光电转换及放大电路将光脉冲信号转换为电脉冲信号，并对信号加以放大。

逻辑控制电路对两路脉冲信号进行判别，将先输入的一路脉冲信号转换成相应的加法(通常在电路采用高电位表示)指令信号或减法(通常在电路采用低电位表示)指令信号，并输出送至可逆计数器的加减法控制端，然后将另一路脉冲信号转换成计数器的计数脉冲。

可逆计数器加 1，显示电路显示液位升高 1 个单位高度(1 cm 或 1 mm)；可逆计数器减 1，显示电路显示液位降低 1 个单位高度。

浮沉式光纤液位计适用于液位的连续测量。并且由于光源 5 和电子电路部分均以光纤 6 与光纤光路部分连接，所以能够做到被测液体存贮现场无需电源和无电信号传送，因而适用于易燃易爆介质的液位测量，是一种安全的液位测量传感装置。

小　结

本章阐述了液位测量的基本原理，常用液位测量仪器的基本形式及组成。重点讲述了连通式就地水位计、差压式水位计的测量原理及分类，误差产生原因，以及液位误差补偿方式和方法；简述了电阻式液位计、磁翻板水位计、电容式液位计、光纤液位计的工作原理及适用范围和基本要求。

习　题

1A. 火力发电厂中最常用的水位测量仪表有哪些？

2B. 连通式水位计的工作原理是什么？常用的连通式水位计有哪些？

3C. 为减少云母水位计的指示误差可采取哪些措施？

4B. 双色水位计的特点是什么？

5A. 简述差压式水位计的工作原理。

6C. 影响差压式水位计水位测量误差因素主要有哪些？减小误差采取的主要措施是什么？

7C. 当汽包压力低于额定值时，对于单室平衡容器和双室平衡容器，将使差压式水位计的指示值如何变化？

8A. 简述电接点水位计的工作原理。

9C. 影响电接点水位计测量汽包水位的因素有哪些？如何克服？

10D. 汽包水位内置电极传感器关键技术问题是什么？哪些环节属于技术难题？

6　气体成分测量

本章提要	气体成分分析常用方法，氧化锆氧量分析技术，气相色谱分析仪，红外气体分析技术，化学发光气体分析技术，烟气在线测量分析技术。
重点与难点	氧化锆氧量分析仪的工作原理及误差分析，化学发光气体分析仪在线监测 NO_x 技术。

6.1　概　　述

6.1.1　气体成分分析在工程实际中的作用

气体成分分析在工业生产及科学研究中具有广泛的用途。在燃烧过程中，可以通过对烟气中的 O_2 或 CO_2 含量的分析来了解燃烧状况；在环境保护方面，分析排烟中各气体的含量，可以了解排气对环境的污染状况等。

根据燃料与燃烧原理，为了使燃料能达到完全燃烧，同时又不过多地增加排烟量和降低燃烧温度，首先必须控制燃料与过剩空气的比例，使过剩空气系数保持在一定的范围内。过量空气系数 α 的大小可通过分析烟气中的 O_2 与 CO_2 的含量来判断。烟煤燃烧产物中 CO_2、O_2 含量与过剩空气系数的关系如图 6-1 所示。因此通过连续监测烟气中的 O_2 和 CO_2 的含量可了解 α 值，以判断燃烧状况，从而控制进入炉膛的空气量，维持最佳风煤比例，达到优化燃烧的目的。

同时，燃煤电厂锅炉燃烧排放的烟气中，含有 SO_2、NO_x、CO_2、CO 等有害气体，成为主要的大气污染源。对烟气成分进行分析，可了解有害气体的浓度是否符合现行排放标准，以便进行污染控制。还可以对现有净化装置的性能进行评价，为其运行、检修、改造提供依据。

因此，人们需要了解和把握燃烧产物的各种成分和含量，以判断燃烧质量及进行热工设备设计和操作，同时，以便采取措施控制污染物的生成和排放。

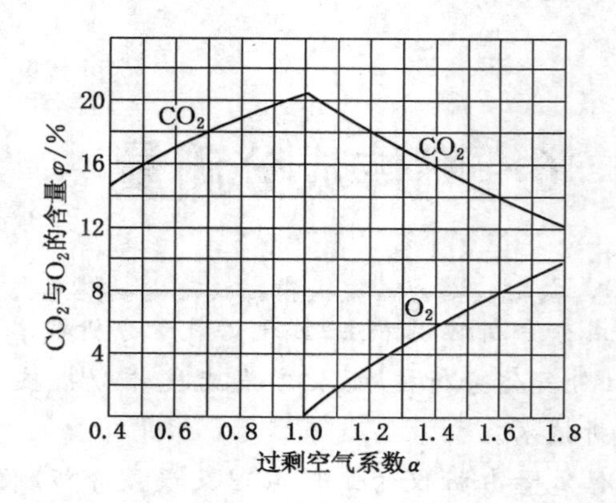

图 6-1 烟煤燃烧产物中 CO_2、O_2 含量与过剩空气系数的关系

6.1.2 气体成分分析的常用方法

人类对于燃烧排放物成分的分析，主要采用分析化学的方法。从分析化学的发展历史来看，大致分为化学分析和仪器分析两大类。化学分析方法是指利用化学反应以及化学计量关系来确定被测物质的含量，属于经典的非仪器分析方法。比如，以往使用的奥氏分析仪、气体成分全分析仪等，通过一定量的化学反应来确定烟气中的 O_2、SO_2、NO_x、CO_2、CO 等各成分含量。进入 21 世纪后，仪器分析的方法占据了化学分析的主要领地。它是以测定物质的某些物理或物理化学性质的参数来确定其化学组成、含量或结构以及相关的信息，不仅具有灵敏、简便、快捷的特征，而且大部分使用便携式仪器，能够实现在线、实时、自动化等特点，因而得到广泛应用。

仪器分析方法主要包括电化学分析法、色谱分析法、质谱分析法和光学分析法。

电化学分析法利用物质的电化学性质测定其含量。以电解反应为基础建立起来的电化学分析方法，有电位分析法和库仑分析法；以测定溶液导电能力为基础的电化学分析法称为电导分析法。电位分析法最初用于测定 pH 值，后来由于离子选择性电极的迅速发展，电位分析已广泛应用于非金属无机污染物的监测；电导分析法可用于测定烟气中 SO_2；库仑分析法可用于测定烟气中 SO_2、NO_x。

色谱分析法也称层析法，是一种用来分离、分析多组分混合物质的极有效的方法。主要利用混合物中各组分不同的物理和化学性质进行组分分离，并可对分离后的组分进行定性或定量的分析。有的分离和测定同时进行，有的先分离后测定。色谱法可分为气相色谱法（GC）和液相色谱法（LC）。目前已成为苯、二甲苯、多氯联苯、多环芳烃、酚类、有机氯农药和有机磷农药等有机污染物的重要分析方法。

质谱分析法中的质谱仪是一种测量带电粒子质荷比的装置。它利用带电粒子在电场和磁场中的运动行为(偏转、漂移、振荡)进行分离与测量,然后根据所得的质谱图,得到待测样品的组分和各组分的比例。

光学分析法是建立在物质和电磁辐射互相作用基础上的一类分析方法,包括原子发射光谱法、原子吸收光谱法、紫外-可见吸收光谱法、红外吸收光谱法、核磁共振波谱法和荧光光谱法等多种。其中红外分析法多用于烟气成分的分析。

目前对气体成分分析可采用上述多种方法。采用光学和电的污染气体监测仪器已经商品化,如紫外荧光法 SO_2 监测仪、化学发光气体分析仪、非分散红外法 CO_2 监测仪等。本章主要介绍电厂常用的气相色谱分析仪、氧含量测量仪表、红外气体分析仪、化学发光气体分析仪及烟气排放连续监测系统。

6.2 气相色谱分析仪

色谱分析(chromatographic analysis)方法是一种混合物的分离技术,与检测技术配合,可以对混合物的各组分进行定性或定量分析。色谱分析是 20 世纪发展起来的一种有效的分析和分离技术,也称为色层分析,简称为层析。层析法是俄国植物学家茨维特(Tswett)在 20 世纪初发明的。他将植物色素的石油醚提取液注入碳酸钙柱中,再加入石油醚到柱内,使之自由流下,分出叶绿素带(绿色)和胡萝卜素带(黄色)。现在的色谱分析法已经发展成一种成熟且应用极为广泛的复杂混合物的分离与分析技术。

所有色谱分析方法都有一个共同的特点,即必须具备两个相:固定相和流动相。流动相携带待测混合物流经固定相,由于混合物中各组分与固定相相互作用的强弱不同,因此不同组分在固定相滞留的时间长短也不同,并将按先后不同的时间顺序从色谱柱流出,从而达到混合物分离或分析的目的。色谱分析方法一般有以下 4 个优点。

① 高选择性:色谱分析方法对那些性质极为相似的物质,如同位素、同系物和烃类异构体等有良好的分离效果。这种选择分离,主要采用高选择性固定液,使各组分间的分配系数能产生较大的差别而实现保留值不同。

② 高效能:色谱分析法在处理沸点极为相近的多组分混合物和极其复杂的多组分混合物时具有高效能。它能够改善这些混合物的峰形,使各组分之间有良好的分离效果。这种高效能作用主要是通过色谱柱具有足够的理论塔板数来

实现的。

③ 高灵敏性:色谱分析法具有高灵敏度,主要表现在检测器方面。目前在色谱领域已出现了几十种检测器,可检测出 $10^{-11} \sim 10^{-13}$ g 的物质量。因此在痕量分析中能够发挥重要作用。

④ 分析速度快:色谱分析法,特别是气相色谱法,具有较快的分析速度。一般较为复杂样品的分析可在几分钟到几十分钟内完成。而且现代色谱仪器大多实现了自动化和计算机化,配备高速分离的色谱系统,使分析速度更快。

色谱分析方法的缺点主要是处理量小,周期长,不能连续操作;有的层析介质价格昂贵,有时找不到合适的介质。

色谱分析(层析)有各种类型。按照固定相使用的形式,可分为柱层析、纸层析、薄层层析;按照溶质的展开方式,可分为前沿层析、置换层析、洗脱层析;按照流动相的物理状态,可分为气相色谱和液相色谱。

本书介绍的气相色谱分析仪在电力系统中主要用于分析大型变压器中油产生的各种气体,以使迅速检测变压器的故障。此外,在火电厂中,气相色谱仪也可用来分析烟气成分。

(1) 气相色谱分析仪工作原理

如图 6-2 所示,当一定量的气体在纯净载气(称为流动相)的携带下通过具有吸附性能的固体表面,或通过具有溶解性能的液体表面(这些固体和液体称为固定相)时,由于样品中各组分在流动相和固定相中分配情况不同,它们从色谱柱中流出的时间也不同,从而实现了不同组分的分离。由于固定相对流动相所携带气体的各组分的吸附能力或溶解度不同,气体中各组分在流动相和固定相中的分配情况也不同,可以用分配系数 K 表示,即:

$$K_i = \frac{\varphi_s}{\varphi_m} \tag{6-1}$$

式中 φ_s——组分 i 在固定相中的浓度;

φ_m——组分 i 在流动相中的浓度。

(2) 气相色谱分析仪的基本构成

气相色谱分析仪包括样气预处理系统、载气预处理系统、取样系统、色谱柱、检测器、信号处理系统、记录显示仪表、程序控制器等。基本结构和流程如图 6-3、图 6-4 所示。

① 载气预处理系统

载气预处理系统包括载气源及压力流量调节器。载气应不能被固定相吸附或溶解,通常有氦气、氢气、氮气等。

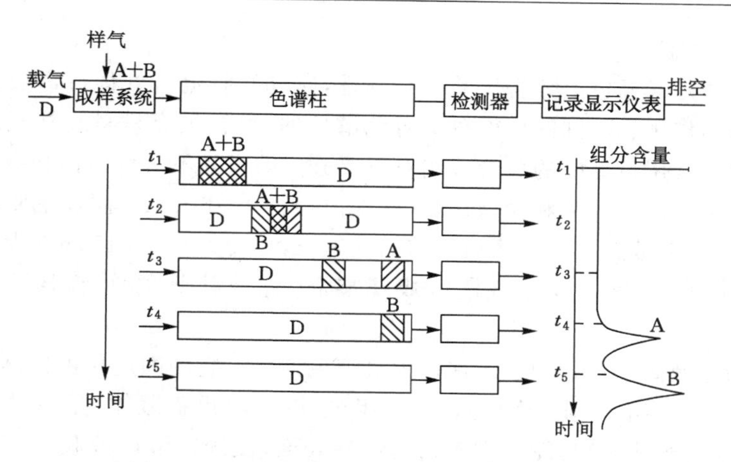

图 6-2 混合物在色谱柱中的分离过程示意图

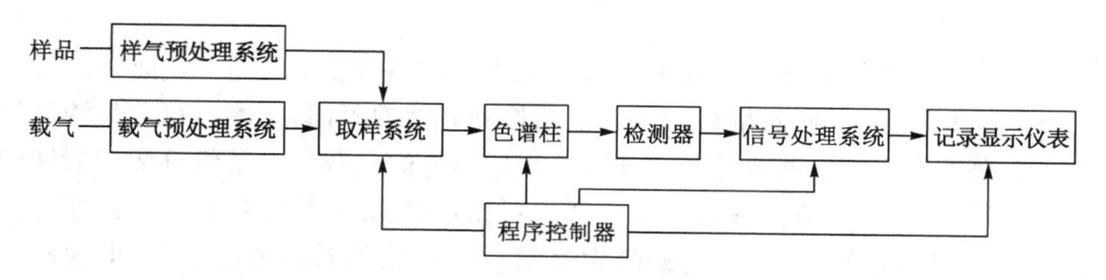

图 6-3 气相色谱分析仪的基本构成示意图

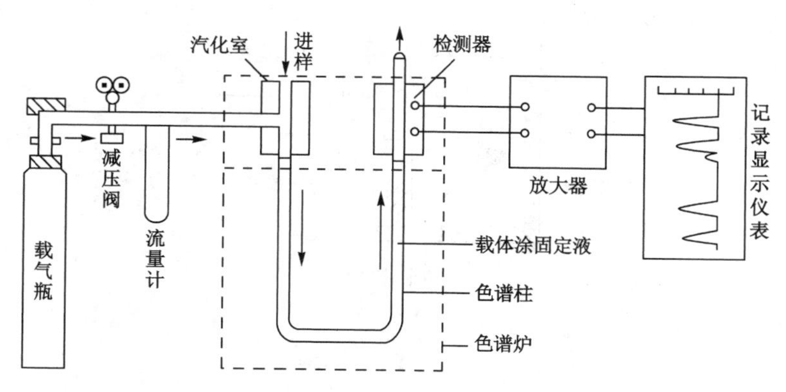

图 6-4 气相色谱分析仪基本结构及流程示意图

② 取样系统

取样需在时间和体积上集中，即在瞬时间内完成进样。要求待分析样品能够自动、按周期定量地送入色谱柱，由取样阀在程序控制器控制下完成。

③ 色谱柱

色谱柱是气相色谱分析仪的核心部件,它起着把混合气体分离成各个单一组分气体的作用。不同的分析对象对色谱柱的形式、填充材料及柱子尺寸有不同的要求。常用色谱柱的柱管采用对所要分离的样品不具有活性和吸附性的材料制成。一般用不锈钢和铜做柱管,柱管内径为 4～6 mm。柱长主要由分配系数决定,分配系数越接近的物质所需的柱越长,长度为 0.5～15 m。为了便于柱温的控制和节省空间,色谱柱做成螺旋状,螺旋柱管的曲率半径为 0.2～0.25 m。

用固定液做固定相的色谱柱称为气液色谱柱。它的固定相由担体和涂敷在担体上的高沸点有机化合物(固定液)组成。担体(也称载体)是一种化学惰性的、多孔性的固体微粒,能提供较大的惰性表面,使固定液以液膜状态均匀地分布在其表面。工业气相色谱柱中所用的担体主要是硅藻土型担体。

④ 检测器

检测器用于检测从色谱柱中随载气流出来的各组分的含量,并把它们转换成相应的电信号,以便测量和记录。根据检测原理的不同,检测器可分为浓度型检测器和质量型检测器两种。浓度型检测器测量的是载气中某组分浓度瞬间的变化,即检测器的响应值和组分的浓度成正比,如热导式检测器和电子捕获检测器等。质量型检测器测量的是载气中某组分进入检测器的速度变化,即检测器的响应值和单位时间进入检测器某组分的量成正比,如氢火焰离子化检测器(图 6-5)和火焰光度检测器。

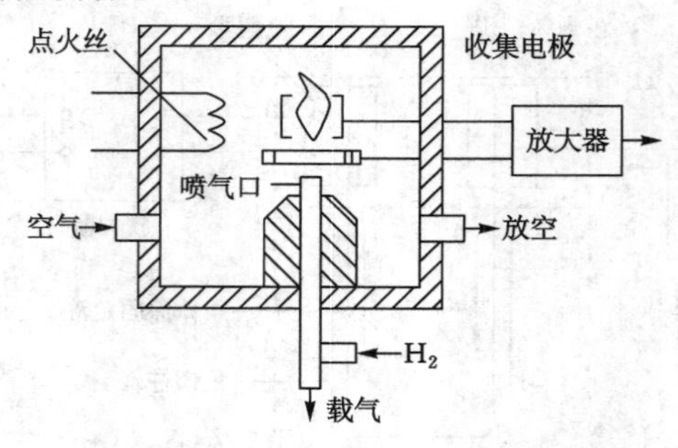

图 6-5　氢火焰离子化检测器

样品最终可以根据检测器得到的色谱流出曲线(图 6-6)定性分析每个色谱峰代表什么物质。即在一定操作条件下,每一种组分的保留时间是一定的,因此可以根据已知各组分的保留时间,将实际得到的保留时间与之进行比较,来判断每一色谱峰对应的组分。也可以通过定量分析确定每一组分的含量是多少,常用的分析方法有内标法、归一化法和外标法等。

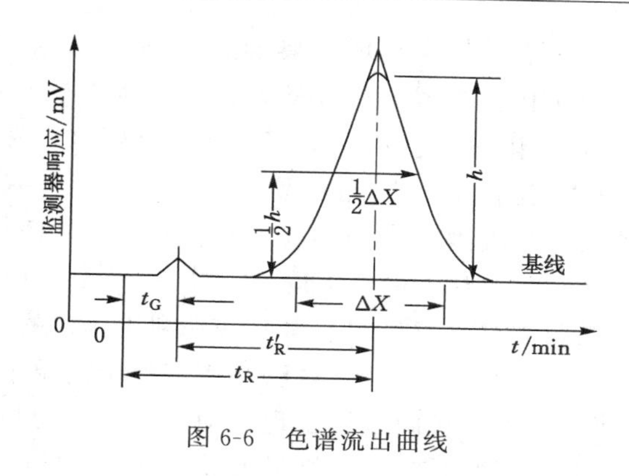

图 6-6　色谱流出曲线

6.3　氧化锆氧量分析仪

在火力发电厂锅炉运行中，往往根据排放物中的 O_2 含量或 CO_2 含量来判断过量空气系数的大小，以控制燃料与空气的比例，维持良好的燃烧条件。在以上两种排放物的测量和利用问题上，由于 O_2 含量与过量空气系数之间的函数关系呈单值性，并很少受到燃料品种的影响，加上 O_2 含量的动态测量相对容易，所以在燃烧过程监测与控制中，目前普遍采用 O_2 含量来判断过量空气系数的大小。

用来测量 O_2 含量的仪器称为氧量分析仪或氧量计。常用的氧量分析仪有磁性氧量分析仪和氧化锆氧量分析仪。磁性氧量分析仪反应速度慢，且堵漏腐蚀严重。氧化锆氧量分析仪具有结构简单、信号准确、使用可靠、反应迅速（反应时间小于 0.4 s）、维修方便等一系列优点，因而应用范围日益广泛，并有取代前者的趋势。所以，本节仅对氧化锆氧量分析仪进行具体介绍。

由于氧化锆测量探头可以直接插入烟道内，不需要取样系统，故能迅速反映生产设备内的燃烧状况，它与自控装置配合使用后，可构成自动控制系统，实现低氧控制系统，从而达到节约能源、减少环境污染等技术经济效果。

6.3.1　氧化锆氧量分析仪工作原理

氧化锆氧量分析仪是利用了氧化锆浓差电池所形成的氧浓差电动势与 O_2 含量之间的量值关系进行氧含量测量的。因此，氧浓差电动势的形成机理也就反映了氧化锆氧量分析仪的基本工作原理。

氧化锆（ZrO_2）是一种固体电解质，具有离子导电特性。在常温下 ZrO_2 是单斜晶体。当温度升高到 1 150 ℃时，晶体发生相变，由单斜晶体变为立方晶体；当温度下降时，相变又会反过来进行。即使在高温下，ZrO_2 晶体中含有的氧离子空穴浓度很小。虽然热激发会造成氧离子空穴，但其浓度仍十分有限，使得 ZrO_2不足以作为良好的固体电解质。若在 ZrO_2 中掺入少量的其他低价氧化物，通常是氧化钙（CaO）、氧化钇（Y_2O_3）等，+2 价的钙离子（Ca^{2+}）会进入 ZrO_2 晶体而置换出+4 价的锆离子（Zr^{4+}），而在晶体中留下了一个氧离子空穴。空穴的多少与掺杂量有关。当温度上升到 800 ℃以上时，掺有 CaO 的 ZrO_2便是一种良好的氧离子导体。本节讨论的氧化锆，便是这种掺入 CaO 的 ZrO_2材料。

氧化锆氧量分析仪测量含氧量的基本原理是利用所谓的“氧浓差电势”，即在氧化锆两侧分别附上一个多孔的铂电极，并使其处于高温下。如果两侧气体中的含氧量不同，那么在两电极间就会出现电动势。此电动势是由于固体电解质两侧气体的含氧浓度不同而产生的，故叫氧浓差电势，这样的装置叫作氧浓差电池。

氧浓差电势产生的原理如图 6-7 所示。氧浓差电池两侧分别为被测气体 1 和参比气体 2，氧浓度分别为 φ_1 和 φ_2，氧分压分别为 p_1 和 p_2。假定气体 1 中含氧量为零，即 $\varphi_1=0$，$p_1=0$。当含有氧气的气体 2 从一侧流过时，氧分子首先扩散到铂电极 2 表面吸附层内，在多孔铂电极中变成原子氧，然后扩散到固体电解质和电极界面上。由于固体电解质内有氧离子空穴，扩散出来的氧原子便从周围捕获两个电子变成氧离子进入氧离子空穴，同时产生两个电子空穴。铂电极中自由电子浓度高且逸出功小，所以产生的两个电子空穴立即从铂电极 2 上夺取两个电子而达中和。当氧离子空穴被氧离子填充后，形成一个完整的晶格结构。

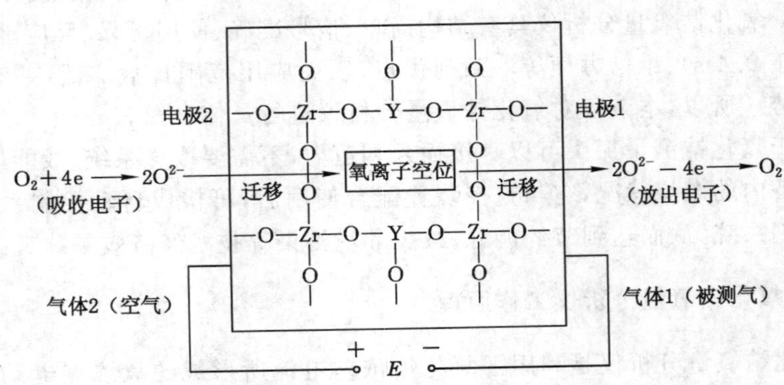

图 6-7 氧浓差电势产生的原理

由于电极 2 和固体电解质界面上氧离子空穴中氧离子浓度较高，在扩散作用下，进入氧离子空穴的氧离子还会跑出，去填补更靠近电极 1 的氧离子空穴，空出来的位置又由新进入的氧离子所填补。这样，氧离子便很快移向了电极 1。

最后将两个电子留在电极1上，还原成氧原子脱离电极1。在整个过程中，气体2中的一个氧分子通过氧浓差电池进入气体1。同时把电极2上的4个电子带到电极1。电极2失去电子带正电，电极1得到电子带负电，形成氧浓差电势。

如果气体1的含氧量不为零，那么氧分子也会按同样的方式由气体1进入气体2。设$\varphi_1<\varphi_2$，$p_1<p_2$，则气体2中氧分子自由能大，氧分子进入气体1一侧的多。总体来看，氧分子仍然是由气体2流向气体1，电极2带正电，电极1带负电。

即空气中1个氧分子夺取电极上4个电子而变成2个氧离子，氧离子在氧浓差电势的驱动下通过氧化锆迁移到低氧边电极上，留给该电极4个电子而复合为氧分子，电池处于平衡状态时，两电极间电势值E恒定不变。宏观上氧浓差电池总反应效果是含氧量高一侧的氧气通过氧离子的方式向含氧低一侧移动，即具有氧离子空穴的氧化锆材料可将氧气以氧离子的方式从空气侧传导至烟气侧。

氧浓差电势的大小由能斯特(Nernst)方程给出：

$$E=\frac{RT}{nF}\ln\frac{p_2}{p_1} \tag{6-2}$$

式中 E——氧浓差电势，V；

F——法拉第常数，为9 648 C/mol；

R——理想气体常数，为8.314 J/(mol·K)；

T——热力学温度，K；

n——一个氧分子从正电极带到负电极的电子数，$n=4$。

实际应用中，取空气做参比气体2，其含氧量φ_2和氧分压p_2固定不变。气体1即被测气体。如果被测气体和参比气体(空气)的总压均为p，则式(6-2)可写成

$$E=\frac{RT}{nF}\ln\frac{p_2/p}{p_1/p} \tag{6-3}$$

在混合气体中，某气体组分的分压力与总压力之比等于该组分的体积浓度，即

$$p_1/p=\varphi_1,\ p_2/p=\varphi_2$$

代入式(6-3)，可得

$$E=\frac{RT}{nF}\ln\frac{\varphi_2}{\varphi_1} \tag{6-4}$$

将R、n、F、φ_2(空气的$\varphi_2=20.8\%$)代入式(6-4)，并将自然对数变成常用对数，可得

$$E=-T(0.033\ 8+0.049\ 6\lg\varphi_1)\ \text{mV} \tag{6-5}$$

可见，当氧化锆的工作温度 T 一定时，氧浓差电动势 E 与被测气体中的氧浓度 φ_1 呈单值关系。因此，通过测量氧浓差电动势，即可求得被测的氧浓度，这就是氧化锆氧量分析仪的基本工作原理。

由上式可以得到以下结论：

(1) 在温度 T 一定时，氧浓差电动势与被测气体含氧量 φ_1 呈单值关系，但这个关系是非线性的，故二次仪表的刻度也是非线性的。在把氧量信号作为调节信号时，需要将其线性化。

(2) 氧浓差电势与温度有关，在测量系统中必须采用恒温措施或对温度变化带来的误差进行补偿。当工作温度过低时，氧化锆内阻很高，难以正确测量其两极的电动势。为保证一定的灵敏度，应使工作温度在 600 ℃以上。由于 ZrO_2 的烧结温度为 1 200 ℃，故工作温度不能超过 1 150 ℃。此外，温度过高会产生燃料电池效应，使输出增大，因而造成测量误差。目前常用的工作温度为 800 ℃左右。

(3) 式(6-5)是在参比气体和被测气体总压相等的条件下得出的，在使用中应保持二者相等且不变。只有这样，两种气体中氧分量之比才能代表两种气体中氧的百分容积(即氧浓度)之比。因为当压力不同时，如氧浓度相同，氧分压也是不同的。例如，空气中氧浓度为 20.8%是定值，但空气中氧分压值却是随空气压力而变化的。

【例 6-1】 已知分析气体与参比气体总压力相同，氧化锆测得烟温为 735 ℃时氧浓差电动势为 15 mV。参比气体 $\varphi_2=20.85\%$，综合常数为 0.049 6 mV/K，试求此时烟气含氧量。

解 根据式(6-5)

$$E=-T(0.033\,8+0.049\,6\lg \varphi_1)$$

代入已知数据，得

$$15=-(735+273.15)(0.033\,8+0.049\,6\lg \varphi_1)$$

$$\varphi_1=10.4\%$$

则烟气中的含氧量为 10.4%。

6.3.2 氧浓差电势的误差及修正

能斯特方程只适合于理想氧浓差电池，如对能斯特方程(6-4)令 $K=\dfrac{RT}{nF}$，则式(6-4)可写成：

$$E=K\ln \frac{\varphi_2}{\varphi_1} \tag{6-6}$$

实际上，氧化锆探头的测氧电池在某些因素影响下，氧浓差电势的输出特性往往在不同程度上偏离能斯特方程，给测量带来误差。影响因素主要有两个方面：

（1）池温测量存在误差，即测氧电池感受的温度（有效池温）与测温热电偶检测温度（实际池温）有偏差。设实际池温为 T_m，有效池温为 T，两者偏差值为 ΔT，则 $T=T_m-\Delta T$。通常探头测氧电池感受的温度低于热电偶检测温度，ΔT 称作池温修正。当探头的结构确定后，ΔT 可由试验方法获得。

（2）本底电势的影响。当探头电池两侧氧含量相同时，探头输出一个电势值即 E_0，这个电势称作氧浓差电池的本底电势。本底电势的存在给测量带来很大影响。本底电势的主要来源有以下几方面：

① 内、外电极间存在温差；

② 参比侧与测量侧电极材料不对称；

③ 氧化锆电解质中存在电子电导；

④ 参比空气更新不完全造成参比电极上氧含量低于空气氧含量；

⑤ 烟气灰尘沉积在电极上，影响气体扩散到电极表面的速度，造成电极表面和气体间浓度差；

⑥ SO_2 和 SO_3 对电池的腐蚀作用也将产生本底电势。

本底电势的大小随着电极老化将发生变化，因此使用时必须予以修正。研究表明，实际工作曲线与理论工作曲线差别在于灵敏度与初始值，而不影响工作特性的线性关系。如果对氧浓差电池实际工作特性进行修正，可获得准确测量结果。

氧浓差电池实际工作特性方程式为

$$E_m=\frac{R(T_m-\Delta T)}{nF}\ln\frac{\varphi_2}{\varphi_1}+E_0 \tag{6-7}$$

式中 E_m——氧化锆探头实际输出电势；

T_m——热电偶实际检测温度；

ΔT——池温修正系数，$T=T_m-\Delta T$，其中 T 为有效池温；

E_0——探头的本底电势。

若使实际工作特性与理论相吻合，就应使测氧电池有效池温等于理论炉温（刻度温度），因此对热电偶控制温度加以修正。

例如，ZO 型测氧系统，理论炉温为 $T=700$ ℃，通过试验测得探头温度修正值 $\Delta T=80$ ℃，则热电偶控制电路的设定值就应改为 $T_m=T+\Delta T=780$ ℃，从而保证氧化锆管实际感受温度为 700 ℃，与刻度温度相符。另外对式(6-7)进行本底电势修正，得

$$E_m - E_0 = \frac{R(T_m - \Delta T)}{nF} \ln \frac{\varphi_2}{\varphi_1} \tag{6-8}$$

式中　$E_m - E_0$——修正后的氧化锆氧浓差电势。

6.3.3　氧化锆氧量分析仪应用举例

在实际应用中，氧化锆氧量分析仪的测量系统有多种形式。根据氧化锆管的工作温度，可分为恒温式和温度补偿式；根据氧化锆管的安装方式，可分为直插式和抽出式。抽出式氧化锆氧量分析仪主要应用于燃油或燃气的加热炉上，这类炉子的烟道往往很深，不便安装直插式。抽出式测量系统配备抽气和净化装置，能去除气样中的杂质和二氧化硫等有害气体，有利于保护氧化锆管。同时，氧化锆管处于稳定工作温度（800 ℃）下，测量准确度较高。但该系统结构复杂且存在较大的迟延，故较少采用。直插式测量系统结构简单，由于将氧化锆管直接插入烟道的高温部位进行测量，系统的响应性能好，反应速度快，因此在火电厂多采用直插式测量系统。直插式氧化锆氧量分析仪如图 6-8 所示。

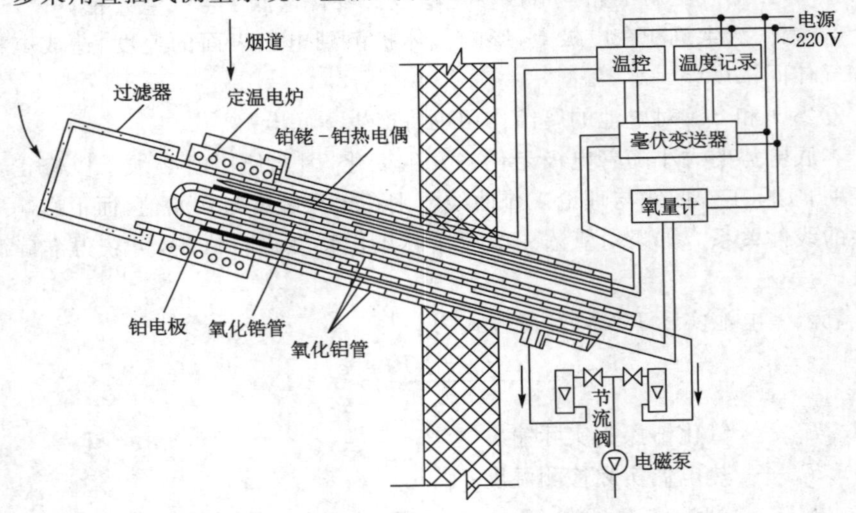

图 6-8　直插式氧化锆氧量分析仪

探头安装点的烟气温度、压力和其他的工况条件必须符合探头选型的技术规定。为确保测量准确性，应选择较长的直烟道，烟气流速较缓，减少涡流，并尽量远离人孔和蒸汽吹灰装置。

安装前应该为氧量探头、保护套管、电缆和气缆预留出足够的空间，以方便检修拔出。标准探头烟道安装开孔尺寸为直径 90 mm。烟道开孔之前，应该确保烟道内有足够的空间可以安装探头，并且没有任何阻挡物。

探头过滤器在烟道的 1/3～1/2 处为最佳，当探头插入深度超过 2 m 时，应该在烟道内每隔 2 m 加装一个支持件以防止探头和固定管弯曲变形。

探头可水平或垂直吊装，水平安装时应选择水平向下倾斜 5°～20°安装，切勿向上倾斜安装，如图 6-9 所示。

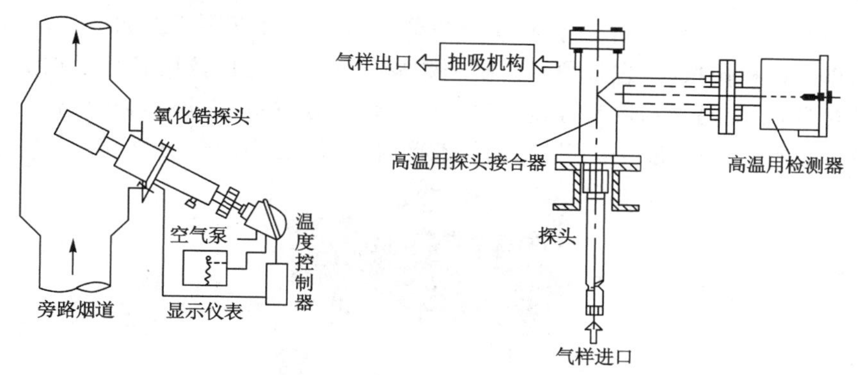

图 6-9　探头安装示意图

烟道壁要求最小开孔尺寸为直径 76 mm。安装时，应首先将安装法兰盘焊接到烟道壁上，焊接要确保密封不漏气。注意法兰盘上固定螺栓不应被保温层挡住，如保温层较厚，用户应将固定法兰延长，以保证安装螺栓不被保温层挡住。

使用氧化锆管时应注意以下事项：

（1）氧化锆管的工作温度应保持恒定，或在仪表线路中采取温度补偿措施。温度过低（<600℃），输出灵敏度会下降；温度过高（$>1\ 200$ ℃），在烟气中氧化铂的催化作用下，易使可燃物质化合，导致含氧量下降，输出电势增加。

（2）氧化锆管的材质应均匀致密，不能有裂纹或孔洞，否则可能导致空气通过使氧浓差下降，输出电势减小；纯度要高，如存在杂质，特别是铁会使电子通过氧化锆本身短路，从而使输出电势下降。例如，当氧化锆中含 5 %的 Fe_2O_3 时，输出电势仅为计算值的 50 %，所以电极材料中的铁元素应控制在千分之几的数量级。

（3）参比气体和被测气体压力应保持相等。

（4）氧化锆管内外两侧气体要不断流动更新，这是因为氧浓差电池会导致两侧氧浓度趋于一致。

（5）电极引线应用纯铂丝。

（6）与氧化锆管配接的二次仪表应有很高的输入阻抗。

（7）如果氧化锆管的输出作为自动调节信号，则应采用线性化电路将氧浓差电势与含氧浓度之间的对数关系转换为线性关系。

另外应注意的是，由于氧化锆探头长期在高温状态下使用，易由于膨胀造成裂纹或电极脱落；氧化锆管表面附着有烟尘微粒，也会造成铂电极上微孔堵塞、积灰，使输出电势出现异常，甚至造成铂电极中毒，所以在使用过程中要经常清洗。

图 6-10 是 ZO-4 型氧化锆氧量分析仪。检测器可直接插入烟道内，变送器采用单片微机做核心，进行炉温控制和数据处理。用三位数码管显示被测烟气的氧含量，用液晶显示器和键盘实现人机对话功能，并能输出标准电流信号。整套仪器具有操作简便、响应迅速、测量准确、性能稳定、维护量小等优点。

图 6-10　ZO-4 型氧化锆氧量分析仪

如图 6-11 所示，ZO-4 型氧化锆氧量分析仪变送器由模拟电路板、数字电路板以及显示板组成。检测器测得的氧浓差信号和热电偶信号经滤波放大；再经 A/D 转换成数字量，由单片机计算出氧含量；3 位 LED 显示被测气体氧含量；氧量值经光电隔离后，经 D/A 转换和 V/I 转换成 0～10 mA 和 4～20 mA 标准电流信号；光电隔离后驱动继电器上限或下限报警；液晶中文操作提示，通过键盘设定或查看多种参数，设定参数存入只读存储器 EPROM 永久保存；温度控制单元采用 PID 控制算法，使加热炉炉温稳定于 750 ℃。

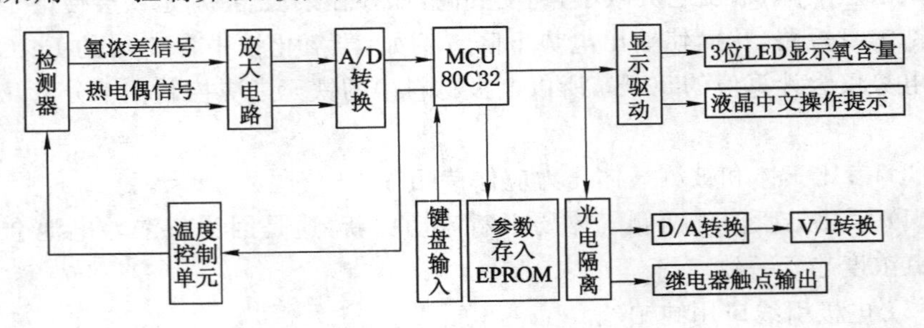

图 6-11　变送器工作框图

氧量转换电路将探头信号 E_m 与本底电势 E_0 同时送差动放大器，并经反对数运算后得到一个与氧量 φ_0 成正比的电压信号，一路送显示器，另一路经 V/I 转换输出 0～10 mA 和 4～20 mA 标准电流信号送燃烧调节系统。该电路引入本底电势修正信号，有利于准确测量。同时还具有自校准功能，如系统 K_1 置于自校状态时，探头信号由表内标准电压电路输出 29.7 mV 信号代替，而本底修正信号接地，此时仪表应显示 5%O_2。

温控电路保证探头测氧电池的温度为某一设定值。电路工作时，热电偶信号经参考端修正后送入放大器，其输出信号送 PI 控制器与设定值比较后，驱动移相电路，调节加热电路的工作电压，从而达到恒温的目的。温控电路具有超温保护和断偶保护功能，当探头温度一旦超过设定值(870 ℃)时，过热保护电路动作，切断可控硅加热电源，以保护氧化锆元件不被烧坏；当热电偶断路时，断偶保护电路直接将一标准电压送放大器，使加热电路关断。

ZO-4 型氧化锆探头内部结构如图 6-12 所示。它由氧化锆元件、加热炉、热电偶、标准气导管以及过滤器组成。探头工作时，烟气通过过滤丝网进入氧化锆管的左侧(内侧)，参比气体通过自然对流进入氧化锆管的右侧(外侧)，两者之间采用无机黏结剂和密封垫圈的方法隔开。两电极之间产生的氧浓差电势通过电极引线送到接线盒内。

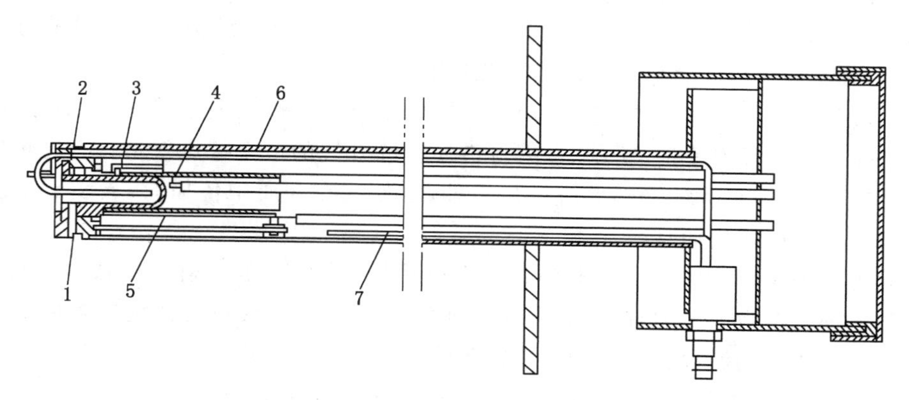

1—氧化锆元件；2—密封垫圈；3—加热炉；4—热电偶；
5—氧信号引线；6—标准气导管；7—参比气导管。

图 6-12 氧化锆探头检测器内部结构

该探头的结构特点是：

(1) 热电偶、加热炉等主要部件与烟气隔绝，不受烟气腐蚀；

(2) 参比气体(空气)自然对流，不需抽气泵，减少了复杂的设备；

(3) 氧化锆本体元件可更换；

(4) 探头有标准气校验手段，可准确判断“在线校准”探头误差及是否出现故障。

主要技术指标：

(1) 测量范围：0～25%O_2。

(2) 测量精度：±1%FS。

(3) 相应时间：小于 3 s(90%相应)。

(4) 输出方式。

① DC 0～10 mA 和 4～20 mA 同时输出；

② 继电器触点输出(触点容量 2A,250 V AC 无感负载)。

(5) 电源：(220±10%)V,(50±5%)Hz。

(6) 烟气温度：≤1 500 ℃。

6.4 红外气体分析仪

红外气体分析仪被广泛地应用于工业流程中气体的连续自动监测,用于分析混合气体中某组分的含量。这种仪器利用气体对红外线光吸收原理制成,具有灵敏度高、反应快、分析范围宽、选择性好、抗干扰能力强等优点。它可用于CO、CO_2、CH_4、C_2H_2、C_2H_5OH、H_2O(水汽)等非对称分子结构气体含量的分析测量,如火电厂锅炉排烟中 CO、CO_2含量的测量。

红外线是一种电磁波,它的波长大致在 0.76～1 000 μm 的频谱范围之内,与可见光一样具有反射、折射、散射等性质。红外线的最大特点就是具有光热效应,它是光谱中最大的光热效应区。另外,红外线在介质中传播时,会由于介质的吸收和散射作用而衰减。

每一种化合物的分子并不是对红外光谱内所有波长的辐射或任意一种波长的辐射都具有吸收能力,而是有选择性地吸收某一个或某一组特定波段内的辐射。这个所谓的波段就是分子的特征吸收带,如图 6-13 所示。

气体分子的特征吸收带主要分布在 2～20 μm 波长范围内的红外区。例如,CO 气体能吸收的红外波长为 4.6 μm,CO_2的特征吸收波长为 2.78 μm 和 4.26 μm。

6.4.1 朗伯-比尔定律

红外线通过被测气体的能量变化与被测气体的浓度有关,它们之间的关系服从朗伯-比尔定律：

$$I = I_0 e^{-K_\lambda \omega L} \tag{6-9}$$

式中　I_0——入射红外辐射强度；

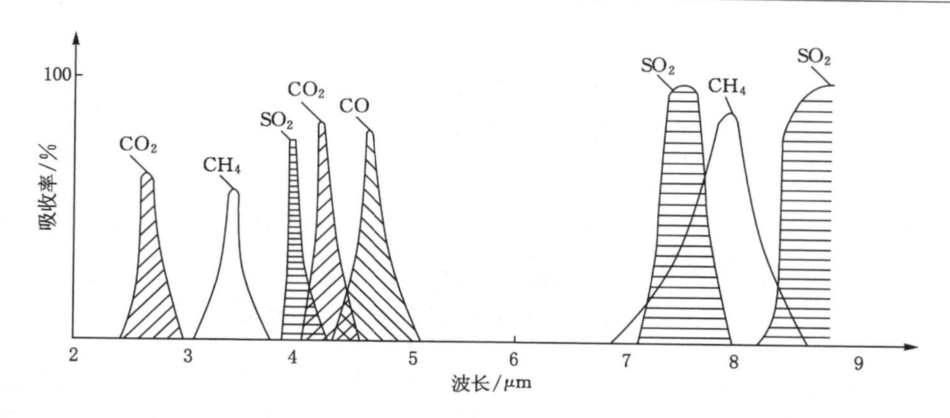

图 6-13　一些气体的吸收光谱

I——透射红外辐射强度；

K_λ——待测气体吸收系数，m^{-1}；

L——通过气样的光程长度；

ω——待测气体的浓度。

由式(6-9)可以看出，入射红外辐射强度 I_0 及其通过气样的光程长度 L 固定不变，由于 K_λ 对于某一种被测气体是常数，因此，透射红外辐射强度 I 仅仅是待测气体浓度的单值函数，通过测定透射红外辐射强度，就可以确定待测组分的浓度。以这一原理为基础发展起来的光谱仪器，称为红外气体分析仪。

应当看到，红外气体分析仪不能分析单原子气体(如 He、Ne、Ar 等)和具有对称结构的无极性的双原子气体(如 O_2、N_2、H_2 等)，因为这些气体在 1～25 μm 范围内不具有特征吸收带。

6.4.2　红外气体分析仪结构及工作原理

红外气体分析仪主要由光学系统和电学系统两部分组成。按不同分类方法可分为工业型和实验室型；色散型(分光式)和非色散型(非分光式)等。分光式红外气体分析仪根据待测组分的特征吸收波长，采用一套光学分光系统，使通过被测介质层的红外线波长与待测组分特征吸收波长相吻合，进而测定待测组分的浓度；非分光式红外气体分析仪则是将光源的连续波谱全部投射到待测样品上，待测组分仅吸收其特征波长的红外线，从而测定待测组分的浓度。工业上主要应用非分光式红外气体分析仪。

图 6-14 为工业上常用的红外气体分析仪工作原理图。

它由红外光源、切光片、干扰滤光室、测量气室、参比气室、电容微音红外检

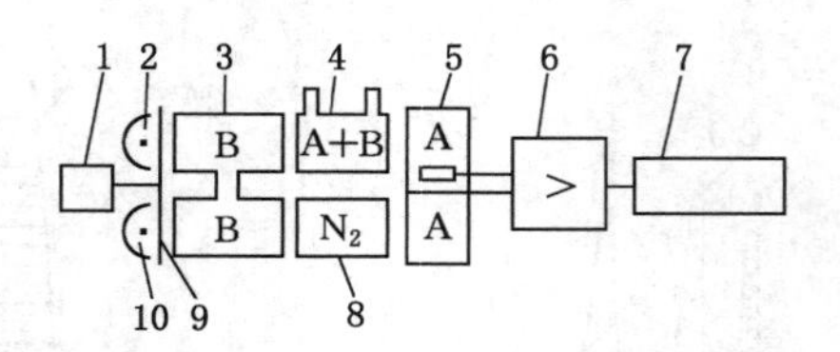

1—同步电动机；2—红外光源；3—干扰滤光室；4—测量气室；5—检出器；
6—放大器；7—指示记录仪；8—参比气体；9—切光片；10—参比光源。

图 6-14　红外气体分析仪的工作原理

出器、放大器及指示记录仪组成。由红外光源和参比光源分别发出两束辐射线。红外光源辐射线的波长为被测气体的吸收波长，用作测量气样的光束；参比光源辐射线的波长为被测气体中任何组分均不吸收的波长，为参比光束。两组光束分别经切光片调制成一定频率。参比气室中充以对红外线不吸收的气体，如 N_2，并予密封。测量气室中连续通过被测气样，红外测量光源（工作光源）和参比光源的辐射线分别经过干扰滤光室、测量气室或参比气室，最后到达检出器。此检出器一般为电容微音红外检出器，又称薄膜电容接收器，其结构原理如图 6-15 所示。在检出室中有三个气室，其中在两边的为结构和尺寸完全相同的气室（图 6-14），即接收室，分别接收参比光束和测量气样光束。中间气室充以待测组分 A 气体，以薄膜分隔两室，薄膜为电容动片，它与定片之间的电容量就是检出器的输出信号。当测量气室中无待测组分 A 时，调整两束光强平衡，使达到两接收室的光强相等，两个接收室中所充的待测组分 A 气体吸收了它的特征吸收波长的辐射能量，使两室温度升高。由于两室的体积是固定的，两室温升相等，测量电容的可动电极处于平衡位置，输出信号为零。当测量室中通以被测组分 A 时，测量气样光束的辐射能量被吸收一部分，进入检出器测量接收室一边的能量减弱，压力比原来减小，而参比光束一侧光能保持不变，气室内压力也保持不变，因而使两室中的压力不等，可动电极偏离平衡位置，就有不平衡信号输出。被测气样中 A 组分浓度越大，不平衡信号越大。

切光片由同步电机带动，使红外光源受到一定频率的调制，以得到交流信号，便于信号放大和得到较好的时间响应特性。滤光室的作用是消除气样中干扰成分的影响。若被测气样中存在与待测组分 A 有部分重叠的特征吸收带的组分 B，则 B 即是测量的干扰成分。此时可在滤光室中充以 B 组分，使组分 B 特征吸收带的辐射能量全部被吸收掉，这样 B 组分在被测气样中的浓度变化不再影响 A 组分浓度的指示。如在测量 CO 时，含有 CO_2 的干扰成分，则在滤光室中充以 CO_2，这样，经过滤光后的光束就不会受到干扰组分 CO_2 的影响，即干

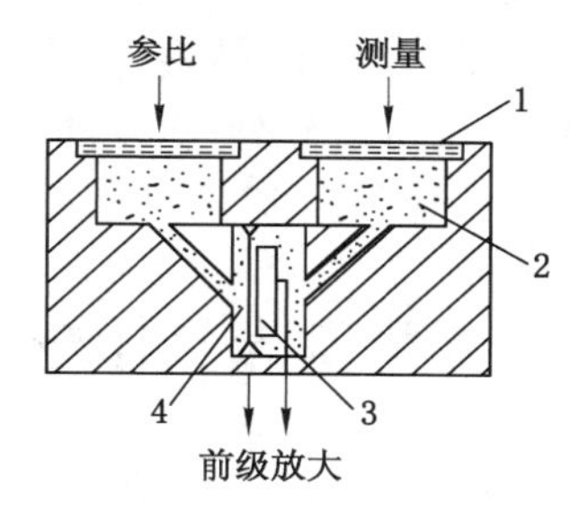

1—窗口材料;2—待测组分气体;3—定片;4—动片(薄膜)。

图 6-15 电容微音红外检出器原理结构图

扰组分 CO_2 在被测气样中的浓度不再影响 CO 浓度的指示。

近年来,对多种组分浓度同时进行自动连续分析的多组分红外气体分析仪的研制亦有很大进展。图 6-16 是一种同时测定气样中三种组分浓度的红外气体分析仪的工作原理示意图。红外光源 1 所产生的平行红外辐射光束通过切光器 3、样品室 7 被碲镉汞红外检出器 8 接收。切光器上设有六个气室,若被测气体由 *A*、*B*、*C* 三种待测组分组成,那么切光器上三个气室 *Ra*、*Rb*、*Rc* 分别是组分 *A*、*B*、*C* 的参比室,室中分别充以浓度为 100% 的待测组分 *A*、*B*、*C* 气体,窗口相应安装着对 *A*、*B*、*C* 组分特征吸收带光谱无吸收作用的滤光片。切光器上另外三个气室 *Sa*、*Sb*、*Sc* 分别是相应于 *A*、*B*、*C* 三种组分的分析室,*Sa* 中充有一定浓度的 *B*、*C* 组分,*Sb* 中充以一定浓度的 *A*、*C* 组分,*Sc* 中则充以一定浓度的 *A*、*B* 组分。样品室中通入被分析的混合气样。电动机带动切光器转动时,红外检出器输出六个波峰,*Ra* 和 *Sa* 峰是 *A* 组分的参比峰和分析峰;*Rb* 和 *Sb* 以及 *Rc*

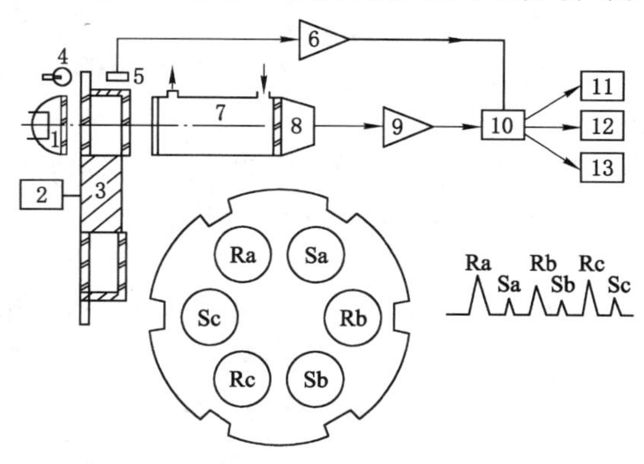

1—红外光源;2—电动机;3—切光器;4—光源;5—光敏二极管;6—放大器;
7—样品室;8—红外检出器;9—信号放大器;10—分离器;11,12,13—显示器。

图 6-16 三组分红外气体分析仪原理示意图

和 Sc 相应是 B 和 C 组分的参比峰和分析峰。光源和光敏二极管给出一个同步信号，使分离器 10 根据程序将三组信号分离，并相减，分别在三个显示器上得到相应于待测组分 A、B、C 浓度的信号。

6.5 化学发光气体分析仪

化学发光气体分析仪简称 CLD(Chemi Luminescent Detector 的缩写)，该仪器是 20 世纪 70 年代发展起来的，是目前测定 NO_x 的最好的方法(NO_x 是烟气中 NO 和 NO_2 综合含量的习惯表示法)。其特点是分辨率高(约为 0.6×10^{-6})、反应速度快(一般为 2～4 s)、可连续分析、线性范围广、对高低浓度的 NO_x 气样均可测定。

NO_x 分子吸收化学能后，被激发到激发态，再由激发态返回至基态时，以光量子的形式释放出能量，这种化学反应称为化学发光反应。利用测量化学发光强度对物质进行分析测定的方法称为化学发光分析法。

化学发光分析 NO_x 的原理是，利用 NO 和臭氧 O_3 在反应器中反应产生了部分电子激发态 NO_2^* 分子，这些 NO_2^* 分子从激发态衰减到基态时，辐射出波长为 0.6～3 μm 的光子 $h\nu$。其化学发光的反应机理为：

$$NO+O_3 \longrightarrow NO_2^* + O_2$$

$$NO_2^* \longrightarrow NO_2 + h\nu$$

式中 h——普朗克常数；

ν——辐射光频率。

在温度为 27 ℃时，激发态的 NO_2^* 约占生成的 NO_x 总量的 10%。随着温度的升高，NO_2^* 的生成量也随着增高，因此必须控制反应器内的温度，并且使标定和分析均在相同的温度下进行。

化学发光强度 I 直接与 O_3、NO 两反应物的浓度乘积成正比，即

$$I=Kc(O_3)\cdot c(NO) \tag{6-10}$$

式中 K——反应常数。

当保持臭氧 O_3 的浓度一定时，辐射光的强度 I 与 NO 的浓度成正比。测定出发光强度即可求出 NO 的浓度。气样中的 NO_2 可先在炭钼催化剂的作用下分解为 NO，再用发光法测定气样中氮氧化物总量。

化学发光反应可在液相、气相、固相中进行。液相化学发光多用于天然水、工业废水中有害物质的测定。气相化学发光反应主要用于大气中 NO_x、SO_2 等气态有害物质的测定。

图 6-17 为化学发光气体分析仪示意图。反应气体 O_3 是一种活性物，有臭

氧发生器 1 产生。干燥清洁的空气以一定流速进入臭氧发生器后经紫外线照射产生的 O_3 质量分数约为空气的 0.5%，被测气体分两路进入，一路经除尘干燥器 2，再经三通电磁阀 4，与含有 O_3 的空气同时进入反应器，被测气体中的 NO 与 O_3 即产生化学发光反应。反应后的气体被排至大气中。石英窗 6 和滤光片 7 用来分离给定的光谱区域，以避免反应气体中其他一些化学发光反应生成的光的影响而得到具有一定波长范围的光，经光电倍增管 8 放大被转换成电流信号再经直流放大器 10，最后由显示记录仪 11 指示出 NO 的浓度。

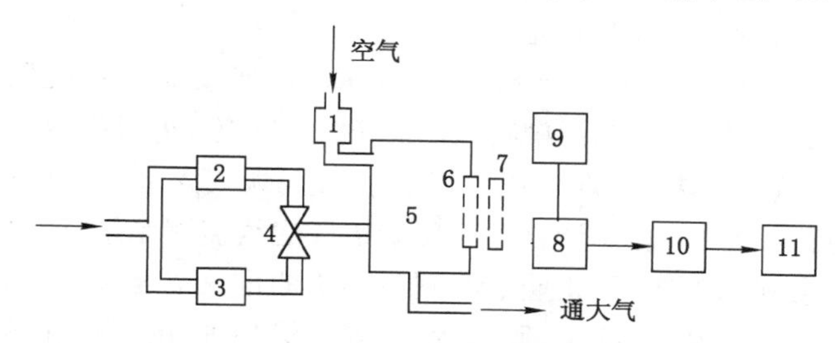

1—臭氧发生器；2—除尘干燥剂；3—NO_2-NO 转换器；
4—三通电磁阀；5—反应器；6—石英窗；7—滤光片；
8—光电倍增管；9—电源；10—直流放大器；11—显示记录仪。

图 6-17　化学发光气体分析仪示意图

化学发光气体分析仪

化学发光气体分析仪只能直接测定 NO，对应被测气样中 NO_2 的测定，可将 NO_2 在转化器中转化成 NO，再和 O_3 反应。故另一路被测气体经过 NO_2-NO 转化器 3，在 600 ℃的高温下，将其中的 NO_2 全部分解为 NO。然后通过三通电磁阀 4 进入反应器 5，进行化学发光反应，由于上列反应中反应前后的 NO_2 和 NO 体积相等，所以此时所测得的 NO 浓度是被测气体原有的 NO 和由 NO_2 转化的 NO 两部分浓度之和，即为 NO_x 的浓度。三通电磁阀 4 可自动定时切换，在显示记录仪上将交替指示出 NO 和 NO_x 的浓度，二者之差即为 NO_2 的浓度。

$$2NO_2 \xrightarrow{600\ ℃} 2NO + O_2$$

6.6　烟气排放连续监测系统

烟气排放连续监测是指对火电厂排放烟气进行连续的、实时的跟踪测定。我国能源的 70% 来源于燃煤，燃煤燃烧时释放的颗粒物、氮氧化物、二氧化硫构成了污染大气环境的首要污染物。为了改善大气环境的质量，国家对污染物的排放逐步实施了总量控制的方针，并严格执行大气污染物排放许可证制度，为此，中华人民共和国生态环境部相继出台了一系列的法规、规范、标准，以强化对大气环境污染状况的监督和管理。

《火电厂大气污染物排放标准》(GB 13223—2011),明确规定了烟囱 SO_2 和氮氧化物最高允许排放浓度,对改建、新建火电厂要求配套脱硫设备,并实行对污染气体的在线监测。根据在线监测结果,可以构建闭环自动控制回路,真正实现锅炉燃烧系统高效、洁净运行,例如在锅炉尾部烟气脱硫系统中,可以根据系统出口烟气中的 SO_2 含量,自动控制石灰石粉或浆液的给料量;在锅炉尾部烟气脱硝系统中,可以根据系统出口烟气中的 NO_x 和 NH_3 含量,自动控制氨水或尿素的加入量,已达到低 NO_x 排放和减少氨的泄漏。

CEMS(continuous emission monitoring system)又称为"连续监测系统",它是对大气固定污染源排放的烟尘、气态污染物(包括 SO_2、NO_x 等)进行排放浓度连续监测,同时还连续测量烟气温度、烟气压力、烟气流速、烟气含氧量、烟气含湿量等参数,用于浓度折算和排放总量计算。采用烟道气连续监测系统,能瞬时地得到排放污染物的信息和动态数据,正确监测到污染物的排放浓度和总量,它不但可以掌握和控制烟气净化装置(除尘、脱硫、脱氮等环保装置)的工作和运行状况,而且能全面、正确掌握污染源排放状况,为控制、平衡污染物排放总量创造基础条件。

在传统上,如果要测定烟气的污染物,常规的方法是手工将采样头插入烟道,抽取样品,然后在实验室对样品进行分析。这种手工方法消耗时间长,不能提供连续的、实时的、系统的测试数据。而且,固定污染源排放污染物随生产运行状况、燃料组成的变化而变化,要真正实现排放总量监测,必须要采用在线式烟气排放连续监测系统,继而与地方环保局排放监控网络连接。

国外燃煤电站从 20 世纪五六十年代开始,就逐步在烟囱上安装烟道气连续监测系统来完成在线连续监测的任务。我国从 20 世纪 70 年代开始,首先在冶金系统引进国外电站 CEMS,80 年代,我国电力行业在引进 300 MW、600 MW 机组的同时,也把 CEMS 随机引进。环境保护部于 2017 年发布《固定污染源烟气(SO_2、NO_x、颗粒物)排放连续监测技术规范》(HJ 75—2017),规定火电厂烟尘、气态污染物的连续检测系统的安装、主要技术指标等,作为环境保护的行业标准。

一个全面的烟气排放连续监测系统是由烟尘监测子系统、气态污染物监测子系统、烟气排放参数监测子系统、系统控制及数据采集处理子系统组成。通过采样方式(抽取式连续监测)或直接测量方式(现场连续监测),测定烟气中污染物浓度,并按要求显示与记录。对电源要求为:额定电压 220 V;允许偏差 $-15\%\sim+10\%$;谐波含量 $<5\%$;额定频率 50 Hz。各设备的接地,按安装设备说明书的要求进行。

6.6.1 气态污染物连续监测

(1) 监测项目

二氧化硫(SO_2)、氮氧化物(NO_x)。

(2) 监测方法

气态污染物连续监测按采样方式不同可分为两大类:抽取式连续监测和现场连续监测。抽取式连续监测又分为稀释采样法和直接抽取采样法。

(3) 抽取式连续监测的技术要求

① 稀释采样法

采集烟气并除尘,然后用洁净的零气按一定的稀释比稀释除尘后的烟气,以降低气态污染物的浓度,将稀释后的烟气引入分析单元,分析气态污染物浓度。

采样流量需大于 0.5 L/min;根据电厂附近环境与烟气排放实际情况,确定稀释比,稀释比一般不宜超过 1∶250,如从采样至分析仪的烟气产生结露,应采用加热与稀释相结合的方式。稀释比误差不大于±1%,稀释器温度变化小于±2 ℃;采用临界孔稀释时,临界孔前后压差不低于 66 666.7 Pa。

② 直接抽取采样法(加热管线法)

通过加热管对抽取的已除尘的烟气进行保温,保持烟气不结露,输至干燥装置除湿,然后送至分析单元,分析气态污染物浓度。

采样流量需大于 2 L/min,流量误差小于±0.1 L/min,热管温度大于 140 ℃小于 160 ℃。气态污染物二氧化硫、氮氧化物连续监测分析方法及校准方法见表 6-1。

表 6-1 气态污染物连续监测分析方法及校准方法

分析项目	序号	方　　法	校准方法
二氧化硫	1	紫外荧光法	采用国家认定的标准气体对系统进行校准
	2	非分散红外吸收法(NDIR 法)	
氮氧化物	1	化学发光法(CLD 法)	
	2	非分散红外吸收法(NDIR 法)	

(4) 现场连续监测的技术要求

① 应安装在便于维修的位置,避开烟气涡流区,测量光束应通过烟道(或旁路)中心。

② 分析方法利用红外或紫外光直接照射烟道中的气体,测量烟气中的二氧化硫和氮氧化物。

6.6.2 烟尘连续监测

(1) 监测方法

① 浊度法

光通过含有烟尘的烟气时，光强因烟尘的吸收和散射作用而减弱，通过测定光束经过烟气前后的光强比值来定量烟尘浓度。

② 光散射法

经过调制的激光或红外平行光束射向烟气时，烟气中的烟尘对光向所有方向散射，经烟尘散射的光强在一定范围内与烟尘浓度成比例，通过测量散射光强来定量烟尘浓度。

(2) 测尘仪结构

① 浊度法

浊度法测尘仪分为单光程测尘仪和双光程测尘仪两种。单光程测尘仪的光源发射端与接收端在烟道或烟囱两侧，光源发射的光通过烟气，由安装在烟道或烟囱对面的接收装置检测光强，并转变为电信号输出。双光程测尘仪的光源发射端与接收端在烟道或烟囱同一侧，由发射/接收装置和反射装置两部分组成，光源发射的光通过烟气，由安装在烟道对面的反射镜反射再经过烟气回到接收装置，检测光强并转变为电信号输出。

② 光散射法

根据接收器与光源的角度大小可分为前散射、边散射及后散射。前散射测尘仪，接收器与光源呈±60°；边散射测尘仪，接收器与光源呈±(60°～120°)；后散射测尘仪，接收器与光源呈±(120°～180°)。

(3) 技术性能要求

零点漂移：(24 h)≤2% 满量程。

全幅漂移：(24 h)≤±5% 满量程。

响应时间≤10 s。

线性度≤±1%。

光源：

① 浊度法测尘仪使用的光源可依据实际情况选择氦氖气体激光或半导体激光或百英卤素光源；

② 光散射测尘仪使用的光源可为激光或红外光，红外光应考虑水分、其他气体的影响。

6.6.3　烟气排放参数连续监测

(1) 监测项目

温度、氧量和流量。

(2) 监测方法

烟气温度连续监测位置应选择烟气温度损失最小的地方，采用热电偶法，将一根导线和另一根不同材料的导线连成一闭路，组成热电偶，当两连接处于不同的温度环境时，热电偶产生的热电势大小便能反映烟气温度。其技术性能要求为：① 测量范围 0～300 ℃；② 指示误差≤±3 ℃。

烟气氧量的连续监测采用氧化锆法，利用极限电流的氧化锆传感器实时对烟气中的氧进行分析。当氧化锆被加热时，由于氧离子在氧化锆晶体结构中的迁移作用，使氧化锆晶体变成导电体；烟气中氧浓度的不同使这种迁移作用产生的电流不同。其技术性能要求为：① 测量范围 0～25%；② 精密度≤±1.5%；③ 响应时间≤30 s。

烟气流量可以采用连续监测方法或非连续监测方法。

小　结

本章概括介绍了气体成分测量的各种方法；重点介绍了气相色谱分析仪、氧化锆氧量分析仪、红外气体分析仪以及化学发光气体分析仪的工作原理、安装使用注意事项及误差分析和实际案例；烟气排放连续监测系统的组成及各项技术要求；举例介绍了 ZO-4 型氧化锆氧量分析仪的工作原理及主要技术指标和功能。

习　题

1A. 气体成分分析有哪些常用方法？

2B. 氧化锆氧量分析仪的工作原理是什么？

3C. 影响氧化锆氧量分析仪准确度的因素有哪些？

4D. 除了氧化锆可以检测氧量以外，还有其他检测氧量的仪器吗？试举一例分析说明。

5A. 红外气体分析仪的测量原理是什么？

6C. 对二氧化碳的测定可以采用哪些方法？具有的理论依据是什么？

7D. 烟气排放连续监测系统应包括哪些部分？如何实现在线监测？

7 其他参数测量

本章提要 转速测量,功率测量,振动测量及应用举例。
重点与难点 振动测量原理及方法。

7.1 概 述

在生产过程中,除了需要监测温度、压力、流量等几个主要参数外,还需要测量其他一些重要参数,如转速、功率、振幅、频率、输煤量等。

转速是能源设备(如汽轮机、泵与风机)与动力机械性能测试中一个重要的特性参量。动力机械的许多特性参数(如流量、轴功率、输出功率等)是根据它们与转速的函数关系来确定的,而且动力机械的振动、管道气流脉动、各种工作零件的磨损状态等都与转速密切相关。

转速测量的方法很多,测量仪表的形式也多种多样,其使用条件和测量精度也各不相同;根据转速测速的工作方式可分为两大类:接触式转速测量仪表与非接触式转速测量仪表。前者在使用时必须与被测转轴直接接触,如离心式转速表、磁性转速表及测速发电机等;后者在使用时不必与被测转轴接触,如光电式转速表、电子数字式转速仪、闪光测速仪等。

功率是表征动力机械性能的一个参数。功率的测量方法应根据试验的具体对象来选定。发电装置往往通过测量电机的电功率来确定动力机械的输出功率;当不能直接测量功率时,可采用热平衡法间接确定其功率;而在实验室中常用测量扭矩和转速的方法间接测定功率。

在热能与动力工程中,机械振动是最常见的物理现象。动力机械设备一旦处于运行状态,便伴随着振动的产生。从工程的角度看,振动现象有益也有害。一方面人们利用这种物理现象发明了许多有用的机械装置,另一方面振动带给我们的却是机械设备的故障、噪声、损坏。要认识振动就必须从试验入手获得大量的相关信息,因而对振动信号的测试分析技术就成为研究振动发生过程以及振动特性的必要手段,同时也是机械故障诊断这一新科学领域中最重要、最具代表性的基础技术。

振动测量技术所包括的内容有振动测量用传感器及仪表的工作原理及标定、设备部件振动的试验方法等几个方面。而被测量通常有振动源的位移、速度、加速度、振动频率等。在测量设备中,振动传感器通常分为机械式与电子式两大类,其作用是将位移、速度或加速度等物理量转变为可供识别、记录的机械量或电量,与传感器配套应用的仪表有测振仪及相对结构复杂些的振动分析仪。前者是对传感器输出信号进行常规处理从而指示出振动特性的一种检测仪器,后者除具备测振仪基本功能外还具备对振动信号进行特殊处理的功能,如进行频谱、功率谱分析,对瞬态信号进行记录处理的功能等。

7.2 转速测量

7.2.1 机械式转速测量仪表

常用的机械式转速表有离心式和钟表式。离心式转速表是利用旋转质量 m 所产生的离心力 F 与旋转角速度成比例这原理而制成的测量仪表(图 7-1)。测量时,转轴随被测轴一起旋转,m 所产生的离心力 F 的大小由下式决定:

$$F=m\omega^2 r=mr\left(\frac{2\pi n}{60}\right)^2 \tag{7-1}$$

式中 m——旋转体的质量,kg;

r——重块 m 的重心至转轴中心的距离,m;

ω——旋转轴的角速度,1/s;

n——旋转轴的转速,r/min。

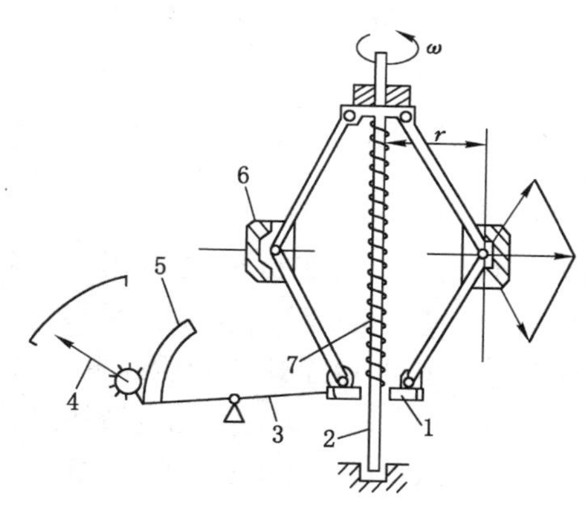

1—滑块;2—转轴;3—杠杆;4—指针;5—齿条;6—重块;7—弹簧。

图 7-1 圆锥形离心式转速表原理

由式(7-1)可知,离心力 F 的大小与转速的平方成正比,在某一稳定转速下,弹簧 7 的作用力与拉杆所受离心力 F 沿轴向分力相平衡,使滑块 1 处于某一平衡位置,在该位置上,指针 4 对应一定转角,在经过标定的刻度盘上便可读出该转速值。这种转速表测速范围为 30～20 000 r/min,测量误差为±1%。使用时只要将转速表旋转轴顶在被测轴旋面上,在摩擦力的带动下便可工作,可以直接读出轴转速。

钟表式转速表的工作原理为:利用在一定时间间隔内,如 6 s,3 s 等,记录下旋转轴转过的圈数来测量转速。它所测的是某段时间内的平均转速值,这种转速表测速范围可达 10 000 r/min,测量精度为±0.1%～±0.5%,它的使用方法同离心式转速表相同。

机械式转速表体积小,价格便宜,又能保证一定的测量精度,故应用比较广泛,但由于它的测量方式为接触式,在测量中会消耗轴的部分功率,因而使用范围受到一定限制。

7.2.2 非接触式转速测量仪表

电子计数式转速仪是一种非接触式转速测量系统,它由三个主要部分构成,如图 7-2 所示。测速传感器首先将被测转动信号转变为某种电脉冲信号,再经信号处理器将这些电信号放大整形为规范的脉冲信号,最后由数字频率计读出。转速测量中所采用的测速传感器种类很多,常用的有光电式、磁电式和霍耳元件式,这里我们对光电式和磁电式两种常用传感器做简要介绍。

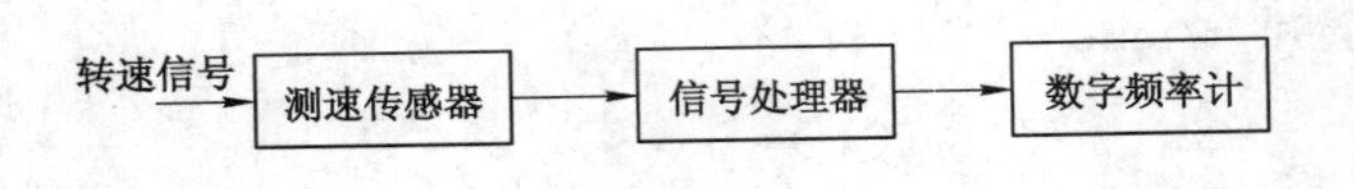

图 7-2 电子计数式转速测量系统

转速测量电路

(1) 光电式传感器

光电式传感器(有时也称为光电式变换器)是利用某些金属或半导体物质的光电效应制成的。当具有一定能量的光子投射到这些物质表面时,具有辐射能量的微粒将透过受光物质的表面层,赋予这些物质的电子以附加能量,或者改变物质的电阻大小,或者产生电动势,从而实现了光电转换过程。在转速测量系统中,常采用的光电式变换元件有:光敏电阻,光电池,光敏二、三极管等。

① 光敏电阻

某些半导体材料(如硫化镉、硫化铝等)的电阻随光照强度的增大而减小,我们利用半导体材料的这一性质制成了光敏电阻。将用光敏电阻制成的器件接入到电路中，当有光照射到光敏电阻上时，它的电阻值将降低，导致了电路参数的改变，因而电路对外有输出信号。

光敏电阻的主要参数和基本特性如下：

· 暗电阻，光敏电阻在无光照时的电阻值称为暗电阻。

· 亮电阻，光敏电阻受光照时的电阻值称为亮电阻，光照愈强，亮电阻值就愈小。

· 伏安特性，光敏电阻两端所加电压和流过的电流关系曲线称为光敏电阻的伏安特性，由于在一定光照下光敏电阻的阻位为定值，因此它的伏安特性呈线性关系，而且无饱和现象。

· 光照特性，光敏电阻的亮电阻与光照强度之间的关系定义为光照特性。不同的光敏电阻其光照特性不同。大多数光敏电阻的光照特性曲线是非线性的，常用在开关电路中充当光电信号变换器。

· 光敏电阻，和其他光电元件一样，对不同波长的入射光有不同的灵敏度。在选用时，要将入射光的波长加以考虑。另外，光敏电阻受温度的影响较大，当温度升高时，它的暗电阻和灵敏度都将下降，因此，在高温环境下应用光敏电阻，应注意这个问题。

如图 7-3 所示，光电脉冲式测速传感器由装在输入轴上的开孔圆盘、光源、光敏元件等组成。当圆盘转到某一位置时，由光源发射的光通过开孔圆盘上的小孔照射到光敏元件上，使光敏元件感光，产生一个电信号。圆盘上的孔可以是 1 个或多个，取决于设备要求的脉冲数。

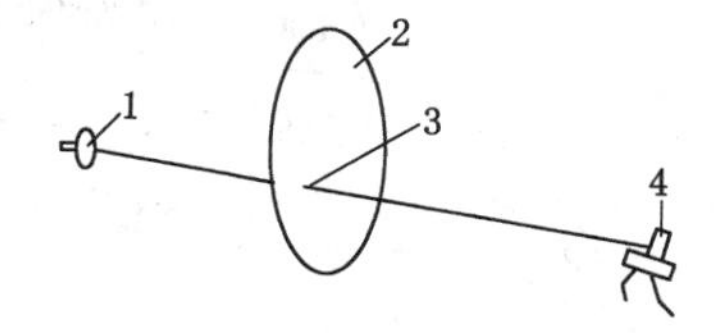

1—光敏元件；2—圆盘；3—小孔；4—光源。

图 7-3　光电脉冲式测速传感器示意图

② 光电池

光电池是直接把光能转换为电能的元件。它有一个大面积的 PN 结，当光线照射到 PN 结上时，便在 PN 结上出现电势，P 区为正极，N 区为负极。这种因光照而产生电动势的现象称为光生伏特效应。对于不同波长的光线，光电池的灵敏度不同，并且在不同的光照强度下，光电流和光生电动势也不同，所以在实际应用中应根据光源的性质来选择光电池。光电池有两个主要参数指标，即短路电流与开路电压，短路电流在很大范围内与光照强度呈线性关系，而开路电压与光照强度是非线性关系。图 7-4 是硅光电池的开路电压和短路电流与光照强度的关系曲线；根据光照强度与短路电流这一线性关系，光电池在应用中常常用作电流源。

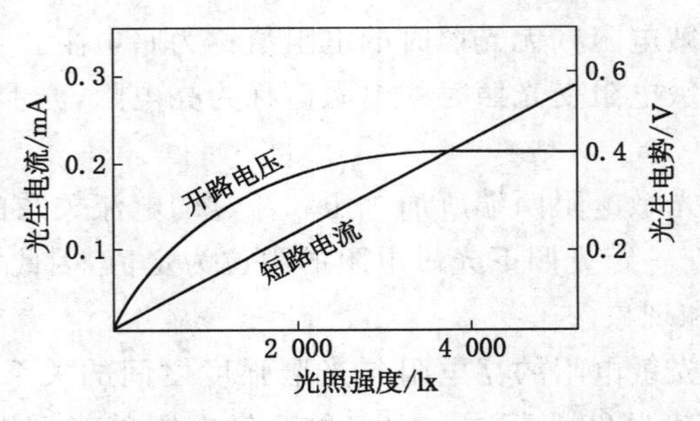

图 7-4　硅光电池的特性图

③ 光敏三极管

光敏三极管与普通的三极管相似，也有 e、b、c 三个极。但其基极 b 不接引线，而封装了一个透光窗孔。当光线透过光孔照到发射极 c 和基极 b 之间的 PN 结上时，就能获得较大的集电极电流输出。而且输出电流的大小随光照强度的增强而增大。这就是光敏三极管的工作原理。图 7-5 为光敏三极管的伏安特性和光照特性。光敏三极管在不同照度下的伏安特性与普通三极管在不同的基极电流下的伏安特性非常相似。

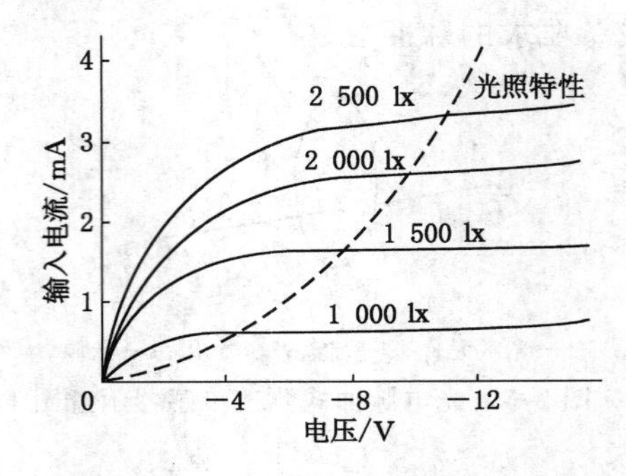

图 7-5　光敏三极管伏安特性和光照特性

(2) 磁电式传感器

将被测机械量转换为与之对应的感应电势的变换器称为磁电式变换器或传感器。它是根据导体在磁场中运动产生感应电势的原理制成的。由电磁感应定律知，W 匝线圈中产生的感应电势 e 为

$$e=-W\frac{\mathrm{d}\Phi}{\mathrm{d}t} \tag{7-2}$$

式中 $\frac{\mathrm{d}\Phi}{\mathrm{d}t}$——线圈中磁通 Φ 的变化率。

传感器有两种形式：

① 在被测机械量的作用下，使得线圈和磁铁间产生相对运动，从而在线圈中便有感应电势产生，结构如图 7-6(a)所示。线圈中的感应电势的大小和线圈与磁场间的相对运动速度有关，即

$$e=-WBL\frac{\mathrm{d}x}{\mathrm{d}t} \quad 或 \quad e=-WBL\frac{\mathrm{d}\theta}{\mathrm{d}t} \tag{7-3}$$

式中 x——线位移尺度；

θ——角位移尺度；

B——磁场强度；

L——磁场中导体的长度。

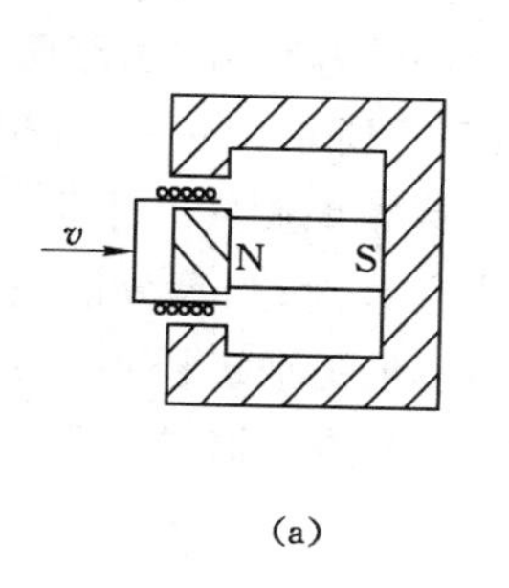

(a)

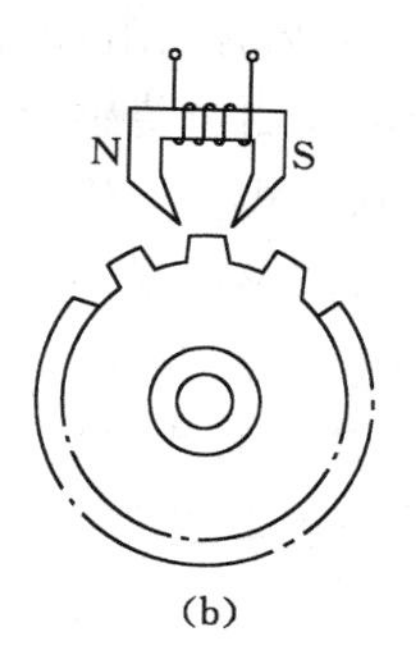

(b)

图 7-6 磁电式传感器的两种工作方式

当传感器的结构确定后，B、L、W 均为常数。所以，线圈中感应电势的大小与线圈对磁场的相对运动速度 $\mathrm{d}x/\mathrm{d}t$ 或 $\mathrm{d}\theta/\mathrm{d}t$ 成正比。利用这个特点，磁电式传感器可以测量线速度或角速度。如果在输出端加上一个微分或积分电路后，就可以用来测量加速度和位移，这部分内容我们将在振动测量一节中加以介绍。

② 在被测机械量的作用下，改变磁路中的磁阻，从而改变了穿过线圈的磁通量，在线圈中产生感应电动势。在图 7-6(b)中，当带齿轮的转动轴旋转时，每移过 1 个齿牙时，在线圈中就感应一个电势脉冲。如果将单位时间内的脉冲数除以齿数，则表示该旋转轴的运动频率。这类传感器主要用作转速测量。

磁电式传感器结构简单，完全可以自行制作，甚至用一个普通耳塞机内的磁铁及绕组就可以改制成一个传感器，它可以不加放大器直接推动数字频率计工作。磁电式传感器的优点是：

① 能直接测量线速度和角速度，而其他传感器则不能；

② 输出功率较大，并可用于远距离测量；

③ 结构简单，工作可靠。

磁电式传感器也有其不足之处：

① 下限频率范围窄且不宜在高温及强磁场的环境中工作；

② 传感器必须靠近被测轴，被测转速不能过低，否则，所感应出的信号太弱；

③ 不同于光电式传感器，磁电式传感器要对被测轴施加一定的阻力矩，故不适于小轴径、低输出扭矩的高转速轴的转速测量。

在转速测量中还应该注意的一点是，图 7-6(b)中齿轮的外齿一定要用导磁材料制成，对于非导磁材料可以在上面装贴钢片来使传感器输出电势信号。

以测量带式输送机带速的磁阻脉冲式测速传感器为例，传感器中线圈和磁铁部分都是静止的，与被测件连接而运动的部分是用导磁材料制成的。当转动件转动时，改变了磁路的磁阻，因而改变了贯通线圈的磁通，在线圈中产生了感生电势。磁阻脉冲式测速传感器从结构上看有开磁路和闭磁路两种。

开磁路磁阻脉冲式测速传感器结构如图 7-7 所示，在一个 Π 型永久磁铁上装有两个相互串联的感应线圈，滚轮与皮带直接摩擦旋转并带动等分齿轮旋转。当等分齿轮的凸起部分与磁极相对时，回路磁通最大；当等分齿轮的凹陷部分与磁极相对时，回路磁通最小，感应线圈上便感应随磁通变化的感应电压。感应电压变化的频率 f 与皮带速度 v 成正比。这种测速传感器结构简单，但输出信号幅度小。

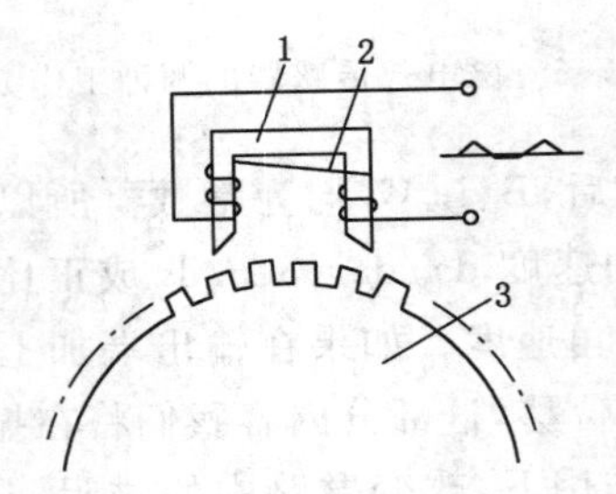

1—永久磁铁；2—感应线圈；3—等分齿轮。

图 7-7　开磁路磁阻脉冲式测速传感器

闭磁路磁阻脉冲式测速传感器结构见图 7-8，当皮带运行时，通过摩擦使滚轮旋转，并带动转子磁杯转动，转子磁杯及定子磁杯相对安装，其圆周端面上都均匀地铣出多个齿槽。当两个磁杯的凸齿相对时，磁通最大；当两个磁杯的凹齿相对时，磁通最小，从而在线圈中感应出随磁通而变化的感应电压。闭磁路磁阻脉冲式测速传感器结构较复杂，但密封性能好，输出信号幅值大。

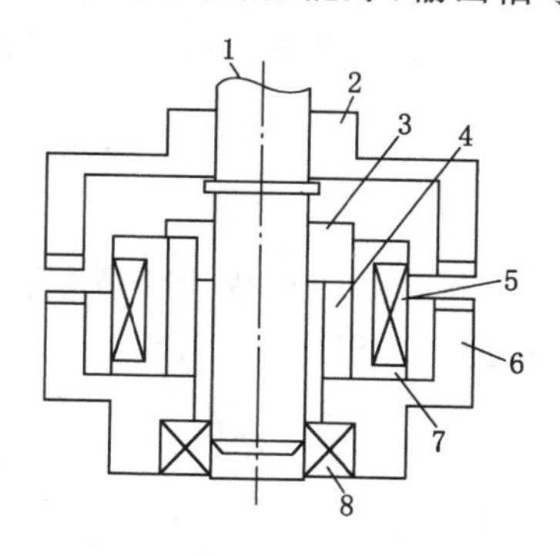

1—转轴；2—转子磁杯；3—压块；4—永久磁铁；
5—线圈；6—定子磁杯；7—线圈骨架；8—轴承。

图 7-8　闭磁路磁阻脉冲式测速传感器

(3) 数字频率计

数字频率计是用于记录脉冲电信号的一种电子仪器，图 7-9 为数字频率计的工作原理图，它主要由可对脉冲信号进行计数的计数器和计数闸门电路组成。闸门的开闭时间 T 由时基分频器对一石英晶体振荡器所发生的高精度及高稳定度频率信号进行分频而得到。当闸门处于开启状态时，脉冲信号就由 A 点进入到计数器中计数，经时间 T 后，闸门关闭，脉冲信号被阻断。例如 T 为 1 s 则此时计数器上的读数就代表频率数。

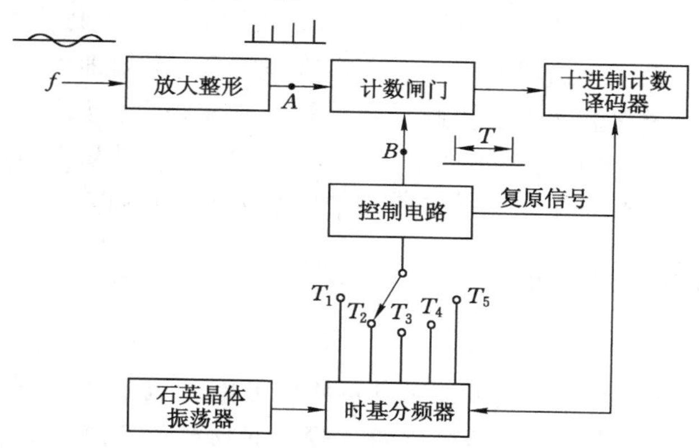

图 7-9　数字频率计工作原理

图 7-9 中控制电路可对计数器数码管读数定时清零，以便实时反映出当前

的脉冲信号频率；在前面所介绍的光电式传感器应用中，如果在被测转动轴上安装一圆盘，并在圆盘上开 60 个孔或槽，则轴每转一圈便会产生 60 个信号，若数字频率计的测量时间为 1 s，发动机每分钟转 n 转，则频率计所显示的脉冲信号的频率：

$$f=\frac{n}{60}\times 60=n \tag{7-4}$$

正好表示每分钟的转数。若圆盘开的孔数为任意量，频率计的测量时间也为任意量，则可以给出被测轴转速的一般式：

$$n=\frac{60N}{mt} \tag{7-5}$$

式中 n——被测轴转速，r/min；

m——旋转轴每转一圈由传感器发出的信号个数，对于透射式光电传感器来讲就是圆盘上的透光孔数；

t——数字频率计测量信号的时间间隔，s；

N——在时间间隔(秒)内数字频率计所显示出的信号个数。

由于闸门开启时间并不与被测信号同步，闸门关闭时刻也未必恰好在最后一个脉冲信号结束之时，因此数字计数器的读数误差被定为±1 个字。当 N 值很大时，±1 个字的误差相对来说较小，但 N 值很小时这个相对误差就会变大，试想，如果 N 只有 2，那么±1 个字的误差就达 50%了。从道理上来讲，只要使闸门开启时间随意延长就可以解决上述矛盾，但在工程中这种做法并不实际。在测量低频信号的频率时一般采用另一种方法即周期测量法。在周期测量法中，只要将图 7-9 中 A、B 两通道换个位置，让被测信号来控制计数闸门的开启，而使仪器内石英晶体振荡器所产生的高频信号进入计数器即可。这个功能在数字频率计中可通过仪表面板上控制开关的转换来实现。例如：在一转动轴上安装了光电传感器，其轴每转一周产生一个脉冲信号，若振荡器产生的高频信号频率为 2 MHz，计数器显示为 2 M 时就表示该轴每秒转一周。

7.2.3 转速测量应用举例

(1) 电子皮带秤

从称重原理可知，电子皮带秤所测量物料的瞬时流量的大小取决于两个参数，即瞬时流量等于称重传感器测量的承载器上物料负荷值 q(kg/m)和测速传感器测量的皮带速度值 v(m/s)两个参数相乘所得，即：$w(t)=qv$。

由此可见，测速传感器的测量精确度和稳定性与称重传感器的测量精确度和稳定性是同等重要的。目前称重传感器的精确度普遍提高到万分之几，而测速传感器的精确度大多在千分之几，所以提高测速传感器精确度是提高电子皮带秤系统精确度有效的途径之一。测速传感器的脉冲信号进入显示仪表后，通常以3种方式完成与称重传感器信号的相乘运算。

第一种方式是测速脉冲信号经整形、放大后转换成0～10 V DC模拟信号，并作为称重传感器的供桥电压，在称重传感器内实现乘法运算；

第二种方式是测速脉冲信号经整形、放大后转换成模拟(或数字)信号，与称重传感器放大后的模拟(或数字)信号在专用的乘法器里进行乘法运算；

第三种方式是测速脉冲信号整形后直接作为显示仪表中累加器的触发信号，每接收一个测速脉冲信号，累加器就对称重传感器的输入信号进行一次采样，皮带速度越快，累加器采样的次数越多，采样值不断累加，因而以数字方式实现了乘法运算。

电子皮带秤上所用测速传感器目前主要有磁阻脉冲式、光电脉冲式两类。模拟式测速发电机式测速传感器早已不再使用，取而代之的是上述两种输出脉冲信号的数字式测速传感器。

(2) 风力发电机

风力发电机组一般由叶轮、机舱、塔筒、发电机、调速装置、储能设备、逆变器等部件组成，机组利用风力带动叶轮旋转，将风能转化为机械能，发电机再将机械能转化为电能，然后由储能设备储存或者直接通过集电线路输送到风电场升压站，再输送到电网，就可以变成千家万户使用的清洁风电了。

一般情况下风速只要达到3 m/s，风车就可以旋转发电。从发电功率与叶轮的转速关系(功率=转速×扭矩)可以看出，在扭矩不变的情况下提升转速会提升功率，理论上可以提升发电量，不过实际中还要考虑失速、载荷、电器系统等因素。根据能量守恒定律，风速越大能够提供的电能越多，但风速达到一定数值时，会因为强度过大而损坏风能转换器，而且事实上发电量并不完全取决于叶片转速。风力发电机机组中存在一个类似汽车变速箱的装置，比如变速箱挂到1挡，那么即使叶片转速非常快，但通过变速箱传动到发电机装置当中仍然是较为恒定的低速，有了这个装置，变向起到了保护作用。在叶片恒定转速的情况下，叶片受力增加，功率就会增加，风机的叶片越大，功率越大，相应发电量就越多。

为了提高风力发电机的可靠性与安全性，同时为发电机超速保护提供判据，风力发电机转速测量非常重要。转速测量主要有2种方式。

① 计数脉冲测量

该测量方式由两个Gpulse(脉冲电压测速)模块和一个Gspeed(发电机速度测量)模块构成，先由Gpulse模块测量出发电机电压信号频率f，输出一个脉冲进入 Gspeed 模块,Gspeed 模块处理后将脉冲转化为对应转速的模拟量输送到风机主控系统,并由主控制系统软件计算出电机转速。

② 机械传感测量

机械传感测量是使用两个独立的接近开关对同一个安装在风机主轴上的齿盘的转动数来进行转速测量,之后输出 2 路 24 V 脉冲信号到 Overspeed(超速检测)模块,Overspeed 模块将脉冲信号转换成电压模拟量,送至主控制系统,由主控制系统计算机乘以一个系数后转换为发电机转速。对比 Gspeed 模块输出的电机转速值,如果对比差值达到设定值,随即发出"转速对比错误"信息,从而实现发电机可靠、安全运行的目的。

7.3 功率测量

动力机械轴功率可由下式确定:

$$N_e = M_e\omega = \frac{2\pi M_e n}{60\times 10^3}(\mathrm{kW}) \tag{7-6}$$

式中 N_e——动力机械轴所传递的功率,kW;

M_e——扭矩,N·m;

ω——角速度,rad/s;

n——转速,r/min。

上述公式既适用于消耗功率的动力机械,也适用于产生功率的动力机械。只要分别测量出转速及扭矩值,便可从上式计算得到功率。转速测量可采用前述各种转速表进行,扭矩值则要通过各种测功器或扭矩仪进行测量。用于功率测量的测功根据其对扭矩测量的工作方式不同分为吸收型和传递型两大类。

7.3.1 吸收型测功器

吸收型测功器工作原理的实质在于:它通过测量动力机械功率传递过程中的驱动力矩或制动力矩从而获得其功率。根据对功率的吸收方式不同,吸收型测功器可分为水力测功器、电力测功器、电涡流测功器等,现以水力测功器为例介绍其工作原理。

水力测功器是一种典型的吸收型测功器,它将动力机械的输出功率转变为热量消耗掉,同时在这个过程中完成扭矩测量。水力测功器工作时,利用物体在水中运动所受到的阻力来对输出功率的动力机械施加反扭矩,从而吸收其功率。图 7-10 为水力测功器工作原理结构简图。

水流通过入口 2 进入水力测功器水腔中,当转子轴随发动机轴一起旋转时

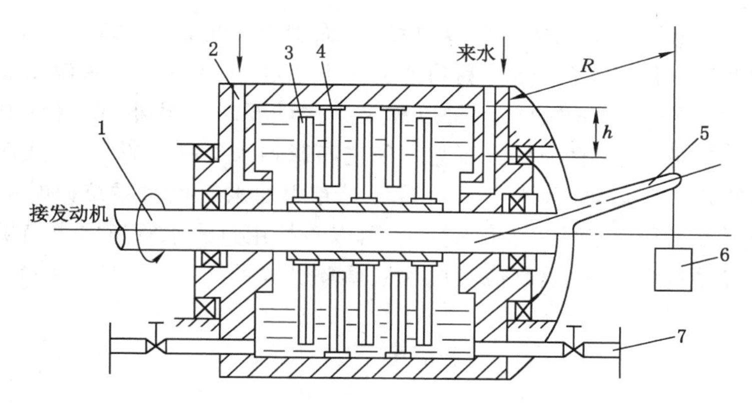

1—测功器主轴与运动机械轴相连接；2—进水量调节阀；3—动搅棒；
4—定搅棒；5—传动臂；6—挂重；7—排水量调阀。

图 7-10 水力测功器工作原理示意图

（水力测功器的主轴与发动机轴用联轴节连接），在离心惯性力的作用下，水被甩向水腔外缘，形成厚度为 h 的水环，水力测功器机壳内设置有定搅棒 4，主轴上固定有动搅棒 3，搅棒的作用是增加水对旋转轴的阻力。在主轴转速一定的条件下，水层厚度越大，测功器对动力机械所施加的阻力矩就越大。水层厚度可通过调节进水量及排水量来控制。水力测功器对运动机械旋转轴所施加的阻尼力矩由挂重 6 通过连接在外壳上的传动臂 5 来施加。测功器外壳由轴承支承，处于浮动状态。当外壳平衡时，测功器对旋转轴所施加的阻尼力矩（或称为制动力矩）M_e 等于动力机械的输出扭矩，即

$$M_e = RP \tag{7-7}$$

式中 R——传动臂长，m；

P——称重重量，N。

将式(7-7)代入式(7-6)，得

$$N_e = RP\frac{2\pi n}{60\times10^3} = \frac{RPn}{9.549\times10^3} \tag{7-8}$$

如果取力臂 R 的长度为 0.954 9 m，可得到一个简洁的数学表达式

$$N_e = \frac{Pn}{10\ 000} \tag{7-9}$$

在实际的测功器结构中，力臂不是简单的一根长为 R 的杆，而是一套由齿轮、杠杆等部件组合的复杂的磅秤机构，其中重力 P 是内摆锤来施加的。通过这套机构可以从测功器上的面盘指针直接读取所测的力矩值。有些水力测功器采用压力传感器来感受力 P，测量精度得到了提高且易于实现电控。水力测功

器在工作时把吸收了的功率转化成热量，从而引起水的温升，如果水温过高，则会在水中产生气泡，这样将使得测功器工作不稳定，因此一般排水温度要限制在50～70 ℃，并要保证足够的供水量以满足工作的要求。另外，在测量中若直接采用自来水管道供水，会因供水压力不稳定而影响水层厚度的变化，从而使测功器工作不稳定。所以，应为水力测功器设置专用的水箱供水系统，如图 7-11 所示。在教学及科研试验中，若用水量少，可以直接用自来水管道向水箱供水。若进行多台发动机耐久试验，则应考虑建立循环供水系统。

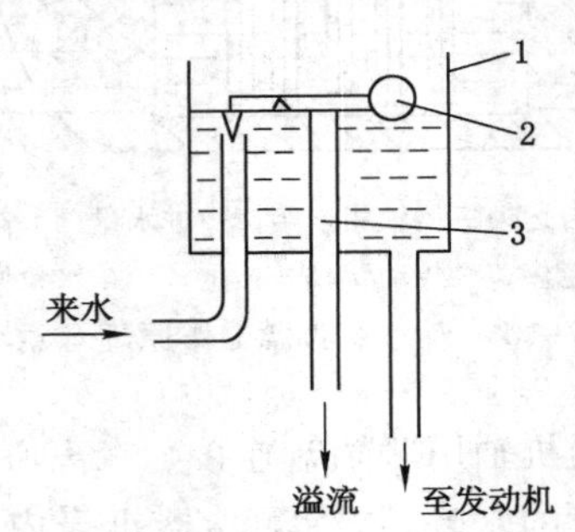

1—水箱；2—浮子水位调节阀；3—溢水管。

图 7-11　测功器供水系统

7.3.2　传递型测功器

扭矩仪是一种专门用于扭矩测量的仪表，它可同时完成扭矩及转速的测量，并经换算输出功率值。扭矩传感器是扭矩仪的核心器件，目前各种测量扭矩用的扭矩传感器尽管形式、结构各异，但都是通过测量轴扭转角 φ 或轴表面剪切应力 τ 这两个量来确定扭矩 M 的。以测量剪切应力 τ 为主要特征的扭矩传感器有电阻应变片式、扭磁式等，而以测量轴扭转角 φ 为特征的扭矩传感器有相位差式、弦振动式等。

扭矩仪是一种传递式测功器，它不吸收原动机的输出功率，各类扭矩仪的工作原理都是基于下述的力学原理，由材料力学可知，轴在受到扭矩作用时的扭转角或剪切应力与它所传递的扭矩有线性关系：

$$\varphi=\frac{Ml}{GI_{\mathrm{p}}}=\frac{32Ml}{\pi d^4 G}=K_1 M \tag{7-10}$$

式中　φ——受扭轴段二截面相对扭转角；

G——剪切模量；

d——轴外径；

M——转轴所受的扭矩；

l——受扭轴段的长度；

I_p——极惯性矩；

K_1——常数。

受扭轴表面的剪切应力为

$$\tau = \frac{16M}{\pi^3 d} = K_2 M \tag{7-11}$$

式中 K_2——常数。

由上面二式可以看出，对一几何尺寸固定的传动轴来说，只要测得了 φ 或 τ，便可以求得扭矩 M。

7.4 振动测量

在机械振动过程中，由于位移、速度、加速度这三个物理量之间存在着固定的导数关系，原则上讲，对任何一个物理量的测量都可以通过数学方法或电路处理方法获得其他物理量。从其功能看，实用的振动传感器依其结构特点不同可分为位移型、速度型及加速度型几种。而从工作方式上看，振动传感器则有机械式、电子式及光学式之分。机械式振动传感器的工作原理可反映出振动传感器工作的一般概念。图 7-12 所绘出的振动系统实际上就是一个典型的机械式振动传感器，这种振动传感器通常也称之为振动计。

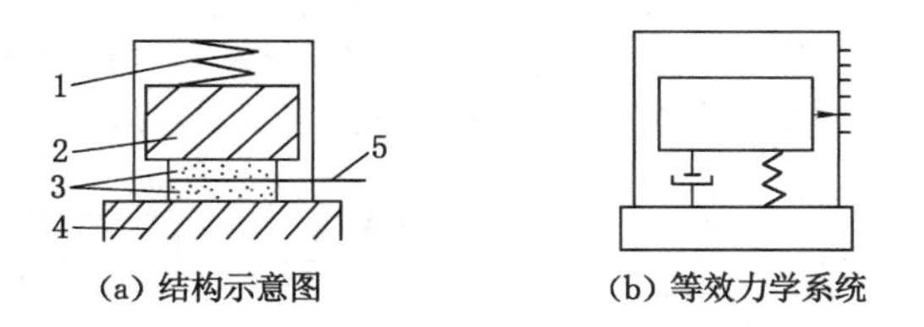

1—预紧力弹簧；2—惯性质量块；3—压电转换元件；4—传感器本体；5—引出线。

图 7-12 压电式加速度传感器结构示意图

在振动分析中，我们通常需要测量振幅、频率或周期等物理量，有时还需要测量两个相同振动频率的相位差。如何将这些电量信号显示、处理、分析成为我们所需要的有关振动的物理量信号则需要一些通用或专用电子仪器来完成。例如，电子示波器、瞬态波形记录仪、光线示波器等仪表可实现对振动波形的显示、观察或记录。对所记录的波形进行分析，可得到有关振动幅值、频率、相位等信息。简谐振动的频率可以通过数字式频率计方便地测出，振动信号相位差则可用数字式相位差计测量。上述设备均为通用的电子仪器。除此之外，在振动测量中要经常用到一些专用仪器仪表，它们与相关的传感器配合使用可完成振动幅值、频率、相位的测量并可实现位移、速度与加速度之间的转换。例如，工程中经常使用的测振仪及具有频谱分析功能的综合性专用仪器——振动测试分析仪等，在振动测量中均占有很重要的地位。本节我们将对这些仪器的工作原理、功能做一简单介绍。

7.4.1 测振仪

振动加速度、速度或位移信号的峰值、平均值及有效值是振动分析中重要的物理量。在工程中常采用一种携带方便、易于操作的便携式测振仪来完成这些物理量的测量。这种测振仪通常采用电池供电，并配有积分微分电路进行被测信号的转换。测振仪的核心部分是由配有不同形式检波电路的交流电压测量电路组成，它可分别检测振动信号的峰值、平均值或有效值。指示仪表采用指针式表头并以峰值或有效值来刻度。在峰值检波测量电路图 7-13 中，交流输入信号 u_i 经放大、阻抗变换后进入全波整流器变为正脉冲信号 u，并向电容器 C 充电，只要放时间常数 $\tau=RC$ 足够大，电容器端电压就接近等于脉冲信号 u 的峰值 u_p，即有动圈式电压表指示电压值 $u_o \propto u_p$。在上述峰值测量电路中，如果将电容器 C 从 A 点断开，就成为平均值检波测量电路。这是由于动圈式电流表的指针系统转动惯量大，固有频率在几个赫兹以下，无法跟随频率较高的交变电流，它起到了滤波器的作用，因此仪表所指示出的是被测电流的直流成分。在电路中各电阻值固定的条件下，电流的直流成分即是电压 u 的直流分量 u_e，这表明电压表的指示电压 u_o 与被测电压的平均值成正比，即 $u_o \propto u_e$。

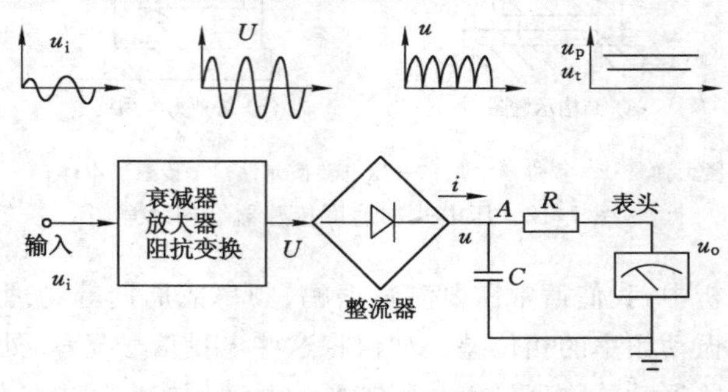

图 7-13　峰值及平均值检波电路

同振动信号的峰值及平均值相比，振幅的有效值更为重要，因为这个指标同机械能有关。国际标准 ISO 中就规定了以振动速度的有效值作为标准来评价

振动强度。在有效值检波电路中,要求表头端的输出电压值 u_o 正比于输入的交流电压 u_i 的有效值,即

$$u_o = \sqrt{\frac{1}{T}\int_0^T u_i^2(t)\,dt} \tag{7-12}$$

这种功能的实现是通过一个可进行对数运算的非线性运算放大器固体组件来完成的,这种组件精度高,频带宽,在用于除简谐波外的正弦合成波、矩形波、三角波时仍能保持很高的精度。

在使用便携式测振仪做振幅测量时要注意,由于仪表的指示刻度值是以简谐波为基准而确定的,对于非简谐波(如矩形波、三角波)来说,得到的读数就需加以修正,具体修正数据及修正方法可参阅仪器使用手册。

7.4.2 频谱分析仪

工程中的振动问题十分复杂,经常遇到多种频率叠加的振动波,它们会同时被振动传感器检测到。靠上述测振仪无法从中确定各个频率成分及其幅值,这时就要使用专门对信号频率分布作处理的频谱分析仪。

一个经传感器转换成电信号的振动波形信号在电子示波器(或其他类型的记录仪)上被显示出来时,通常是以时间 T 作为横轴,振动幅值作为纵轴,这时我们是站在时域的角度来观看该波形,并称之为信号的时域分析。在振动的测量与分析中,我们十分关心一个复杂的振动信号究竟是由哪几种频率的振动叠加而成的,其振动幅值各是多大,以便判断振动产生的原因,而时域分析无法提供上述所需的信息。若要把一个信号的频率成分分析出来,就必须用频域分析法,这是频谱分析仪工作原理的基础。图 7-14 的三维坐标图可以形象地显示出一个波形的时域分析与频域分析的关系,它是同一客观物理现象从不同角度观察的结果。

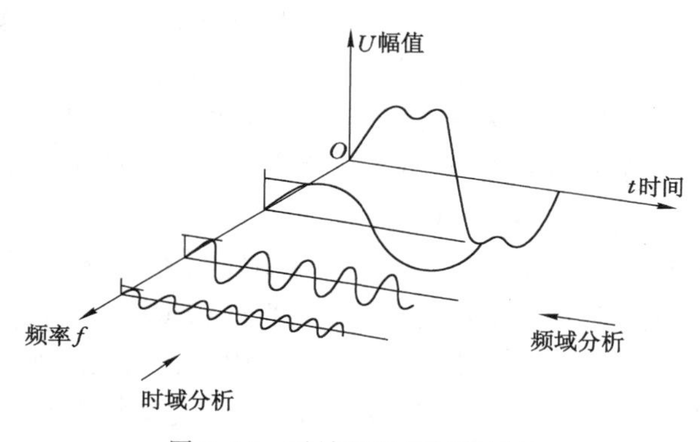

图 7-14 时域测量与频域测量

用来进行频域分析的频谱分析仪从工作原理上可以分为模拟式与数字式两大类。模拟式频谱分析仪的主要工作方式是采用模拟滤波器，将被测信号中各频率分量分离出来，再经检波器把该频率分量的幅值变为可以显示或记录的直流信号。模拟式频谱分析仪中的电路系统常采用顺序滤波法以及外差法这两种工作方式。图 7-15 中的方框图是顺序滤波法的示意图。

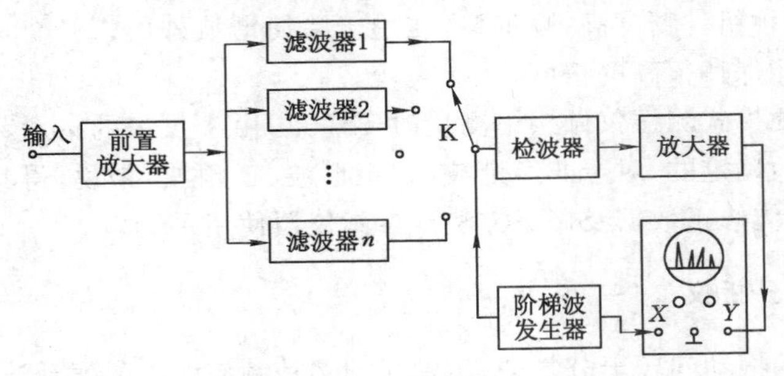

图 7-15　顺序滤波式频谱仪工作原理框图

被测量信号经前置放大器放大后进入一组性能很好的带通滤波器，这里所采用的带通滤波器为特制的晶体滤波器，它使某一特定中心频率为 f_0 的信号通过，而对偏离该中心频率的其他频率 $f_0+\Delta f$ 信号进行强衰减。这组带通滤波器的中心频率由低至高排列，即 $f_{01}<f_{02}<\cdots<f_{0n}$。我们采用一高速电子开关 K 将滤波器的输出信号依次选通，并送到检波器以使其向直流信号转化，经输出放大器放大后便可送至显示器的垂直偏转板 Y 端，此时再将示波器的水平偏转板 X 端加上与开关 K 同步的阶梯波电压，就可以在屏幕上显示出不同中心频率下所对应的输出电压值。此外还有一些以上述电路为基础的其他电路，如可采用电控变中心频率的滤波器代替一组滤波器以克服仪器体积庞大的缺点，但滤波器中心频率的调节范围及调节速度的局限性限制了其应用范围。也有的电路在每个滤波器后都接有检波器来代替一个公用检波器，各检波器出来的输出信号可同时接到显示器上，这样可以进行实时频谱分析。

在图 7-16 所示的外差式频谱仪中，采用了一个中心频率固定不变的中频滤波器来代替前述顺序滤波法的一组滤波器。再由一个频率连续可变的扫频振荡器提供一个频率为 f_1 的振荡信号。在混频器中以频率 f_2 输入信号进行差额，在这个过程中，当差额信号的频率落入中频滤波器的通带内，便可被选出，并经检波器检波后放大并加到示波器的 X 输入端。电路中的扫描电压发生器在控制扫频振荡器的频率的同时，连接到示波器的 $\varphi_1=\omega t_1+\varphi_0$ 输入端控制其水平通道，这样当扫频振荡器频率连续变化时，在屏幕上便可看到输入信号的频谱图。

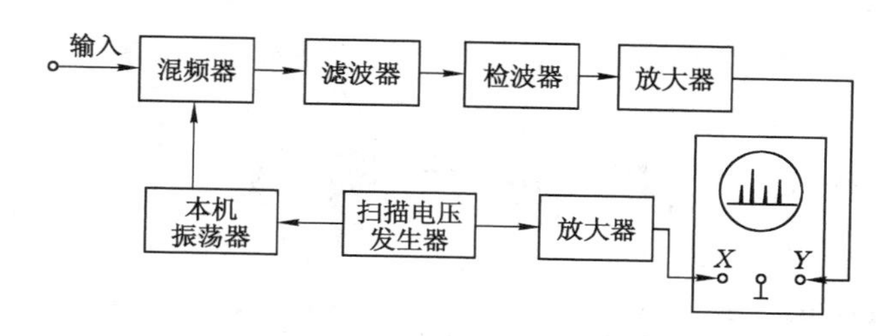

图 7-16　外差式频谱仪工作原理框图

振动分析中所使用的数字式频谱分析仪实际上是一个带有取样保持、A/D 转换及快速傅立叶变换(FFT)软件的计算机系统。目前许多专用的数字信号处理系统利用硬件来实现 FFT 运算,运算速度非常快,可以完成瞬态振动信号的实时测量与分析。随着计算机的发展,数字式波形频谱分析技术发展很快,可供测量者选择的方式是多样化的,例如瞬态波形记录仪、记录卡、数字式示波器、多功能数据采集板等,均可方便地同计算机接口实现振动测量中所需的频谱分析功能。除进行波形分析外,这种计算机系统还可方便地对被测信号进行存储、复制、打印、绘图,有的系统还可以实现对被测量对象的控制。

小　　结

本章概括介绍了转速测量的两种方法(机械式和非接触式测量),功率测量的两种类型(吸收式和传递式),振动测量的两种仪器(测振仪和频谱分析仪),举例说明转速测量在电子皮带秤和风力发电机中的应用场景。

习　　题

1A. 简述本章所介绍的转速测量系统的构成,所用传感器及仪器的种类、特点、使用范围。

2C. 采用磁电式转速传感器时,被测旋转轴上所安装的齿轮齿数为 60,这样做的目的是什么?

3C. 在一台电力测功器上力臂长度只为 0.954 9 m,砝码指示的力为 10 N,求原动机转速为 3 000 r/min 时的有效功率和扭矩。

4A. 振动传感器分为几种类型?它们是以何种方式工作的?

5D. 风力发电机除了需要测量风机转速以外,还需要测量哪些参数?测量方式有哪些?各自的优缺点如何?目前最新的技术有哪些?

8 生 产 实 践

本章提要　锅炉冷态空气动力场试验,锅炉燃烧调整试验,汽轮机热力性能试验,能源与动力工程测试技术在新能源领域中的应用。

重点与难点　试验方案设计,测点布置,试验数据处理和结果分析。

8.1 锅炉冷态空气动力场试验

8.1.1 设备概况

无锡锅炉厂生产的 UG-240/9.8-M5 型高压循环流化床锅炉,锅炉热效率可达 86.5%。当燃用含硫量较高的燃料时,通过向炉内添加石灰石,能显著降低二氧化硫的排放,同时由于锅炉燃烧温度在 900 ℃左右,可以有效地控制 NO_x 的排放,并降低对设备的腐蚀和烟气对环境的污染。它的炉渣又可做水泥等材料的掺和料。

锅炉为高温高压、单锅筒横置式、单炉膛、自然循环全悬吊结构、全钢架 π 型布置。锅炉运转层以上露天,运转层以下封闭,在运转层 8 m 标高设置混凝土平台。炉膛采用膜式水冷壁,锅炉中部是蜗壳式汽冷旋风分离器,尾部竖井烟道布置两级三组对流过热器,过热器下方布置三组膜式省煤器及一、二次风各两组空气预热器。

(1) 主要辅机设备规范

① 引风机

引风机的设备规范如表 8-1 所示。

表 8-1　引风机的设备规范

型　号	风量/(m^3/h)	风压/Pa	工作温度/℃	转速/(r/min)	方向
QAY75-1-20D	214 970	4 670	45/135 ℃	988	顺时针

② 一次风机

一次风机的设备规范如表 8-2 所示。

表 8-2 一次风机的设备规范

型 号	风量/(m^3/h)	风压/Pa	工作温度/℃	转速/(r/min)	方向
LQ-240ND. 18D	150 381	18 965	90/145 ℃	1 485	逆时针

③ 二次风机

二次风机的设备规范如表 8-3 所示。

表 8-3 二次风机的设备规范

型 号	风量/(m^3/h)	风压/Pa	工作温度/℃	转速/(r/mim)	方向
LG-240	86 914～110 004	10 771～10 363	90/135 ℃	1 480	顺时针

④ 返料风机

返料风机的设备规范如表 8-4 所示。

表 8-4 返料风机的设备规范

型 号	风量/(m^3/h)	风压/Pa	工作温度/℃	转速/(r/min)	方向
MJLSA150D	1 596	49 050	90/135 ℃	1 630	逆时针

(2) 锅炉运行所用煤的元素分析

锅炉运行所用煤的元素分析如表 8-5 所示。

表 8-5 煤的元素分析

序号	名 称	符 号	单 位	数 值
1	碳	C^y	%	31.51
2	氢	H^y	%	1.32
3	氧	O^y	%	8.36
4	氮	N^y	%	0.37
5	硫	S^y	%	0.81
6	灰分	A^y	%	38.9
7	水分	W^y	%	9.02
8	分析水分	W^y	%	4.25
9	挥发分	V_r	%	22.58
10	低位发热量	Q_{dw}^y	kJ/kg	11 037.6

8.1.2 试验目的

(1) 鉴定一、二次风机的风量和风压是否达到设计要求，能否满足沸腾燃烧所需要的风量和风压；

(2) 标定一、二次风机各测风装置的风量，校核控制室各风量表是否准确；

(3) 测定布风板空板阻力特性曲线；

(4) 检查布风板配风是否均匀，沸腾时有无死角；

(5) 确定冷态临界流化风量。

8.1.3 冷态试验项目

(1) 一、二次风机总风量、总风压测定；

(2) 标定一、二次风机各测风装置，校核控制室各风量表是否准确；

(3) 测定布风板空板阻力特性。

8.1.4 冷态试验测点

(1) 一次风机

① 出口风量测点；

② 出口静压测点；

③ 进口静压测点；

④ 两侧一次热风进风室管道上风量测点。

(2) 二次风机

① 出口风量测点；

② 出口静压测点；

③ 进口静压测点。

(3) 返料风机

① 出口风量测点；

② 出口静压测点；

③ 进口静压测点；

④ 在两个返料风门前安装风量、风压测点。

(4) 引风机

① 进口风量测点；

② 出口静压测点；

③ 进口静压测点。

(5) 炉膛尾部烟道

在除尘器入口安装风量测点。

(6) 说明

① 风量测孔全部采用管节焊接,焊接时应将管节从中切开,一分为二,用堵头堵好。

② 引风机、一次风机、二次风机、返料风机进或出口、除尘器入口烟风道风量测点采用2寸管节焊接。

③ 引风机、一次风机、二次风机、返料风机进或出口烟风道静压测点采用$\phi8\times2$ mm钢管焊接,钢管长度为150~200 mm。

④ 返料风风量测点采用6分管节焊接。

⑤ 具体焊接位置及数量由调试专业人员根据现场风道的实际情况,现场指定。

8.1.5 试验方法及步骤

(1) 一、二次风机、返料风机总风量、总风压测定

分别启动引风机和一、二次风机、返料风机,维持炉膛负压为$-20\sim-50$ Pa,保持一、二次风机入口风门开度为100%(或风机电流达到额定值),分别测定一、二次风机出口风道内动压、温度等数值,同时测量一、二次风机进、出口静压。根据测量数据,计算一、二次风机、返料风机风门全开时的风量和风机产生的全压。

(2) 标定一、二次风各测速元件,校核控制室各风量表是否准确

在每个测风装置处布置风量测孔,分别测量各测风装置处风量,同时记录控制室内各风量表的数值,标定一、二次风等各风量表,计算各流量表修正系数。

(3) 测定布风板空板阻力特性

关闭所有的炉门、放灰管和排渣管,先将一次风机入口风门关至最小,逐渐开启一次风机入口挡板,平缓地增加风量,并维持炉膛负压为$-20\sim-50$ Pa,记录风量变化数据,一般每增加1 000~3 000 m^3的风量记录一次,一直增加到最大风量,并记录相应的风量和风压。

从最大风量逐渐关小一次风机入口挡板,一般每减少1 000~3 000 m^3的风量记录一次,一直减少到最小风量,并记录相应的风量和风压。

用上行和下行数据的平均值作为流化床布风板阻力的最后数据,并画出空板阻力特性曲线,以供运行时参考。

(4) 测定点火料层厚度布风板阻力特性

床内铺上400 mm厚底料,依次启动引风机和一次风机,逐渐开启一次风机

入口挡板，平缓地增加风量，并维持炉膛负压为－20～－50 Pa，记录风量变化数据，一般每增加1 000～3 000 m^3 的风量记录一次，一直增加到最大风量，并记录相应的风量和风压。

从最大风量逐渐关小一次风机入口挡板，一般每减少1 000～3 000 m^3的风量记录一次，一直减少到最小风量，并记录相应的风量和风压。

用上行和下行数据的平均值作为流化床布风板阻力的最后数据，并画出料层厚度400 mm的阻力特性曲线。

(5) 临界风量及流化质量试验

在料层厚度400 mm时，当床料刚好达到正常流化时的风量，即为此料层厚度时的冷态临界风量。

在料层厚度400 mm，在床料能够正常流化状态时，停止一次风机和引风机，检查床面是否平整，若平整说明布风均匀，否则，高处说明风弱，低处说明风强，布风不均匀。

8.1.6 试验应具备的条件

(1) 试验所需的测点、脚手架安装搭设完毕。

(2) 床内无杂物(包括回燃装置)，床上风帽小孔无堵塞。

(3) 风烟系统应安装完毕，内部杂物清理干净，并经验收合格。

(4) 二次风机和引风机试运转完毕并验收合格，电气联锁能正常投入。

(5) 风烟系统的所有风门远方操作机构能够正常投入使用，开关应操作灵活，指示开度与实际开度应一致。

(6) 锅炉人孔门应齐全，开关灵活严密，炉底排渣口、分离器放灰口和除尘器下灰口应密封不漏风。

(7) 炉膛风烟系统、设备上的压力、温度、流量、电流、电压等表计应全部投入使用，并指示正确。

(8) 准备符合设计要求的足够底料，以备冷态试验及点火时使用。

(9) 在一、二次风机、返料风机出口安装风量和风压测点，在除尘器进、出口安装风量风压测点。

(10) 根据调试人员的要求在有关风量测点处安装测试所需有关脚手架、平台。

(11) 所有妨碍测试工作的杂物、脚手架应清理干净，试验时应中止一切影响测试的工作(如:保温、电焊、油漆、做地平等)。

(12) 试验用所有的脚手架、平台爬梯必须牢固安全。

(13) 现场照明已安装完毕，可以投入使用。

8.1.7 安全注意事项

(1) 引风机、一、二次风机、返料风机必须经过分部试运转并验收合格。

(2) 锅炉的辅机联锁试验合格，就地事故按钮经过打闸试验并合格。

(3) 在试验期间，风机的最大电流不应超过其额定电流值。

(4) 设备首次启动前，运行人员应根据规程要求对启用设备做仔细检查，调试、厂方、安装单位应有人在现场。

(5) 运行人员应听从调试人员的指挥，精心操作，发现问题及时汇报。

(6) 事故状态下，运行人员应根据《事故处理规程》紧急处理。

(7) 与试验工作无关的人员禁止进入试验现场。

(8) 参加试验的人员应佩戴工作证及安全帽，登高时应戴好安全带。

8.1.8 试验数据处理及计算

(1) 数据处理

选取测量记录的每一工况相对稳定的数据进行处理计算(包括平均值计算，当地大气压力、干湿球温度、测量通道截面尺寸等)，以此作为性能计算的依据。同一参数多重测点的测量值取算术平均值。

(2) 通道截面风流的平均压力计算

$$p = \sum p_i = \sum \rho g \Delta h_i \tag{8-1}$$

式中 p——通道截面的平均压力，Pa；

p_i——通道截面某测点处的压力，Pa；

ρ——测量仪器内所使用的流体密度，kg/m³；

g——测量当地的重力加速度，m²/s；

Δh_i——测量仪器内所使用的流体的高度差，m。

当阀门开度较小时，计算通道截面平均压力需要使用微压计进行测量，微压计内使用的工作流体为酒精，酒精的密度为 795 kg/m³；当阀门开度较大时，在测量通道截面的平均压力时使用的是 U 形管，使用的工作流体为水，水的密度为 1 000 kg/m³。

(3) 通道截面风流的平均风速计算

$$v=\sqrt{\frac{2p}{\rho_t}} \tag{8-2}$$

式中 v——通道截面的风流平均速度，m/s；

p——通道截面的风流平均压力，Pa；

ρ_t——通道截面在温度为 t ℃风流密度，kg/m³。

(4) 通道截面风流的体积流量计算

$$Q=3\ 600Av \tag{8-3}$$

式中 Q——通道截面风流的体积流量,m^3/h;

v——通道截面的风流平均速度,m/s;

A——通道的截面积,m^2。

(5) 布风板空板阻力特性测定

$$Q_\mu^1=\mu Q^1$$

$$Q_\mu^2=\mu Q^2$$

$$Q_\mu=\frac{Q_\mu^1+Q_\mu^2}{2} \tag{8-4}$$

式中 Q_μ^1——上行时修正后的一次风流量,m^3/h;

Q^1——上行时 DCS 显示的一次风流量,m^3/h;

Q_μ^2——下行时修正后的一次风流量,m^3/h;

Q^2——下行时 DCS 显示的一次风流量,m^3/h;

Q_μ——修正后的平均一次风流量,m^3/h;

μ——通道截面的风量修正系数。

根据修正后的平均一次风流量与一次风压绘制出布风板空板阻力特性曲线。

8.1.9 冷态试验结果及分析

(1) 一次风机总风量、总风压测定结果

在一次风阀门为10%、30%、60%、80%开度下,对一次总风量、总风压进行了试验。试验结果表明:在一次风阀门开度为10%时,现场实测总风量为15 790.01 m^3/h,DCS 显示总风量为 6 600 m^3/h;一次风阀门开度30%时,现场实测总风量为 47 370.02 m^3/h,DCS 显示总风量为 37 000 m^3/h;一次风阀门开度 60%时,现场实测总风量为 94 740.03 m^3/h,DCS 显示总风量为 95 000 m^3/h;一次风阀门开度 80%时,现场实测总风量为 126 320 m^3/h,DCS 显示总风量为118 000 m^3/h。而现场实测风压与 DCS 显示风压基本吻合(表 8-6、图 8-1、图 8-2)。

表 8-6 一次风机总风量、总风压测定试验结果

一次风阀门开度/%	10	30	60	80
现场实测总风量/(m^3/h)	15 790.01	47 370.02	94 740.03	126 320
DCS 显示总风量/(m^3/h)	6 600	37 000	95 000	118 000

表 8-6(续)

一次风阀门开度/%	10	30	60	80
各流量下修正系数	2.39	1.28	0.997	1.07
现场实测风压/Pa	200	350	2 600	4 250
DCS 显示风压/Pa	200	400	2 400	4 100

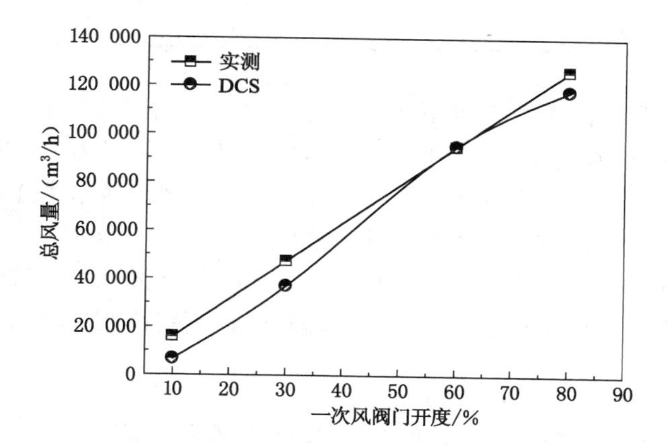

图 8-1 一次风阀门开度与总风量关系示意图

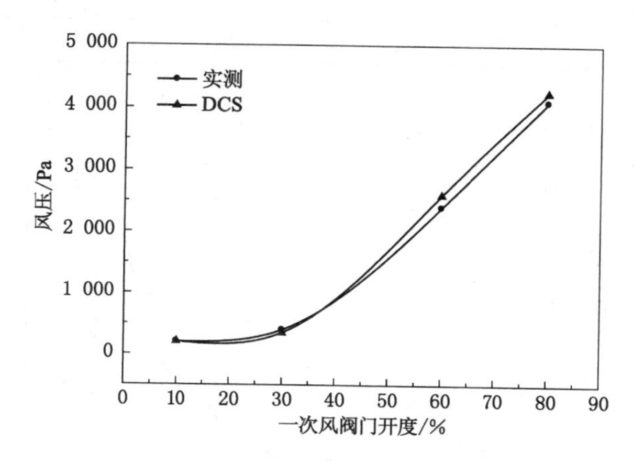

图 8-2 一次风阀门开度与风压关系示意图

(2) 二次风机总风量、总风压测定试验结果

二次风机总风量、总风压测定试验结果如表 8-7 所示。

表 8-7　二次风机总风量、总风压测定试验结果

二次风阀门开度/%	40
现场实测总风量/(m^3/h)	133 020.03
DCS 显示总风量/(m^3/h)	105 000
各流量下修正系数	1.26
现场实测风压/Pa	3 450
DCS 显示风压/Pa	3 500

在二次风阀门为 40%开度下，对二次总风量、总风压进行了试验。试验结果表明：现场实测总风量为 133 020.03 m^3/h，DCS 显示总风量为 105 000 m^3/h，流量表修正系数约为 1.26。而现场实测风压与 DCS 显示风压基本吻合。

（3）布风板空板阻力特性测定试验结果

在一次风阀门为 10%、20%、30%、40%、50%、65%、80%、100%开度下，对一次风量、风压进行了试验。对试验数据进行了修正处理，如表 8-8 和图 8-3 所示。

表 8-8　一次风机布风板风量、风压测定结果

阀门开度/%	10	20	30	40	50	65	80	100
一次风量/(km^3/h)	0	23.9	82.42	91.25	104.9	113.30	118.69	133.7
一次风压/kPa	0.05	0.1	0.4	0.85	1.6	2.9	4.15	5.1

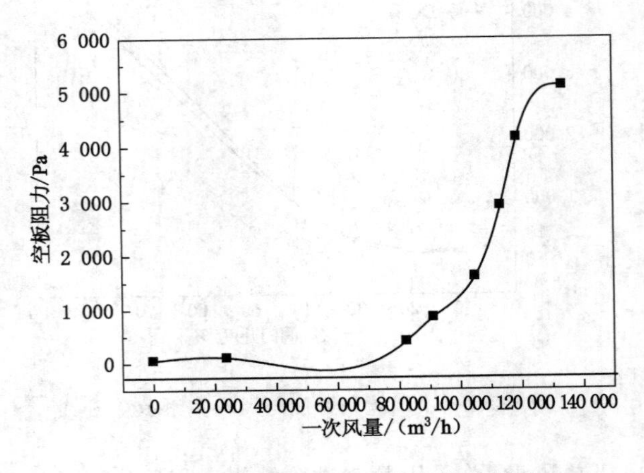

图 8-3　锅炉空板阻力特性曲线示意图

8.2 锅炉燃烧调整试验

设备概况、锅炉主要参数和技术经济指标与本章第一节相同。通过进行燃烧优化试验，使锅炉热效率达到较高水平，为锅炉安全、经济运行提供保证。

8.2.1 热态试验测点

(1) 排烟温度：在空气预热器出口，使用铠装热电偶及数字式温度表进行多次测量，求出烟温的算术平均值。

(2) 氧量：在空气预热器出口，用进口Testo325-2型烟气分析仪测量氧量，根据多次测量结果，求出氧量的算术平均值。

(3) 原煤采样：在给煤机头部落煤管处采样。

(4) 飞灰采样：在空气预热器后，使用飞灰采样器采样。

(5) 灰渣采样：在炉膛底部冷渣池处，使用专用灰渣采样器采样。

(6) 数据记录：表盘数据每工况20 min记录一次。

8.2.2 热态试验内容

(1) 改变一次风率试验；

(2) 改变含氧量试验；

(3) 锅炉不同负荷热效率试验。

8.2.3 热态试验方案

(1) 改变一次风率试验

① 工况1：保持总的风量不变，一次风量比例为59%，1号锅炉的热效率为89.692 232%，经送风、给水修正后，换算到设计条件下的锅炉热效率为87.856 506%。

② 工况2：保持总的风量不变，一次风量比例调至55%，飞灰中残余碳含量降低到1.69%，1号锅炉热效率为89.189 951%，经送风、给水修正后，换算到设计条件下的锅炉热效率为88.027 534%。

③ 工况3：保持总的风量不变，一次风量比例调至57%，1号锅炉热效率为89.582 246%，经送风、给水修正后，换算到设计条件下的锅炉热效率为88.295 683%。

综合上述试验、相关表格及图表(图8-4)，结合工况2来看，适当增大二次风量比例，增强了二次风穿透能力，减少了飞灰中残余含碳量，提高了锅炉热效率。

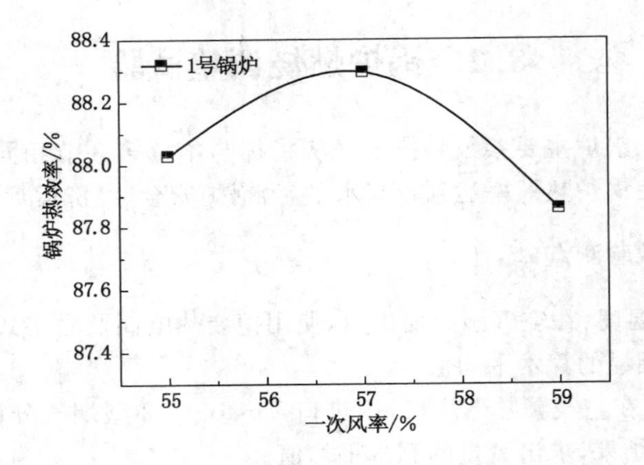

图 8-4 锅炉一次风率与锅炉效率关系示意图

但过大的增加二次风量比例，减小了燃烧室上下部温度及其分布产生的影响，影响了燃烧，使锅炉效率下降。因此，一次风量比例约为 60%比较合理。

（2）改变含氧量试验

① 工况Ⅰ：当含氧量为 3%时，1 号锅炉排烟热损失为 6.070 708 3%，锅炉热效率为 90.617 426%。经送风、给水修正后，换算到设计条件下的锅炉热效率为 89.553 12%。

② 工况Ⅱ：当含氧量为 3.25%时，1 号锅炉排烟温度及空气过量系数升高，排烟热损失增加，排烟热损失为 6.194 4%，灰渣未完全燃烧损失为 2.356 781%，锅炉热效率为 90.540 964%。经送风、给水修正后，换算到设计条件下的锅炉热效率为 88.959 057%。

③ 工况Ⅲ：当含氧量为 2.75%时，排烟温度及空气过量系数降低，排烟热损失降低，排烟热损失为 5.995 534 2%，灰渣未完全燃烧损失为 2.356 781%，1 号锅炉热效率为 90.828 722%，经送风、给水修正后，换算到设计条件下的锅炉热效率为 89.756 286%。

从上述试验、相关表格及图表（图 8-5）看出，含氧量为 2.75%时，锅炉的热效率最高，含氧量为 3%时次之，含氧量为 3.25%时，锅炉热效率最低。因此锅炉应在含氧量低于 3%时运行较经济。

（3）锅炉不同负荷热效率试验

① 工况Ⅰ：当发电负荷为 26 MW 时，排烟温度过高，排烟热损失为 7.060 444 8%，1 号锅炉热效率为 89.199 589%。经送风、给水修正后，换算到设计条件下的锅炉热效率为 88.084 711%。

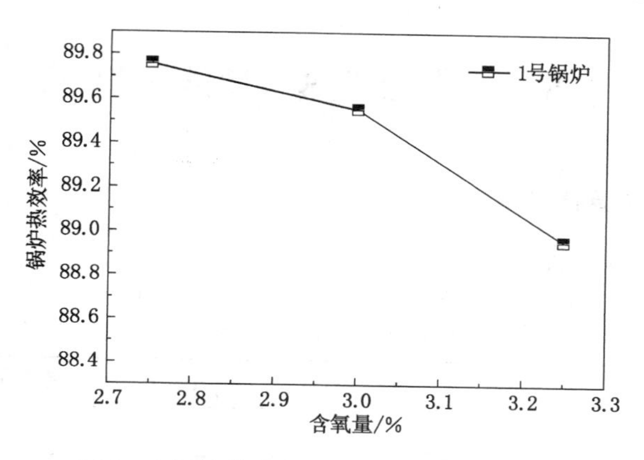

图 8-5 锅炉热效率与含氧量的关系示意图

② 工况Ⅱ:当发电负荷为 30 MW 时,排烟热损失为 5.592 079 9%,灰渣未完全燃烧损失为 2.356 781%,1 号锅炉热效率为 90.973 77%。经送风、给水修正后,换算到设计条件下的锅炉热效率为 90.013 059%。

③ 工况Ⅲ:当发电负荷为 35 MW 时,排烟温度及空气过量系数降低,排烟热损失降低,排烟热损失为 5.793 134 6%,灰渣未完全燃烧损失为 2.356 781%,1 号锅炉热效率为 90.984 656%。经送风、给水修正后,换算到设计条件下的锅炉热效率为 90.389 933%。

从上述试验、相关表格及图表(图 8-6)看出,发电负荷为 35 MW 时,锅炉的热效率最高,发电负荷为 30 MW 时次之,发电负荷为 26 MW 时,锅炉热效率最低,但随着负荷的增加,锅炉热效率增加的速率变小。因此锅炉应尽可能在高发电负荷下运行较经济。

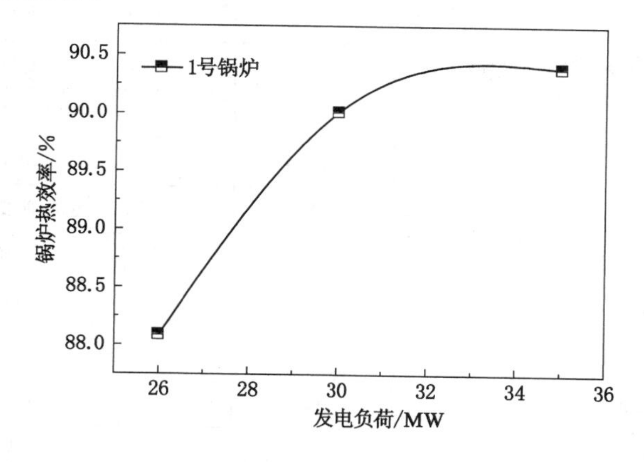

图 8-6 锅炉热效率与发电负荷的关系示意图

8.3 汽轮机热力性能试验

8.3.1 汽轮机主要技术规范

汽轮机主要技术规范如表 8-9 所示。

表 8-9 汽轮机主要技术规范

1	制造厂	上海汽轮机有限公司	
2	型号	N320-16.7/537/537	
3	型式	亚临界、一次中间再热、单轴、反动式、两缸双排汽、凝汽式	
4	额定功率	MW	320
5	最大功率	MW	330
6	额定主蒸汽压力	MPa	16.7
7	额定主蒸汽温度	℃	537
8	额定主蒸汽流量	t/h	909.3
9	最大主蒸汽流量	t/h	1 025.0
10	额定热再热蒸汽温度	℃	537
11	额定给水温度	℃	279
12	额定背压(冷却水温 20 ℃)	kPa	5.39
13	夏季背压(冷却水温 33 ℃)	kPa	11.8
14	额定转速	r/min	3 000
15	旋转方向(从汽轮机向发电机看)	—	顺时针
16	配汽方式	—	喷嘴+节流
17	热耗率	kJ/(kW·h)	7 898
18	回热级数	级	8 级:三高、四低、一除氧
19	整机通流级数	级	38(结构级)
20	高压缸级数	级	I+13
21	中压缸级数	级	10
22	低压缸级数	级	2×7
23	末级叶片长度	mm	902

回热系统布置有4台低压加热器、1台除氧器及3台高压加热器,高加疏水逐级回流至除氧器,低加疏水逐级回流至凝汽器。高、低压加热器均为表面式加热器,均设有内置式疏水冷却段,3台高压加热器还带有内置式蒸汽冷却段。给水系统配置两台50%BMCR容量的汽动给水泵,另设有一台30%BMCR容量的电动给水泵作为启动泵。

热力系统主要设计参数如表8-10所示。

表8-10 热力系统主要设计参数

主汽门、调节阀及进汽管道压损	2.28%
再热器及管道压损	10%
中联门及管道压损	1.5%
各段加热器抽汽管道压损	#1、#2、#3高加为3%,其余为5%
小机进汽管道压损	5%
中低压联通管压损	1%
高压加热器上端差	−1.7 ℃(1号)、0 ℃(2、3号)
低压加热器上端差	均为2.78 ℃
各加热器下端差	5.6 ℃

8.3.2 试验内容和目的

(1) 通过试验测定汽轮机在额定负荷工况下的热耗率。

(2) 通过试验测定汽轮机高、中压缸之间的过桥汽封漏汽流量。

(3) 通过试验测定机组在额定负荷下的厂用电率和发、供电煤耗率。

(4) 通过试验对机组性能进行综合计算分析,给出热力性能评价。

8.3.3 试验标准及基准

(1) 试验标准:国家标准《汽轮机热力性能验收试验规程 第1部分:方法A 大型凝汽式汽轮机高准确度试验》(GB/T 8117.1—2008)。

(2) 水和水蒸气性质表:采用国际公式化委员会1967年工业用IFC方程。

(3) 试验基准:负荷基准。

8.3.4 试验工况

全部试验工况详见表8-11。

表 8-11　试验工况表

序号	工况	试验测试内容	试验时间
1	320 MW 预备性试验工况	系统摸底,检查泄漏阀门	90 min
2	320 MW 工况 1	热耗率、缸效率、厂用电率	90 min
3	320 MW 工况 2(重复性试验)	热耗率、缸效率、厂用电率	90 min
4	变汽温试验工况 1	高、中压缸间过桥汽封漏汽量	90 min
5	变汽温试验工况 2		90 min

8.3.5　试验测点及仪表

(1) 本次试验测点按照 GB/T 8117.1—2008 试验规程要求并结合现场实际条件进行布置。

(2) 主要测点有发电机端电功率,高厂变有功功率,主蒸汽压力和温度,高压缸排汽压力和温度,热再热蒸汽压力和温度,最终给水温度,中压缸排汽压力和温度,低压缸排汽压力,各加热器进汽压力和温度,各加热器进、出水温度和疏水温度,凝结水流量、减温水流量以及其他辅助流量等。

(3) 主流量测量:采用安装在 5 号低加出口的低 β 值喉部取压长径喷嘴测量除氧器入口凝结水流量,作为试验计算的主流量。

(4) 辅助流量测量:小机进气流量,过热减温水、再热减温水流量及给水泵密封水进水流量等采用现场安装的标准节流孔板或喷嘴进行测量,给水泵密封水回水流量采用超声波流量计测量。

(5) 系统内明漏流量测量:漏出热力系统的无法隔离的明漏量,由试验人员采用容积法使用量筒和秒表测量。

(6) 电功率测量:采用 0.1 级精度的 YOKOGAWA WT230 型数字功率表测量发电机功率。功率表输出信号送至计算机进行自动采集,记录功率、功率因数、频率、各相电压、电流等参数。

(7) 厂用电测量:采用电厂现场安装的运行电度表对高厂变和启备变进行功率测量,同时记录电流、电压等参数。

(8) 压力测量:采用精度为 0.075 级的 ROSEMOUNT 3051 型绝对压力变送器或表压变送器测量,并对试验数据进行相应的仪表校验值、大气压力、水柱高差等修正。

(9) 流量差压测量:除氧器入口凝结水流量、过热减温水流量、再热减温水流量、小机进气流量等均采用热工院精度为 0.075 级的 ROSEMOUNT 3051 型差压变送器测量,测量值经仪表校验值修正。

(10) 温度测量:采用 NANMAC 工业Ⅰ级精度 E 型热电偶测量,热电偶补偿导线为精密级连续导线,冷端在数据采集系统中进行自动补偿,测量值经仪表校验值修正。

(11) 数据采集:采用英国施伦伯杰公司生产的 0.02 级 IMP 分散式数据采集系统,配备便携式计算机,自动记录压力、差压、温度等测量值,并进行相应数据修正处理。

(12) 系统内储水容器的水位测量:除氧器水箱、凝汽器热井等系统内储水容器水位数据采用 DCS 数据。

8.3.6 试验条件

(1) 机组设备条件

① 汽轮机、锅炉及辅助设备运行正常、稳定、无泄漏。

② 轴封系统运行良好。

③ 真空系统严密性符合要求。

(2) 系统条件

① 试验热力系统应严格按照设计热平衡图所规定的热力循环运行并保持稳定。

② 系统隔离符合试验要求。管道、阀门无异常泄漏,系统不明泄漏量要求小于额定主蒸汽流量的 0.1%,最大不应超过 0.3%。

(3) 运行条件

汽轮机运行参数应尽可能按照设计热平衡图提供的参数保持稳定,以减少它们对试验结果的修正。其平均值偏差及波动值不应超过表 8-12 中所规定的范围。

表 8-12 各主要测量值的最大允许偏差

运行参数	试验工况平均值与设计工况的允许偏差	单个测量值与平均值之间的最大允许波动
主蒸汽压力	±3%	±0.25%
主蒸汽温度	±16 ℃	±4 ℃
再热蒸汽压降	±50%	—
再热蒸汽温度	±16 ℃	±4 ℃
排汽压力	±2.5%	±1.0%
抽汽压力	±5%	—

表 8-12(续)

运行参数	试验工况平均值与设计工况的允许偏差	单个测量值与平均值之间的最大允许波动
抽汽流量	±5%	—
最终给水温度	±6 ℃	—
电功率	—	±0.25%
功率因数	—	±1.0%
转速	±5%	±0.25%

同时凝汽器热井、除氧器水箱水位维持恒定或稳定变化，无大的波动；各加热器水位正常、稳定；不投或尽量少投再热器减温水和过热器减温水，如果必须投减温水，则应保持减温水在试验持续时间内恒定。

(4) 仪表条件

试验仪表校验合格，工作正常；测试系统安装及接线正确；数据采集系统设置正确，数据采集正常。

8.3.7 试验方法

(1) 预备性试验

在进行正式试验之前，须进行预备性试验，预备性试验的要求与正式试验的要求完全相同，预备性试验在额定负荷(320 MW)下进行。进行预备性试验的同时进行系统泄漏率测试，目的是检查热力系统的阀门内、外泄漏状况，并计算出热力系统的不明泄漏损失量，以便进一步的系统检查以及完善阀门隔离等。

(2) 热耗率试验

热耗率试验在额定负荷、五阀全开条件下进行，试验同时测量汽轮机高、中、低压缸效率、回热系统性能以及厂用电率、主要辅机功耗等。试验前调整机组运行参数及回热系统，以尽量接近设计热平衡图的参数值，主要参数稳定运行一段时间(一般约半小时)后开始进行正式试验。

(3) 变汽温试验

通过变汽温试验方法来测试机组高、中压缸之间的过桥汽封漏汽流量。该试验方法为：通过改变主蒸汽和热再热蒸汽温度，比较实测的中压缸效率变化，进而计算得到实际的漏汽流量。变汽温试验在额定负荷下进行，主蒸汽压力要求达到设计值，第一个工况要求主蒸汽温度 538 ℃，热再热蒸汽温度为 508 ℃；第二个工况要求主蒸汽温度为 508 ℃，热再热蒸汽温度为 538 ℃。若调整存在困难，则尽可能满足试验要求，在能够实现的温度范围内进行试验。

(4) 试验系统隔离

① 试验时热力系统应当同设计热平衡图所规定的热力循环严格一致。任何与该热力循环无关的进、出系统的流量及其他系统都必须隔离,无法隔离的流量要进行测量。

② 在试验前根据机组运行热力系统拟定并提交《系统隔离清单》,交电厂组织人员讨论批准后实施。一般根据机组实际运行情况将要隔离的阀门分为三类:A类是机组正常运行时可以长期隔离的阀门(如管道、阀门的疏水等);B类是试验期间(通常2～3天)可以暂时隔离的阀门;C类是试验前必须隔离,但试验后要立即恢复的阀门(如凝汽器补水等)。试验前可分期、分批进行隔离操作。

③ 通常大多数需隔离的阀门属于A类和B类,这些阀门的隔离操作和检查工作量相当大,可在试验前几天就开始进行。

④ 试验前由电厂运行人员进行阀门隔离操作,试验人员在现场检查并确认隔离。系统隔离的优劣对试验结果的准确性有着非常重大的影响,应特别予以重视,仔细隔离和严格检查。

(5) 试验持续时间和读数频率

机组稳定运行半小时后开始试验,稳定后记录时间为1～2 h。IMP数据采集频率和DCS数据采集频率均为20 s一次,人工记录数据频率为5 min,无法隔离的明漏量每一工况测量记录一次。

8.3.8 试验程序

(1) 按试验要求进行系统隔离,并进行检查。

(2) 试验开始前,可根据运行实际情况将除氧器水箱、凝汽器热井补至略高水位,以维持试验进行中不向系统内补水。

(3) 退出AGC及一次调频,以减少电网对机组运行工况的影响。

(4) 调整运行参数,使之尽可能达到设计值,并维持参数稳定,偏差及波动值符合试验规程要求。

(5) 机组设备及系统稳定运行足够时间(一般是0.5 h),并按规定时间统一开始试验数据采集和记录。

(6) 试验结束,由试验负责人汇总试验采集数据及人工记录数据,确认有效。

(7) 在试验过程中,除影响机组安全的因素外,不得对机组设备及热力系统进行与试验无关的操作。停止向系统外排污、排水、排汽以及化学取样。

(8) 在试验进行期间,如发生任何危及机组安全运行的情况,运行人员应按电厂运行规程进行有关操作,试验立即停止。

8.3.9 试验结果的计算及修正

(1) 数据处理

① 选取数据采集系统记录的每一工况相对稳定的一段连续记录数据(一般为1 h)求取平均值,作为性能计算的依据。

② 同一参数多重测点的测量值取算术平均值。

③ 人工记录的各储水容器水位变化量根据容器尺寸、记录时间和介质密度将其换算成当量流量。

(2) 试验结果的计算

① 试验结果的计算:根据 GB/T 8117.1—2008 试验规程的要求并参照 ASME PTC6A—2000 算例及其他相关规程的方法,进行最终给水流量计算、主蒸汽流量计算、再热蒸汽流量计算、试验热耗率和缸效率计算等。

② 高、中压缸的效率根据实测的进出高、中压缸蒸汽的参数确定。高压缸效率计算以机侧自动主汽门前主蒸汽压力和温度作为进口参数,以高压缸排汽逆止门前压力和温度作为出口参数;中压缸效率计算以机侧中联门前再热蒸汽压力和温度作为进口参数,以中低压联通管压力和温度作为出口参数。

③ 轴封、门杆漏汽等蒸汽流量取设计值。

④ 系统不明泄漏量的分配:如果系统不明泄漏率不超过0.1%,则系统不明泄漏量全部划归锅炉侧;若系统不明泄漏率大于0.1%、小于0.3%,则0.1%这部分归锅炉,其余部分机炉各一半。

(3) 试验结果的修正

试验工况与规定工况的偏差应在试验结果中予以修正。修正计算包括系统修正(第一类修正)和参数修正(第二类修正)。其中,系统修正主要包括过热减温水和再热减温水流量的修正,参数修正包括:① 主蒸汽压力;② 主蒸汽温度;③ 再热蒸汽温度;④ 排汽压力。

系统修正和参数修正均根据制造厂提供的修正曲线进行计算。

8.3.10 试验安全注意事项

(1) 全体试验人员均应在试验前熟悉试验工作内容及试验安全措施。

(2) 试验负责人、专业技术人员和技术工人的技术素质需符合试验要求。

(3) 试验机械、工器具及安全防护设施、安全用具必须满足安全需要。电厂负责在现场搭建的脚手架、围栏等必须满足安全要求。

(4) 试验期间,热工院指派专人担任汽机侧试验安全员,负责本试验项目的有关安全工作。

（5）试验过程中应严格执行《电业安全工作规程》《电业生产事故调查规程》《电力设备典型消防规程》等有关规定和电厂的《“两票”管理制度》《消防保卫管理规定》及安全文明生产的相关规定、制度。

（6）在有危险性的电力生产区域内作业，有可能造成火灾、爆炸、触电、中毒、窒息、机械伤害、烧烫伤等及可能引起生产设备停电、停运事故时，热工院必须事先报经电厂同意。

（7）对于现场运行设备，如需操作，必须经电厂方同意，并由电厂相关人员完成，其他试验人员不得对运行设备进行任何操作。

8.4 能源与动力工程测试技术在新能源领域中的应用

随着常规能源的紧缺以及“双碳”目标的提出，新能源与可再生能源的开发、转化与利用越来越多。各类新能源发电设备接入电网后，将与电网、其他新能源发电设备相互作用，并可能导致电网出现宽频带范围内的复杂振荡现象。因此，为了保障电网的安全稳定运行，促进新能源消纳，使新能源接入电网的系统更加稳定，在新能源与可再生能源的开发、转化与利用过程中，需要监测各种热工参数，由于内容篇幅所限，这里只做一些相关测量参数的简单介绍。

风能在开发利用过程中需要在线监测风速、风向、风速标准偏差、气温、大气压力。测量仪器有测风仪、大气温度计、大气压力计等。

地热能在开发利用过程中需要通过地球物理地热勘探获得温度、孔隙度、渗透率、流体盐度以及压力等参数。其中一些参数依靠传统方法不能直接在地球表面测量得到，但可以通过间接测量得到相关信息，这些参数包括温度、电阻率、磁化强度、密度、波速、热导率和渗透电位。地球物理地热勘探分为直接测量方法和间接测量（结构测量）方法。直接测量方法可以获得地热活动相关信息，包括热力学方法、电阻率法、自然电位法等；间接测量方法则揭示了地质构造及地质体空间关系以及其中隐含的地热信息，主要包括磁法测量、重力测量、遥感法以及地震方法。在地热勘探中利用紫外线成像技术，可以圈定次生矿物和热流分布范围，揭示区域地质背景。

生物质是一种可再生的清洁能源，具有分布广泛、贮藏量大和易获得等优势，在能源利用中越来越受到重视。但是生物质原料成分比较复杂，需要进行水分检测、灰分检测、燃烧值检测、热效率检测、挥发分检测、固定碳检测、热值检测、成分含量检测、成分分析、标准曲线检测、碱度检测、组分检测、熔点检测、阳离子交换量检测、挥发分检测、萃取物检测、含水率检测等。关于生物质能的主要检测标准有：《固体生物质燃料检验通则》（GB/T 21923—2008），《固体生物质燃料工业分析方法》(GB/T 28731—2012),《固体生物质燃料全水分测定方法》(GB/T 28733—2012),《生物质术语》(GB/T 30366—2013)等。

海洋能一般分为潮汐能、潮流能、波浪能、海水温差能、海水盐差能。潮汐能需要测量的数据有潮型、潮位、潮差、平均高潮位、平均低潮位等;潮流能需要测量的数据有潮流总潮量、潮流总功率、潮流能功率密度等;波浪能需要测量的有波峰、波振幅、最大波高、波浪能密度等。测试装置有海洋能原理样机、海洋能试验样机、海洋能试验水槽等。

光热发电站需要测量的参数除了介质温度、流量、压力以外,还有热盐罐日降温量、储热小时数、年等效利用小时数、年单位发电量耗水率等。

氢能的氢气制备分为重整制氢、水电解制氢、热化学制氢、核能制氢等。储氢方式有高压储氢、液态储氢、氢浆、氢气罐,在存储、运输过程中需要测量压力、温度等重要参数。

可燃冰开采过程中需要测量温度、压力、气体饱和度、水的盐度、pH 值等参数。为了精确研究可燃冰的晶体结构,通常需要使用 X 射线衍射技术和中子散射技术,通过这些技术可以观察到可燃冰的衍射峰。

水力发电站建造前需要测量水电站上、下游水位及装置水头,水轮机提供工作水头和引用流量,进水口拦污栅前、蜗壳进口压力,水轮机顶盖压力,尾水管进口真空,尾水管水流特性等水力参数。根据需要,在某些机组上还要设置水轮机空蚀、机组的振动与轴向位移测量装置。

小　结

本章提供了锅炉冷态空气动力场试验、锅炉燃烧调整试验、汽轮机热力性能试验三个综合生产实践案例,详细介绍了方案设计、试验条件、测点布置、结果处理及分析等环节,最后简述了能源与动力工程测试技术在新能源领域中的应用现状。

习　题

1A. 锅炉冷态空气动力场试验目的是什么?需要测量哪些参数?

2B. 锅炉冷态空气动力场试验测量参数与最终测试结果存在何种联系?

3C. 锅炉冷态空气动力场试验中测量结果是否存在误差?主要原因是什么?如何修正?

4A. 锅炉燃烧调整试验的目的是什么?需要测量哪些参数?测点如何

布置?

5C. 锅炉燃烧调整试验的结果是否存在误差?主要原因是什么?如何修正?

6A. 汽轮机热力性能试验的目的是什么?需要测量哪些参数?

7B. 汽轮机热力性能试验的测量参数与最终测试结果存在何种联系?

8D. 简述火力发电厂在超低排放过程中需要测量哪些参数?

9D. 简述光热发电站在生产过程中需要测量哪些参数?

附　　录

附表 1　铂铑 13-铂热电偶(R 型)$E(t)$分度表

温度单位:℃　电压单位:mV(参考端温度:0 ℃)

T/℃	0	10	20	30	40	50	60	70	80	90
−100						−0.226	−0.118	−0.145	−0.100	−0.051
0	0.000	0.054	0.111	0.171	0.232	0.296	0.363	0.431	0.501	0.573
100	0.647	0.723	0.800	0.879	0.959	1.041	1.124	1.208	1.294	1.381
200	1.469	1.558	1.648	1.739	1.831	1.923	2.017	2.112	2.207	2.304
300	2.401	2.498	2.597	2.696	2.796	2.896	2.997	3.009	3.201	3.304
400	3.408	3.512	3.616	3.721	3.827	3.933	4.040	4.147	4.255	4.363
500	4.471	4.580	4.690	4.800	4.910	5.021	5.133	5.245	5.357	5.470
600	5.583	5.697	5.812	5.926	6.041	6.157	6.273	6.390	6.507	6.625
700	6.743	6.861	6.980	7.100	7.220	7.340	7.461	7.583	7.705	7.827
800	7.950	8.073	8.197	8.321	8.446	8.571	8.697	8.823	8.950	9.077
900	9.205	9.333	9.461	9.590	9.720	9.850	9.980	10.111	10.242	10.374
1 000	10.506	10.638	10.771	10.905	11.039	11.173	11.307	11.442	11.578	11.714
1 100	11.850	11.986	12.123	12.260	12.397	12.535	12.673	12.812	12.950	13.089
1 200	13.228	13.367	13.507	13.646	13.786	13.926	14.066	14.207	14.347	14.488
1 300	14.629	14.770	14.911	15.052	15.193	15.334	15.475	15.616	15.758	15.899
1 400	16.040	16.181	16.323	16.464	16.605	16.746	16.887	17.028	17.169	17.310
1 500	17.451	17.591	17.732	17.872	18.012	18.152	18.292	18.431	18.571	18.710
1 600	18.849	18.988	19.126	19.264	19.402	19.540	19.677	19.814	19.951	20.087
1 700	20.222	20.356	20.488	20.620	20.749	20.877	21.003			

附表 2　铜-铜镍合金(康铜)热电偶(T 型)$E(t)$分度表

温度单位:℃　电压单位:mV(参考端温度:0 ℃)

T/℃	0	10	20	30	40	50	60	70	80	90
−300				−6.258	−6.232	−6.180	−6.105	−6.007	−5.888	−5.735
−200	−5.603	−5.439	−5.261	−5.070	−4.865	−4.648	−4.419	−4.117	−3.923	−3.657

附表 2(续)

T/℃	0	10	20	30	40	50	60	70	80	90
−100	−3.379	−3.089	−2.788	−2.476	−2.153	−1.819	−1.475	−1.121	−0.757	−0.383
0	0.000	0.391	0.790	1.196	1.612	2.036	2.468	2.909	3.358	3.814
100	4.279	4.750	5.228	5.714	6.206	6.704	7.209	7.720	8.237	8.759
200	9.288	9.822	10.362	10.907	11.458	12.013	12.574	13.139	13.709	14.283
300	14.826	15.445	16.032	16.624	17.219	17.819	18.422	19.030	19.641	20.255
400	20.872									

附表 3　铂铑 10-铂热电偶(S 型)*E*(*t*)分度表

温度单位:℃　电压单位:mV(参考端温度:0 ℃)

温度	0	−10	−20	−30	−40	−50	−60	−70	−80	−90
0	0	−0.052 7	−0.102 8	−0.150 1	−0.194 4	−0.235 6				
温度	0	10	20	30	40	50	60	70	80	90
0	0	0.055 3	0.112 9	0.172 8	0.234 9	0.298 9	0.364 9	0.432 7	0.502 2	0.573 3
100	0.645 9	0.72	0.795 5	0.872 2	0.950 2	1.029 4	1.109 7	1.191	1.273 3	1.356 6
200	1.440 8	1.525 8	1.611 6	1.698 2	1.785 5	1.873 6	1.962 3	2.051 6	2.141 5	2.232
300	2.323	2.414 6	2.506 7	2.599 3	2.692 3	2.785 8	2.879 7	2.974	3.068 7	3.163 9
400	3.259 4	3.355 2	3.451 4	3.548	3.644 9	3.742 2	3.839 8	3.937 7	4.035 9	4.134 4
500	4.233 3	4.332 5	4.431 9	4.531 7	4.631 8	4.732 2	4.832 9	4.933 9	5.035 2	5.136 8
600	5.238 7	5.340 9	5.443 5	5.546 3	5.649 5	5.753	5.856 8	5.960 9	6.065 4	6.170 1
700	6.275 2	6.380 7	6.486 5	6.592 6	6.699	6.805 8	6.913	7.020 5	7.128 3	7.236 5
800	7.345	7.453 9	7.563 1	7.672 6	7.782 5	7.892 8	8.003 4	8.114 3	8.225 6	8.337 3
900	8.449 2	8.561 6	8.674 2	8.787 2	8.900 5	9.014 1	9.128 1	9.242 3	9.356 9	9.471 9
1 000	9.587 1	9.702 6	9.818 5	9.934 7	10.051 2	10.168	10.285 1	10.402 6	10.520 3	10.638 3
1 100	10.756 5	10.875	10.993 7	11.112 7	11.231 8	11.351 1	11.470 7	11.590 4	11.710 3	11.830 3
1 200	11.950 5	12.070 9	12.191 4	12.312	12.432 7	12.553 6	12.674 5	12.795 6	12.916 7	13.037 8
1 300	13.159 1	13.280 4	13.401 7	13.523	13.644 4	13.765 8	13.887 2	14.008 6	14.129 9	14.251 3
1 400	14.372 6	14.493 9	14.615 1	14.736 2	14.857 3	14.978 3	15.099 2	15.22	15.340 7	15.461 2
1 500	15.581 7	15.702	15.822 1	15.942 1	16.061 9	16.181 6	16.301	16.420 3	16.539 4	16.658 2
1 600	16.776 8	16.895 2	17.013 4	17.131 3	17.248 9	17.366 3	17.483 4	17.600 2	17.716 5	17.832 3
1 700	17.947 3	18.061 3	18.174 1	18.285 5	18.395 3	18.503 3	18.609 3			

附表 4　镍铬-镍硅热电偶(K 型)$E(t)$分度表

温度单位:℃　电压单位:mV(参考端温度:0 ℃)

温度	0	−10	−20	−30	−40	−50	−60	−70	−80	−90
−200	−5.891 4	−6.034 6	−6.158 4	−6.261 8	−6.343 8	−6.403 6	−6.441 1	−6.457 7		
−100	−3.553 6	−3.852 3	−4.138 2	−4.410 6	−4.669	−4.912 7	−5.141 2	−5.354	−5.550 3	−5.729 7
0	0	−0.391 9	−0.777 5	−1.156 1	−1.526 9	−1.889 4	−2.242 8	−2.586 6	−2.920 1	−3.242 7
温度	0	10	20	30	40	50	60	70	80	90
0	0	0.396 9	0.798 1	1.203 3	1.611 8	2.023 1	2.436 5	2.851 2	3.266 6	3.681 9
100	4.096 2	4.509 1	4.919 9	5.328 4	5.734 5	6.138 3	6.540 2	6.940 6	7.34	7.739 1
200	8.138 5	8.538 6	8.939 9	9.342 7	9.747 2	10.153 4	10.561 3	10.970 9	11.382 1	11.794 7
300	12.208 6	12.623 6	13.039 6	13.456 6	13.874 5	14.293 1	14.712 6	15.132 7	15.553 6	15.975
400	16.397 1	16.819 8	17.243 1	17.666 9	18.091 1	18.515 8	18.940 9	19.366 3	19.792 1	20.218 1
500	20.644 3	21.070 6	21.497 1	21.923 6	22.35	22.776 4	23.202 7	23.628 8	24.054 7	24.480 2
600	24.905 5	25.330 3	25.754 7	26.178 6	26.602	27.024 9	27.447 1	27.868 6	28.289 5	28.709 6
700	29.129	29.547 6	29.965 3	30.382 2	30.798 3	31.213 5	31.627 7	32.041	32.453 4	32.864 9
800	33.275 4	33.684 9	34.093 4	34.501	34.907 5	35.313 1	35.717 7	36.121 2	36.523 8	36.925 4
900	37.325 9	37.725 5	38.124	38.521 5	38.918	39.313 5	39.708	40.101 5	40.493 9	40.885 3
1 000	41.275 6	41.664 9	42.053 1	42.440 3	42.826 3	43.211 2	43.595 1	43.977 7	44.359 3	44.739 6
1 100	45.118 7	45.496 6	45.873 3	46.248 7	46.622 7	46.995 5	47.366 8	47.736 8	48.105 4	48.472 6
1 200	48.838 2	49.202 4	49.565 1	49.926 3	50.285 8	50.643 9	51.000 3	51.355 2	51.708 5	52.060 2
1 300	52.410 3	52.758 8	53.105 8	53.451 2	53.795 2	54.137 7	54.478 8	54.818 6		

附表 5　镍铬-铜镍合金(康铜)热电偶(E 型)$E(t)$分度表

温度单位:℃　电压单位:mV(参考端温度:0 ℃)

T/℃	0	10	20	30	40	50	60	70	80	90
−300				−9.835	−9.797	−9.718	−9.604	−9.455	−9.274	−9.036
−200	−8.825	−8.561	−9.273	−7.963	−7.632	−7.297	−6.907	−6.516	−6.107	−5.681
−100	−5.237	−4.777	−4.302	−3.811	−3.306	−2.787	−2.255	−1.709	−1.152	−0.582
0	0.000	0.591	1.192	1.801	2.420	3.048	3.685	4.330	4.985	5.648
100	6.319	6.998	7.685	8.379	9.081	9.789	10.503	11.244	11.951	12.684
200	13.421	14.164	14.912	15.664	16.420	17.181	17.945	18.713	19.484	20.259
300	21.036	21.817	22.600	23.386	24.174	24.964	25.757	26.552	27.384	28.146
400	28.946	29.747	30.550	31.354	32.159	32.965	33.772	34.579	35.387	36.196

附表 5(续)

T/℃	0	10	20	30	40	50	60	70	80	90
500	37.005	37.815	38.624	39.434	40.243	41.053	41.826	42.671	43.479	44.286
600	45.093	45.900	46.705	47.509	48.313	49.116	49.917	50.718	51.517	52.315
700	53.112	53.908	54.703	55.497	56.289	57.080	57.870	58.659	59.446	60.232
800	61.017	61.801	62.583	63.364	64.144	64.922	65.698	66.473	67.246	68.017
900	68.787	69.554	70.319	71.082	71.844	72.603	73.360	74.115	74.869	75.621
1 000	76.373									

附表 6　铂铑 30-铂铑 6 热电偶(B 型)$E(t)$分度表

温度单位:℃　电压单位:mV(参考端温度:0 ℃)

T/℃	0	10	20	30	40	50	60	70	80	90
−300				−6.458	−6.441	−6.404	−6.344	−6.262	−6.158	−6.035
−200	−5.891	−5.730	−5.550	−5.354	−5.341	−4.913	−4.669	−4.411	−4.138	−3.852
−100	−3.554	−3.243	−2.920	−2.587	−2.243	−1.889	−1.527	−1.156	−0.778	−0.392
0	0.000	0.397	0.798	1.203	1.612	2.023	2.436	2.851	3.267	3.682
100	4.096	4.509	4.920	5.328	5.735	6.138	6.540	6.941	7.340	7.739
200	8.138	8.539	8.940	9.343	9.747	10.153	10.561	10.971	11.382	11.795
300	12.209	12.624	13.040	13.457	13.874	14.293	14.713	15.133	15.554	15.975
400	16.397	16.820	17.243	17.667	18.091	18.561	18.941	19.366	19.792	20.218
500	20.644	21.071	21.497	21.924	22.350	22.766	23.203	23.629	24.055	24.480
600	24.905	25.330	25.755	26.179	26.602	27.025	27.447	27.869	28.289	28.710
700	29.129	29.548	29.965	30.382	30.798	31.213	31.628	32.041	32.453	32.865
800	33.275	33.685	34.093	34.501	34.908	35.313	35.718	36.121	36.524	36.925
900	37.326	37.725	38.124	38.522	38.918	39.314	39.708	40.101	40.949	40.885
1 000	41.276	41.665	42.035	42.440	42.826	43.211	43.595	43.978	44.359	44.740
1 100	45.119	45.497	45.873	46.249	46.623	46.995	47.367	47.737	48.105	48.473
1 200	48.838	49.202	49.565	49.926	50.286	50.644	51.000	51.355	51.708	52.060
1 300	52.410	52.759	53.106	53.451	53.795	54.138	54.479	54.819		

附表7　镍铬硅-镍硅热电偶(N型)$E(t)$分度表

温度单位:℃　电压单位:mV(参考端温度:0 ℃)

T/℃	0	10	20	30	40	50	60	70	80	90
−300				−4.345	−4.336	−4.313	−4.277	−4.226	−4.162	−4.083
−200	−3.990	−3.884	−3.766	−3.634	−3.491	−3.336	−3.171	−2.994	−2.808	2.612
−100	−2.407	−2.193	−1.972	−1.744	1.509	−1.269	−1.023	−0.772	−0.518	−0.260
0	0.000	0.261	0.525	0.793	1.065	1.340	1.619	1.902	2.189	2.480
100	2.774	3.072	3.374	3.680	3.989	4.302	4.618	4.937	5.259	5.585
200	5.913	6.245	6.579	6.916	7.255	7.597	7.941	8.288	8.637	8.988
300	9.341	9.696	10.054	10.413	10.774	11.136	11.501	11.867	12.234	12.603
400	12.974	13.346	13.719	14.094	14.469	14.846	15.225	15.604	15.984	13.366
500	16.748	171.13	17.515	17.900	18.286	18.672	19.059	19.447	19.835	20.224
600	20.613	21.003	21.393	21.784	22.175	22.566	22.958	23.350	23.742	24.134
700	24.527	24.919	25.312	25.705	26.098	26.491	26.883	27.276	27.669	28.062
800	28.455	28.847	29.239	29.632	30.024	30.416	30.807	31.199	31.590	31.981
900	32.371	32.761	33.151	33.541	33.930	34.319	34.707	35.095	35.482	35.869
1 000	36.256	36.641	37.027	37.411	37.795	38.179	38.562	38.944	39.326	39.706
1 100	40.087	40.466	40.845	41.223	41.600	41.976	42.352	42.727	43.101	43.474
1 200	43.846	44.218	44.588	44.958	45.326	45.694	46.060	46.425	46.789	47.152
1 300	47.513									

附表8　工业用铂电阻温度计(Pt100)$R(t)$分度表

温度单位:℃　电阻单位:Ω

T/℃	0	10	20	30	40	50	60	70	80	90
−200	18.52	22.83	27.10	31.34	35.54	39.72	43.88	48.00	52.11	56.19
−100	60.26	64.30	68.33	72.33	76.33	80.31	84.27	88.22	92.16	96.09
0	100.00	103.90	107.79	111.67	115.54	119.40	123.24	127.08	130.90	134.71
100	138.51	142.29	146.07	149.83	153.58	157.33	161.05	164.77	168.48	172.17
200	175.86	179.53	183.19	186.86	190.47	194.10	197.71	201.31	204.90	208.48
300	212.05	215.61	219.15	222.68	226.21	229.72	233.21	236.70	240.18	243.64
400	247.09	250.53	253.96	257.38	260.78	264.18	267.56	270.93	274.29	277.64

附表 8(续)

T/℃	0	10	20	30	40	50	60	70	80	90
500	280.98	284.30	287.62	290.92	294.21	297.49	300.75	304.01	307.25	310.49
600	313.71	316.92	320.12	323.30	326.48	329.64	332.79	335.98	339.06	342.18
700	345.28	348.38	351.46	354.53	357.59	360.64	363.67	366.70	369.71	372.71
800	375.70	379.68	381.65	384.60	387.55	390.48				

附表 9　R(0 ℃)=50.00 Ω 工业铜热电阻(Cu50)分度表

温度单位:℃　电阻单位:Ω

T/℃	0	−1	−2	−3	−4	−5	−6	−7	−8	−9
−40	41.400	41.184	40.969	40.753	40.537	40.322	40.106	39.890	39.674	39.458
−30	43.555	43.339	43.124	42.009	42.693	42.478	42.262	42.047	41.831	41.616
−20	45.706	45.491	45.276	45.061	44.846	44.631	44.416	44.200	43.985	43.770
−10	47.854	47.639	47.425	47.210	46.995	46.780	46.566	46.351	46.136	45.921
−0	50.000	49.786	49.571	49.356	49.142	48.927	48.713	48.498	48.284	48.069
T/℃	0	1	2	3	4	5	6	7	8	9
0	50.000	50.214	50.429	50.643	50.858	51.072	51.386	51.505	51.715	51.929
10	52.144	52.358	52.572	52.786	53.000	53.215	53.429	53.643	53.857	54.071
20	54.285	54.500	54.714	51.928	55.142	55.356	55.570	55.784	55.988	56.071
30	56.426	56.640	56.854	57.068	57.282	57.496	57.710	57.924	58.137	58.351
40	58.565	58.779	58.993	59.207	59.421	59.635	59.848	60.062	60.276	60.490
50	60.704	60.918	61.132	61.345	61.559	61.773	61.987	62.201	62.415	62.628
60	62.842	63.056	63.270	63.484	63.698	63.911	64.125	64.339	64.553	64.767
70	64.981	65.194	65.408	65.622	65.836	66.050	66.246	66.478	66.692	66.906
80	67.120	67.333	67.547	67.761	67.975	68.189	68.403	68.617	68.831	69.045
90	69.259	69.473	69.687	69.901	70.115	70.329	70.544	70.726	70.972	71.186
100	71.400	71.614	71.828	72.042	72.257	72.471	72.685	72.899	73.114	73.328
110	73.542	73.751	73.971	74.185	74.400	74.614	74.828	75.043	75.258	75.472
120	75.686	75.901	76.115	76.330	76.545	76.759	76.974	77.189	77.404	77.618
130	77.833	78.048	78.263	78.477	78.692	78.907	79.122	79.337	79.552	79.767
140	79.982	80.197	80.412	80.627	80.834	81.058	81.273	81.788	81.704	81.919
150	82.134									

参 考 文 献

[1] 陈昌昕，严加永，周文月，等. 地热地球物理勘探现状与展望[J]. 地球物理学进展，2020，35(4)：1223-1231.

[2] 陈宏霞，徐进良，沈国清. 工程科学研究基础[M]. 北京：中国电力出版社，2020.

[3] 陈显平. 传感器技术[M]. 北京：北京航空航天大学出版社，2015.

[4] 杜水友. 压力测量技术及仪表[M]. 北京：机械工业出版社，2005.

[5] 杜宇人. 现代电子测量技术[M]. 北京：机械工业出版社，2009.

[6] 费业泰. 误差理论与数据处理[M]. 6 版. 北京：机械工业出版社，2010.

[7] 国家海洋局. 海洋能术语 第 1 部分：通用：GB/T 33543. 1—2017[S]. 北京：中国标准出版社，2017.

[8] 韩东太，何光艳，晁阳. 热能与动力工程测试技术及仪表[M]. 徐州：中国矿业大学出版社，2010.

[9] 韩东太. 能源与动力工程测试技术[M]. 2 版. 徐州：中国矿业大学出版社，2019.

[10] 侯子良. 锅炉汽包水位测量系统[M]. 北京：中国电力出版社，2005.

[11] 胡娜，赵伟，晋小超，等. 航空发动机涡轮叶片接触式测温技术应用进展[J]. 航空工程进展，2023，14(1)：1-12.

[12] 环境保护部环境监测司和科技标准司. 固定污染源烟气(SO_2、NO_x、颗粒物)排放连续监测技术规范：HJ 75—2017[S]. 北京：中国环境科学出版社，2018.

[13] 环境保护部科技标准司. 火电厂大气污染物排放标准：GB 13223—2011[S]. 北京：中国环境科学出版社，2012.

[14] 科学技术部，国家电力公司. 风电场风能资源测量方法：GB/T 18709—2002[S]. 北京：中国标准出版社，2002.

[15] 孔星. 浅析核电站加热器液位测量设备安装技术应用[J]. 低碳世界，2020，10(4)：37-38.

[16] 刘吉川，刘慧君. 汽包水位内置电极传感器：CN1661339A[P]. 2005-08-31.

[17] 罗杰 · C 贝克. 流量测量手册：工业设计、工作原理、性能和应用[M]. 张小章，白宇杰，译. 北京：清华大学出版社，2020.

[18] 马潇.火力发电机组凝汽器及低压加热器常见的液位测量方式[J].环球市场信息导报,2011(10):141.
[19] 潘汪杰,文群英.热工测量及仪表[M].3版.北京:中国电力出版社,2015.
[20] 全国锅炉压力容器标准化技术委员会.电站锅炉性能试验规程:GB/T 10184—2015[S].北京:中国标准出版社,2016.
[21] 全国氢能标准化技术委员会.氢气、氢能与氢能系统术语:GB/T 24499—2009[S].北京:中国标准出版社,2010.
[22] 王斌,周惠忠.传感器检测与应用[M].3版.北京:化学工业出版社,2022.
[23] 王超,苟学科,段英,等.航空发动机涡轮叶片温度测量综述[J].红外与毫米波学报,2018,37(4):501-512.
[24] 王池,王自和,张宝珠.流量测量技术全书:上册[M].北京:化学工业出版社,2012.
[25] 王永宏.关于罗斯蒙特3051压力变送器使用中的注意事项[J].百科论坛电子杂志,2018(18):373.
[26] 谢文芳,胡莹,段俊.统计与数据分析基础:微课版[M].北京:人民邮电出版社,2021.
[27] 严兆大.热能与动力工程测试技术[M].2版.北京:机械工业出版社,2006.
[28] 张东风.热工测量及仪表[M].3版.北京:中国电力出版社,2015.
[29] 张华,赵文柱.热工测量仪表[M].2版.北京:冶金工业出版社,2013.
[30] 章丽萍,张凯.气体分析[M].北京:化学工业出版社,2016.
[31] 赵庆国,陈永昌,夏国栋.热能与动力工程测试技术[M].北京:化学工业出版社,2006.
[32] 郑正泉.热能与动力工程测试技术[M].武汉:华中科技大学出版社,2001.
[33] 中国电力企业联合会.光热发电站性能评估技术要求:GB/T 40614—2021[S].北京:中国标准出版社,2021.
[34] 中国电力企业联合会.汽轮机热力性能验收试验规程 第1部分:方法A——大型凝汽式汽轮机高准确度试验:GB/T 8117.1—2008[S].北京:中国标准出版社,2009.
[35] 中国机械工业联合会.工业铂热电阻及铂感温元件:GB/T 30121—2013[S].北京:中国标准出版社,2014.
[36] 中国机械工业联合会.热电偶 第1部分:电动势规范和允差:GB/T 16839.1—2018[S].北京:中国标准出版社,2018.
[37] 朱麟章.高温测量原理与应用[M].北京:科学出版社,1991.